# ALLGEMEINE MASCHINENLEHRE

# ALLGEMEINE MASCHINENLEHRE

★

VORLESUNGEN ÜBER ARBEITSGEWINNUNG UND KRAFTMASCHINEN

VON

HUGO FISCHER

GEHEIMER HOFRAT UND O. PROFESSOR I. R. DER TECHNISCHEN HOCHSCHULE ZU DRESDEN

★

MIT 200 ABBILDUNGEN IM TEXT

SPRINGER-VERLAG BERLIN HEIDELBERG GMBH
1923

ISBN 978-3-662-33745-5 ISBN 978-3-662-34143-8 (eBook)
DOI 10.1007/978-3-662-34143-8


URSPRÜNGLICH ERSCHIENEN BEI OTTO SPAMER 1923
SOFTCOVER REPRINT OF THE HARDCOVER 1ST EDITION 1923

# Vorwort.

Die gleichen Gesichtspunkte, die den Unterzeichneten bei der Abfassung der im gleichen Verlage erschienen „Technologie des Scheidens, Mischens und Zerkleinerns“ geleitet haben, sind auch für das vorliegende Buch, das in gewissem Sinne eine Ergänzung des genannten bildet, maßgebend gewesen. Wie jenes einen Ausschnitt aus dem unausschöpfbaren Gebiet der Arbeitsverwertung behandelt, so soll dieses in das Studium desjenigen in sich abgeschlossenen Teiles der mechanischen Technik einführen, der sich mit der Gewinnung von mechanischer Arbeit in Kraftmaschinen befaßt. Das Buch soll ein Leitfaden sein und helfen, eine auch im Unterricht fühlbare Lücke in der neueren technischen Literatur auszufüllen, die eines Hilfsbuches entbehrt, das den Gegenstand in gedrängter Form und doch allseitig umfassend, nach technologischen Gesichtspunkten behandelt. Damit ist es in erster Linie für die Studierenden der Technik geschrieben. Seine Aufgabe sieht es, gleichwie der mündliche Vortrag, darin, durch Hervorheben des dem behandelten Gegenstand Wesentlichen unter Ausscheiden des für das grundsätzliche Erfassen Nebensächlichen, den Leser tunlichst mühelos und zeitsparend zu unterrichten. Freilich muß es auf den Vorteil verzichten, den das gesprochene Wort besitzt, sofern dieses leicht durch Bild, Modell und Experiment unterstützt und durch die persönliche Eigenart des Lehrers belebt werden kann. Es teilt diesen Mangel aber mit jedem Lehrbuch. Ihn einigermaßen auszugleichen, war ich bemüht und wurde hierbei in dankenswerterweise von dem Herrn Verleger unterstützt, den Text des Buches durch die Beigabe einer größeren Zahl schematisch gehaltener Zeichnungen zu ergänzen. Dieselben beschränken sich auf die Wiedergabe des Wesentlichen der besprochenen Einrichtungen. Sie dürften infolgedessen auch leicht verständlich sein und zuweilen des erklärenden Wortes entbehren können. Ferner wurden an geeigneter Stelle Hinweise auf unschwer zu erlangende Literatur eingefügt. Hierdurch dürfte sich insbesondere auch dem bereits beruflich tätigen Ingenieur verschiedenster Richtung, wenn er das Buch zur Hand nehmen sollte, die Möglichkeit bieten, sich neben der Belehrung über das Grundsätzliche auch noch besonderen, ausführlicheren Rat über bestimmte Fragen und Einrichtungen zu holen. Der Inhalt des Buches zerfällt in zwei Teile: einen vorbereitenden Teil, in dem die bei der Arbeitsgewinnung auftretenden, aber auch für die Arbeitsverwertung Geltung habenden Grundbegriffe und Meßverfahren besprochen werden, und einen zweiten Teil, der von der Gewinnung der Triebstoffe und der sie verarbeitenden Kraftmaschinen handelt. Das Buch verdankt seinen Ursprung den Vorlesungen des Unterzeichneten, die er seinerzeit an der Sächsischen Technischen Hochschule gehalten hat; sein Inhalt ist daher auch im Titel als „Vorlesungen“ gekennzeichnet.

Dresden, im August 1922. Hugo Fischer.

# Inhaltsverzeichnis.

# I. Einführung.

Zweckbestimmung, Einrichtung und Arbeitsverrichtung sind die wesentlichen Merkmale, die eine Maschine nach Gattung und Art technologisch bestimmen. Sie sind die drei Wertgrößen, welche die Grundlage für die technologische Betrachtung einer jeden Maschine bilden. Ihre Kenntnis und Einschätzung zu vermitteln ist die Aufgabe desjenigen Teiles der Maschinenwissenschaft, den man als Allgemeine Maschinenlehre oder Maschinentechnologie zu bezeichnen pflegt.

Die Allgemeine Maschinenlehre setzt die Maschine stets als ein Gegebenes, durch inniges Verschmelzen von geistiger Tätigkeit und körperlichem Schaffen des Menschen Entstandenes voraus. Den Verfolg des Entstehens überläßt sie denjenigen Wissenschaftsgebieten, die sich mit dem von der Zweckbestimmung geleiteten Entwurf der Maschine befassen sowie der werkmännischen Tätigkeit, welche diesem Entwurf körperliche Gestaltung und wirtschaftliche Brauchbarkeit verleiht.

## A. Entwicklung des Begriffes „Maschine“.

Die Betrachtung der Maschine auf logisch-technischer Grundlage läßt als Arbeitszweck einer jeden Maschine die mechanische Abänderung des Zustandes von Stoffgebilden erkennen, durch welche diesen bestimmte Nutzwerte verliehen werden. Diese Abänderungen sind stets mit Lagen- oder Ortsänderungen des ganzen Stoffgebildes oder der dasselbe zusammensetzenden kleinsten Teile verbunden. Sie vollziehen sich daher unter Überwindung von Widerständen, die aus dem Gewicht der Stoffmasse, der Massenträgheit, der Kohäsion und Adhäsion, der Abstoßung, innerer und äußerer Reibung, dem Luftwiderstand usw. hervorgehen. Die Überwindung dieser Widerstände setzt die Tätigkeit von Kräften voraus, die auf bestimmten, von der Größe und Art der Umänderung abhängigen Wegen wirksam sind. Die hierbei von der Kraft ausgehende Leistung pflegt man Arbeit, mechanische Arbeit, zu nennen.

Stoffmassen, die bei zweckdienlicher Verwendung zur Gewinnung von Arbeit dienen können, werden im allgemeinen motorische Stoffe, Trieb- oder Treibstoffe genannt. In der Maschinentechnik ist der Begriff Triebstoff noch an die wirtschaftliche Nutzbarkeit der Arbeitsgewinnung gebunden.

Befindet sich ein Triebstoff im Ruhezustand, so wird das in ihm aufgespeicherte Arbeitsvermögen als Lagen- oder potentielle Energie, befindet er sich in Bewegung, als lebendige Kraft oder kinetische (vitale) Energie bezeichnet. Sonach sind Triebstoffe im technischen Sinne wirtschaftlich ausnutzbare Energieträger, bei denen die Entziehung von Energie zur Gewinnung von mechanischer Arbeit führt. Hierbei kommen sowohl Festkörper als auch Flüssigkeiten, Gase und Dämpfe in Betracht. Unter den letzten drei namentlich Wasser, Kohlengas und Wasserdampf.

Dem Begriff „Triebstoff" gegenüber tritt der Begriff „Werkstoff".

Werkstoffe sind Stoffmassen, denen unter Aufwendung von mechanischer Arbeit bestimmte Nutzeigenschaften erteilt werden können.

Eine bestimmt abgegrenzte Werkstoffmasse wird Werkstück genannt.

Die Aufgabe der mechanischen Tätigkeit des Menschen ist es im allgemeinen, Triebstoff und Werkstück so in gegenseitige Beziehung zu bringen, daß das letztere durch das Arbeitsvermögen des ersteren zu einem nutzbaren Werk umgewandelt wird.

Diese Tätigkeit führt zum Begriff „Werkerzeugung".

Das Ergebnis dieser ist das Werk, Erzeugnis oder Fabrikat. Zuweilen wird dasselbe auch kurz das Zeug genannt. So in der Papierfabrikation, wo es den aus dem Holländer stammenden Papierstoff (Halbzeug und Ganzzeug, je nach dem Grad der Zerkleinerung) bezeichnet, in der Weberei, wo gewisse verkaufsfertige Gewebe den Namen Zeug führen (Leinenzeug), bei dem Eisenbahnbetrieb, wo kleine, bestimmten Gebrauchszwecken dienende Eisenteile (Schienenschrauben und Nägel, Laschen u. dgl.) zusammengehäuft das Kleineisenzeug bilden.

Das für die Werkerzeugung erforderliche Zusammenwirken von Triebstoff und Werkstoff wird durch künstliche Hilfsmittel, die in der alten Kunstsprache Gezeuge genannt werden, vermittelt. Hieran erinnert z. B. das im Aussterben begriffene Handwerk des Zeugschmiedes, an dessen Stelle in Fabrikbetrieben der Beruf des Werkzeugmachers bzw. die Werkzeugfabrik getreten ist. Im Bergbau, der noch am meisten alte Kunstausdrücke bis in die Gegenwart bewahrt hat, ist noch heute die Bezeichnung Gezeugstrecke für denjenigen Teil der bergbaulichen Anlage üblich, auf dem mit Hilfe von Gezeugen die Brecharbeit verrichtet wird oder der zur Arbeitsstätte hinführt. Die Gezeuge sind Triebzeuge (Fäustel, Schlägel, Wendeisen), wenn sie von dem Triebstoff derart beeinflußt werden, daß sie ihm Energie entziehen und in mechanische Arbeit umsetzen; es sind Werkzeuge (Meißel, Punze, Bohrer), wenn sie derart auf das Werkstück einwirken, daß aus diesem ein nützliches Werk, ein Erzeugnis, entsteht.

Triebzeuge und Werkzeuge, die zum Zweck der Aufnahme bzw. der Abgabe von Arbeit von der Hand des Menschen zweckdienlich geführt werden, heißen Handtriebzeuge bzw. Handwerkzeuge. Bei ihnen ist die Güte der Arbeitsaufnahme, Arbeitsübertragung und Arbeitsabgabe, also die Arbeitsleistung, durch die Geschicklichkeit und den Willen des arbeitenden Menschen bedingt und bestimmt. Die Vereinigung des Handtriebzeuges und Handwerkzeuges zu einem vollständigen Gezeug (Axt, Schmiedehammer, Lochsäge) fördert die Arbeitsübertragung. Die Führung oder Leitung der beiden Teile derart, daß sie gegenseitig nur bestimmte Bewegungen auszuführen vermögen, macht sie bei der Arbeitsaufnahme und Arbeitsabgabe unabhängig von der Geschicklichkeit der Menschenhand.

Aus der zwangläufigen Vereinigung von Triebzeug und Werkzeug durch ein mehrteiliges Zwischenglied: ein Getriebe oder einen Mechanismus, derart, daß beiden Teilen die für die Arbeitsleistung günstigste Bewegungsart gesichert wird, gehen mechanische Einrichtungen hervor, die früher als Kunstgezeuge, Kunstgetriebe oder auch kurz als Künste[1] bezeichnet wurden und in der Gegenwart Maschinen genannt werden. Unter Berücksichtigung des Umstandes, daß Einrichtungen, die Triebstoffen bestimmte und beabsichtigte Arbeitsleistungen aufzuzwingen vermögen, stets einen künstlichen, dem menschlichen Willen entstammenden Ursprung besitzen, führt die Zusammenfassung der sich aus dem vorigen ergebenden wesentlichen Begriffsmerkmale zu der folgenden Definition des Begriffes „Maschine“:

Eine Maschine ist eine künstliche Einrichtung, um die Arbeitsfähigkeit eines Triebstoffes zur Werkerzeugung nutzbar zu machen, bei welcher Triebzeug und Werkzeug durch Vermittelung eines Getriebes zwangläufig verbunden sind.

Auch führt die Überlegung, daß die innige Vereinigung, die Triebzeug, Getriebe und Werkzeug in der Maschine erfahren, es vielfach erschwert, Triebzeug und Werkzeug als Anfangs- und Endglied des Getriebes getrennt zu unterscheiden, dazu, die Maschine als ein Getriebe oder einen Mechanismus aufzufassen, durch den die Arbeitsfähigkeit eines motorischen Körpers (Triebstoff) zur Werkerzeugung nutzbar gemacht werden kann.

Nach der erstgenannten Begriffsbestimmung entspricht die Gleichung

$$\begin{array}{l} \text{Triebstoff} \\ \quad\downarrow \\ \text{Triebzeug} + \text{Getriebe} + \text{Werkzeug} \\ \qquad\qquad\qquad\qquad\qquad\quad\downarrow \\ \qquad\qquad\qquad\qquad\qquad \text{Werkstoff} = \text{Erzeugnis} \end{array}$$

der vollständigen Maschine[2], wie sie beispielweise in der Dampfpumpe, der Wassermühle, dem Preßluftbohrer in die Erscheinung tritt.

Die Austauschbarkeit sowohl des Triebstoffes als des Werkstoffes sowie die vielfach vorhandene Mehrgliedrigkeit des Getriebes führt zur Zweiteilung

[1] Im Bergbau haben sich Bezeichnungen wie Wasserkunst, Fahrkunst, Wetterkunst usw. bis auf die Jetztzeit erhalten. Auch sonst werden künstlich hergestellte Springbrunnenanlagen häufig als „Wasserkünste“ bezeichnet (Anlagen zu Kassel-Wilhelmshöhe, Potsdam, Großsedlitz i. S. u. a.). Vergleiche auch die Benennungen Kunstmeister und Ingenieur.

[2] Dr. *E. Hartig* dürfte in seinem Buche: Studien in der Praxis des kaiserlichen Patentamtes, Leipzig 1890, S. 23, den Begriff „vollständige Maschine“ erstmalig gebraucht haben.

der vollständigen Maschine derart, daß der eine Getriebeteil das Triebzeug, der andere das Werkzeug enthält. Es entstehen hierdurch zwei mechanische Gebilde, von denen man die Vereinigung (Triebzeug + Getriebe):

Kraftmaschine, Triebmaschine, Betriebsmaschine, Umtriebsmaschine, Motor[1];

die Vereinigung (Getriebe + Werkzeug):

Werkmaschine, Arbeitsmaschine, Bearbeitungsmaschine[2]

zu benennen pflegt.

Diese Zweiteilung bietet den Vorteil, durch eine Kraftmaschine beliebiger Art ($T + G_0$) eine größere Anzahl Werkmaschinen gleicher oder verschiedener Art ($G_1 + W_1$, $G_2 + W_2 \ldots$) gleichzeitig betreiben zu können, ein Vorteil, von dem der Fabrikbetrieb ausgedehnten Gebrauch zu machen pflegt, indem er die Getriebeteile $G_0, G_1, G_2 \ldots$ durch ein Zwischengetriebe $G$ (Transmission) aneinanderschließt entsprechend der Formel

$$(T + G_0) + G + \begin{matrix} \nearrow (G_1 + W_1) \\ - (G_2 + W_2) \\ \searrow (G_3 + W_3) \\ \cdots\cdots \end{matrix} \Bigg\} = \text{Fabrikanlage.}$$

Um den Zusammenschluß zu erleichtern, bildet in der Regel eine drehbar gelagerte Welle sowohl das Endglied des Getriebes der Kraftmaschine als auch das Anfangsglied des Getriebes der Werkmaschine. Die Bewegungsübertragung zwischen den Teilmaschinen kann dann durch Zwischenwellen, verzahnte Räder, Riemen- oder Seiltriebe usw. in allen Fällen unschwer vermittelt werden.

## B. Die Bewegungszustände der Maschine.

Die Bewegungen, die mit dem Betrieb einer Maschine verbunden sind, werden durch die Zwangläufigkeit des Getriebes nach Art und Richtung bestimmt. Ihre Geschwindigkeit hängt von den Arbeitsverhältnissen der Maschine ab. Sie ist an die Forderung gebunden, sowohl die Aufnahme der Arbeit durch das Triebzeug als auch die Umänderung des Werkstückes durch das Werkzeug in technischer und wirtschaftlicher Hinsicht gleich vorteilhaft zu gestalten.

Eine Maschine befindet sich im Arbeitsgang, wenn ihr Betrieb zur Umänderung eines Werkstückes führt, also mit der Verrichtung von Nutzarbeit verbunden ist. Sie ist im Leergang oder Leerlauf befindlich, wenn die Arbeitsfähigkeit des Triebstoffes nur zur Überwindung von Widerständen verbraucht wird, die sich aus dem Aufbau des Getriebes und der gegenseitigen Bewegung seiner Glieder ergeben. Diese sog. inneren Widerstände treten vornehmlich als Reibung, Massenträgheit und Luftwiderstand in die Erscheinung. Aus den allgemeinen Eigenschaften der vollständigen Maschine ergibt sich,

---

[1] Z. B. Dampfmaschine, Wasserkraftmaschine, Preßluftmaschine, Elektromotor u. a.

[2] Z. B. Pumpmaschine, Mahlmühle, Spinnmaschine, Bohrmaschine u. a.

daß diese sowohl des Arbeitsganges als des Leerganges fähig ist, daß dagegen die Kraftmaschine für sich allein nur in den Leerlauf, die Werkmaschine für sich allein weder in den Arbeitsgang noch in den Leergang versetzt werden kann.

Die Überführung einer Maschine in den Bewegungszustand geschieht zufolge der Trägheit ihrer Massen nur allmählich, mithin unter steter Steigerung der Geschwindigkeit. Diese erhält ihren größten Wert, wenn zwischen der vom Triebstoff auf das Triebzeug übertragenen Kraft und der Summe der inneren und äußeren Widerstände, die sich dem Bewegen der Glieder der Maschine entgegenstellen, der Gleichgewichtszustand erreicht ist. Sie behält diesen Wert, solange der Gleichgewichtszustand eine Änderung nicht erfährt. Die Störung desselben durch den plötzlichen Wegfall der die Maschine treibenden Kraft führt allmählich zum Stillstand der Maschine. Hiernach zerfällt der Betrieb einer Maschine in die drei zeitlich verlaufenden Abschnitte: den Anlauf, den Fortlauf und den Endlauf. Die Dauer des Anlaufes und Endlaufes ist durch die Größe der in Bewegung überzuführenden bzw. in Ruhe zu versetzenden Massen und die am Beginn und Ende des Fortlaufes herrschenden Geschwindigkeiten dieser Massen bedingt; die Dauer des Fortlaufes hängt von der beabsichtigten Arbeitsdauer der Maschine ab. Während des Fortlaufes tritt die Maschine in einen Beharrungszustand ein, der ein gleichförmiger, periodisch veränderlicher oder unregelmäßig veränderlicher ist, je nachdem die Geschwindigkeit während der Dauer des Fortlaufes die gleiche bleibt, oder in gleich großen Zeitabschnitten (Perioden) wiederkehrende gleich große Veränderungen erfährt, oder währenddessen sowohl die Zeitabschnitte als die Veränderungen nicht anbestimmte Größenwerte gebunden sind[1].

# II. Die Arbeitsverhältnisse der Maschinen.

## Die Art der Arbeit und der Wirkungsgrad.

Die zum Betriebe einer Maschine erforderliche Arbeit wird dem Triebstoff entnommen, der vermöge seiner Menge und seines Energiezustandes die Fähigkeit besitzt, unter geeigneten Bedingungen die in ihm aufgesammelte Energie in Gestalt mechanischer Arbeit an die Maschine abzugeben und damit deren Bewegung herbeizuführen. Diese für den Betrieb während eines längeren oder kürzeren Zeitraumes bereitstehende Arbeitsmenge pflegt man in bezug auf die Maschine die für den Betrieb verfügbare Arbeit zu nennen. Sie werde, in Meterkilogramm gemessen, in der Folge mit $A$ bezeichnet. Entsprechend der nie widerstandslosen Bewegung des Maschinengetriebes wird nur ein Teil dieser Arbeitsmenge als Nutzarbeit ($A_n$mkg) auf das Werkstück übertragen und zu dessen Umänderung verbraucht. Den Arbeitsrest pflegt man, weil bei der Überwindung der Bewegungswiderstände innerhalb

[1] Näheres siehe *F. Redtenbacher*, Prinzipien der Mechanik und des Maschinenbaues. Mannheim 1886.

der Maschine ohne wirtschaftlichen Nutzen aufgewendet, die bei dem Maschinenbetrieb verlorene Arbeit ($A_0$ mkg) zu nennen. Die von einer Maschine geleistete „Nutzarbeit“ ist daher stets um die innerhalb des Maschinengetriebes verbrauchte „verlorene Arbeit“ kleiner als die für den Betrieb der Maschine „verfügbare Arbeit“, d. h. es ist

$$A_n = A - A_0 \text{ oder } A_0 = A - A_n \text{ oder } A = A_0 + A_n\,[1].$$

Hiernach ist der für die Beurteilung einer Maschine in arbeitsökonomischer Hinsicht maßgebende Wirkungsgrad oder das Güteverhältnis der Maschine

$$\mu = \frac{A_n}{A} = 1 - \frac{A_0}{A}$$

zwar stets kleiner als Eins; doch ist die Arbeitsleistung der Maschine um so höher zu bewerten, je mehr sich das Güteverhältnis der Eins nähert. Im allgemeinen schwankt es je nach der Art der Maschine und deren Betriebszustand etwa zwischen 0,15 und 0,98.

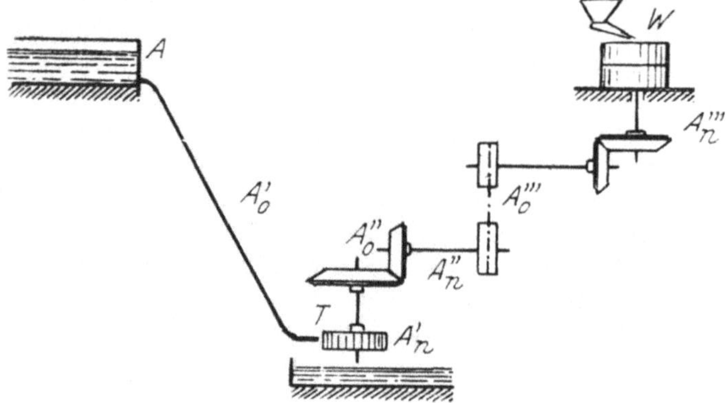

Abb. 1. Stufenweise Arbeitsübertragung.

Sind mehrere Maschinen hintereinander geschaltet, so daß sie sich gegenseitig zuarbeiten, wie es z. B. die beistehende Skizze (Abb. 1) eines durch einen Wassermotor ($T$) betriebenen Mahlganges ($W$) ersehen läßt, so bildet die Nutzarbeit der voraufgehenden Maschine zugleich die verfügbare Arbeit für die ihr folgende, so daß für die ganze Anlage die Gleichungen bestehen:

$$A_n' = A - A_0' \qquad \frac{A_n'}{A} = \mu'$$

$$A_n'' = A_n' - A_0'' \qquad \frac{A_n''}{A_n'} = \frac{A_n''}{A\,\mu'} = \mu''$$

$$A_n''' = A_n'' - A_0''' \qquad \frac{A_n'''}{A_n''} = \frac{A_n'''}{A\,\mu'\,\mu''} = \mu'''$$

usf.

[1] Unmöglichkeit des Perpetuum mobile.

woraus der Wirkungsgrad der ganzen Anlage zu

$$\mu = \frac{A_n'''}{A} = \mu' \mu'' \mu'''$$

folgt.

Hiernach ist der Wirkungsgrad einer Gruppe von Maschinen, deren Einheiten einander zuarbeiten, gleich dem Produkt aus den Wirkungsgraden dieser Einheiten.

Beispiel: Dampfkessel und angeschlossene Dampfmaschine.

Wirkungsgrad der Kesselfeuerung $\mu' = 0{,}3$ (Brennstoffnutzung),

Wirkungsgrad der Dampferzeugung $\mu'' = 0{,}66$ (Heizgasnutzung),

Wirkungsgrad der Dampfmaschine $\mu''' = 0{,}75$ (Dampfnutzung),

Gesamtwirkungsgrad $\mu = 0{,}3 \cdot 0{,}66 \cdot 0{,}75 = 0{,}15$.

Für die Entscheidung über die Brauchbarkeit einer Maschine hat der arbeitsökonomische Wirkungsgrad $\mu$ nur einen bedingten Wert. Auch die Benutzung von Maschinen mit mäßig hohem Wirkungsgrad vermag unter besonderen Verhältnissen, wie bei geringen Anschaffungskosten der Maschine und der Rohstoffe, niedrigen Arbeitslöhnen, hohem Verkaufspreis der Erzeugnisse usw., zur Erzielung wirtschaftlicher Vorteile zu führen und ihnen den Vorzug zu sichern. Für die Frage der Wirtschaftlichkeit eines Maschinenbetriebes ist daher die Höhe des wirtschaftlichen Wirkungsgrades $\eta$, den der Arbeitsvorgang zu bieten vermag, von besonderer Bedeutung. Derselbe ergibt sich einerseits aus dem Wertzuwachs $W_a$, der am Werkstoff bei der Umänderung erzielt wird, andererseits aus dem Wertzuwachs $W_z$, den das aufgewendete Arbeitskapital in der gleichen Zeit durch Verzinsung ergeben würde zu

$$\eta = \frac{W_a}{W_z}\text{[1]}.$$

Hierbei ist $W_a$ der Unterschied zwischen dem Verkaufspreis des Erzeugnisses und den Kosten des Rohstoffes und Betriebes, $W_z$ der Zinsertrag des Kapitals, vermindert um die Verwaltungskosten.

# III. Die Ermittlung der Arbeitsgrößen.

## A. Die Arbeitsmaße.

Mechanische Arbeit ($A$) ist die Leistung einer Kraft ($P$) in Kilogrammen auf einem in der Kraftrichtung liegenden Wege ($s$) in Metern, also

$$A = Ps \text{ mkg}.$$

Erfolgt die Arbeitsleistung auf dem Wege $s$ in $t$ Sekunden oder mit der Geschwindigkeit $v = \frac{s}{t}$ in Metern, so ist die Arbeitsleistung in 1 Sek. oder der Effekt

$$A_e = P\frac{s}{t} = Pv \text{ smkg},$$

[1] *G. Mühlschlegel*, Untersuchung der Spinnvorgänge. Berlin 1911.

bzw. in Pferdestärken ausgedrückt

$$N = \frac{A_e}{75} = \frac{P\,v}{75}\,\text{PS},$$

sofern 1 PS = 75 smkg die Arbeit bezeichnet, die aufgewendet werden muß, um die Masse von 1 kg in 1 Sek. 1 m hochzuheben, oder umgekehrt, die Arbeit, die eine Masse von 1 kg leistet, wenn sie in 1 Sek. 1 m tief herabsinkt.

Bezeichnet

$g = 9{,}81$ kg die Beschleunigung der Schwere,

$M = \frac{G}{g}$ die Masse des motorischen Stoffes vom Gewicht $G$ kg

$v =$ die Geschwindigkeit in Metern, mit der sich diese Masse in 1 Sek. fortbewegt,

so mißt der Wert

$$A = M\frac{v^2}{2} = G\frac{v^2}{2g} = G\,h\ \text{mkg}$$

die Energiemenge, die in der bewegten Masse aufgespeichert ist, bzw. die Arbeit, welche die Masse beim freien Herabfall von der Höhe $h$ m verrichtet.

Bilden innere Spannungen eines Körpers die treibende oder widerstehende Kraft, so wird diese Kraft auf die Flächeneinheit (qm oder qcm) bezogen und entweder in Kilogrammen ausgedrückt oder in Flüssigkeitssäulenhöhe in Metern gemessen. Ist hierbei

$p$ kg der Druck auf 1 qm,

$f$ qm die gedrückte Fläche,

$a = 10\,334$ kg/1 qm der Druck 1 Atm,

so mißt der Wert

$$P = p\,f\ \text{kg} = \frac{p\,f}{a}\ \text{Atm}$$

die Größe der drückenden Kraft. Bezeichnet andererseits

$h$ m die Höhe der Flüssigkeitssäule,

$\gamma$ kg das Gewicht von 1 cbm Flüssigkeit,

so ist der Druck auf die Flächeneinheit (1 qm)

$$p = h\,\gamma\ \text{kg}.$$

In der Regel sind Wasser oder Quecksilber die messenden Flüssigkeiten. Es entspricht dann, da für Wasser $\gamma = 1000$ kg, für Quecksilber $\gamma = 13\,600$ kg ist, dem Druck einer Atmosphäre

$$\text{eine Wassersäule } h_w = \frac{10\,334}{1000} = 10{,}334\ \text{m},$$

$$\text{eine Quecksilbersäule } h_q = \frac{10\,334}{13\,600} = 0{,}760\ \text{m}.$$

Neben diesen mechanischen Maßgrößen stehen für elektrische Messungen noch die folgenden Maßeinheiten in Gebrauch. Es wird gemessen:

die elektromotorische Kraft, Spannung oder Potenzialdifferenz $E$ in Volt,

die Stromstärke oder Elektrizitätsmenge $J$ in 1 Sek. in Ampère,

die Arbeitseinheit in Watt = 1 Volt-Ampère,

so daß $E$ Volt Spannung bei $J$ Ampère Stromstärke eine Leistung

$$W = E\,J \text{ Watt}$$

entspricht. Ferner ist

1 Kilowatt = 1000 Watt,
1 Wattstunde = 3600 Watt,
1 Kilowattstunde = 1000 Wattstunden.

Aus dem Vergleich der mechanischen und elektrischen Maßeinheiten folgt schließlich:

1 smkg = 9,81 Watt,
1 PS = 75 · 9,81 = 736 Watt,
1 Watt = 0.102 smkg = 0,00136 PS,
1 Kilowatt = 102 smkg = 1,36 PS,
1 Wattstunde = 367 smkg = 4,89 PS,
1 Kilowattstunde = 367 000 smkg = 4890 PS.

## B. Die Kraft- und Arbeitsmessung.

Die versuchstechnische Bestimmung von Arbeitsgrößen ist stets auf die Ermittelung der tätigen Kräfte und ihrer Arbeitsgeschwindigkeit zurückzuführen. Diese Ermittelung erfolgt hierbei entweder in getrennten Abschnitten unter Benutzung geeigneter Meßgeräte, der Kraft- und Geschwindigkeitsmesser, oder mit Hilfe von Einrichtungen, welche die gleichzeitige Bestimmung der beiden Größen, auch wohl deren Vereinigung auf mechanischem Wege, ermöglichen und Arbeitsmesser oder Dynamometer genannt werden.

### 1. Die Kraftmessung mit Wagen.

Das Messen einer beliebigen Kraft erfolgt durch den Vergleich ihrer Wirkung mit der Wirkung einer anderen Kraft von bekannter Größe. Mechanische Einrichtungen zur Ausführung des Vergleiches werden im allgemeinen Kraftmesser oder Wagen, im besonderen beim Messen von Flüssigkeitsspannungen Manometer genannt.

Hiernach ist eine Wage ein Meßapparat zur Größenbestimmung von Kräften, bei dem diese Kräfte mit einer anderen Kraft von bekannter Größe ins Gleichgewicht gesetzt werden.

Je nachdem als messende Kraft die Schwere eines festen oder flüssigen Körpers oder die Federkraft (Elastizität) eines festen oder gasförmigen Körpers dient, werden Schwerkraft- oder Gewichtswagen und Federwagen unterschieden. Besitzen die zu messende Kraft ($P$) und die Meßkraft ($G$) nicht einen gemeinsamen Angriffspunkt und wirken sie nicht in der gleichen Geraden, so wird die gegenseitige Einwirkung der beiden Kräfte durch einen

Hebel vermittelt, und es werden die beiden Kraftwirkungen auf dessen Drehachse bezogen. Solche mit einem Hebel ausgerüstete Wagen heißen Hebel- oder Balkenwagen, der Hebel selbst der Wagbalken und die Abstände des Kräfteangriffes von der Drehachse die Arme der Wagen.

Die an den Enden des Wagbalkens angreifenden Kräfte besitzen gleiche Wirkung oder stehen im Gleichgewicht, wenn die Kraftmomente, d. h. die Produkte aus Kraft und Hebelarm, gleiche Größe besitzen. Es verhalten sich dann die wirksamen Kräfte umgekehrt wie die Armlängen des Wagbalkens, denn es ist nach Abb. 2

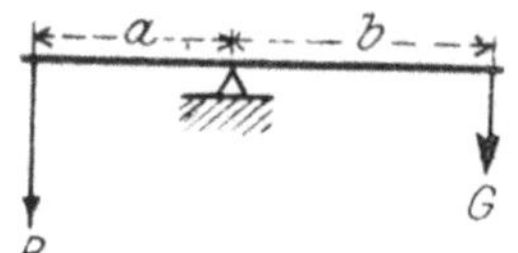

Abb. 2. Hebelwage.

$$Pa = Gb\,, \qquad P = G\frac{b}{a}\,.$$

Bei gleichen Armlängen ($a = b$) sind auch die im Gleichgewicht stehenden Kräfte von gleicher Größe ($P = G$). Derartige Wagen heißen gleicharmige Wagen oder gemeine Wagen. Ungleicharmige Wagen werden auch Schnellwagen genannt. Bei ihnen ist stets die Meßkraft die kleinere der beiden an dem Wagbalken angreifenden Kräfte.

### a) Die Schwerkraft- oder Gewichtswagen.

#### α) Balkenwagen.

Der Balken der Wage ist ein gerader, zuweilen auch winkelförmig gebogener stabförmiger Körper, der mittels einer senkrecht zu ihm stehenden und zwischen seinen Endpunkten liegenden Achse entweder in einem Gehänge oder auf einer Stütze drehbar gelagert ist: Hängewagen und Standwagen.

Die beim gegenseitigen Abwägen zweier Kräfte noch als zulässig zu bezeichnende Größtbelastung des Wagbalkens nennt man die Tragfähigkeit der Wage. Ihr hat die Biegungsfestigkeit des Balkens derart zu entsprechen, daß an ihm durch die ihn belastenden Kräfte keine oder doch nur unmerklich kleine Formänderungen hervorgerufen werden. Dem entsprechend und um zugleich das Gewicht des Wagbalkens zu vermindern, wird dieser bei Wagen, die für Feinmessungen bestimmt sind, in der Regel als Gitterträger ausgebildet. Die hierbei erzielte tunlichste Gewichtsverminderung des Balkens bezweckt, ebenso wie eine geringe Dicke seiner Drehachse, die möglichste Herabsetzung des seine Schwingbewegung hemmenden Reibungswiderstandes. Um bei genügender Tragfähigkeit der Achse eine kleine Berührungsfläche zwischen Zapfen und Lager zu erzielen, wird der erstere nach Abb. 3 als Schneide ($a$), das letztere als offene Pfanne ($b$) ausgebildet. Tunlichst sorgfältige Ausführung beider Teile dient der Reibungsverminderung, große Härte der Teile (Verwendung gehärteten Stahles, für die Pfanne auch Achat) sowie bei den für Feinmessungen bestimmten Wagen (Präzisionswagen) das Abheben der Schneide von der Pfanne bei Nichtbenutzung der Wage, bewirken die möglichst lange Erhaltung ihrer ursprünglichen Eigenschaften.

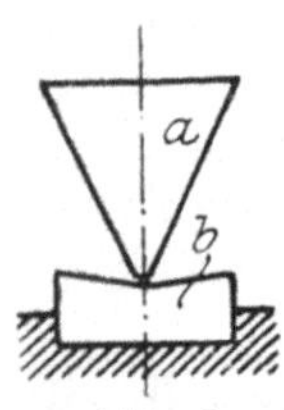

Abb. 3. Schneide und Pfanne.

Die Schwingungen des Wagbalkens sowie seine Einstellung in die Gleichgewichtslage, das sog. Einspielen der Wage, zeigt bei dem Wägen die ober- oder unterhalb der Schneide an dem Balken befestigte Zunge an. Dieselbe tritt in der Gleichgewichtslage des Balkens einer Marke gegenüber, die an der Unterstützung desselben befestigt ist. Sie ragt vom Balken aufwärts oder abwärts, je nachdem dieser von einem Gehänge gehalten wird oder auf einer stützenden Säule ruht. Bei Feinwagen schwingt die Zungenspitze vor einer kurzen Gradeinteilung, welche die Beobachtung des Spieles der Wage erleichtert und die Größe der wechselseitigen Ausschläge zu beiden Seiten der Einspielmarke ablesen läßt. Hierdurch kann die Schnelligkeit des Wägens gesteigert werden.

Die zu messende Kraft, zumeist das Gewicht einer Körpermasse, greift stets an dem einen der Balkenenden an; die Meßkraft, zumeist das bekannte Gewicht einer zweiten Körpermasse, befindet sich an dem anderen Balkenende oder einem, zuweilen veränderlichen Punkt zwischen diesem und der Balkenschneide. Den Angriff vermitteln ebenfalls Schneiden und Pfannen. Bei Wagen, die zu Gewichtsbestimmungen dienen, erfolgt der Anschluß des zu wägenden Körpers oder der Last und des Meßgewichtes an die Pfannen oder Schneiden durch Haken oder, insbesondere bei mehrstückigen Lasten, mittels hängender oder stehender Wagschalen, Tafeln oder Brücken. Je nach der Stützungsart der Last werden hiernach Schalenwagen, Tafelwagen und Brückenwagen unterschieden.

Das Vermögen einer Balkenwage, bei größter zulässiger Belastung des Wagbalkens noch kleine Gewichtsunterschiede anzuzeigen, heißt Empfindlichkeit. Als Maß derselben dient der Empfindlichkeitsgrad ($E$), das ist das bei Vollbelastung der Wage gemessene Verhältnis der größten einseitigen Tragfähigkeit des Wagbalkens ($T_{max}$ mmg) zu einem einseitig aufgebrachten kleinen Zulagegewicht ($\varepsilon$ mmg), das eben noch einen merkbaren Ausschlag des Balkens bewirkt, also

$$E = \frac{T_{max}}{\varepsilon} \text{ mmg}.$$

Der Empfindlichkeitsgrad ist bei der gleicharmigen Balkenwage dann unabhängig von der Belastung, wenn die drei den Balken, die Last und das Meßgewicht tragenden Schneiden auf einer Geraden liegen. Er wächst mit Abnahme der Armlänge, des Balkengewichtes und des Abstandes des Balkenschwerpunktes von der den Balken stützenden Schneide. Für gemeine Wagen soll nach den Bestimmungen der Normaleichungskommission der Empfindlichkeitsgrad betragen

bei Handelswagen $E = 500$ bis $2000$
bei Präzisionswagen $E = 500$ bis $10\,000$.

Für eine Wage mit $T_{max} = 1$ kg größter einseitiger Tragfähigkeit würde hiernach das zur Herbeiführung eines eben bemerkbaren Balkenausschlages erforderliche einseitige kleine Zulagegewicht betragen

$$\text{bei } E = 500: \quad \varepsilon = \frac{1000 \cdot 1000}{500} = 2000 \text{ mmg},$$

$$\text{bei } E = 10\,000: \quad \varepsilon = \frac{1000 \cdot 1000}{10\,000} = 100 \text{ mmg}.$$

Zwei Beispiele von Hochleistungen sind folgende: Im Jahre 1855 stellte *Bianchi* auf der Allgemeinen Agrikultur- und Industrieausstellung in Paris eine Wage aus, für welche war

$$T_{\max} = 1 \text{ kg} \qquad \text{und} \qquad \varepsilon = 0{,}1 \text{ mmg},$$

also

$$E = \frac{1 \cdot 1000 \cdot 1000 \cdot 10}{1} = 10\,000\,000$$

und im Jahre 1873 führte der Mechaniker *Schickert* in Dresden auf der Wiener Weltausstellung zwei Wagen vor, von denen die eine für

$$T_{\max} = 20 \text{ kg} \qquad \text{und} \qquad \varepsilon = 5 \text{ mmg}$$

die andere für

$$T_{\max} = 1 \text{ kg} \qquad \text{und} \qquad \varepsilon = \tfrac{1}{50} \text{ mmg}$$

gebaut war, so daß die Empfindlichkeitsgrade betrugen

$$E = \frac{20 \cdot 1000 \cdot 1000}{5} = 4\,000\,000$$

bzw.

$$E = \frac{1 \cdot 1000 \cdot 1000 \cdot 50}{1} = 50\,000\,000.$$

Auf die Genauigkeit der Wägung übt die Genauigkeit des Hebelarmverhältnisses des Wagbalkens entscheidenden Einfluß aus. Um unrichtige Wägungen zu vermeiden, ist daher auf die Herstellung desselben die größte Sorgfalt zu verwenden. Dies gilt insbesondere für solche Wagen, die zu Feinmessungen bestimmt sind (Präzisionswagen, analytische Wagen) und ausschließlich als gleicharmige Wagen gebaut werden. In bezug auf die Armlängen ($a$) mangelhaft ausgeführte gleicharmige Wagen, bei denen diese um einen geringen Betrag ($\delta$) verschieden sind, lassen durch Doppelwägung unter einmaliger Vertauschung von Last ($P$) und Meßgewicht ($G$) trotzdem ein richtiges Wägeergebnis erzielen, denn es ist dann einmal

$$P\,(a + \delta) = G\,a,$$

das andere Mal

$$G_1\,(a + \delta) = P\,a,$$

daher

$$P^2 a\,(a + \delta) = G G_1\, a\,(a + \delta),$$

$$P = \sqrt{G G_1}.$$

Zur Gewinnung eines größeren Übersetzungsverhältnisses zwischen Meßkraft und Last, insonderheit um mit kleinem Meßgewicht große Kräfte abwägen zu können, werden die Arme des Wagbalkens absichtlich verschieden groß ausgeführt. Die üblichsten Übersetzungsverhältnisse dieser ungleicharmigen Wagen sind 1 : 10 und 1 : 100. Derartige Wagen von einfacher Bauart werden Schnellwagen, von zusammengesetzter Bauart Dezimalwagen bzw. Zentesimalwagen genannt. Sie besitzen nur geringe Empfindlichkeit und bieten nur mäßige Genauigkeit.

Die nachstehenden Beispiele dienen der Kennzeichnung der wichtigsten Bauformen von Balkenwagen.

## Einfache Wagen.

Abb. 4. Gleicharmige Balkenwage. $P = G$. Für Feinwägungen zur Beschleunigung des Abwägens beim Ausgleich geringer Gewichtsunterschiede

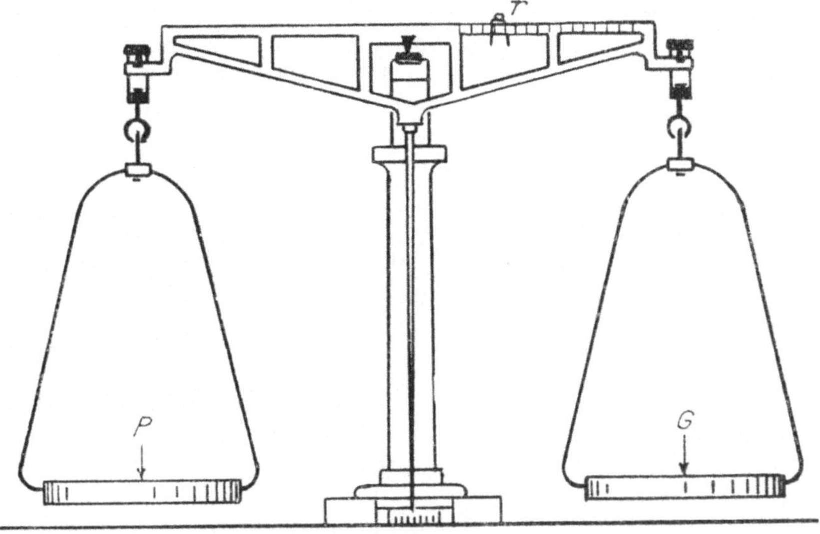


Abb. 4. Gleicharmige Balkenwage.

auch nach Art der Schnellwage benutzt, indem kleine gabelförmig gebogene Laufgewichte $r$, sog. Reiter, aus dünnem Draht längs der mit einer Gradteilung versehenen Oberkante des Wagbalkens so lange verschoben werden, bis die Wage einspielt.

Abb. 5. Schnellwage mit verjüngtem Gewicht. Ungleicharmige Balkenwage mit unveränderlichem Hebelarmverhältnis $\frac{a}{b} = m$.

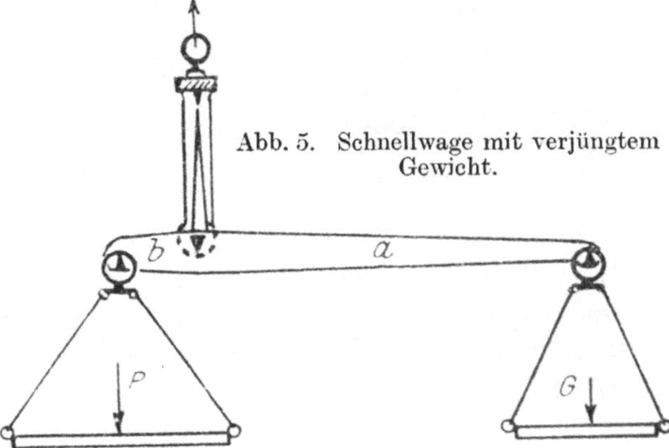


Abb. 5. Schnellwage mit verjüngtem Gewicht.

Schale für das Meßgewicht am langen Hebelarm ($a$), daher $G = \frac{1}{m} P$ und $P = mG$. Derartige Wagen finden nach *Stückrath*[1] auch als Manometer Verwendung. Dabei wird der Flüssigkeitsdruck von einem Kolben aufgenommen, der sich in einem feststehenden Zylinder reibungslos bewegt und die Lastschale vertritt. Bei 8 mm Kolbendurchmesser können Pressungen bis 600 Atm gemessen werden, bei einem wahrscheinlichen Fehler der Einzelmessung $= \pm 0{,}5$ v. T.

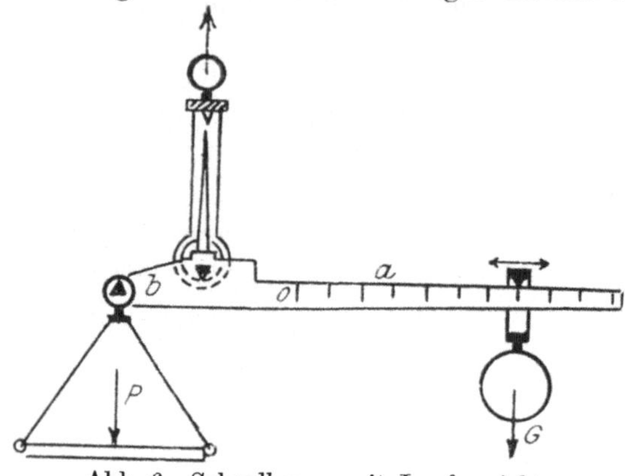

Abb. 6. Schnellwage mit Laufgewicht.

Abb. 6. Schnellwage mit Laufgewicht. $P = G \frac{a}{b}$. Einspielen der Wage wird durch Verschieben eines Gewichtes $G$ von bekannter Größe längs des mit Gradteilung versehenen längeren Hebelarmes $a$ bewirkt; daher veränderliches Armverhältnis $\frac{a}{b}$. Im Nullpunkt der Gradteilung hält das Meßgewicht der leeren Lastschale das Gleichgewicht.

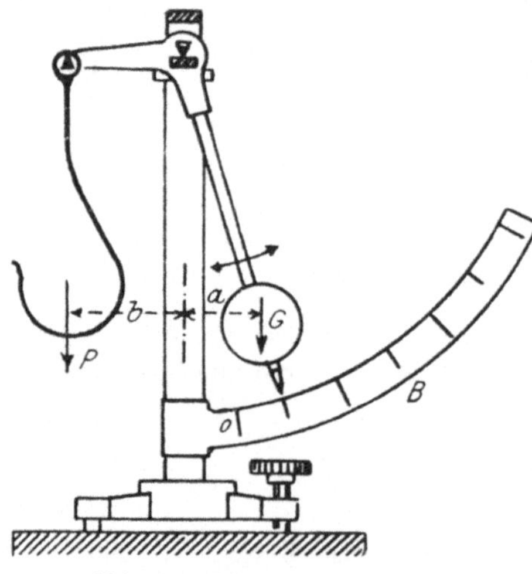

Abb. 7. Neigungswage.

Abb. 7. Neigungswage. Das Meßgewicht ist mit dem längeren Hebelarm fest verbunden. Die Belastung der Lastschale bewirkt die Drehung des Hebels bis das Moment des Meßgewichtes dem Moment der Last gleicht. Die an dem Gradbogen $B$ ersichtliche Hebelneigung mißt daher die Belastung, so daß deren Größe an dem Bogen abgelesen werden kann. Die Wage eignet sich vornehmlich zur raschen Bestimmung kleiner Lasten (Garnwage, Briefwage), findet aber auch als Kraftmesser bei Festigkeitsprüfungen Anwendung.

## Zusammengesetzte Wagen.

Abb. 8. Dezimalwage, auch Brückenwage genannt, wurde 1821 von *Quintenz* erfunden. Die Last ($P$) ruht auf einer Tafel oder Brücke ($B$), die von einem Hebel ($fg$) getragen wird, dessen Drehpunkt ($f$) auf einem zweiten, bei $e$ in einer Pfanne ruhenden Hebel ($de$) liegt. Die Enden der beiden Hebel

[1] Ztschr. d. V. d. I. 1910, S. 791.

sind durch die Gehänge $bg$ und $cd$ unter Vermittelung von Schneiden und Pfannen an den Wagbalken $abc$ angeschlossen, den die Schneide $o$ unterstützt und dessen Hebelarmverhältnis $\frac{oa}{ob} = 10$ ist. Die Schale $S$ nimmt das Meßgewicht ($G$) auf. Das Einspielen der Wage zeigen die Zungen $z$ an. Die Lage der Last auf der Brücke ist auf das Wägeergebnis ohne Einfluß, wie die folgende Rechnung zeigt.

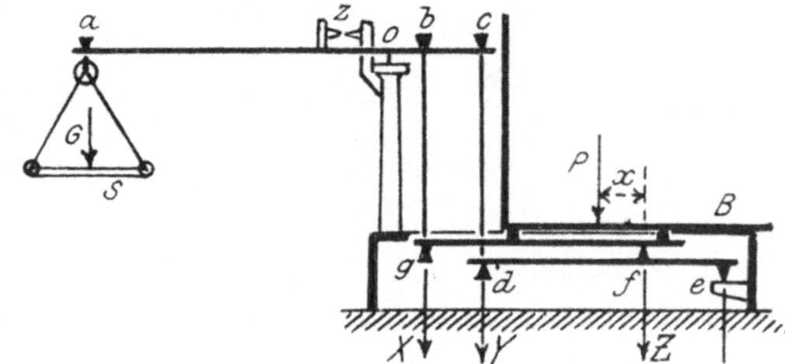

Abb. 8. Dezimalwage.

Der Abstand des Lastschwerpunktes von der Stütze sei $x$, die beim Einspielen der belasteten Wage an den Schneiden $g$, $d$ und f auftretenden Stützendrucke $X$, $Y$, $Z$. Dann ist unter der Voraussetzung, daß $\frac{ef}{de} = \frac{ob}{oc}$ gewählt wurde,

$$G\,oa = X\,ob + Y\,oc = P\frac{x}{gf}ob + P\left(1 - \frac{x}{gf}\right)\frac{ef}{de}oc = P\,ob$$

oder

$$P = G\frac{oa}{ob} = 10\,G,$$

denn es ist

$$X\,gf = P\,x, \qquad X = P\frac{x}{gf}$$

$$Y\,de = Z\,ef \qquad \text{und} \qquad Z\,gf = P\,(gf - x),$$

daher

$$Y = \frac{Z\,ef}{de} = P\frac{gf - x}{gf}\cdot\frac{ef}{de}.$$

Durch Anfügen eines zweiten Wagbalkens mit dem Übersetzungsverhältnis 1 : 10 geht die Dezimalwage in die für die Ermittelung großer Lasten, z. B. beladener Fuhrwerke, vorteilhafte Zentesimalwage über, für die dann $G = \frac{1}{10 \cdot 10}P = \frac{1}{100}P$ ist. Bei der Belastung des zweiten Wagbalkens mit einem Laufgewicht kann dieses mit einem Druckapparat versehen werden, der das Wägeergebnis durch Zahlenprägung auf einem Wägezettel festzulegen ermöglicht. Derartige Wagen werden z. Zt. bis zu 200000 kg Wiegeleistung gebaut.

Abb. 9 und 10. Selbsttätige oder automatische Wagen dienen in Fabrikbetrieben, wie Zementfabriken, Zuckerfabriken, Dampfkesselbetrieben usw., zum selbsttätigen Abwägen von Haufwerken und Flüssigkeiten bei gleichzeitiger selbsttätiger Angabe des Wägeergebnisses. Abb. 9 zeigt die

Einschaltung der Wage in den Fabrikationsgang einer Zuckerfabrik. Abb. 10 gibt die vereinfachte Einrichtung einer selbsttätigen Wage wieder. Der Wagbalken $B$ ist gleicharmig und bei $a$ unterstützt. An der Schneide $b$ hängt die Schale für das Meßgewicht $G$. Dieses besteht aus dem Grundgewicht $G$ und einem kleinen Zulagegewicht $G_2$, so daß $G_1 + G_2 = G$. Die Zulage ruht am Beginn der Wägung auf einem Stift $d$, der sie oberhalb der Schale schwebend erhält und wird beim Steigen der Schale von diesem abgehoben, so daß sie die steigende Schale neu belastet. Die Schneide $c$ trägt die Lastschale $L$, der bei der Wägung das Wägegut aus dem Trichter $T$ zufließt. Die Lastschale ist um die Achse $e$ drehbar und von dieser so unterstützt, daß die leere Schale durch das Gegengewicht $f$ in der Füllstellung $I$ gehalten wird, die mit Wägegut gefüllte Schale aber in die Stellung $II$ umschlägt. Die Achse $e$ wird von

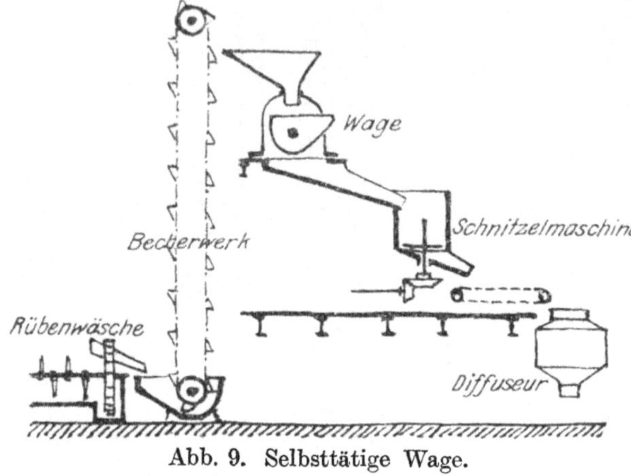

Abb. 9. Selbsttätige Wage.

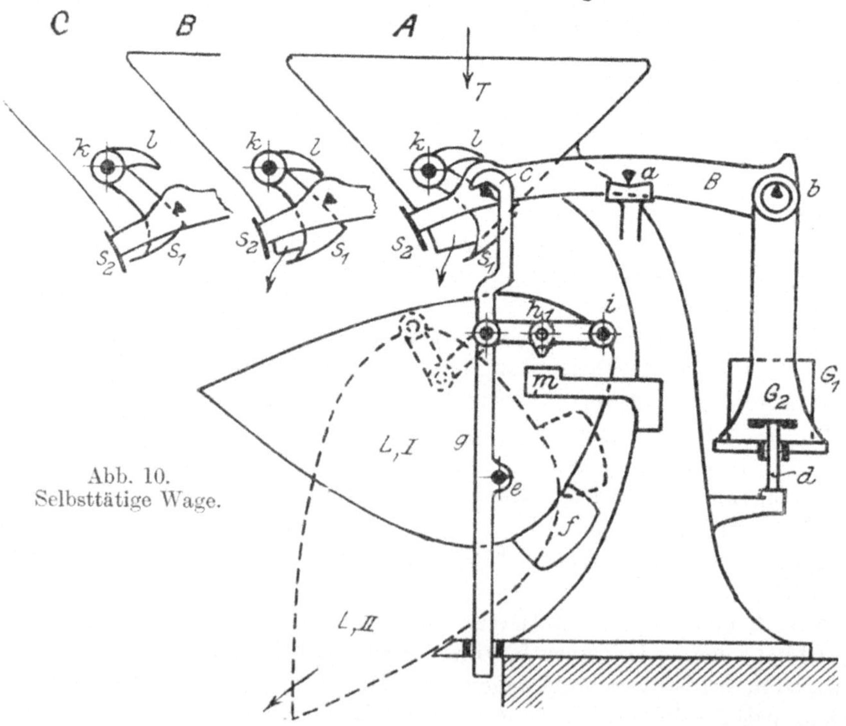

Abb. 10. Selbsttätige Wage.

dem Gehänge $g$ getragen. Dieses hängt auf der Schneide $c$ und ist durch den gestreckten Kniehebel $h$ bei $i$ nochmals mit der Lastschale verbunden. Vor der Ausflußöffnung des Fülltrichters $T$ liegen zwei Schieber $s_1$ und $s_2$. $s_2$ ist am Wagbalken, $s_1$ an einem um $k$ drehbaren zweiarmigen Hebel befestigt. Der kurze Arm $l$ dieses Hebels ruht auf dem Wagbalken und wird durch die Schwere des Meßgewichtes $G_1$ so angehoben, daß der Schieber $s_1$ von der Ausflußöffnung des Trichters zurückgezogen ist und das Wägegut in die Lastschale fließen kann (Abb. 10, $A$). Erreicht hierbei das Gewicht der Lastschalenfüllung dasjenige des Meßgewichtes $G_1$, so sinkt die Schale herab, und es verkleinert der mitsinkende Schieber $s_1$ die Austrittsöffnung des Trichters $T$ soweit, daß das Wägegut nur noch in schwachem Strom nachfließt (Abb. 10, $B$). Gleichzeitig hat die steigende Gewichtsschale den Reiter $G_2$ von seinem Sitz abgehoben und ist durch ihn neu belastet worden. Das Sinken der Lastschale wird hierdurch solange unterbrochen, bis durch weiteres Nachfließen von Wägegut der Gleichgewichtszustand von neuem, jetzt zwischen der Schalenfüllung $P$ und dem Meßgewicht $G = G_1 + G_2$ hergestellt ist und der sinkende Schieber $s_2$ die Ausflußöffnung des Trichters völlig schließt (Abb. 10, $C$). Dabei stößt das Mittelgelenk $h$ des Kniehebels gegen das Widerlager $m$, der Hebel knickt nach oben aus, und die Lastschale entleert sich durch Drehung um die Achse $e$. Nach der Entleerung richtet das Gegengewicht $f$ die leere Schale wieder auf, und es führt das Übergewicht von $G_1$ die Ausgangsstellung aller Teile der Wage wieder herbei. Die Anzahl der stündlich oder täglich erfolgten Entleerungen der Lastschale wird durch ein Zählwerk festgestellt, das von dem Gehänge $g$ angetrieben wird.

#### β) Balkenlose Wagen.

Als balkenlose Gewichtswagen sind diejenigen Meßeinrichtungen zu bezeichnen, bei denen das Gewicht einer Flüssigkeitssäule von veränderlicher Höhe das Meßgewicht bildet. Einrichtungen dieser Art finden als Heber-, bzw. Gefäßmanometer bei der Bestimmung des Druckes oder der Spannung von Gasen und Dämpfen Anwendung. Als Meßflüssigkeit dient entweder Quecksilber oder Wasser. Das erstere infolge seines hohen relativen Gewichtes ($\gamma = 13{,}6$, 1 Atm = 0,760 m Quecksilbersäule) für hohe, letzteres ($\gamma = 1$, 1 Atm = 10,334 m Wassersäule) für niedere Pressungen. Abb. 11 zeigt ein Heber-, Abb. 12 ein Gefäßmanometer. In den Heberschenkel $a$ bzw. in das Gefäß $b$ bei $c$ eingeleitetes Druckgas bewirkt das Ansteigen der Meßflüssigkeit im Meßrohr $r$ bis zu einer Höhe $h$, bei der die Flüssigkeitssäule dem Gasdruck das Gleichgewicht hält. Der Flüssigkeitsstand wird an einer Gradleiter (Skala) abgelesen,

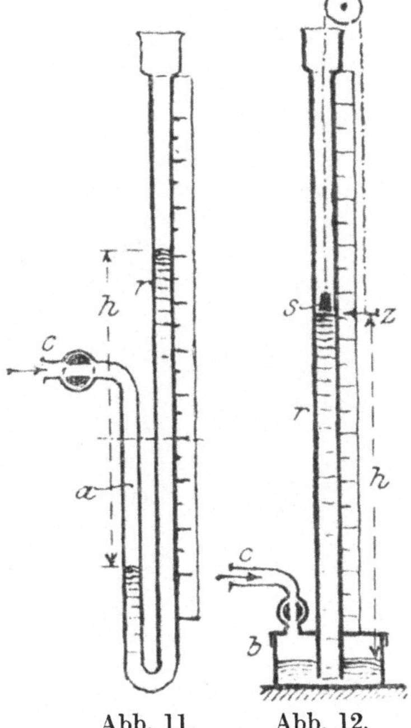

Abb. 11. Abb. 12.
Heber- und Gefäßmanometer

vor welcher bei eisernem Meßrohr ein Zeiger *z* (Abb. 12) spielt, der durch eine Schnur mit einem auf der Meßflüssigkeit ruhenden Schwimmer *s* verbunden ist. Gefäßmanometer, bei denen die Meßflüssigkeit unter Vermittelung einer biegsamen Metallplatte (Membran) belastet wird, finden als M e ß d o s e n auch für das Messen beliebiger Kräfte, z. B. bei Festigkeitsprüfungen von Baustoffen, Anwendung.

### b) Die Federwagen.

Zufolge des Umstandes, daß die Wirkungsfähigkeit elastischer Körper nicht an eine bestimmte Richtung im Raum gebunden ist, können Federwagen unmittelbar zum Messen beliebig gerichteter Kräfte verwendet werden. Während die Schwerkraft je nach dem Abstand des Beobachtungsortes vom Erdmittelpunkt verschiedene Größe besitzt, indem sie im umgekehrten Verhältnis zum Quadrat des Abstandes steht, ist die Federkraft elastischer Körper unabhängig von der Anziehungskraft der Erde. Dies bedingt, daß Federwagen nicht zu Vergleichsmessungen mit Gewichtswagen dienen können, wenn die Messungen in verschiedenen Höhenlagen über dem Meeresspiegel erfolgen müssen.

Die Meßfedern bestehen in der Regel aus gehärtetem Stahl, zuweilen auch aus durch Hämmern oder Ziehen gehärtetem Messing. Es sind Plattenfedern, Zungenfedern, Schraubenfedern oder Rohrfedern, die auf Zug, Druck, Biegung oder Verdrehung durch die zu messende Kraft beansprucht werden. Die bei der Beanspruchung eintretende Formänderung ist proportional der Federung und bildet, weil beobachtbar, das Maß für die Größe der zu messenden Kraft. Der hierbei gültige Maßstab, d. h. der Zusammenhang der Formänderung mit der die Feder belastenden Kraft, wird durch Probebelastung der Feder

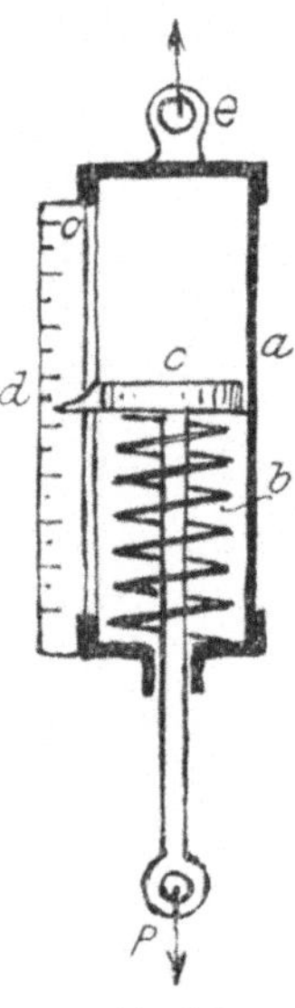

Abb. 13. Federwage.

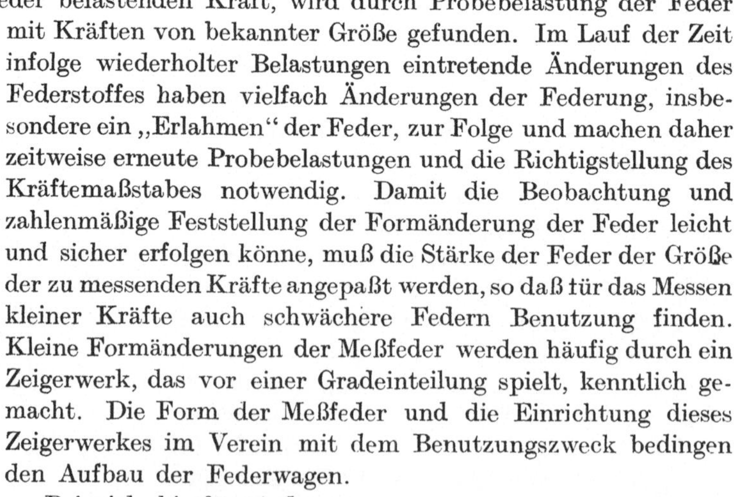

mit Kräften von bekannter Größe gefunden. Im Lauf der Zeit infolge wiederholter Belastungen eintretende Änderungen des Federstoffes haben vielfach Änderungen der Federung, insbesondere ein „Erlahmen“ der Feder, zur Folge und machen daher zeitweise erneute Probebelastungen und die Richtigstellung des Kräftemaßstabes notwendig. Damit die Beobachtung und zahlenmäßige Feststellung der Formänderung der Feder leicht und sicher erfolgen könne, muß die Stärke der Feder der Größe der zu messenden Kräfte angepaßt werden, so daß für das Messen kleiner Kräfte auch schwächere Federn Benutzung finden. Kleine Formänderungen der Meßfeder werden häufig durch ein Zeigerwerk, das vor einer Gradeinteilung spielt, kenntlich gemacht. Die Form der Meßfeder und die Einrichtung dieses Zeigerwerkes im Verein mit dem Benutzungszweck bedingen den Aufbau der Federwagen.

Beispiele hierfür sind:

Abb. 13. D i e e i n f a c h e F e d e r w a g e. Die von einem Gehäuse *a* umhüllte Meßfeder *b* trägt den Kolben *c* und stellt ihn, wenn entlastet, auf den Nullpunkt der Gradleiter *d* ein. Beim

Festhalten des Gehäuses am Ringe *e* und Belasten des Kolbens durch die zu messende Kraft (*P*) wird die Feder um einen der Kraft entsprechenden Betrag zusammengedrückt, so daß in der neuen Stellung des Kolbens die Größe der Belastung an dem Federmaßstab abgelesen werden kann. Derartige Wagen finden bei Gewichtsbestimmungen (Briefwage) oder bei dem Messen von Druck- und Zugkräften Anwendung, oder dienen bei Balkenwagen zum Ersatz der Meßgewichte, wobei sie ein rascheres Abwägen ermöglichen.

Abb. 14, 15. Federmanometer zum Messen der in Flüssigkeiten, Dämpfen und Gasen tätigen Spannkräfte[1]. Es sind vornehmlich zwei Bauformen im Gebrauch: Plattenfedermanometer und Rohrfedermanometer. Bei dem ersteren (Abb. 14, Manometer von *Schäffer* u. *Budenberg*) nimmt eine

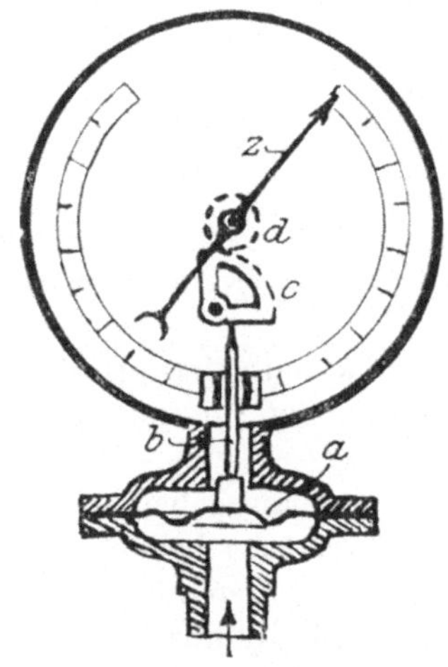

Abb. 14. Plattenfedermanometer.

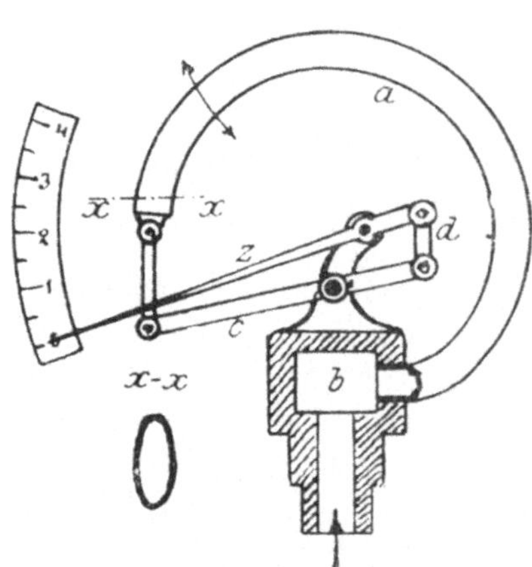

Abb. 15. Rohrfedermanometer.

dünne Stahlblechscheibe *a*, die zur Erhöhung der Biegbarkeit ringförmig gewellt ist, den Druck der Flüssigkeit auf. Ein in der Mitte der Platte aufsitzendes Stäbchen *b* überträgt die Durchbiegung unter Vermittelung des Zahnbogens *c* und des Triebrädchens *d* auf den Zeiger Z, der vor der kreisförmigen Gradleiter spielt.

Bei dem von *Bourdon* angegebenen Rohrfedermanometer, Abb. 15, bildet ein einseitig geschlossenes, kreisförmig gebogenes Messing- oder Stahlrohr *a* die Meßfeder. Der Querschnitt des Rohres ist oval oder linsenförmig gestaltet (Schnitt $x-x$). Infolge der hierdurch bedingten verschiedenen Größe des äußeren und inneren Umfanges des Rohrringes bewirkt der Druck der bei *b* in die Feder eintretenden Flüssigkeit eine dem Druck proportionale Streckung der Feder, die dann der Hebel *c* und die Zugstange *d* auf den Zeiger *Z* übertragen.

Durch den gleichzeitigen Anschluß zweier gleichartiger Federmanometer an den Zufluß der Druckflüssigkeit wird die Sicherheit der Druckbestimmung

[1] *Martens*, Über die Brauchbarkeit des Federmanometers für die Messung großer Kräfte. Ztschr. d. V. d. I. 1914, S. 201.

erhöht, sofern abweichende Angaben der beiden Manometer auf Unregelmäßigkeiten schließen lassen und zur Nachprüfung auffordern (Kontrollmanometer). Die Eichung und Nachprüfung der Federmanometer findet mit Hilfe von Gewichtsmanometern[1] statt, die an die gleiche Druckleitung angeschlossen werden.

## C. Die Gewichtsbestimmung strömender Flüssigkeiten.

Bei strömenden Flüssigkeiten, sie mögen tropfbar (Wasser) oder dampf- bzw. gasförmig (Wasserdampf, Luft) sein, tritt an die Stelle der unmittelbaren Gewichtsermittelung die Volumenmessung, die dann unter Berücksichtigung des relativen Gewichtes ($\gamma$ kg/cbm) der Flüssigkeit nach der Gleichung

$$G = Q\gamma \text{ kg}$$

zur Kenntnis von deren absolutem Gewichte führt.

Die Volumen- oder Gewichtsbestimmung einer strömenden Flüssigkeit bezweckt entweder

a) die Kenntnis derjenigen Flüssigkeitsmenge, die im Verlauf eines beliebig langen Zeitabschnittes eine Leitung stetig oder mit Unterbrechungen durchfließt, oder

b) die Ermittelung der Flüssigkeitsmenge, die innerhalb eines gegebenen, meist kleinen Zeitabschnittes, z. B. einer Sekunde oder Minute, in einer Leitung für den Verbrauch zur Verfügung steht.

Die Grundlage aller Meßverfahren, die dem unter a) angegebenen Zwecke entsprechen, bildet die Ausführung einer Anzahl während der beliebig langen Meßzeit aneinandergereihter Einzelmessungen und deren Vereinigung durch Summierung. Diese letztere erfolgt dabei meist selbständig durch ein Zählwerk, das von der strömenden Flüssigkeit betrieben wird und das die durch den Messer geflossenen Mengen in Raum- oder Gewichtseinheiten nach Einern, Zehnern, Hunderten usw. geordnet an Zahlenscheiben oder Zifferblättern anzeigt. Derart eingerichtete Meßgeräte werden auch Zähler (Gaszähler) genannt.

Die Meßverfahren der Gruppe b) gehen von der Kenntnis eines Querschnittes ($F$ qm) der Flüssigkeitsleitung und der in diesem herrschenden mittleren Fließgeschwindigkeit ($v_{\text{mitt}}$ m/Sek.) der Flüssigkeit aus und führen durch Verknüpfen dieser Größen mit dem relativen Gewicht der Flüssigkeit ($\gamma$ kg/cbm) nach der Gleichung

$$G = F\, v_{\text{mitt}}\, \gamma \text{ kg}$$

zur Kenntnis des in 1 Sek. verfügbaren Flüssigkeitsgewichtes.

Dabei stellt die mittlere Geschwindigkeit die rechnerische oder zeichnerische Zusammenfassung aller in dem Querschnitt des untersuchten Flüssig-

[1] Für sehr hohe Pressungen bestimmte Quecksilbermanometer befinden sich im Municipal-Technical-College zu Manchester (53 m Höhe = 70 Atm), am Eiffelturm zu Paris (300 m Höhe = 400 Atm), in einem Bergwerk bei St. Etienne (400 m Höhe = 530 Atm) und in Butte aux Cailles (500 m Höhe = 650 Atm).

keitsstromes bestehenden Einzelgeschwindigkeiten dar, die aus dem hemmend wirkenden Einfluß der Leitungsumgrenzungen hervorgehen. Bei großen Abmessungen und unregelmäßiger Form des Querschnittes, wie sie z. B. bei größeren Wasserläufen, wie Flüssen, Strömen usw., vorliegen, setzt die Ermittelung dieser Einzelgeschwindigkeiten nach Anleitung von Abb. 16 die ideelle Zerlegung des Querschnittes in eine Vielzahl quadratischer Felder und das Messen der Geschwindigkeit in deren Mittelpunkt voraus. Durch Vermehrung der Einzelmessungen ist hierbei jeder beliebige Genauigkeitsgrad erreichbar.

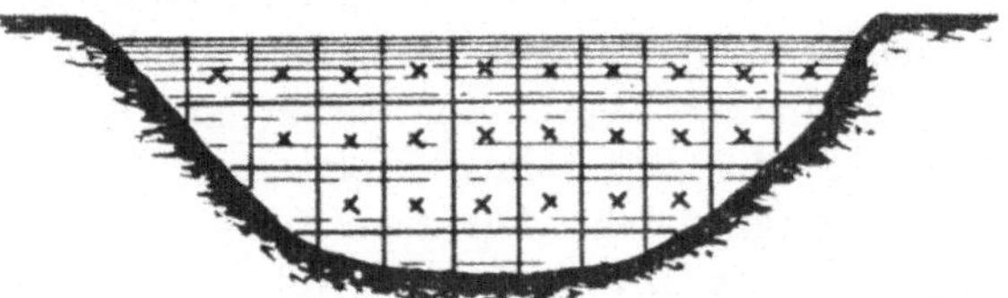

Abb. 16. Zerlegung des Stromprofiles.

Haben die Felder die Größen $f_1, f_2, f_3 \ldots$ qm und sind $c_1, c_2, c_3 \ldots$ in m/Sek. die in ihnen gemessenen Mittengeschwindigkeiten, so folgt die durchfließende Wassermenge in Kubikmeter zu

$$Q = f_1 c_1 + f_2 c_2 + f_3 c_3 + \ldots = \sum (f c)$$

oder für $f_1 = f_2 = f_3 = \ldots f$

$$Q = f \sum (c) .$$

Umgekehrt liefern diese Gleichungen die im Gesamtquerschnitt $F$ herrschende mittlere Geschwindigkeit

$$v_{\text{mitt}} = \frac{f_1 c_1 + f_2 c_2 + \ldots}{f_1 + f_2 + \ldots} = \frac{\sum (f c)}{F} ,$$

bzw.

$$v_{\text{mitt}} = \frac{f \sum (c)}{n f} = \frac{\sum (c)}{n} .$$

In rechteckigen Querschnitten ist hiernach die mittlere Geschwindigkeit gleich dem arithmetischen Mittel aus den Einzelgeschwindigkeiten.

Die Ausübung der die Gruppe a) bildenden Meßverfahren erfordert entweder Meßgefäße, die in mehrfacher Aufeinanderfolge gefüllt und entleert werden oder Meßräder, die in den Flüssigkeitsstrom eingesetzt sind und durch den Stoß der Flüssigkeit im Verhältnis zu deren Fließgeschwindigkeit in Umdrehung versetzt werden. Bei den Meßverfahren der zweiten Gruppe b) finden mit Düsen oder mit Staukörpern ausgestattete Meßgeräte Anwendung, welche eine genaue Ausmittelung des durchflossenen Leitungsquerschnittes und tunlichst einfache Ausführung der Geschwindigkeitsmessung an der Meßstelle gewährleisten. Eine besondere Stellung nimmt hier ein neues Meßverfahren ein, das auf der Anwendung einer gesättigten Kochsalzlösung beruht, die dem Wasser beigemischt wird. In einer bestimmten Entfernung von der Eintragestelle der Lösung wird dem Wasserlauf eine Mischprobe entnommen und aus dem Verdünnungsgrad auf die Wassermenge geschlossen. Die Notwendigkeit einer möglichst vollkommenen Mischung der Salzlösung mit dem Wasser läßt die Anwendung des Verfahrens, insbesondere für die Wassermessung bei Hochdruckturbinenanlagen geeignet erscheinen[1].

## 1. Volumenbestimmung mittels Meßgefäßen oder Eichung.

Dieses für das Messen tropfbarer Flüssigkeiten und Gase verschiedenster Art anwendbare Verfahren beruht auf dem Vergleich eines Flüssigkeitsvolumens mit dem seiner Größe nach bekannten Rauminhalt eines Meß- oder Eichgefäßes. Für tropfbare Flüssigkeiten (Wasser) besteht dieses Meßgefäß, der Eichbottich (Abb. 17), aus Holz, oder, weil besser formhaltend, aus Metall, z. B. Eisenblech oder Gußeisen, und besitzt Zylinder- oder Prismenform. Gleichheit aller Querschnitte, genau normale Lage des Gefäßbodens zur Gefäßachse sowie genau wagrechte Lage des Bodens bei der Benutzung des Gefäßes sind die Vorbedingungen für eine genaue Messung. Diese Forderungen sind nur unter Aufwendung hoher Kosten zu erfüllen. Sie bedingen daher im allgemeinen eine mäßige Größe des Eichgefäßes und damit die Anwendung des Eichverfahrens nur bei dem Messen kleinerer Flüssigkeitsmengen. Für diese sichert das Eichen aber eine große Genauigkeit. Die Zuleitung der Flüssigkeit zum Meßgefäß erfolgt zweckmäßig mittels einer Kipprinne *a* (Abb. 17), so daß durch rasches Umlegen derselben der Anfang und das Ende der Bottichfüllung genau begrenzt werden kann. Ist dann

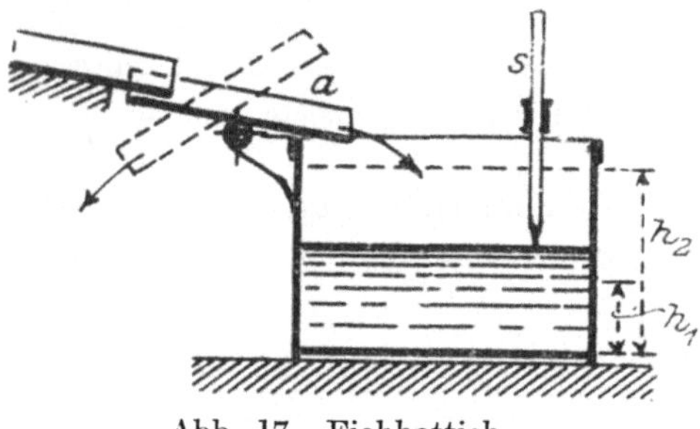

Abb. 17. Eichbottich.

$F$ qm der Bottichquerschnitt,

$h = (h_2 - h_1)$ m die mittels Stichmaß ($s$ der Abbildung) gemessene Höhenlage des Flüssigkeitsspiegels über dem Bottichboden am Beginn und am Ende der Meßzeit und

$t$ Sek. die Füllungs- oder Meßzeit,

so folgt die in 1 Min. in den Bottich geflossene Flüssigkeitsmenge zu

$$q = 60 \frac{F h}{t} \text{ cbm}.$$

Nach dem Messen wird die das Meßgefäß füllende Flüssigkeit durch eine mit Ventil oder Hahn abschließbare Bodenöffnung abgelassen.

Die Bestimmung größerer Flüssigkeitsmengen ($Q$) erfordert die $n$ malige Wiederholung der Messung bei neu zuströmender Flüssigkeit, die zu dem Endergebnis

$$Q = q_1 + q_2 + q_3 + \ldots + q_n = \sum (q) \text{ cbm}$$

oder bei gleicher Größe der Einzelmengen zu

$$Q = n q \text{ cbm}$$

führt.

[1] Ztschr. d. V. d. I. 1913 S. 1280; 1922 S. 18.

Durch selbsttätig herbeigeführten Wechsel des Füllens und Entleerens des Eichgefäßes mittels eines die Kipprinne und das Bodenventil beeinflussenden Schwimmers wird das Eichverfahren für die Ausführung von Dauermessungen, z. B. bei dem Messen des Speisewassers für Dampfkesselanlagen, verwendbar[1].

Bei anderen derartigen Wassermessern spielt im Innern eines meist stehend angeordneten Zylinders $a$ (Abb. 18), der das Meßgefäß bildet, ein Kolben $b$, der während eines Spieles, das ist eines Auf- und Niederganges, einen Raum von bekannter Größe ($q$) durchläuft, so daß bei $n$ Spielen den Zylinder die Wassermenge $Q = nq$ durchfließt. Die Bewegung des Kolbens bewirkt das dem Messer unter Druck, z. B. durch eine Pumpe, zugeführte Wasser und die Umsteuerung des Kolbens an den Hubenden, beispielsweise bei dem Kolbenwassermesser von *Kennedy*, ein Fallgewicht $c$, das vom Kolben gehoben wird und beim Fall den Steuerhahn $d$ umstellt. Hierdurch wird der Eintritt des Wassers abwechselnd über und unter den Kolben veranlaßt und gleichzeitig auch der Austritt des Wassers geregelt.

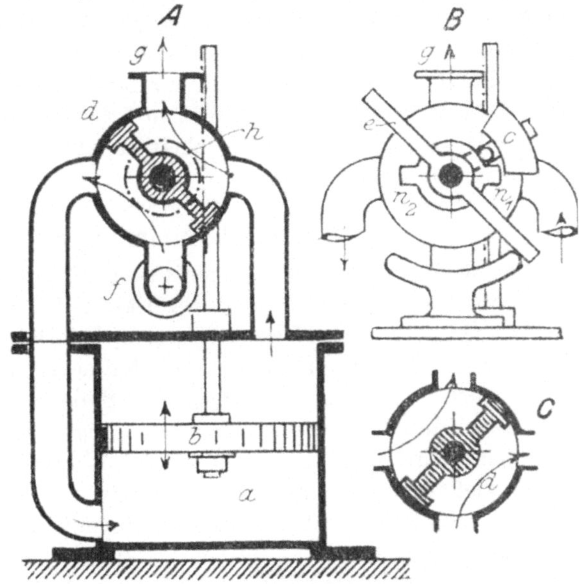


Abb. 18. Kolbenwassermesser.

Der Hahnkörper sowie der Schalthebel $e$ sitzen fest, die Nasenscheibe $n_1$ $n_2$ sowie das Fallgewicht $c$ lose auf der Drehachse des Hahnes. Der unter dem Druck des bei $f$ zufließenden und bei $g$ abströmenden Wassers emporsteigende Kolben dreht die Nasenscheibe durch Vermittelung des mit ihr verbundenen Zahnrades $h$, so daß die Nase $n_1$ das Fallgewicht $c$ so lange hebt, bis dieses nach dem Durchlaufen der Höchstlage, der Nase vorauseilend, gegen den Schalthebel $e$ schlägt. Hierdurch wird die Umsteuerung des Messers bewirkt und der Hahnkörper aus der Stellung $A$ in die Lage $C$ übergeführt.[2]

Für das Messen gasförmiger Flüssigkeiten, wie Luft, Leuchtgas u. dgl., werden Kolbenmesser benutzt, deren Kolben durch eine biegsame Lederscheibe, eine sog. Membran oder ein Diaphragma, ersetzt ist, die einen Teil der Wandung des Meßraumes bildet und deren wechselseitige Durchbiegung von

[1] Offener Flüssigkeitsmesser von *J. C. Eckardt* in Stuttgart-Cannstatt.

[2] Einen Kolbenmesser mit drei Meßzylindern der *Siemens-Schuckert*-Werke siehe Ztschr. d. V. d. I. 1904, S. 1831.

dem unter Druck einströmenden Gase bewirkt und geregelt wird (trockene Gasmesser). Auch ist hier der als „Gasuhr" bekannte, in Leuchtgasfabriken und bei dem Verteilen des Leuchtgases in Leitungsnetzen benutzte Meßapparat zu nennen, bei dem durch das Zusammenwirken einer von dem durch den Messer strömenden Gase in Drehung versetzten Trommel mit einer im Gehäuse des Meßapparates befindlichen Glycerinfüllung die Messung des Gases erfolgt (nasser Gasmesser von *Crosley*). Die Trommel taucht bis über die Achse in das Glycerin und enthält im Innern vier schräg zur Trommelachse stehende Platten, die als Kolben dienen. Sie bewirken unter dem Druck des Gases die Drehung der Trommel und damit bei jeder Umdrehung das Abteilen einer bestimmten Gasmenge. Ein mit der Trommelachse verbundenes Zählwerk mit verschiedenen Zifferscheiben läßt die durch die „Uhr" geflossene Gasmenge in Litern ablesen.

## 2. Volumenbestimmung mit Meßrädern.

Die hierfür benutzten Meßgeräte dienen vornehmlich der Wassermessung und werden daher auch in der Regel kurz als „Wassermesser" bezeichnet. Sie werden in die das Wasser führende Rohrleitung eingeschaltet und daher von dem Wasser durchflossen. Das Meßrad ist von einem Gehäuse umgeben, in das auch das die Umdrehungen des Rades anzeigende Zählwerk eingebaut ist. Das Meßrad ist entweder ein Flügelrad: Flügel-Wassermesser, oder ein Schraubenrad: Schrauben-Wassermesser. Dasselbe wird, da es den Gehäusequerschnitt nahezu erfüllt, von dem Stoß des Wassers im Verhältnis der mittleren Wassergeschwindigkeit umgetrieben, so daß einer jeden innerhalb einer Sekunde durch den Messer geflossenen Wassermenge eine bestimmte Anzahl Raddrehungen entspricht. Umgekehrt läßt die Zahl dieser auf die durch den Messer geflossene Wassermenge schließen. Im allgemeinen schwankt bei den verschiedenen Bauarten dieser Wassermesser die Umdrehungszahl des Meßrades, um 1 cbm anzuzeigen, etwa zwischen 6200 und 27200 Umdrehungen und beträgt der mittlere Fehler der Messung im Durchschnitt etwa 1,5 bis 2,0 vH.[1]

Zur Erläuterung der allgemeinen Bauart von Flügelmessern diene Abb. 19. Das Meßrad $a$ ist mit stehender Welle im Innern eines Zylinders $b$ gelagert, der gleichachsig in das ebenfalls zylindrische Gehäuse $c$ eingehängt ist. Die Verbindung des Innern dieses Zylinders mit dem Zuflußrohr $d$ vermitteln sechs über den Zylindermantel verteilte Bohrungen $o_1$ mit schräg zum Umfang gestellten Achsen (Abb. 19, B). Sechs gleichartige Bohrungen $o_2$, deren Achsen zu denen von $o_1$ entgegengesetzt gerichtet sind, vermitteln die Verbindung des Zylinderinnern mit dem Abflußrohr $e$. Das Meßrad besitzt radial gestellte Flügel. Seine Achse ruht in einem Fußlager $l$ und durchragt die Decke des Zylinders, die gleichzeitig den Boden für die Zählwerkkammer $f$ bildet. Der von der Mittelachse dieses getragene Zeiger $g$ (Abb. 19, C) gibt am Umfang der großen Zählscheibe 1 Bruchteile von Litern an, die weiteren Zählscheiben 2

[1] *Salbach*, Bericht über mit Wassermessern verschiedener Konstruktion angestellte Untersuchungen. Dresden 1875.

bis 7 lassen der Reihe nach die Mengen 1 bis 9, 10 bis 90 . . . bis 100 000 bis 900 000 l ablesen; die gezeichneten Zeigerstellungen entsprechen daher einer durchgeflossenen Menge von 25 180 l. Der Eintritt des Wassers bei $o_1$ bewirkt die Linksdrehung des Meßrades und das Fortschreiten der Zeiger der einzelnen Zählwerke in der Richtung von 1 bis 9. Rückwärts strömendes Wasser, das bereits den Messer durchfloß und dabei gezählt worden ist, bewirkt infolge der Schrägbohrungen $o_2$ die Rechtsdrehung des Meßrades und somit das Zurückstellen der Zählwerke um den entsprechenden Betrag[1]. Eine Glasscheibe *h* deckt und schützt die Zählscheiben, ein Sieb *i* hält im Wasser schwimmende Fremdkörper zurück.

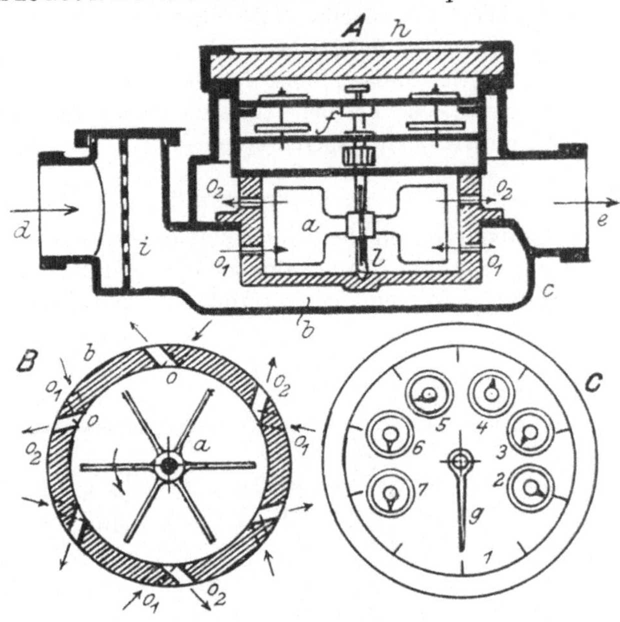

Abb. 19. Flügelradmesser.

Die mit dem Messen verbundenen Drückverluste wachsen mit der den Messer in der Stunde durchfließenden Wassermenge. Sie betragen bei verschiedenen Messern im Durchschnitt bei 0,5 cbm stündlicher Durchflußmenge etwa 0,2 m, bei 7 cbm etwa 12 m Wassersäule.

Diesem gegenüber stellt sich der Druckverlust des **Schraubenmessers** oder **Woltmannmessers**, dessen allgemeine Bauart Abb. 20 ersehen läßt, mit 5 m Wassersäule bei 7 cbm Durchflußmenge erheblich günstiger. Es ist dies in der Bauart desselben begründet. Die rohrförmige Gestalt des Gehäuses *a* und die in der Achsenrichtung des Rohres liegende Drehachse des als Schraubenrad ausgebildeten Meßrades *b* gibt zu nur geringen Richtungs- und Querschnittsänderungen des Wasserstromes und damit zur Herabsetzung der Strömungswiderstände Anlaß. Das Zählwerk ist in einem

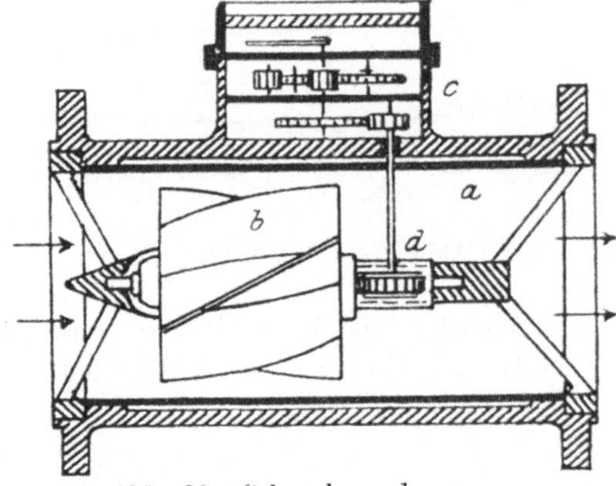

Abb. 20. Schraubenradmesser.

[1] Wassermesser von *Andrae*. D. R. P. Nr. 89 077 v. 11. Febr. 1896.

Gehäuse $c$ außerhalb des Wasserrohres angeordnet und wird durch Triebschraube und Rad $d$ von der Meßradwelle angetrieben. Seine Einrichtung gleicht der beim Flügelmesser besprochenen. Ein für eine Tagesleistung von rund 35 000 cbm in eine Rohrleitung von 800 mm Durchmesser eingebauter Schraubenmesser lieferte bereits bei 0,4 bis 0,25 Proz. der höchsten Durchflußmenge richtige Meßergebnisse[1]. Die Quelle zeigt auch, wie das Meßergebnis durch elektrische Fernleitung nach einem von der Meßstelle entfernten Beobachtungsort übertragen werden kann.

## 3. Volumenbestimmung mit Düsen.

Besitzt die von der Flüssigkeit durchflossene Rohrleitung eine nach Anleitung von Abb. 21a als Doppelkegel gestaltete Einschnürung (Venturirohr), so findet in dieser eine Vergrößerung der Fließgeschwindigkeit statt. Entsprechend der Gleichung $v = \sqrt{2gh}$ wird ein Teil der im Eingangsquerschnitt ($f_1$) der kegelförmigen Düse $k_1$ vorhandenen dynamischen Druckhöhe $h_1$ in Geschwindigkeit umgesetzt. Hierdurch sinkt die Druckhöhe im Querschnitt $f_2$ auf die Größe $h_2$ herab, während die in $f_1$ bestehende Strömungsgeschwindigkeit $v_1$ im Querschnitt $f_2$ auf $v_2$ steigt. Für den Gleichgewichtszustand

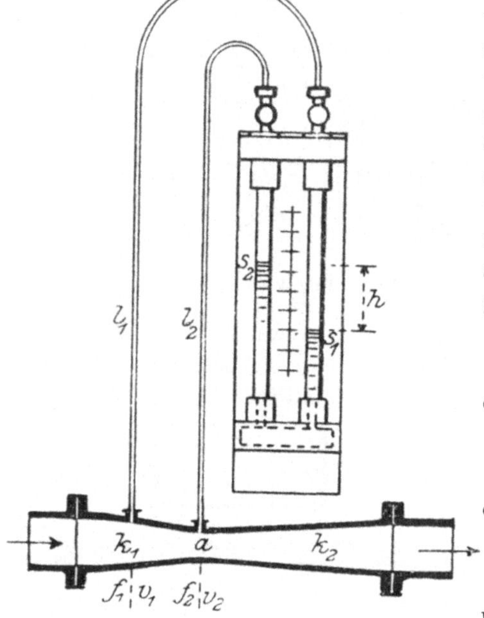

Abb. 21. Düsenmesser.

$$h_1 + \frac{v_1^2}{2g} = h_2 + \frac{v_2^2}{2g}$$

ergibt sich daher der Druckunterschied

$$h_1 - h_2 = \frac{v_2^2 - v_1^2}{2g}$$

oder mit Rücksicht auf $f_1 v_1 = f_2 v_2$

$$h = h_1 - h_2 = \frac{v_2^2}{2g}\left[\left(\frac{f_2}{f_1}\right)^2 - 1\right]$$

und

$$v_2 = \text{Const.} \sqrt{2gh}\,.$$

Hiernach bildet der Druckhöhenverlust an der Einschnürung ein Maß für die Geschwindigkeit $v_2$ und das in der Zeiteinheit das Meßgerät durchfließende Gewicht der Flüssigkeit

$$G = f_2 v_2 \gamma\,.$$

Nach *Siemens & Halske A. G.* erfolgt die Messung des Druckabfalles $h$ mit einem Quecksilbermanometer (Abb. 21), dessen beide Quecksilberspiegel $s_1$ $s_2$ durch schwache Rohrleitungen $l_1$ $l_2$ sowohl mit dem Eingang $k_1$ zur Düse als

[1] Ztschr. d. V. d. I. 1910, S. 2210.

auch mit der Einschnürung $a$ des Messers verbunden sind. Eine Gradleiter läßt die Größe von $h$ bzw. die in der Zeiteinheit das Gerät durchfließende Flüssigkeitsmenge ablesen. Der durch den Einbau des Messers in der Leitung verursachte Druckverlust beträgt bei Venturi-Wassermessern nur etwa $^1/_5$ bis $^1/_6$ $h_1$, da der Geschwindigkeitsunterschied $(v_2 - v_1)$ in dem auf die Einschnürung folgenden schlanken Kegel $k_2$ fast vollständig wieder in Druckhöhe rückverwandelt wird.

## 4. Volumenbestimmung mit Staukörpern.

In offenen Wasserläufen mittlerer Größe wird durch den Einbau einer gegen Ufer und Sohle gut abgedichteten und mit einem Durchlaß versehenen Stauwand ein Anstau des Wassers bewirkt, durch den der Wasserspiegel hinter der Stauwand so lange steigt, bis durch den Durchlaß die gleiche Wassermenge

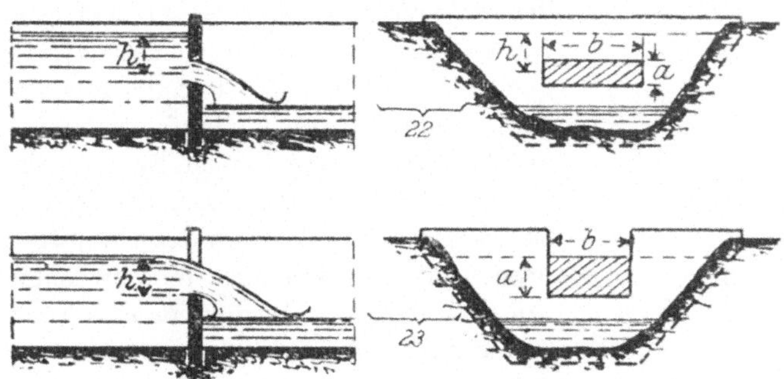


Abb. 22. und 23. Mündung und Überfall.

abfließt, die sich vor dem Einbau der Wand durch den Wasserlauf bewegte. Den Durchlaß bildet entweder nach Abb. 22 eine Mündung, das ist eine rechteckig gestaltete, ringsum geschlossene Wanddurchbrechung von der Größe $f = a \cdot b$, wenn $a$ die Höhe, $b$ die Breite des Rechteckes bezeichnet, oder nach Abb. 23 ein Überfall, d. h. ein mehr oder weniger tiefer rechteckiger Einschnitt in der oberen Kante der Stauwand. Für den letzteren mißt das Produkt aus der Breite $b$ des Einschnittes und der Druckhöhe $h$, das ist der größte senkrechte Abstand des hinter der Wand angestauten Wasserspiegels von der Überfallkante des Einschnittes, den Querschnitt des Wasserkörpers, der durch die Stauwand tritt. Für die Mündung bestimmt der Abstand des Stauspiegels vom Schwerpunkt des Mündungsquerschnittes die Druckhöhe $h$ und damit die Geschwindigkeit $v = \sqrt{2gh}$ des Wassers in der Mündungsebene.

Mit Rücksicht auf die mit dem Durchfluß des Wassers durch die Mündung oder den Überfall verbundenen Kontraktionserscheinungen ergibt sich für beide Fälle die von dem Wasserlauf in 1 Sek. geführte Wassermenge zu

$$Q = \mu a b \sqrt{2gh} \text{ cbm}.$$

In dieser Gleichung ist $\mu = 0{,}4 - 0{,}6$[1] und für den Überfall $a = h$ zu setzen.

[1] Ausführliche Tabellen finden sich im Taschenbuch der Hütte und anderen Nachschlagebüchern.

Die Bestimmung von Wassermengen, die durch Pumpen gefördert werden oder dem Meßort frei zulaufen, findet nach *Gebr. Sulzer* zweckmäßig mit Mündungsmessern statt, die aus einem aufrecht stehenden zylindrischen Meßgefäß bestehen, dessen Boden eine Anzahl kreisförmige Ausflußöffnungen besitzt. Durch der Wassermenge entsprechendes Vermindern oder Verkleinern dieser Öffnungen wird der Ausfluß so geregelt, daß er dauernd unter der gleichen Druckhöhe erfolgt, so daß die ausfließende Wassermenge durch diese und die Summe der einzelnen Ausflußquerschnitte bestimmt ist. Versuche mit einem derartigen Messer[1] ergaben einen Fehler von $\pm$ 1,5 vH. gegenüber der Eichung. Der mit 12 Ausflußöffnungen versehene Messer erwies sich für Wassermengen von 0,3 bis 34 cbm geeignet.

Für Rohrleitungen bestimmte, auf der Erzeugung von Stauwirkungen beruhende Meßgeräte erhalten zweckmäßig Staukörper, die durch den Druck der strömenden Flüssigkeit selbsttätig so eingestellt werden, daß der von ihnen geschaffene Durchlaßquerschnitt dem Druck und der Menge der Flüssigkeit entspricht, die in der Zeiteinheit die Leitung durchströmt. Derartige Meßgeräte dienen teils in Dampfbetrieben zum Messen des Speisewassers und zur Bestimmung der von der Dampfmaschine verbrauchten Dampfmenge, teils in chemischen Fabriken, Färbereien, Brauereien usw. zur Ermittelung des Dampfverbrauches von Koch- und Trockenanlagen oder zur Beaufsichtigung des Arbeitsverlaufes oder sie finden als Schutzeinrichtung zur Vermeidung des Verschwendens von Dampf und Druckluft Verwendung. Auch werden sie als sog. „Rotamesser" infolge der großen Genauigkeit ihrer Anzeigen und der Fähigkeit, Gasmengen innerhalb eines Bereiches von 0,06 bis 100 000 l und mehr in der Stunde bei jedem Druck bestimmen zu lassen, bei der Herstellung und Verwendung der verschiedensten Gasarten, wie Leuchtgas, Luft, Acetylen, Sauerstoff, Ammoniak, Chlor u. a. vielfach benutzt.

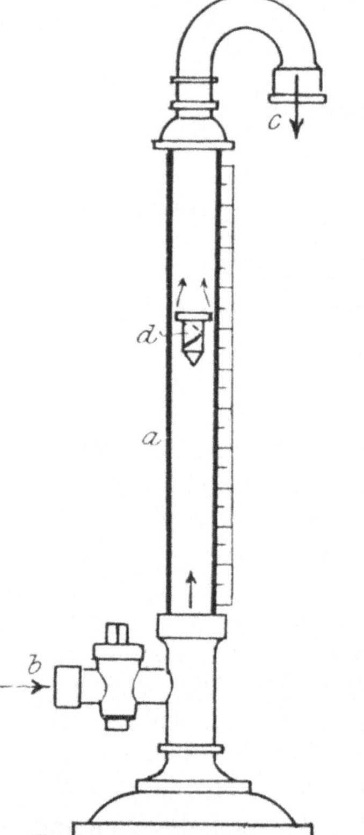

Abb. 24. Rotamesser.

Das von den „*Deutschen Rotawerken*" gebaute Meßgerät besteh tnach Abb. 24 aus einem nach oben kegelförmig erweiterten gläsernen Meßrohr *a*, das in senkrechter Stellung in die Flüssigkeitsleitung *b*, *c* eingeschaltet ist und einen in der Richtung der Rohrachse leicht beweglichen kegelförmigen Staukörper *d* enthält. Dieser ist dem Gasdruck entsprechend belastet. Eine am Umfang eingeschnittene schraubenförmig verlaufende Nut bewirkt, daß der von dem aufwärts strömenden Gas gehobene und auf ihm schwimmende

[1] Ztschr. d. V. d. I. 1904, S. 1831.

Staukörper in rasche Drehung um seine Achse versetzt wird, was seine Mittenstellung im Meßrohr sichert. Die Höheneinstellung des Staukörpers entspricht dem vor und hinter ihm bestehenden, von dem Gasverbrauch abhängenden Druckunterschied. Einer Änderung dieses folgt der Staukörper steigend bzw. fallend bis die vermehrte bzw. verminderte Größe der ringförmig ihn umgebenden Durchlaßöffnung dem neu entstandenen Druckabfall entspricht und zwischen der zufließenden und der abströmenden Gasmenge erneut die Gleichheit besteht. Dabei ist die Gasmenge, die meist in Litern gemessen wird, der Größe des Durchlasses und der Durchflußgeschwindigkeit proportional, und wird an einer auf dem Meßrohr befindlichen Gradleiter abgelesen, die durch Eichung bestimmt worden ist.

Ein nach abwärts erweitertes Meßrohr besitzt der Dampfmesser der *Farbenfabriken vorm. Friedrich Bayer & Co.* in Elberfeld. Bei diesem wird ein scheibenförmiger Staukörper durch ein dem Dampfdruck angemessenes Gewicht schwebend erhalten, das durch einen Rollenzug mit ihm verbunden ist. Die von der wechselnden Höheneinstellung der Stauscheibe abhängige Größe des Durchlaßspaltes zeigt ein Schaubild an, das ein mit der Scheibenführung verbundener Schreibstift auf einer umlaufenden Papiertrommel entwirft, während ein zweites von einem Manometer verzeichnetes Schaubild die Kenntnis des jeweilig in der Dampfleitung herrschenden Druckes vermittelt. Ähnlich eingerichtete Meßgeräte[1] werden bei dem Dampfkesselbetrieb, in Filteranlagen, Kühlanlagen, Chemischen Fabriken usw. auch zur Bestimmung von Flüssigkeitsmengen (Wasser, Säuren, Laugen, Ölen u. dgl.) mit Vorteil benutzt.

## D. Die Geschwindigkeitsmessung.

Das Messen der Geschwindigkeit, das ist des Weges, den eine Masse oder der Angriffspunkt einer Kraft bei gleichförmiger Bewegung in der Sekunde durchläuft, zerfällt nach der Gleichung

$$\text{Geschwindigkeit } v = \frac{\text{Weg}}{\text{Beobachtungszeit}} = \frac{s}{t} \text{ m/Sek.}$$

in eine Längen- und eine Zeitbestimmung. Bei Drehbewegungen ist

$$s = d\,\pi\,n\,,$$

wenn $d$ den Durchmesser der Kreisbahn in Metern
$n$ die Drehzahl in einer Minute bezeichnet, somit die

$$\text{Geschwindigkeit } v = \frac{d\,\pi\,n}{60} \text{ m/Sek.}$$

Der Zeitmessung dienen Uhren, welche die Beobachtung von Bruchteilen einer Sekunde gestatten, wohl auch die Dauer der Beobachtungszeit durch Ausschalten des Zeigerumlaufes oder durch Punktmarkierung sichtbar begrenzen lassen (Stoppuhren, Chronoskope). Längenmessungen werden im allgemeinen mit Maßstäben und Meßbändern vorgenommen. In besonderen

[1] Z. B. Bauart von *C. Grefe* in Lüdenscheid i. W.

Fällen werden bei der Geschwindigkeitsbestimmung verschiedenartig eingerichtete und dem Meßzweck angepaßte Meßgeräte benutzt, sog. Geschwindigkeitsmesser.

Sie bezwecken entweder nur ein besseres Sichtbarmachen der zu beobachtenden Bewegung, oder sie setzen diese Bewegung in eine Form um, die dem Meßvorgang leichter zugänglich ist.

## 1. Schwimmermessung.

Meßgeräte, die zur Erhöhung der Sichtbarkeit der Bewegung dienen, finden als Schwimmer, insbesondere bei der Ermittelung der Geschwindigkeit von in Gräben, Flußläufen usw. fließendem Wasser Anwendung. Sie dienen hier sowohl zur Messung der Oberflächengeschwindigkeit, als auch der mittleren Geschwindigkeit. Für den ersteren Fall bildet den Schwimmer eine metallene Hohlkugel von 100 bis 200 mm Durchmesser, die durch Einfüllen von Wasser so beschwert wird, daß sie nur soviel über die Wasserfläche hervorragt, um noch deutlich sichtbar zu sein. Für die Ermittelung der mittleren Geschwindigkeit des Wasserlaufes wird der Schwimmer nach dem Vorgang des Schweden *Anderson*[1] zu einer normal zur Wasserbewegung stehenden Platte, einem Schwimmschirm, ausgebildet, dessen Größe nur wenig geringer ist als die Querschnittsfläche des Wasserkörpers und der demzufolge unter dem gleichzeitigen Einfluß aller mit verschieden großer Geschwindigkeit fließenden Wasserteilchen steht.[2]

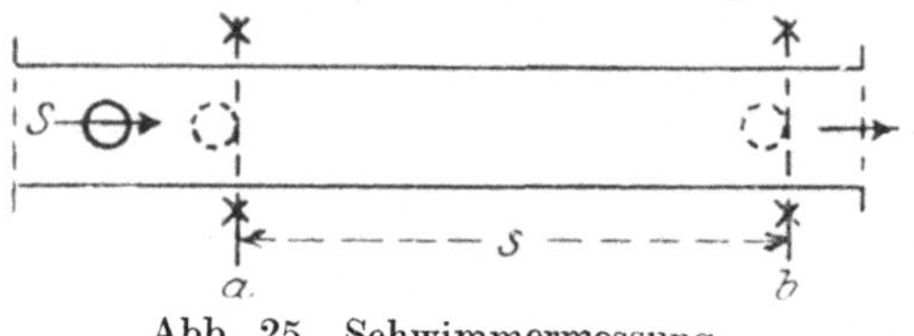

Abb. 25. Schwimmermessung.

Vorbedingung für die Ausführung der Schwimmermessung ist das Vorhandensein einer genügend langen, geradlinig verlaufenden Strecke des Wasserlaufes. Nach dem Abstecken einer Meßstrecke ($a\,b = s$ m), Abb. 25, wird der Schwimmer $S$ oberhalb des Anfangspunktes ($a$) dieser dem Wasser übergeben und hierauf die Zeit ($t$ Sek.) beobachtet, die zwischen dem Durchgang des Schwimmers durch den Beginn $a$ und das Ende $b$ der Strecke verstreicht. Die Geschwindigkeit folgt aus der Beziehung $v = \frac{s}{t}$.

Mit der Schwimmermessung verwandt sind die Meßverfahren und Meßgeräte, die bei der Ermittelung der Geschwindigkeit von Geschossen zur Anwendung kommen, sofern sie die Ankunft des Geschosses an der Meßstrecke und das Verlassen derselben zeitlich markieren. Sie führen damit zur Kennt-

[1] *Schmitthenner,* Ein neues Wassermeßverfahren. Ztschr. d. V. d. I. 1907, S. 627; *Reichel,* Wassermessungen, ebenda 1908, S. 1839.

[2]) Nach Wissen des Verf. hat Prof. Dr. *E. Hartig* bereits im Anfang der 1870er Jahre bei Wassermessungen einen Schwimmer benutzt, der, weil unten der gleichzeitigen Einwirkung der im Meßgraben vorhandenen mittleren Sohlen- und Oberflächengeschwindigkeit stehend, die mittlere Geschwindigkeit im Wasserlauf mit guter Annäherung unmittelbar beobachten ließ.

nis der Zeit, die bei dem Durchfliegen der Meßstrecke verstrich und die bei der großen Fluggeschwindigkeit der Geschosse, die in der Sekunde bis 600 m und mehr beträgt, Zeitmesser erfordert, die Tausendteile einer Sekunde bestimmen lassen. Diese Zeitmesser erhalten den Antrieb durch einen elektrischen Strom, der von dem fliegenden Geschoß geöffnet und geschlossen wird. Vorgeschlagen bzw. angewandt worden sind Uhren mit elektromagnetischer Hemmung (ältestes Verfahren von *Wheatstone*) oder mit elektromagnetischer Zeigerauslösung (*Hipp*), Stimmgabeln, die über einer rotierenden berußten Scheibe

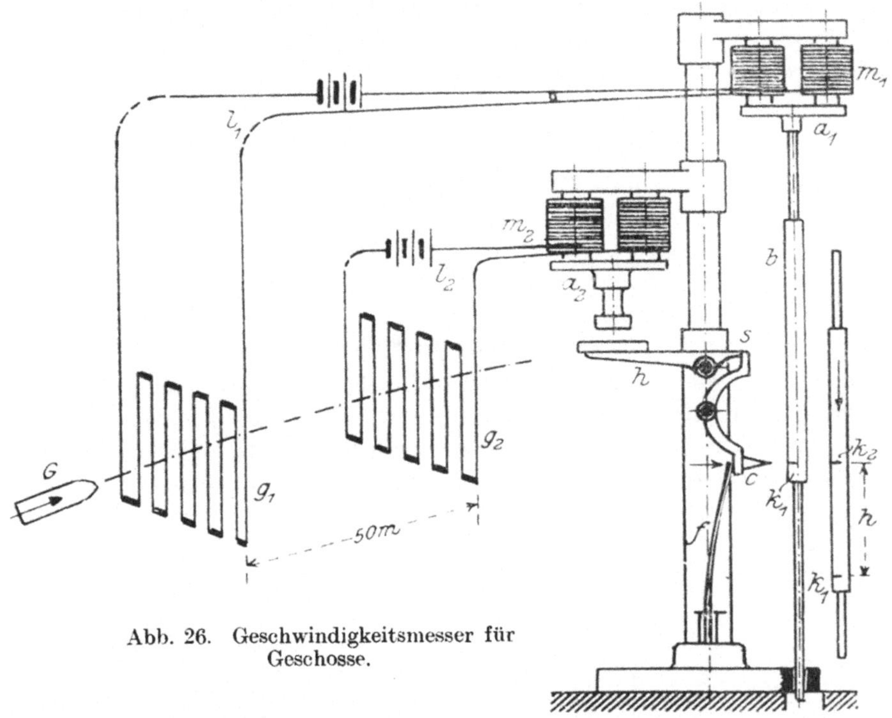


Abb. 26. Geschwindigkeitsmesser für Geschosse.

schwingen (*Paco*), Knallgasentwickler mit durch den elektrischen Strom geregelter Gasentwicklung (*Parragh*), elektromagnetische Fallapparate (*Bashforth, Boulangé*). Als Beispiel gibt Abb. 26 einen Meßapparat der letztgenannten Art in seinen Grundzügen wieder. Die meist 50 m lange Meßstrecke ist durch zwei Metallgitter $g_1$ $g_2$ begrenzt, die in die Flugbahn des Geschosses ($G$) eingeschaltet sind. Dieselben bilden Teilstücke zweier elektrischer Leitungen $l_1$ $l_2$, die nach den beiden am Beobachtungsort aufgestellten Elektromagneten $m_1$ $m_2$ führen. Der Anker $a_1$ des ersten dieser Magnete ($m_1$) trägt einen von einer Messinghülse umgebenen Zinkstab $b$; der Anker $a_2$ des Magneten $m_2$ schwebt über einem Hebel $h$, der am Beginn der Messung die Bewegung eines Messers $c$ sperrt, das eine Feder $f$ gegen den Zinkstab zu werfen strebt. Durchbricht das Geschoß das Gitter $g_1$, so bewirkt die hiermit verbundene Unterbrechung des Stromes in $l_1$ den Abfall des Ankers $a_1$ und damit den

Beginn der Fallbewegung des Stabes $b$. Kurz darauf, bei dem Durchschlagen des Gitters $g_2$, wird der Strom in $l_2$ unterbrochen, der abfallende Anker $a_2$ löst die Sperrung $s$, und das von der Feder $f$ vorgetriebene Messer $c$ schlägt eine Kerbe $k_2$ in den fallenden Stab $b$ ein. Der aus dem Abstand der beiden Kerben $k_1$ $k_2$ sich ergebende Fallweg $h$ führt durch Vermittelung der Beziehung $t = \sqrt{\frac{2h}{g}}$, worin $g = 9{,}81$ m die Fallbeschleunigung bezeichnet, zur Kenntnis der Fallzeit $t$ und der ihr gleichen Flugzeit $T$ des Geschosses. Somit würde, ohne Rücksicht auf die mit dem Abfall der beiden Anker und dem Auslösen und Anschlagen des Messers verbundenen Zeitverluste, beispielweise einem Fallweg $h = 0{,}049$ m eine Flugzeit

$$T = t = \sqrt{\frac{2 \cdot 0{,}049}{9{,}81}} = 0{,}1 \text{ Sek.}$$

und damit eine Geschoßgeschwindigkeit

$$v = \frac{50}{0{,}1} = 500 \text{ m/Sek.}$$

entsprechen.

## 2. Flügelmessung.

Das Messen der in einem Wasserlauf herrschenden Einzelgeschwindigkeiten erfolgt am sichersten und genauesten mit Hilfe des von *Woltmann* im Jahre 1790 angegebenen und nach ihm benannten Meßgerätes, dem Woltmannschen Flügel (Abb. 27, 28). Derselbe wird an einer in das Wasser tauchenden Stange $a$ befestigt und kann mit dieser durch Heben und Senken, sowie Seit-

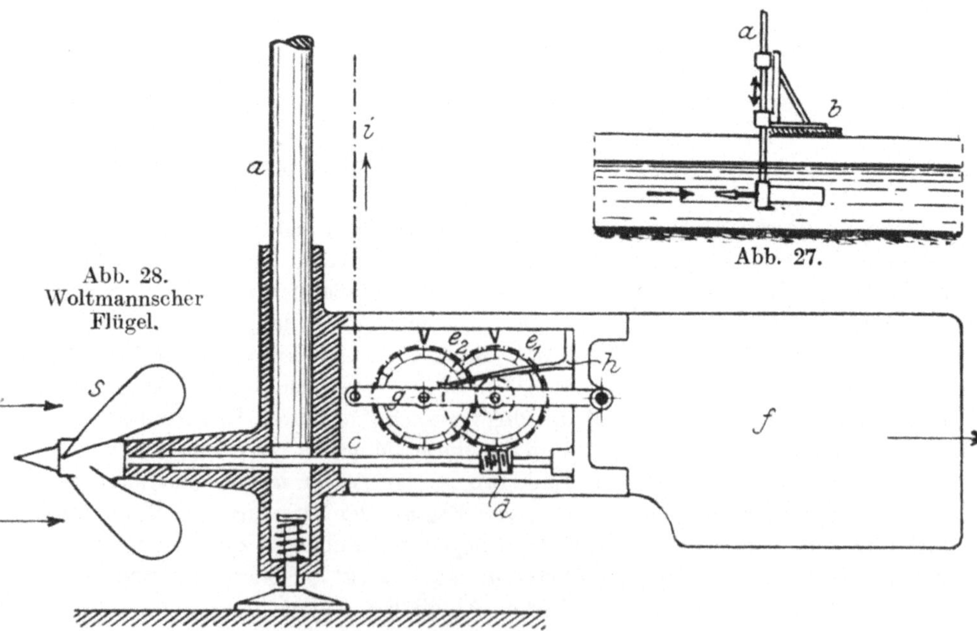


Abb. 27.

Abb. 28. Woltmannscher Flügel.

wärtsversetzen von einer Brücke $b$ aus (Abb. 27) an jede Stelle eines Wasserquerschnittes eingestellt werden. Das Gerät besteht aus einem vierflügeligen Rad oder, wie es die Abb. 28 zeigt, aus einer zweiflügeligen Schraube $S$, die an der Spitze einer wagrechten Welle $c$ befestigt ist und bei der Messung gegen die Strömung gerichtet wird. Die Welle treibt durch die Triebschraube $d$ ein aus zwei Zählscheiben $e_1$ $e_2$ bestehendes Zählwerk, hinter dem eine Fahne $f$ die Einstellung der Welle in die Stromrichtung sichert. Die beiden Zählscheiben sind auf dem Hebel $g$ gelagert. Die Feder $h$ unterhält während des Messens den Eingriff des Zählrades $e_1$ mit der Triebschraube $d$; die Unterbrechung des Eingriffes, also das Ausrücken des Zählwerkes, wird durch Anheben des Hebels mittels der Schnur $i$ oder mit größerer Genauigkeit auf magnetelektrischem Wege bewirkt. Das Zählwerk mißt die Zahl $n$ der Flügelumdrehungen innerhalb $t$ Sek., so daß aus der sekundlichen Drehzahl $u = \frac{n}{t}$ auf Grund der Formel

$$v = \alpha u \sqrt{c^2 + \beta u^2}$$

auf die Wassergeschwindigkeit an der Meßstelle geschlossen werden kann. Die Formel ist empirisch gebildet, und es bedeuten in ihr $c$ die kleinste Wassergeschwindigkeit, welche den Flügel in Drehung zu versetzen vermag, $\alpha$ und $\beta$ Beiwerte, die von dem Bau des Flügels abhängen und durch Versuche bei bekannter Geschwindigkeit $v$ ermittelt werden[1]. Außer der Anzahl der innerhalb der Meßzeit erfolgten Flügeldrehungen wird bei neueren Ausführungen dieser Meßgeräte auch die Vollendung von 25, 50 oder 100 Umdrehungen durch Glockenschläge sowie die Rückwärtsdrehung des Flügels durch ein optisches Signal angezeigt.

Nach dem gleichen Grundgedanken eingerichtete, aber dem Verwendungszweck durch möglichst leichte Bauart angepaßte Meßgeräte, Anemometer, werden zum Messen von Luftströmungen benutzt.[2]

## 3. Umdrehungszähler.

Die Ermittelung der Drehzahl umlaufender Wellen, Räder usw. kann bei mäßig rascher Bewegung, d. h. bis etwa 80 bis 100 Umdrehungen in 1 Min., durch unmittelbare Beobachtung und Zählung erfolgen. Sicherer, weil Zählfehler ausschließend, und daher für große Drehzahlen nicht zu entbehren, ist die Benutzung von mechanischen Zählwerken: Umdrehungszählern, Tachometern und Tachographen, die vorübergehend oder dauernd in mechanischen Zusammenhang mit dem umlaufenden Getriebeteil gebracht werden.

Die Umdrehungszähler sind entweder Handzähler oder mechanische Zähler. Die ersteren werden für die Ermittelung der Drehzahl eines umlaufenden Maschinenteiles, z. B. einer Welle, mit diesem nur vorübergehend, während der Dauer einer kurzen Beobachtungszeit, durch den Druck der Hand ver-

[1] *Reichel*, Wassermessungen. Ztschr. d. V. d. I. 1908, S. 1838.

[2] Über das Schalenkreuz-Anemometer von *Robinson* s. Ztschr. d. V. d. I. 1910, S. 1663.

bunden. Demgegenüber sind mechanische Zählwerke, die für längere Meßzeiten oder Dauermessungen bestimmt sind, an den zu beobachtenden Maschinenteil durch Getriebe zwangläufig angeschlossen. Hierdurch wird der Übertragung der Bewegung auf den Zähler eine größere Sicherheit verliehen als sie der durch den Druck der Hand bewirkte Kraftschluß gewährt.

Erfolgt der Antrieb des Zählers durch ein auf einer Bahn entlang rollendes Rad, so kann der die Drehungen dieses Rades angebende Zähler zugleich als Geschwindigkeitsmesser dienen, sofern der von dem Rad zurückgelegte Weg gleich dem Produkt aus dem Umfang und der sekundlichen Drehzahl des Rades ist. Dieses Verfahren findet bei der Bestimmung der Fahrgeschwindigkeit von Fahrzeugen, wie Automobilen, Lokomotiven usw. Anwendung. Auf ihm gründen sich die Geschwindigkeitsmesser von *Haushälter*, *Frahm* u. a.

Wie die Geschwindigkeitsmesser, so zerfallen auch die Drehzähler in zwei Gruppen: in Dauerzähler, welche die gezählten Umdrehungen während der Beobachtungszeit summieren und Minutenzähler, welche unmittelbar die auf den Zeitraum von 1 Min. entfallenden Umdrehungen anzeigen, und die somit die Gleicherhaltung oder den Wechsel der minutlichen Drehzahl innerhalb eines beliebig langen Zeitabschnittes erkennen lassen.

Die Dauerzähler sind entweder einfache oder mit Schaltwerken ausgestattete Zahnradgetriebe, welche das Ergebnis der Zählung an Zifferscheiben sichtbar machen, die Einer, Zehner, Hunderter usf. getrennt abzulesen gestatten.

Zu den einfachsten Bauarten der Handzähler gehören jene Meßgeräte, bei denen zwei am Rande verzahnte kreisförmige Metallscheiben $a$ und $b$ mit einer Triebschraube in Eingriff stehen. Die Achse der letzteren endet in eine dreikantige Stahlspitze, die der das Gerät an einem Handgriff erfassende Beobachter so kräftig in den Körner am Ende der umlaufenden Welle drückt, daß die Mitnahme der Triebschraube erfolgt. Die Scheibe $a$ besitzt 100, die Scheibe $b$ 101 Zähne, so daß bei eingängiger Triebschraube 100 Schraubendrehungen $\frac{100}{100} = 1$ Umdrehung der Scheibe $a$ und $\frac{100}{101} = 0{,}990990\ldots$ Umdrehungen der Scheibe $b$ entsprechen. Am Beginn der Zählung fällt der Nullpunkt einer auf der Scheibe $b$ befindlichen 100teiligen Kreisteilung sowohl mit einem feststehenden Zeiger als auch mit einem zweiten Zeiger zusammen, der mit der Scheibe $a$ fest verbunden ist. Während der letztere Zeiger infolge der Schraubendrehung und der aus der verschiedenen Zähnezahl der beiden Scheiben hervorgehenden Relativbewegung dieser, über die Kreisteilung fortschreitet und damit die Einer und Zehner der Schraubenumläufe anzeigt, bleibt der Nullpunkt der Kreisteilung für jede volle Umdrehung von $a$, also auch für je 100 Umdrehungen der Triebschraube, um einen Teilstrich gegen den festen Zeiger zurück. Es mißt daher die zwischen dem Nullpunkt der Teilung und dem feststehenden Zeiger $c$ liegende Teilstrichzahl die Hunderte und Tausende der Drehzahl der Triebschraube und somit auch der beobachteten Welle.

Die mit Schaltwerken versehenen Dauerzähler besitzen nach Abb. 29 eine Anzahl Zifferscheiben I, II, III, . . ., die hintereinander lose auf die Welle $a$ aufgereiht sind, welche die Drehbewegung der zu prüfenden Welle aufnimmt. Die Zahl der Scheiben ist durch den verlangten Meßbereich des Zählers derart bestimmt, daß Scheibe I die Einer, Scheibe II die Zehner usw. anzeigt. Dementsprechend trägt der Umfang jeder Scheibe, in gleichen Abständen verteilt, die Ziffern 0 bis 9. Die Scheiben I und II sind, ebenso wie die folgenden Scheibenpaare II—III, III—IV usf. durch ein Schaltwerk verbunden, das aus zwei zehnzähnigen Rädern $r_1$ $r_2$ und einem Einzahnrad $r_3$ besteht. $r_2$ sitzt lose auf der Nebenwelle $b$ und wird von dem die Zahnreihe nach Abb. 29, A durchkreuzenden Rand $c$, der Scheibe I so lange an der Drehung verhindert, bis ein Ausschnitt $d$ dieses Randes dieselbe freigibt. Dies erfolgt jedesmal am Ende einer vollen Umdrehung der Scheibe I, also nach 10 Umläufen der Prüfwelle, wenn die Scheibe von 9 auf 0 weiterläuft. Gleichzeitig mit der Freigabe von $r_2$ wird dieses Rad und damit auch die Zifferscheibe II durch den mit I umlaufenden Zahn $r_3$ um einen Teilstrich weitergedreht, die sog. Zehnerübertragung, worauf erneut die Sperrung des Schaltgetriebes eintritt und bis zur nächsten Zehnerübertragung erhalten bleibt. Die Drehung der an die Prüfwelle vorübergehend, wenn durch Handdruck, oder dauernd, z. B. mittels Drahtschraube, angeschlossenen Welle $a$ wird durch ein Zahnradgetriebe, z. B. durch *Eade*sche Räder, im Verhältnis $\frac{10}{1}$ auf die Einerscheibe (I) übertragen.

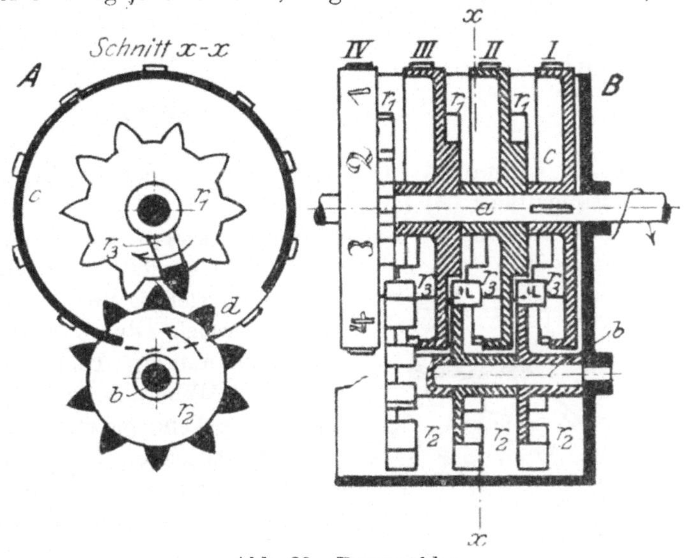


Abb. 29. Dauerzähler.

Gleichartig eingerichtete Zählwerke finden auch als **Hubzähler** bei der Zählung beliebig gearteter Bewegungsvorgänge, z. B. bei selbsttätigen Wagen, Kolbenwassermessern u. dgl. Anwendung.

Die **Minutenzähler** beruhen teils auf der Einwirkung der Zentrifugalkraft auf beweglich angeordnete feste oder flüssige Massen, teils auf Resonanzwirkungen, indem feste oder luftförmige Massen in Schwingungen versetzt werden, deren Zahl mit der Drehzahl des beobachteten Körpers rhythmisch zusammenfällt.

Meßgeräte, die auf der Benutzung der Zentrifugalkraft beruhen, fußen auf den Beziehungen

$$Z = \frac{m v^2}{r} \quad \text{und} \quad v = \frac{2 \pi r n}{60},$$

sofern aus ihnen sowohl

$$v = \sqrt{\frac{r}{m}} \sqrt{Z} = \text{Const.} \sqrt{Z}$$

als auch

$$n = \frac{60 v}{2 \pi r} = \text{Const.} \sqrt{Z},$$

also ein konstantes Verhältnis zwischen der Umdrehungszahl ($n$) und der Zentrifugalkraft ($Z$) folgt.

Abb. 30 zeigt die Einrichtung eines derartigen Meßgerätes, bei dem zwei stehende Pendel $p_1$ $p_2$ die in Umlauf gesetzten Massen bilden. Die Pendel sind bei $a$ gelenkig mit der stehenden Welle $b$ verbunden, welche durch Vermittelung des Räderpaares $cd$ und der Riemenscheibe $e$ von der zu prüfenden Welle aus angetrieben wird. Arme verbinden die Pendelgewichte $p_1$ $p_2$ mit der auf der Achse $b$ gleitenden Hülse $f$, deren Verschiebung durch die Zahnstange $g$ auf den Zeiger $z$ und den Schreibstift $s$ übertragen wird. Die Rückführung der Pendel in ihre Ausgangslage und damit die Einstellung des Zeigers und des Schreibstiftes in die Nullage bewirken zwei Federn, welche die Pendelgewichte verbinden und zu beiden Seiten der Welle liegen. Der Schreibstift gleitet vor einem Papierstreifen, den ein Uhrwerk langsam an ihm vorüberzieht, so daß Schwankungen der Drehzahl in einer auf dem Papier verzeichneten Zickzacklinie in die Erscheinung treten. Auch kann die augenblicklich vorhandene Drehzahl an der Kreisteilung abgelesen werden.

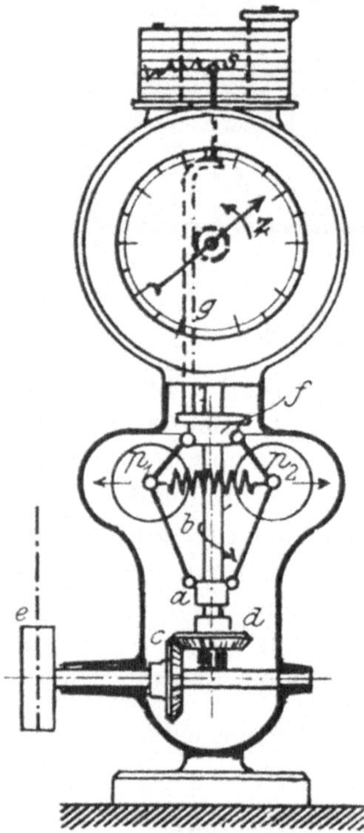

Abb. 30. Minutenzähler Tachometer.

Andere derartige Meßgeräte beruhen auf der parabolischen Formung der freien Oberfläche einer rasch rotierenden Flüssigkeitsmasse. So benutzt die *Rheinische Tachometerbau-Gesellschaft* in Freiburg i. Br. in ihrem „Bifluid-Tachometer"[1] die von der Umlaufsgeschwindigkeit abhängende Oberflächenänderung der Quecksilberfüllung eines um seine senkrechte Achse rotierenden Gefäßes dazu, eine dem Quecksilber übergelagerte, spezifisch leichtere Flüssigkeit in einem engen Glasrohr mehr oder weniger emporzudrängen, so daß aus dem Flüssigkeitsstand auf die augenblicklich herrschende Umlaufszahl ge-

[1] D. R. P. Nr. 114 323. v. 27. August 1899.

schlossen werden kann. Derartige Umdrehungszähler zeichnen sich bei einfachem Bau durch hohe Empfindlichkeit und Genauigkeit aus und sind innerhalb eines Meßbereiches von 20 bis 10 000 Umdrehungen für die verschiedensten Umlaufzahlen und unter den verschiedensten Verhältnissen gleich gut verwendbar.

Durch die auf Resonanzwirkungen beruhenden Meßgeräte werden die zu zählenden Drehungen entweder in die Schwingung von Luftsäulen verschiedener Länge umgesetzt, so daß sie auf Grund der diesen entsprechenden Tonhöhe eingeschätzt werden können, wie z. B. bei dem Umdrehungszähler von *Grieseler*[1], oder sie dienen unter Vermittelung elektrischer Wechselströme

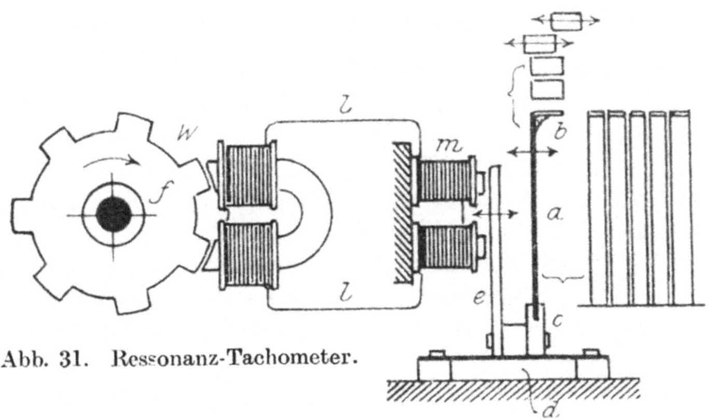


Abb. 31. Resonanz-Tachometer.

zum Erregen und Sichtbarmachen von Schwingungen federnder Körper. Bei dem Resonanz-Tachometer von *Frahm*[2] (Abb. 31) sind dies reihenweise angeordnete Stahlfedern *a* von 40 bis 50 mm Länge, 3 mm Breite und 0,25 mm Dicke, die durch verschiedenes Bemessen ihrer Einspannlänge und Beschwerung ihres freien Endes auf verschiedene Schwingungszahlen abgestimmt sind. Das freie Ende *b* jeder dieser Zungen ist winkelförmig abgebogen und durch weiße Färbung auch auf größere Entfernungen deutlich sichtbar gemacht. Im Ruhezustand liegen sämtliche Farbflächen in einer Reihe; bei dem Messen treten diejenigen Farbflächen aus der Reihe heraus, deren Träger auf die eingeleiteten Schwingungs- oder Drehzahlen ansprechen, so daß diese oder die ihnen entsprechenden Geschwindigkeiten an einer nebenstehenden Gradeinteilung abgelesen werden können. Die Federklemmen sind an einem Träger *c* befestigt und werden von einer federnden Brücke *d* getragen. Ein am Träger *c* angeschraubter Eisenstab *e* bildet den Anker eines Elektromagneten *m*, der durch beliebig lange Drahtleitungen *l* mit einer Wechselstrommaschine *W* in Verbindung steht. Der mehrpolige Anker *f* dieser Maschine wird von der Prüfwelle aus, oder, wenn das Gerät zur Bestimmung von Fahrgeschwindigkeiten dient, von einem Laufrad des Fahrzeuges mittels Riementriebes in Drehung versetzt. Hierbei werden die entstehenden Strom-

---

[1] *Lueger*, Lexikon der gesamten Technik, Bd. IV, S. 439.

[2] D. R. P. Nr. 134 712 v. 27. März 1901.

wechsel, deren Zahl von der zu messenden Geschwindigkeit abhängt, durch die Leitungsdrähte auf den Elektromagneten $m$ übertragen, so daß sie durch Vermittelung des Ankers auf die Meßfedern $a$ wirken und diejenigen in sichtbare Schwingungen versetzen, die auf die Wechselzahl ansprechen.

Die elektrische Übertragung der Schwingungen läßt jede beliebige örtliche Trennung des Beobachtungsortes von dem Prüfort zu. Auch ermöglicht die Eigenart des messenden Mittels die Ausschaltung des elektrischen Antriebes und läßt das Gerät zur unmittelbaren Beobachtung von Erschütterungen benutzen, die in der Bewegung von Maschinen u. dgl. ihren Ursprung haben.

## E. Die Arbeitsmessung.

Das Messen von mechanischer Arbeit geschieht mit Meßgeräten, welche die Größe der Arbeit entweder unmittelbar angeben oder nur die Kenntnis der Elemente der Arbeit, das ist der Kraft und Geschwindigkeit, derart vermitteln, daß aus ihnen nachträglich durch Rechnung die Arbeitsgröße bestimmt werden kann. Auch die unmittelbare Arbeitsmessung beruht auf der Bestimmung der arbeitenden Kraft und ihrer Arbeitsgeschwindigkeit; doch übernimmt das Meßgerät zugleich die rechnerische Vereinigung der beiden Größen auf mechanischem Wege. Die Wahl des Meßverfahrens, bzw. des Meßgerätes, ist durch die Art der zu messenden Arbeit bedingt. In dieser Beziehung ist zu unterscheiden:

a) Das Messen der für den Betrieb einer Maschine verfügbaren Arbeitsgröße $A$ mkg;
b) das Messen der von der Maschine geleisteten Nutzarbeit $A_n$ mkg und
c) das Messen der innerhalb der Maschine verbrauchten oder „verlorenen" Arbeit $A_0$ mkg.

Die Messung hat daher sowohl im Arbeitsgang als im Leergang der Maschine zu erfolgen und wird sich für Kraftmaschinen und Werkmaschinen verschieden gestalten. Für die ersteren ist die verfügbare Arbeit an das der Maschine zugeleitete motorische Mittel gebunden, das Meßverfahren also durch die Eigenart des Treibmittels bedingt. Für Werkmaschinen ist die verfügbare Arbeit gleichbedeutend mit der ganzen oder mit einem Teile der von der Kraftmaschine geleisteten Nutzarbeit, je nachdem diese zum Betrieb nur einer oder mehrerer Werkmaschinen verwendet wird. Die Messung hat daher beim Übergang der Arbeit von der Kraftmaschine auf die Werkmaschine zu erfolgen und führt für diese zur Kenntnis der Nutzarbeit oder der verlorenen Arbeit, je nachdem sie sich während der Messung im Arbeitsgang oder im Leergang befindet. Hiernach wird die verlorene Arbeit auch als L e e r g a n g s a r b e i t bezeichnet. Das Meßergebnis ist in bezug auf die Kraftmaschine das gleiche, wenn dieser an Stelle der Werkmaschine aber unter Beibehaltung der gleichen Betriebsverhältnisse, insbesondere der gleichen Umlaufszahl, ein künstlich erzeugter Widerstand, meist ein Reibungswiderstand oder Bremswiderstand, vorgeschaltet wird, dessen Überwindung der Nutzleistung der Werkmaschine entspricht.

Die zur Ausübung dieser Meßverfahren dienenden Meßgeräte werden Dynamometer genannt. Es sind Bremsdynamometer, wenn sie nur zur Messung der Arbeitsleistung von Kraftmaschinen dienen, Einschaltedynamometer, wenn sie zum Zweck des Messens der von einer Werkmaschine verbrauchten Arbeitsgrößen in das Getriebe eingeschaltet werden, das die Werkmaschine mit der Kraftmaschine verbindet. Dient die Werkmaschine zur Erzeugung elektrischer Energie (Dynamomaschine), so läßt die Messung der elektrischen Arbeit unter Beachtung des Wirkungsgrades der Maschine einen Rückschluß auf die von der Kraftmaschine geleistete Arbeit zu. Bei Einschaltedynamometern, die für die Arbeitsmessung an Maschinen mit hohem Gleichförmigkeitsgrad bestimmt sind, und hierzu zählen insbesondere alle nur Umlaufsbewegungen ausführenden Maschinen, wie Ventilatoren, Zentrifugen u. dgl., genügt im allgemeinen die zeitliche Angabe des Meßergebnisses durch eine Gradleiter, vor der ein die Kraftwechsel anzeigender Zeiger spielt. Ist der Beharrungszustand der zu prüfenden Maschine ungleichförmig, weil der zu überwindende Widerstand stärkeren Schwankungen unterliegt, wie bei Kolbenpumpen, Pflügen, Hobelmaschinen u. dgl., so wird die Gradleiter zweckmäßig durch eine Zeicheneinrichtung ersetzt oder ergänzt. Durch diese wird das Meßergebnis auf einen Papierstreifen, der in einem bestimmten Verhältnis zur Arbeitsgeschwindigkeit der Maschine an dem Zeichenstift vorübergeführt wird, in Gestalt einer Wellenlinie aufgezeichnet. Der Verlauf dieser gibt ein Bild der zeitlich eintretenden Veränderungen des Widerstandes und läßt durch Schätzen oder Flächenmessung die mittlere Größe des Widerstandes finden.

## 1. Ermittelung der verfügbaren Arbeit.

Bildet fließendes Wasser das Treibmittel, so führt die Ermittelung des Gewichtes der in einer Sekunde verfügbaren Wassermenge $Q$ (S. 20 u. f.) und im Anschluß daran die Messung des Gefälles $h$, unter dem das Wasser steht, zur Kenntnis der verfügbaren Arbeit $A = Q\,h\,\gamma$ mkg.

Für die Ermittelung des Arbeitsvermögens von unter Druck stehenden Flüssigkeiten, wie Dampf, Luft, Gas, Wasser, finden mit einer Zeichenvorrichtung ausgestattete Federmanometer Anwendung, die neben der gemessenen Druckgröße auch die Länge des Weges verzeichnen, auf dem der Druck arbeitverrichtend wirksam ist. Derartige Meßgeräte heißen Indikatoren. Ihre vornehmlichste Verwendung finden sie bei dem Messen der Arbeit, die für den Betrieb von Kolbenkraftmaschinen zur Verfügung steht. Hierbei bilden sie zugleich ein vorzügliches Hilfsmittel zur Beurteilung des Zusammenspieles der Einrichtungen, welche die Arbeitsverrichtung des Treibmittels in der Maschine regeln und die man unter dem Begriff der Steuerung zusammenzufassen pflegt.

Die allgemeine Einrichtung und Benutzung des Indikators geht aus der Abb. 32 hervor. $a$ ist beispielsweise der Zylinder, $b$ der Kolben einer Dampfmaschine. Der bei $e$ eintretende gespannte Dampf treibt den Kolben auf dem

Wege 1, 2, 3 vorwärts und spannt gleichzeitig die Feder *f* des Indikators. Hierbei steigt ein mit der Stange des Indikatorkolbens verbundener Zeichenstift *s* vor einer Tafel *t* empor, die durch Vermittelung des Hebels *h* bzw. des Spanngewichtes *g* vom Mschinenkolben *b* in wagrechter Richtung verschoben wird. Das auf der Tafel durch die Zusammensetzung der Bewegungen des Stiftes und der Schreibtafel verzeichnete Schaubild oder Diagramm *d* veranschaulicht in verkleinertem Maßstab in den Abszissen den vom Kolben durchlaufenen Weg, in den Ordinaten die ihm zugehörenden Dampfspannungen. Es versinnlicht daher die von der Schaulinie umgrenzte Fläche *d* das Produkt aus Kraft und Weg, also eine Arbeitsgröße, die der vom Dampf während eines Kolbenschubes verrichteten Arbeit verhältnisgleich ist.

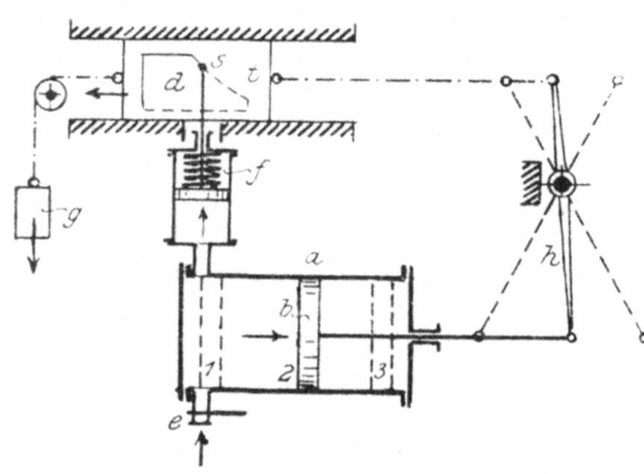

Abb. 32. Indikator.

Die Umwandlung dieser Fläche in ein Rechteck von gleicher Größe und gleicher Grundlinie, ergibt in der Rechteckhöhe den mittleren Dampfdruck $p_m$ kg/qm, das ist der Druck, bei dessen dauerndem Vorhandensein die Arbeitsleistung der Maschine die gleiche Größe haben würde, die sie bei dem tatsächlich vorhandenen veränderlichen Dampfdrucke besitzt. Mit ihm berechnet sich daher die während eines Kolbenschubes von *s* m Länge bei *F* qm Flächeninhalt des Kolbens vom Dampf geleistete Arbeit zu

$$A = p_m F s \text{ mkg}.$$

Unter der Voraussetzung, daß der Hin- und Rücklauf des Kolbens unter den gleichen Verhältnissen erfolge und in der Minute *n* Hin- und Rückläufe oder Kolbenspiele stattfinden, ist daher die für den Betrieb der Maschine in der Sekunde zur Verfügung stehende Arbeit

$$A = \frac{p_m F\, 2 s n}{60} \text{ mkg} \quad \text{oder} \quad N = \frac{p_m F s n}{30 \cdot 75}\, Ps.$$

Die tatsächliche Ausführung der Indikatoren unterscheidet sich von der schematisch angegebenen durch die Verwendung einer zylindrisch gestalteten Schreibtafel, die bei dem Hin- und Rücklauf des Kolbens um ihre geometrische Achse schwingt und die Übertragung der Bewegung des Manometerkolbens auf den Schreibstift durch einen Gegenlenker. Die Schwingung des Schreibzylinders wird durch einen Schnurenzug von dem Kolbengestänge abgeleitet. Bei neueren Bauarten wird die Manometerfeder außerhalb des Manometerzylinders angeordnet und dadurch den Wärmewirkungen heißer Gase und Dämpfe entzogen.

## 2. Ermittelung der Arbeitsleistung von Kraftmaschinen durch Bremsdynamometer.

Die Kraftmaschine ist für sich allein keines Arbeitsganges fähig heißt: sie vermag nutzbare Arbeit nur unter der Voraussetzung zu leisten, daß sie mit einer Werkmaschine in Verbindung steht. Das hat zur Folge, daß in Ermangelung einer solchen die Nutzarbeit der Kraftmaschine nur dann ermittelt werden kann, wenn an die Stelle des Widerstandes der Werkmaschine ein meßbarer Widerstand tritt, der dem der letzteren an Größe gleicht. Ihn zu ersetzen hat sich sowohl ein Reibungswiderstand als auch der Widerstand besonders zweckmäßig erwiesen, den elektrische Wirbelströme der Bewegung entgegenstellen. Die durch derartige Widerstände hervorgerufene Hemmung der Bewegung der Maschine wird das Bremsen, eine zum Hervorrufen der Bremswirkung und zum gleichzeitigen Messen der Bremskraft dienende Einrichtung: Bremskraftmesser, Bremszaum oder Bremsdynamometer genannt. Es werden Reibungsbremsen und Wirbelstrombremsen unterschieden. Der Brems wird stets an das letzte Glied der Kraftmaschine, das ist die umlaufende Welle, angeschlossen, um bei der Bestimmung der Bremsarbeit auch alle inneren Widerstände der Kraftmaschine zu berücksichtigen und nach der Gleichung

$$A_0 = A - A_n$$

bestimmen zu können.

Die Reibungsbremse wurde erstmalig von dem Fanzosen *Prony* im Jahre 1821 angewendet und heißt nach ihm auch der *Prony*sche Zaum. Er besteht nach der Abb. 33 aus der zylindrischen Bremsscheibe *a*, die auf der Maschinenwelle befestigt ist und mit dieser umläuft und dem sie unter Druck umschließenden Zaum *b*, den ein unmittelbar oder durch Vermittelung eines Hebels angeschlossenes Meßgewicht *G* an der Mitdrehung verhindert. Die am Umfang der umlaufenden Scheibe auftretende Reibungskraft *R* folgt aus der Beziehung

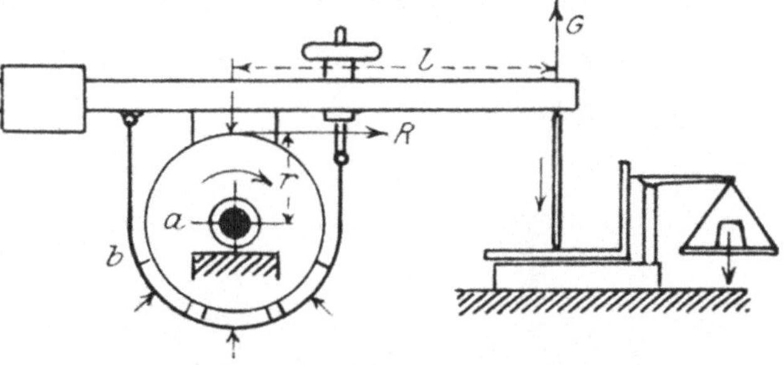

Abb. 33. Reibungsbremse.

$$1. \quad Rr = Gl,$$

wenn $r$ den Halbmesser der Bremsscheibe, $l$ den Abstand des Meßgewichtes von der Scheibenmitte bezeichnet. Die Steigerung bzw. Verminderung des Druckes hat auch die Steigerung bzw. Verminderung des Bremswiderstandes und damit zusammenhängend die Verminderung bzw. Steigerung der Umlaufsgeschwindigkeit der Bremsscheibe zur Folge. Damit auch in dem neuen Bewegungszustand der Gleichung 1 genügt werde, erfordert die Veränderung des Bremswiderstandes gleichzeitig die gleichgerichtete Änderung des Meßgewichtes. Daher bildet die Drehzahl $n$ der Bremsscheibe in Verbindung mit der Reibungskraft $R$ ein Maß für die von der Maschine entwickelte Nutzleistung

$$2.\quad A_n = R\frac{2 r \pi n}{60}$$

und ist der Bremsdruck und das Meßgewicht gegenseitig derart einzuregeln, daß während der Messung die Bremsscheibe die Drehzahl $n$ besitzt.

Aus der Verbindung der Gleichungen 1 und 2 folgt dann die Nutzleistung der Kraftmaschine zu

$$A_n = G\frac{l \pi n}{30} = 0{,}105\, G l n \text{ mkg}$$

bzw.

$$N_n = 0{,}0014\, G l n \text{ PS}.$$

Ein Beispiel: Für den Betrieb einer Freistrahlturbine steht in der Sekunde eine Wassermenge $Q = 0{,}5$ cbm und ein Gefälle $h = 30$ m, also eine Arbeitsgröße

$$N = \frac{Q h \gamma}{75} = \frac{0{,}5 \cdot 30 \cdot 1000}{75} = 200 \text{ PS}.$$

zur Verfügung.

Bei $n = 100$ Umdrehungen der Turbinenwelle in 1 Min. beträgt die Belastung des 4,24 m langen Bremshebels 270 kg. Es ist daher die durch Bremsung bestimmte Nutzleistung der Turbine

$$N_n = 0{,}0014\, G l n = 0{,}0014 \cdot 270 \cdot 4{,}24 \cdot 100 = 160{,}3 \text{ PS}$$

die Leerlaufarbeit

$$N_o = N - N_n = 200 - 160{,}3 = 39{,}3 \text{ PS}$$

und der Wirkungsgrad

$$\mu = \frac{N_n}{N} = \frac{160{,}3}{200} = 0{,}801\,.$$

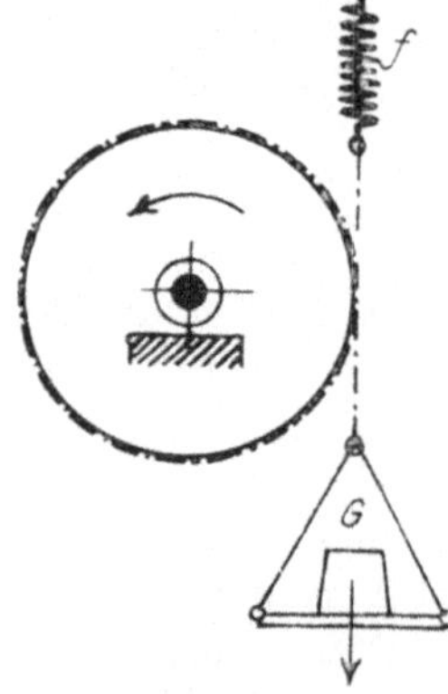

Abb. 34. Bandbremse.

Für die konstruktive Ausgestaltung der Reibungsbremse gibt es verschiedene Möglichkeiten. Entweder besteht der Bremszaum aus zwei mit dem Bremshebel verbundenen und durch Schrauben zusammenspannbaren Holzklötzen (*Prony* 1821), oder aus einem Reifen, der im Innern mit einer Anzahl hölzener oder metallener Bremsklötze ausgefüttert ist, oder endlich nach Abb. 34 aus einem metallenen Band (*Navier* 1829 bis 1830), das die Scheibe unmittelbar umschließt und dessen auflaufendes Trum das Meßgewicht ($G$) trägt. Die Spannung des ablaufenden Turmes wird durch eine Feder $f$ gemessen, welche die Befestigung des Bandes am Bremsgestell vermittelt und deren Spannung sich selbsttätig der Veränderung des Meßgewichtes anpaßt[1]. Eine geeignete Wahl und Schmierung der reibenden Flächen (Holz, Schmiedeeisen und Bronze auf gußeiserner Scheibe) sowie ausreichende Kühlung durch Luft oder Wasser zum Ableiten der infolge Umsetzung der Reibungsarbeit entstehenden Wärme, fördern den ruhigen Gang der Bremse und erleichtern die Anpassung der Bremsbelastung an die Umlaufzahl.

Besonders wirkungsvoll ist in der letzteren Beziehung die Wirbelstrombremse[2], sofern sie durch Einschalten einer Reihe fein abgestufter Widerstände in die Energieleitung der auf die Bremsscheibe einwirkenden Elektromagneten sehr kleine Veränderungen der Bremsbelastung herbeiführen läßt.

## 2. Ermittelung des Arbeitsverbrauches von Werkmaschinen durch Einschaltedynamometer.

Das Mittel zur Kraftmessung bilden bei den Einschaltedynamometern in der Regel stählerne Blatt- oder Schraubenfedern, die nach Art der Federwage (S. 18) zwischen die Angriffspunkte von Kraft und Widerstand eingeschaltet sind. *Rezeck*[3] in Wien ersetzte die Federkraft durch eine Flüssigkeitsspannung und mißt deren Größe mittels eines Indikators (S. 40). Gleichzeitig mit der Kraftmessung findet die Messung des Weges statt, den der Angriffspunkt der Kraft innerhalb eines bestimmten Zeitraumes durchläuft. Bei geradlinigem Fortschreiten der Kraftquelle benutzte Meßgeräte werden Zugkraftmesser genannt (*Regnier* 1805). Sie finden vornehmlich bei dem Messen der von Zugtieren auf Straßen, Lokomotiven auf Eisenbahnen[4] usw. geleisteten Zugkräfte und Zugarbeiten sowie bei der Ermittelung des Arbeitsverbrauches der von diesen gezogenen Fahrzeuge, Arbeitsgeräte und Arbeitsmaschinen Anwendung[5]. Die Meßfeder wird dann zweckmäßig durch ein besonderes auf Rädern laufendes Fahrgestell unterstützt, das zwischen den Motor und das Arbeitsmittel eingeschaltet ist und an der fortschreitenden Bewegung der beiden teilnimmt (Abb. 35). Dabei dient eines der Laufräder $a$ des Gestelles zugleich der Wegmessung, indem es eine bestimmte Größe erhält und beim Abwälzen auf der Bahn seine Umdrehungen mittels eines Zählwerkes gezählt werden. Vielfach ist mit dem Zähler auch ein Zeichenwerk verbunden, das die gemessenen Kraft- und Weggrößen zu einem Schaubild vereinigt (*Morin* 1830).

Von den beiden Abb. 35 A und B zeigt die Abb. A einen derartigen Zugkraftdynamometer in schematischer Darstellung am Beginn der Messung; Zähl- und Zeichenwerk sind auf Null eingestellt, die Meßfeder ist ungespannt. Die Abb. B zeigt dasselbe Gerät während der Messung, wobei die Meßfeder

[1] Ztschr. d. V. d. I. 1904, S. 1063; 1905, S. 545; 1907, S. 2006; 1909, S. 1877; 1911, S. 1181; 1914, S. 1374; 1917, S. 619.

[2] Ztschr. d. V. d. I. 1905, S. 851; 1906, S. 1409; 1907, S. 1583 und 1921; 1909, S. 332.

[3] Ztschr. d. V. d. I. 1914, S. 33.

[4] Ztschr. d. V. d. I. 1906, S. 1855.

[5] *Perels*, Landwirtschaftliche Maschinen 1880. — *Hartig*, Untersuchung über Leistung und Arbeitsverbrauch der Getreide-Mähmaschinen. Leipzig, 1881.

um einen Betrag $\varrho$ zusammengedrückt ist. Die Figuren sind Grundrisse. Bei $Q$ ist das Prüfstück z. B. eine Mähmaschine, an die Federstange $d$ angeschlossen, bei $P$ ergreift der Motor, z. B. ein Pferd, den auf den Rädern $a\ e\ f\ g$ ruhenden Rahmen $h$ des Meßgerätes, in welchem die Federstange $d$ verschiebbar ruht. Die Meßfeder stützt sich einerseits gegen die hintere Rahmenwand, andererseits gegen eine auf der Federstange befestigte Scheibe $i$. Außer dieser trägt

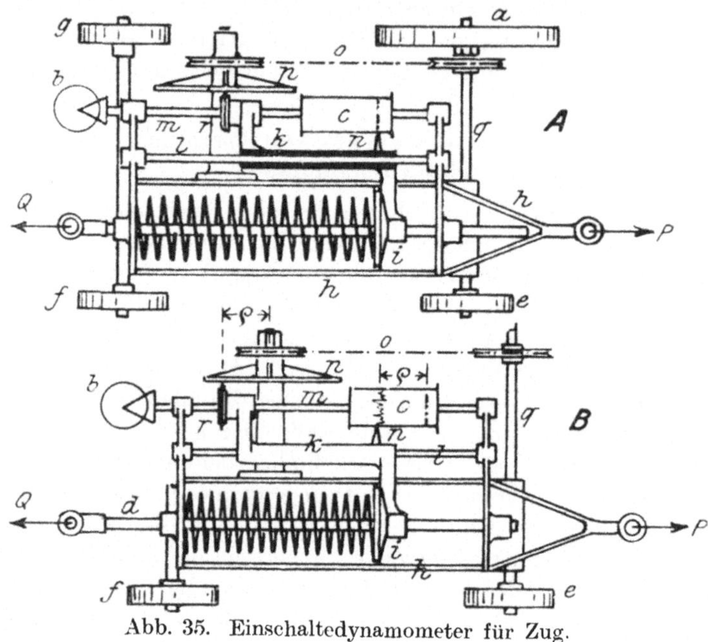

Abb. 35. Einschaltedynamometer für Zug.

die Federstange eine Hülse $k$, die auf einer mit dem Rahmen festverbundenen Stange $l$ gleitet und das Laufrädchen $r$ sowie den Schreibstift $n$ trägt. Das erstere ($r$) ist auf einer drehbaren Welle $m$ verschiebbar durch Nut und Feder geführt und berührt unter leisem Druck die Planscheibe $p$, die durch Vermittelung des Kettentriebes $o$ von der Fahrradwelle $q$ im Verhältnis der Fortbewegung des Gerätes in Drehung versetzt wird. Außer der Laufrolle $r$ trägt die Welle $m$ die mit Papier bespannte Trommel $c$ des Zeichenwerkes sowie ein Kegelrad, das das Zählwerk $b$ in Tätigkeit setzt.

Am Beginn der Messung, also bei unbelasteter Meßfeder, steht die Laufrolle $r$ der Mitte der Planscheibe $p$ gegenüber, das Zähl- und Zeichenwerk befindet sich in der Nullstellung. Während der Messung tritt unter Anspannung der Meßfeder die gegenseitige Verschiebung von Rahmen und Federstange um einen Betrag $\varrho$ ein, der in einem bestimmten, vorher durch den Versuch ermittelten Verhältnis $k$ zu der Federspannung $P$ steht und daher durch den Wert

$$1.\quad \varrho = kP$$

gemessen wird. Um den gleichen Betrag $\varrho$ verschiebt sich die Zeichentrommel gegen den Zeichensift und die Laufrolle gegen die Mitte der Planscheibe. Es entsprechen daher $u_1$ Umdrehungen des Fahrrades und der Planscheibe

$$2. \quad u_2 = u_1 \frac{\varrho}{r}$$

Umdrehungen der Laufrolle, wenn $r$ deren Halbmesser bezeichnet. Ist ferner $R$ der Halbmesser des Fahrrades und $s$ der in $t$ Sek. von dem Gerät durchfahrene Weg, so folgt aus $2 R \pi u_1 = s$

$$3. \quad u_1 = \frac{s}{2 R \pi}$$

und aus der Verbindung von 1 und 3 mit 2

$$4. \quad u_2 = \frac{k}{2\pi} \frac{Ps}{Rr} = \frac{k}{2\pi} \frac{75\, t\, N}{Rr}.$$

Sonach ist die gemessene Arbeit in Pferdestärken

$$N = N_n + N_o = \frac{2\pi R r}{75 k} \frac{u_2}{t} = \text{Const.} \frac{u_2}{t}.$$

$u_2$ bzw. der Wert von $N$ werden an dem Zählwerk abgelesen; die von dem Zeichenwerk entworfene Schaulinie dient zur Bestimmung der mittleren Größe der Zugkraft.

Ein Beispiel (Abb. 36): Eine Mähmaschine von **572** kg Gewicht, **1,4** m Arbeitsbreite, machte während einer Umdrehung des Fahrrades **13,6** Messerspiele und entwickelte bei 1,36 m Fahrgeschwindigkeit eine Stundenleistung

$$L = 3600 \cdot 1{,}4 \cdot 1{,}36 = 6903 \text{ qm Schnittfläche.}$$

Abb. 36. Arbeitsmessung an einer Mähmaschine.

Sie verbrauchte hierbei an Zugkraft bzw. Arbeit im Leergang

$$P_o = 90{,}9 \text{ kg}, \quad N_o = \frac{90{,}9 \cdot 1{,}36}{75} = 1{,}65 \text{ PS},$$

im Arbeitsgang

$$P = 142{,}8 \text{ kg}, \quad N = \frac{142{,}8 \cdot 1{,}36}{75} = 2{,}57 \text{ PS}.$$

Sonach betrug die verrichtete Nutzarbeit

$$N_n = N - N_o = 0{,}92 \text{ PS},$$

und es arbeitete hierbei die Maschine mit einem Wirkungsgrad

$$\mu = \frac{N - N_o}{N} = 0{,}36.$$

Findet ein Ortswechsel der zu prüfenden Maschine nicht statt und wird ein Riemengetriebe zur Überleitung der Arbeit von der Kraftmaschine auf die Werkmaschine benutzt, wie es beispielsweise bei Fabrikationsmaschinen vielfach die Regel bildet, so wird der Dynamometer in die Riemenleitung derart eingeschaltet, daß er die Übertragung der Arbeit vermittelt.

Der Dynamometer erhält zwei gleichgroße Riemenscheiben, von denen die eine von der Kraftmaschine angetrieben wird, und die andere die bewegende Kraft auf die Werkmaschine überträgt. Bei dem Übergang der Kraft von der einen Scheibe auf die andere erfolgt sowohl die Kraftmessung als auch die zur Ermittelung der Arbeitsgeschwindigkeit der Kraft erforderliche Bestimmung der Umdrehzahl der Scheibenwelle. Die Dynamometerscheiben sitzen entweder auf der gleichen Welle dicht nebeneinander, oder sie sind auf zwei nebeneinanderliegende Wellen derart verteilt, daß die Scheibenmitten in der gleichen Ebene liegen. Im letzteren Fall werden Störungen im Aufbau des Riementriebes beim Einschalten des Dynamometers vermieden.

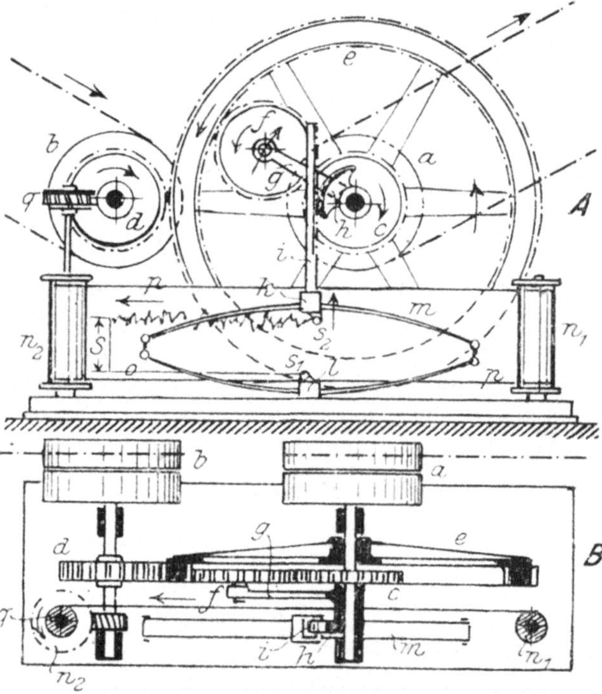

Abb. 37. Einschaltedynamometer.

Zur näheren Erläuterung des Grundgedankens, auf dem die mannigfachen Bauarten der Einschaltedynamometer fußen, geben die Abb. 37 A und B in vereinfachter Darstellung die Einrichtung des zwar älteren, aber vielseitig erprobten und bewährten Dynamometers von *Hartig* wieder. Die Wellen der beiden in den Riemenantrieb der Werkmaschine einzuschaltenden Riemenscheiben *a* und *b* sind durch ein Umlaufgetriebe verbunden, das aus zwei auf den Wellen festsitzenden Zahnrädern *c* und *d*, dem innen und außen verzahnten Rad *e* und dem Zwischenrad *f* besteht. Das Rad *e* läuft lose auf der Welle der Scheibe *a*. Das zwischen *c* und *e* eingefügte Rad *f* ist auf dem Zapfen eines Hebels *g* gelagert, der lose um die Welle der Scheibe *a* schwingen kann. Er trägt außer dem Rad *f* noch einen Zahnbogen *h*, der mit der verzahnten Stange *i* in Eingriff steht. Die mit dieser Stange bei *k* und mit dem Gestell des Meßgerätes bei *l* verbundene Meßfeder *m* besteht aus zwei auswechselbaren Stahlschienen, die an den Enden gelenkig verbunden sind. Bei unbelasteter Feder liegen bei $s_1$ und $s_2$ befestigte Zeichenstifte in gleicher Höhe, so daß sie auf einem Papierstreifen $p$, der zwischen den beiden Rollen $n_1$ und $n_2$ ausgespannt ist, zwei sich deckende Linien (die Nullinie $o$ des zu zeichnenden Schaubildes) verzeichnen, wenn der Streifen an ihnen vorübergezogen wird. Die Bewegung des Papierstreifens wird durch zwei Schraubenräder $q$ vermittelt, so daß die Papiergeschwindigkeit in einem festen Verhältnis zur Umlaufgeschwindigkeit der Riemenscheiben steht. Welche dieser Scheiben bei der Benutzung des Dynamometers als Antriebscheibe zu dienen hat, wird durch die räumlichen Verhältnisse der Prüfstelle bestimmt. Geht beispielsweise der Antrieb durch die Kraftmaschine von $a$ aus, so bewirkt der Umlauf des Rades $c$ das Abwälzen des Zwischenrades $f$ auf der inneren Verzahnung des Rades $e$ solange, als dieses durch den Widerstand der Werkmaschine an der Drehung verhindert wird. Gleichzeitig findet die Anspannung der Meßfeder statt, bis diese die dem Widerstand entsprechende Größe erreicht hat, womit die Wälzbewegung des Rades $f$ ihr Ende erreicht und die Räder $e$ und $d$ an der Bewegung teilnehmen, so daß diese auf die Werkmaschine übertragen wird. Dabei zeichnet der Zeichenstift $s_2$ auf dem an ihm vorübergezogenen Papierstreifen eine Schaulinie auf, welche alle Schwankungen der durch den Dynamometer geleiteten Kraft wiedergibt und deren Ordinaten die wechselnden Federspannungen messen.

Bezeichnet

$P$ die Umfangskraft an der Riemenscheibe $a$,

$a$ den Halbmesser dieser Scheibe,

$r$ den Halbmesser der Räder $c$ und $f$ und des Zahnbogens $h$,

$S$ die mittlere Federspannung und

$n$ die Drehzahl der Scheibe $a$ in der Minute,

so ergibt die Gleichung

$$N = 0{,}00035\, S\, r\, n \text{ PS},$$

die durch den Dynamometer auf die Werkmaschine übertragene Arbeitsgröße, wie sich aus der folgenden Rechnung ergibt. Es ist der Zahndruck zwischen $c$ und $f$

$$X = P\frac{a}{r},$$

die auf den Hebel $g$ am Mittelpunkt des Rades $f$ wirkende Drehkraft

$$R = 2X = 2P\frac{a}{r} = \frac{S}{2},$$

mithin

$$N = P\frac{2\,a\,\pi\,n}{60 \cdot 75} = \frac{S}{2}\,\frac{r\,\pi\,n}{60 \cdot 75} = 0{,}00035\, S\, r\, n \text{ PS}.$$

Ein Beispiel (Abb. 38): Bei einer Bandsäge, die durch 855 mm große Laufscheiben des Sägebandes, 6710 mm Schnittgeschwindigkeit und 8 bis 34 mm Zuschiebung des Werkstückes in der Sekunde gekennzeichnet ist, wurde bei einer Drehzahl $n = 129\ t/\text{Min.}$ der Dynamometerscheibe die mittlere Federspannung gefunden:

$$\text{im Leergang } S_0 = 42{,}75 \text{ kg},$$
$$\text{im Arbeitsgang } S = 220{,}5 \text{ kg}.$$

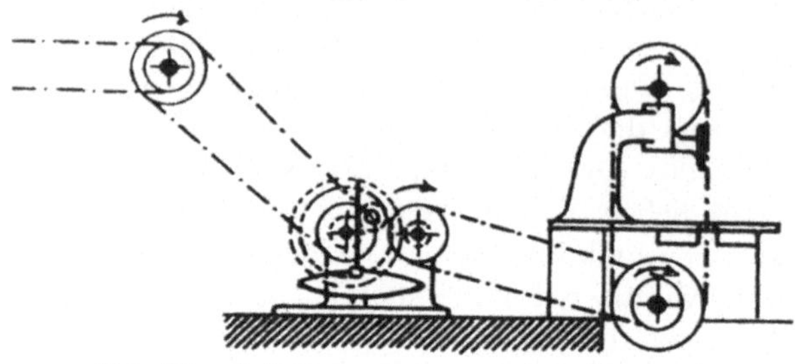

Abb. 38. Arbeitsmessung an einer Bandsäge.

Hiermit folgt, da dem benutzten Dynamometer der Radhalbmesser $r = 0{,}1$ m eigentümlich war, der Arbeitsverbrauch der Sägemaschine

$$N = 0{,}00035 \cdot 220{,}5 \cdot 0{,}1 \cdot 129 = 0{,}99 \text{ PS},$$
$$N_0 = 0{,}00035 \cdot 42{,}75 \cdot 0{,}1 \cdot 129 = 0{,}17 \text{ PS},$$
$$N_n = 0{,}99 - 0{,}17 = 0{,}82 \text{ PS}$$

und ihr Wirkungsgrad

$$\mu = \frac{0{,}82}{0{,}99} = 0{,}83\,.$$

Sind die aufnehmende und abgebende Riemenscheibe des Dynamometers auf der gleichen Achse nebeneinander angeordnet, so erfordert das Einschalten des Dynamometers in die Riemenleitung das Versetzen der antreibenden Scheibe des Vorgeleges. Die eine der Dynamometerscheiben ist dann fest mit der Achse verbunden, die andere nur lose auf diese aufgesetzt. Das zwischen den beiden Scheiben bei der Arbeitsübertragung auftretende Drehmoment wird mittels einer Gewichtswage (*Jäger*[1]) oder durch eine Federwage gemessen, die zwischen die Scheiben eingeschaltet ist. Auch wird die Feder bei neueren Anordnungen[2] durch kleine Öldruckpressen ersetzt und der Druck des Öles durch ein Manometer oder einen Indikator gemessen, dessen Schreibtrommel im Verhältnis zur Drehgeschwindigkeit der Riemenscheiben gedreht wird.

## IV. Die Gewinnung von mechanischer Arbeit.

Für die Gewinnung von mechanischer Arbeit bieten sich vier Möglichkeiten dar:

1. Die Ausnutzung der Arbeitsfähigkeit von Menschen und Tieren.

---

[1] Ztschr. d. V. d. I. 1905, S. 1187.

[2] Ztschr. d. V. d. I. 1912, S. 1328. — Weitere Literatur über Dynamometer siehe Wochenschr. d. österr. Ing.- u. Architekten-Vereins 1891, S. 301 ff. — *Lueger*, Lexikon der gesamten Technik: Stichwort Dynamometer.

2. Die Ausnutzung der Arbeitsfähigkeit von natürlichen Wasserkräften und Luftströmungen.

3. Die Ausnutzung der Spannkraft von Dämpfen und Gasen, die bei der Umsetzung von Wärme oder chemischer Energie entstanden sind.

4. Die Ausnutzung von Stoffen, denen durch Aufwendung von mechanischer Arbeit die Eigenschaft von Triebstoffen erteilt worden ist. Beispiele hierfür sind das Aufspeichern von Arbeit in gehobenen schweren Massen, in gespannten Federn, in Preßwasser und Druckluft, sowie das Erzeugen und Aufspeichern gespannter elektrischer Ströme.

## A. Der Mensch und das Tier als Energieträger und die Maschinen zur Ausnutzung ihrer Arbeitsfähigkeit.

Die motorische Tätigkeit von Menschen und Tieren wird unmittelbar nur in seltenen Fällen zur Werkerzeugung verwendet, wie z. B. bei dem Tragen von Lasten durch Mensch und Tier, bei dem Kneten des Tones durch die Hand oder den Fuß des Menschen, dem Ausstampfen (Dreschen) des Getreides durch Pferde und Ochsen usw. Meist gelangt die Energie belebter Motoren mit Hilfe von Werkzeugen zur Verwendung, welche bestimmten Werkstoffen Gebrauchseigenschaften erteilen oder sie durch Umänderung ihres Zustandes, d. h. durch Bearbeitung, in Nutzgegenstände überführen. Geschieht dies unter Vermittelung von Maschinen, also von Einrichtungen, welche das Werkzeug zwangläufig führen und es zu bestimmt vorgeschriebenen Bewegungen veranlassen, so dient die motorische Tätigkeit des Menschen oder Tieres der Werkerzeugung nur mittelbar, sofern sie dann nur für den Antrieb der Maschine Verwendung findet. Mit der Entwicklung von Kraftmaschinen, die unbelebte motorische Stoffe der Arbeitsgewinnung nutzbar machen, insbesondere solcher, die für die Gewinnung kleiner Arbeitsmengen unter den mannigfachsten Verhältnissen geeignet sind, sog. Kleinmotoren, hat die Verwendung von Menschen und Tieren für den Betrieb von Maschinen die vom ethischen Standpunkt aus erwünschte Einschränkung erfahren.

### 1. Die Arbeitsleistung ohne Maschine.

Die Arbeitsfähigkeit von Menschen und Tieren ist einerseits von deren körperlicher Beschaffenheit, insbesondere von deren Fähigkeit zur größeren Kraftentwicklung abhängig, andererseits hängt sie ab von der Zeitdauer, während welcher die Arbeitsleistung erfolgt. Der Erfahrung nach vermögen Menschen und Tiere nur während verhältnismäßig kurzer Zeiträume größere Kraft- bzw. Arbeitsleistungen zu verrichten. Dauerleistungen erfordern daher wiederholt Unterbrechung der Arbeitsverrichtung, wenn schädigenden Einflüssen auf die körperliche Beschaffenheit des Motors vorgebeugt und die eingetretene Ermüdung durch Sammeln neuer Kräfte ausgeglichen werden soll. Auf die Verteilung und die Länge der Ruhepausen übt das Geschlecht und das Alter, der Körperbau und der Wille, sowie die Gewöhnung und die Übung des arbeitenden Menschen oder Tieres einen bestimmenden Einfluß aus. Im allgemeinen sind die Ruhepausen so groß zu wählen und über die ganze Arbeitszeit so zu verteilen, daß für eine gewisse zulässige Ermüdung die durch die Arbeitsverrichtung erzielte Wirkung ein Höchstwert wird. Nach *Gerstner* beträgt unter der Voraussetzung gleicher Arbeitsgeschwindigkeit und gleicher Arbeitszeiten die mittlere Kraftleistung des Weibes nur etwa $^1/_5$ von der des Mannes. *Roscher* schätzt das Verhältnis für Personen im 30. Lebensjahr auf 5 : 9. Akkordarbeiter vermögen im Tag das 1,3 bis 1,6fache des Lohnarbeiters zu leisten. Das Körpergewicht eines Mannes kann im Mittel zu 70 bis 75 kg, das des Pferdes und Rindes, die beide für den Antrieb von Maschinen Verwendung finden, zu etwa 280 bis 300 kg durchschnittlich eingeschätzt werden. Die gezwungene Bewegung der Maschinen, die dem Körperbau des Menschen oder Tieres nur selten entspricht, führt meist zu einer erheblichen Verminderung der Arbeitsleistung, die dieselben bei freier Bewegung zu vollbringen vermögen und die bei achtstündiger Arbeitszeit

beim Menschen zu etwa 325 000 mkg
,, Rind ,, ,, 1 300 000 ,,
,, Pferd ,, ,, 2 000 000 ,,

im Mittel zu veranschlagen ist.

## 2. Arbeitsleistung an Maschinen.

Diesem gegenüber steht bei gleicher Arbeitsdauer eine Leistung des Menschen an der Kurbel von etwa 173 000 mkg bei einer durchschnittlichen Kraftleistung von 8 bis 10 kg und 0,75 bis 1 m/Sek. Arbeitsgeschwindigkeit, bzw. eine Leistung des Tieres am Göpel von etwa 1 260 000 mgk bei 50 bis 60 kg Kraftleistung und 0,8 m/Sek. Geschwindigkeit. Noch erheblich geringer ist die Leistung des Menschen bei Zugwirkung einzuschätzen, wo sie z. B. beim Rammbetrieb nur etwa 70 000 bis 75 000 mkg/Tag beträgt. Erhebliches Abweichen von den in bezug auf Kraft- und Geschwindigkeitsentwicklung sowie auf die tägliche Arbeitsdauer für einen bestimmten lebenden Motor als vorteilhaft erkannten Werten, pflegt die Tagesleistung in der Regel ungünstig zu beeinflussen. Es vermag aber auch unter Umständen zu einer erheblichen Steigerung der Kraft- oder Geschwindigkeitsleistung bei stark verkürzter Arbeitszeit zu führen. So ergaben beispielweise Versuche mit Feuerspritzen[1] bei einer Arbeitsleistung der Druckmannschaft während zweier Minuten und bei langen Ruhepausen, daß die Leistung eines Mannes bei durchschnittlich 1,77 m Arbeitsgeschwindigkeit zwischen 18 und 37 mgk in 1 Sek. schwankte und im Mittel 27,7 mkg = 0,369 PS betrug. Diesem gegenüber stehen Angaben von *Morin* und *Weißbach*, denen zufolge die sekundliche Leistung eines Mannes am Druckhebel bei achtstündiger Arbeitszeit mit 5,5 mkg einzuschätzen ist. *Havé Mangon* erwähnt, daß bei kräftigen Pferden, die bei Dauerleistungen eine Zugkraft bis zu 75 kg zu entwickeln vermögen, beim plötzlichen Anziehen die Zugkraft sich bis zu 200 kg steigere. Bei

[1] *Hartig*, Arbeitsleistung des Menschen am Druckhebel bei sehr kurzer Arbeitszeit. Civilingenieur 1880, S. 379.

Pferderennen wurden bei 3 bis 8 Min. Renndauer Geschwindigkeiten der Tiere von 12 bis 14,5 m beobachtet, gegenüber 1 bis 1,5 m normaler Arbeitsgeschwindigkeit eines Pferdes bei achtstündiger Arbeitszeit. Radfahrer legten eine Strecke von 1 km Länge in 1′ 34,2″ (Geschwindigkeit = 10,6 m/Sek.) zurück, brauchten aber für eine Strecke von 100 km Länge 4 *h* 22′ 23″, so daß sie hierbei nur 6,35 m Sekundengeschwindigkeit entwickelten.

Die Arbeitsleistung der Menschen und Tiere, sofern sie zum Betrieb von Maschinen Verwendung finden, gründet sich entweder hauptsächlich auf der Ausnutzung von deren Körpergewicht, wie bei den nur noch geschichtliches Interesse bietenden Tret- und Laufwerken, oder auf der Ausnützung von deren Muskeltätigkeit, also der eigentlichen Kraftleistung. Diese letztere ist dabei entweder eine Druckleistung, eine Zugleistung oder ein regelmäßig wiederkehrender Wechsel beider. Die mechanischen Hilfsmittel, die zur Aufnahme und Umsetzung dieser Leistung in eine für die Verwendung geeignete Bewegungsform, die zumeist eine Schwing- oder Drehbewegung ist, dienen, sind für Druck- oder Zugleistung der Schwinghebel, das Zugseil und der Göpel, für vereinigte Druck- und Zugleistung die Kurbel. Während Hebel, Seil und Kurbel ihre Betätigung vornehmlich durch den Menschen finden, dient der Göpel in der Jetztzeit ausschließlich dem Tierbetrieb.

### a) Der Schwinghebel.

Der Mensch wirkt am Hebel entweder durch Druck oder Zug, je nach der Höhenlage von dessen Angriffspunkt im Vergleich zur Körperhöhe. Dabei ist sowohl für die Ausübung des Druckes als für die des Zuges die Abwärtsbewegung des Kraftangriffes die günstigere Bewegungsrichtung, da dann das Gewicht des Menschen die Kraftäußerung unterstützt. Für Dauerleistungen soll bei achtstündiger Arbeitsdauer die Druckkraft- bzw. Zugkraftwirkung 5 kg bzw. 12 kg, die Arbeitsgeschwindigkeit 1,1 m bzw. 0,2 m nicht übersteigen, so daß sich Tagesleistungen von 158 400 mkg bzw. 69 480 mkg ergeben. Die Verdoppelung des Hebels derart, daß gleichzeitig mit dem Aufwärtsschwingen des einen Hebelarmes das Abwärtsschwingen des andern erfolgt, und dementsprechend auch Verdoppelung der Motoren, führt einen Ausgleich in den Druck- und Zugkraftleistungen herbei und erweist sich insonderheit für den Betrieb von Handpumpwerken, z. B. Feuerspritzen, geeignet.

### b) Das Kurbelwerk.

Die vornehmlichste Verwendung findet der Hebel als Kurbel, Krummzapfen, Horn oder Drehling für die Hervorrufung von Drehbewegungen (Abb. 39). Er führt hier den Namen Kurbelarm (*a*), ist mittels einer Nabe (*b*) mit der in Lagern (*c*) drehbaren Kurbelwelle (*d*) fest oder abnehmbar verbunden und trägt am freien Ende den der Welle gleichlaufend gerichteten Kurbelgriff (*e*). Die Höhenlage *h* der Kurbelwelle über dem Boden, auf dem der Kurbeldreher steht, ist für die Erzielung des günstigsten Arbeitsverhältnisses an die Länge des Kurbelarmes gebunden. Sie beträgt für die üblichen Armlängen von 345 bis 350 mm zweckmäßig 830 mm. Hierbei ergeben sich in der Höhenrichtung die beiden Grenzhöhenlagen des Kurbelgriffes $h_1 = 480$ bis 485 mm bzw. $h_2 = 1{,}18$ bis 1,175 m, die beide innerhalb der zulässigen Bewegungsgrenzen eines Kurbeldrehers mittlerer Größe liegen.

Der Kurbelgriff besteht aus einer eisernen Spille, die, um das Gleiten in der Hand zu vermeiden, mit einer lose drehbar aufgesteckten Holz- oder

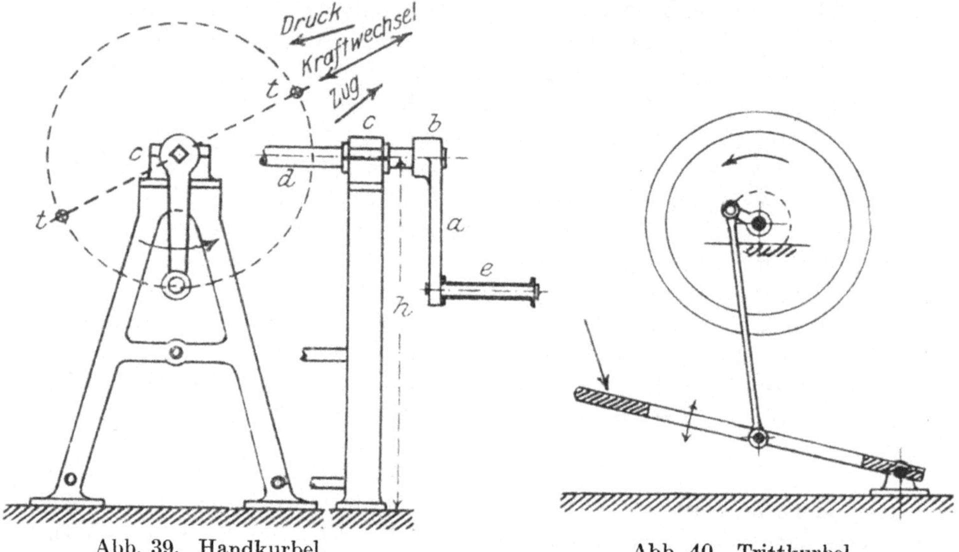


Abb. 39. Handkurbel. Abb. 40. Trittkurbel.

Metallhülse umkleidet ist, die der Dreher beim Umlauf der Kurbel fest ergreift. Die Länge des Griffes beträgt 300 bis 330 mm wenn nur ein Mann an der Kurbel arbeitet, 400 bis 480 mm wenn zwei Mann den Kurbelgriff erfassen. Es werden hiernach ein- und zweimännische Kurbeln unterschieden. Diejenigen beiden Punkte des von dem Griff bei der Drehung der Kurbel durchlaufenen Kreises, an denen der Wechsel zwischen Druck- und Zugkraft stattfindet, werden die Totpunkte (*t* Abb. 39) des Kurbelkreises, die ihnen entsprechenden Kurbelstellungen die Totlagen der Kurbel genannt. Um den Kraftwechsel zu erleichtern und gleichzeitig die Verdoppelung der Betriebsmannschaft zu ermöglichen, werden an beiden Enden der Kurbelwelle Kurbeln aufgesteckt und diese um 90 oder 180° gegeneinander versetzt. Zuweilen wird die Welle mit einem Schwungrad versehen, dessen Massenträgheit bei dem Umlauf die Kurbeln durch die Totlagen führt. Um den Händen die Bewegungsfreiheit zu erhalten und sie für Sonderarbeiten, wie Nähen, Schleifen usw., bereitzustellen, wird die motorische Arbeitsleistung dem Fuß übertragen und der Antrieb der Kurbel nach Abb. 40 durch einen Fußtritt vermittelt. Solche Kurbeln heißen Trittkurbeln.

### c) Der Kreisgöpel.

Der für die Ausnutzung der Zugkraft von Tieren bestimmte Göpel oder Kreisgöpel, bei dessen Antrieb das Tier auf einer Kreisbahn schreitet (Abb. 41 und 42), besteht aus einer senkrecht gelagerten Welle *e*, die einen oder mehrere Schwengel *f* für das Anspannen der Tiere trägt und mittels geeigneter Räderwerke *r* eine Welle *c* antreibt, die zur beliebigen Weiterleitung der Bewegung dient. Je nachdem diese Welle nahe dem Boden liegt und von

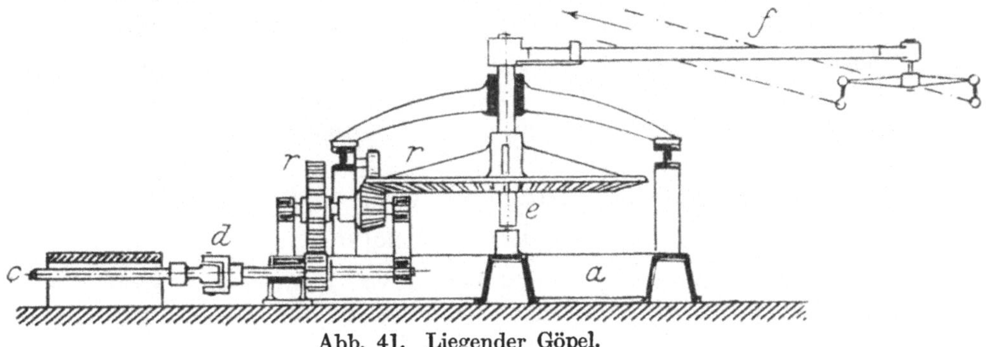


Abb. 41. Liegender Göpel.

den Tieren überschritten wird oder aufrecht steht, werden **liegende Göpel** (Abb. 41) und **stehende oder Säulengöpel** (Abb. 42) unterschieden. Sämtliche Getriebeteile trägt ein aus Holzbohlen oder Eisenträgern bestehendes

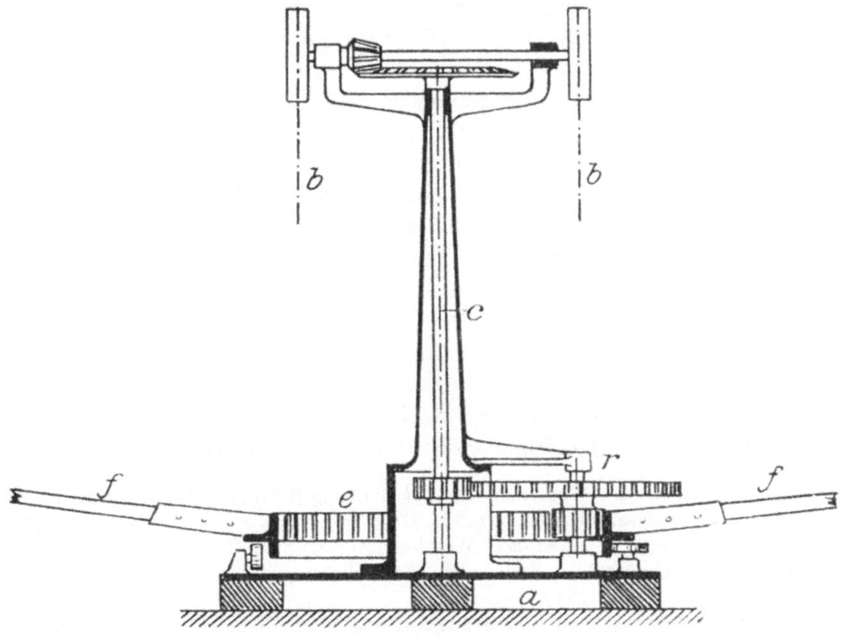


Abb. 42. Säulengöpel.

Rahmenwerk *a*, das auf dem Erdboden verankert wird. Die Weiterleitung der Arbeit erfolgt bei Säulengöpeln durch einen Riementrieb *b*, bei liegenden Göpeln wird sie durch eine Wellenleitung *c* vermittelt, die an die Endwelle des Göpels durch ein *Hook*sches Gelenk *d* angeschlossen ist. Die Antriebwelle *e* des Göpels macht bei 900 mm Laufgeschwindigkeit des Tieres und 8000 mm Schwengellänge 1,7 Umdrehungen in der Minute, die durch das Räderwerk im Verhältnis von etwa $\frac{40}{1}$ bis $\frac{50}{1}$ auf die Endwelle übertragen werden, so daß diese etwa 70 bis 100 mal in der Minute umläuft. Die Zahl der gleichzeitig am Göpel arbeitenden Tiere beträgt je nach der geforderten Arbeitsleistung 1 bis 8 Stück. Die Anspannung vermitteln Ortscheite und Wagen, die an den Enden der Schwengel *f* befestigt sind.

## B. Die Gewinnung, Aufspeicherung und Fortleitung motorischen Wassers[1].

Von den Triebstoffen, die für den Betrieb von Kraftmaschinen zur Verfügung stehen, findet allein das Wasser und die atmosphärische Luft in derjenigen physikalischen Zustandsform Verwendung, in der sie von der Natur unmittelbar geboten werden. Beide sind in unerschöpflichen Mengen auf der Erde vorhanden. Doch ist das Wasser infolge seines höheren spezifischen Gewichtes, 1 cbm Wasser wiegt 1000 kg, 1 cbm Luft nur 1,29 kg, zur Zeit der technisch und wirtschaftlich wertvollere von ihnen. Dies selbst unter dem Gesichtspunkte, daß nicht alles auf der Erde befindliche Wasser als Triebstoff, als sog. Kraftwasser, Aufschlagwasser oder Betriebswasser brauchbar ist. Schätzungsweise beträgt z. B. die in den fließenden Gewässern Deutschlands enthaltene Energiemenge 16—17 Millionen PS, so daß auf jedes Quadratkilometer etwa 30 PS, auf jeden Einwohner $^1/_4$ PS entfallen[2]. Die Summe der mittleren Leistungen der Wasserkräfte Bayerns wird zu 587 760 PS angenommen[3]. Von europäischen Ländern sind Schweden und Norwegen die an Kraftwasser reichsten. Für ersteres wird die Gesamtmenge zu 6,2 Millionen PS[4], für letzteres zu 30 Millionen PS angegeben, von denen 4 Millionen zur Ausnutzung bereit sind[5]. Die Gesamtleistung der Wasserkräfte in den Vereinigten Staaten von Amerika wird auf rund 37 Millionen PS geschätzt, wovon im Jahre 1909 bereits 5 Millionen ausgenutzt waren[6]. Am Niagara beträgt die heutige Erzeugung allein 653 000 PS[7].

Die Verwendung des Wassers als Kraftwasser ist an die Bedingung gebunden, daß es in einer solchen Höhenlage über dem Verbrauchsort zur Ver-

[1] *Reuleaux*, Über das Wasser in seiner Bedeutung für die Völkerwohlfahrt. — Handbuch der Ingenieurwissenschaften, III. Tl.: Der Wasserbau, 13. Bd., Ausbau von Wasserkräften. Leipzig 1908. — *Röttinger*, Wertbestimmung von Wasserkräften und Wasserkraftanlagen. Leipzig 1908. — *Ludin*, Die Wasserkräfte, ihr Ausbau und ihre wirtschaftliche Ausnutzung. Berlin 1913.

[2] *Frauenholz*, Das Wasser mit Bezug auf volkswirtschaftliche Aufgaben der Gegenwart. — *Kollmann*, Die wirtschaftliche Bedeutung der Wasserkräfte des badischen Landes: Technik und Wirtschaft 1910, S. 385.

[3] Ztschr. d. V. d. I. 1910, S. 1036.

[4] Ztschr. d. V. d. I. 1913, S. 675.

[5] Ztschr. d. V. d. I. 1904, S. 581.

[6] Ztschr. d. V. d. I. 1909, S. 2066.

[7] Ztschr. d. V. d. I. 1918, S. 579.

fügung steht, daß es, zu dem letzteren herabsinkend, eine seinem Gewicht ($G = Q\gamma$) und dieser Höhenlage ($h$) entsprechende Arbeit ($A = Q h \gamma$ mkg) zu leisten vermag. Man pflegt den Höhenunterschied $h$, der zwischen dem Spiegel des Oberwassers und dem Spiegel des Unterwassers gemessen wird, die Gefällhöhe des Wassers, auch kurz das Gefälle zu nennen. Die Ausnutzung des Gefälles für die Arbeitsgewinnung geschieht entweder unmittelbar, indem die Wassermasse während des Herabsinkens durch die Gefällhöhe zur Arbeitsabgabe veranlaßt wird, oder mittelbar, sofern der Arbeitsleistung in der Kraftmaschine erst die Umsetzung der anfänglich im Wasser vorhandenen Lagenenergie in Bewegungs- oder Strömenergie beim Durchsinken der Gefällhöhe vorangeht.

Das Kraftwasser wird entweder fließenden oder stehenden Gewässern entnommen. Im ersteren Falle sind Bäche, Flüsse oder Ströme, im letzteren Seen oder künstlich angelegte Teiche die Spender der Wasserkraft. In der Regel wird auch bei fließenden Gewässern das Kraftwasser vor dem Eintritt in die Kraftmaschine in einer Teichanlage gesammelt und diese so angeordnet, daß das Gesamtgefälle des der Benutzung unterstehenden Teiles des Wasserlaufes sich in tunlichster Nähe der Kraftmschine zur Ausnutzung bereitgestellt findet. Rücksichtnahme auf die Uferverhältnisse des Wasserlaufes, auf die Zufuhr von Rohstoffen, auf den leichten Abtransport der Erzeugnisse u. dgl. sind für die Wahl des Ortes der Kraftmaschinenanlage und damit auch des Ortes der Gefällzusammendrängung bestimmend. Von diesem Ort aus gerechnet zerfällt der durch die Fabrikanlage ausnutzbare Teil des natürlichen Wasserlaufes in zwei Abschnitte: den Oberlauf und den Unterlauf. Am Beginn des ersteren endet und am Ende des letzteren beginnt je ein neuer Rechtsanspruch auf die Ausnutzung der in dem Wasserlauf verfügbaren Wasserkraft. Somit können sich an einem Wasserlauf eine Anzahl Kraftanlagen folgen, die das gleiche Wasser, aber verschieden hintereinander liegende Teile des Gefälles wirtschaftlich verwerten. Die Benutzungsrechte dieser verschiedenen Anlieger sind durch die Größe des ihnen zufallenden Gefällanteiles, bzw. durch die diesem entsprechende Längenerstreckung des Wasserlaufes bestimmt.

## 1. Grabenanlagen.

Die örtlichen Verhältnisse gestatten nur selten den Einbau des Kraftwerkes in den natürlichen Wasserlauf. Meist nötigen sie dazu, das Kraftwerk außerhalb dieses am Ufer zu errichten und ihm das Kraftwasser durch eine künstliche Grabenanlage zuzuführen, wie dies beispielsweise die Abb. 43 I und II ersehen lassen. In diesen bezeichnet $F$ das Bett des Wasserlaufes, $O$ und $U$ die Grabenanlage, in welche bei $T$ die Kraftmaschine, z. B. ein Wasserrad, eingebaut ist. Bei $S$ tritt die für den Maschinenbetrieb erforderliche Wassermenge aus dem Wasserlauf in den oberen Teil $O$ des Grabens, den Obergraben, ein, der sie der Kraftmaschine zuleitet. Bei $B$ wird sie durch den Untergraben $U$ nach erfolgter Arbeitsleistung dem Wasserlauf zurückgegeben. Das Ende des Obergrabens und der Beginn des Untergrabens fallen bei $T$ zusammen, dem Ort, an dem die Zusammenfassung des ganzen auf der Strecke $A—B$ des Wasserlaufes vorhandenen Gefälles $H$ erfolgt ist.

Ein Teil dieses Gefälles wird dazu verwendet, die der Bewegung des Wassers innerhalb der Grabenanlage entgegenstehenden Widerstände zu überwinden und dem Wasser eine solche Fließgeschwindigkeit zu erteilen, daß es einerseits der Kraftmaschine in der erforderlichen Menge zufließt und andererseits im Untergraben einen schnellen störungsfreien Abfluß findet. Den anderen Teil bildet das in der Maschinenanlage der Arbeitsgewinnung dienende Nutzgefälle. Hat dieses die Größe $h$ und bezeichnen $h_o$ und $h_u$ die durch die Grabenanlage bedingten Gefällverluste, so besteht daher zwischen diesen Größen und dem Gesamtgefälle $H$ die aus der Abb. 43 I zu entnehmende Beziehung

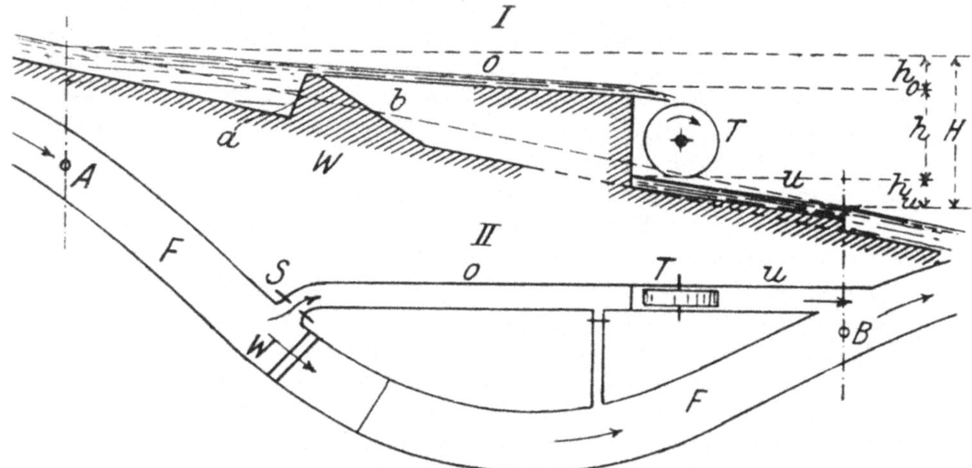


Abb. 43. Zusammendrängen des Gefälles bei Wasserläufen.

$$h = H - (h_o + h_u).$$

Die Fließgeschwindigkeit des Wassers in den beiden Grabenteilen sowie die Querschnitte dieser werden in erster Linie durch die der Maschine in der Zeiteinheit zuzuführende Aufschlagwassermenge bestimmt. Dann aber auch durch die Beschaffenheit des Wassers, insbesondere seinen Gehalt an groben und feinen Sinkstoffen, wie Sand und Schlamm, sowie durch den zur Herstellung der Grabenwände verwendeten Baustoff. Um bei der nie völligen Freiheit der fließenden Gewässer von Sinkstoffen das Ausfallen dieser zu verhüten und damit einer mehr oder weniger raschen Versandung und Verschlammung der Gräben vorzubeugen, bilden je nach der Korngröße der Sinkstoffe 150 bis 350 mm die untersten Grenzwerte für die Fließgeschwindigkeit des Wassers in der Grabenanlage.

Als Baustoff für die Grabenwände kommen teils lockere, durch Aufschütten und Feststampfen unter bestimmtem zulässigen Böschungswinkel abgelagerte Erde, ohne oder mit Rasendecke, harter Fels oder Steinmauerung sowie Holz und Eisen in Betracht. Während die zuletzt genannten harten Baustoffe die Wahl der Wassergeschwindigkeit nur wenig beeinflussen, da sie selbst bei Geschwindigkeiten von mehreren Metern einer erheblichen Abnutzung nicht unterliegen, erfordern aus Erdmassen geschüttete Grabenwände das Einhalten einer mäßigen Fließgeschwindigkeit, die 100 mm in der Sekunde kaum übersteigen darf, wenn nicht ein Abschwemmen der Massen und damit Störungen der Form und Wasserführung des Grabens eintreten sollen.

Sofern es insonderheit Reibungswiderstände sind, die das Wasser beim Durchfließen der Gräben an der Sohle und den Grabenwänden zu überwinden hat, übt auch die Länge der Grabenteile auf die Größe der Gefällverluste $h_o$ und $h_u$ einen bestimmenden Einfluß aus. Doch sind für die Längenwahl der Grabenteile vielfach die örtlichen Verhältnisse, unter denen die Anlage errichtet werden muß, wie die Gestaltung des natürlichen Wasserlaufes, die Uferbeschaffenheit, die Baukosten usw., entscheidend. Für den das motorische Wasser führenden Obergraben insonderheit spricht für eine mäßiggroße Längenerstreckung der Umstand, daß Undichtheiten der Grabenwände, die mit der Länge des Grabens an Zahl leicht zunehmen, zu Energieverlusten führen, welche die wirtschaftliche Ausnutzung der Wasserkraft nicht unerheblich zu schädigen vermögen. Auch rückt eine große Grabenlänge die Einmündung des Grabens in den Wasserlauf in eine solche Entfernung von dem Kraftwerk, daß bei rasch eintretendem Hochwasser oder Eisgang die rechtzeitige Bedienung des zur Sperrung der Einmündung dienenden Schützens (*S* der Abb. 43 II) erschwert wird und Überschwemmungen und Störungen des Maschinenbetriebes unvermeidlich werden.

## 2. Wehreinbauten und Talsperren.

Fällt der Beginn des Obergrabens nicht mit dem Beginn der zur Verfügung stehenden Strecke des Wasserlaufes zusammen, was nur in den seltensten Fällen möglich ist, so wird der Einbau einer Teichanlage in den Wasserlauf notwendig, durch welche der freie Abfluß des zufließenden Wassers so lange unterbrochen wird, bis der Wasserstand im Teich nahezu die gleiche Höhe erreicht, die der Wasserspiegel am Beginn der ausnutzbaren Strecke des Wasserlaufes besitzt. Das Wasser wird durch die Errichtung eines quer zur Längenrichtung des Wasserlaufes liegenden Staudammes oder Wehres angestaut, bis der in einer sanft ansteigenden Kurve, der Staukurve, verlaufende Wasserspiegel sich bis zum Anfang des Wasserlaufes erhebt und der Überschuß des zufließenden Wassers sich über die obere Kante des Wehres, die Wehrkrone, in die Fortsetzung des Mutterbettes ergießt.

In den Abb. 43 I, II bezeichnet *W* den Wehrdamm, dessen steilgestellte Vordecke *a* dem Oberlauf des Wassers zugewendet ist, während seine stärker geneigte ebene oder nach einer Hohlzylinderfläche geformte Abschußdecke *b* das überfließende Wasser dem Mutterbett zuleitet. Die Höhenlage der oberen, durch den Fachbau *m* oder die Überlaufschwelle begrenzten Oberkante des Wehres, die Wehrkrone, bedingt die Höhe und Reichweite des Anstaues, Änderungen derselben haben daher auch Änderungen des Stauverhältnisses im Gefolge und werden durch eine am Ufer in der Nähe des Wehres eingesetzte feste Marke, den **Eichpfahl**, kontrolliert.

Die Bauart des als Holz- oder Steinbau errichteten Wehres ist durch die Abflußverhältnisse des Wasserlaufes bedingt. Es werden drei Hauptarten unterschieden, von denen das **Überfallwehr** (Abb. 44) und das **Grundwehr** (Abb. 45) bei wenig veränderlicher Wassermenge Anwendung finden, und das **Schleusenwehr** (Abb. 46), das auch bei großer Veränderlichkeit der Wassermenge die Gleicherhaltung des Anstaues gewährleistet. Um auch die ersten beiden Wehrbauarten für erhebliche Änderung der Wasserführung, wie sie z. B. bei Wolkenbrüchen, die im Quellgebiet des Wasserlaufes niedergehen, beobachtet wird, brauchbar zu machen, erhalten diese durch einen leicht entfernbaren oder umlegbaren **Wehraufsatz**[1] eine Einrichtung, diebei eintretendem Hochwasser die schnelle Erniedrigung des Wehrüberfalles ermöglicht.

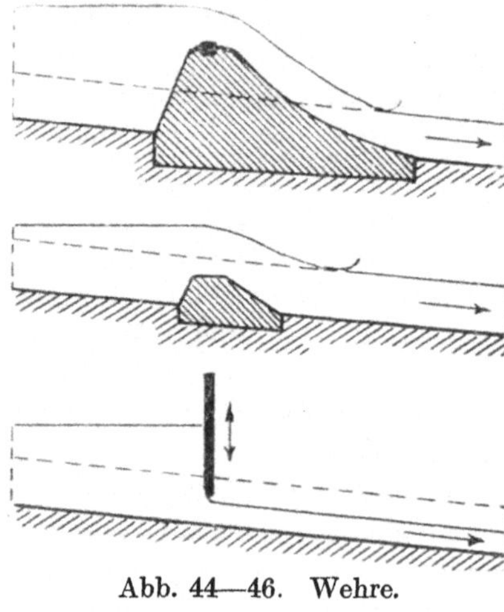

Abb. 44—46. Wehre.

Neben der Verlegung des Gesamtgefälles an eine zur Anlage des Kraftwerkes geeignete Stelle des Wasserlaufes erstrebt die Anlage des Wehres den Ausgleich des Wasserzuflusses zur Kraftmaschine. Treten infolge des Auftretens besonderer meteorologischer Verhältnisse mehr oder weniger große Schwankungen in der Wasserführung des Wasserlaufes ein und halten diese längere oder kürzere Zeit an, so bildet der Wehrteich einen Speicher, der bei richtig bemessener Größe einen dauernden Betrieb der Kraftmaschine gewährleistet. Die Größenwahl hat hierbei auf der Kenntnis der aus den besonderen Verhältnissen der Örtlichkeit entspringenden Veränderungen zu fußen, welche die Wassermenge des Wasserlaufes zu verschiedenen Zeiten des Jahres zu erleiden pflegt und die auf Grund von aus der Vergangenheit stammender statistischer Aufzeichnungen mit großer Wahrscheinlichkeit ermittelt werden können. Für die Wahl und Größe der Kraftmaschine ist hierbei insonderheit die Kenntnis des sog. Mittel- und Kleinwassers maßgebend, das während der Jahreshälfte, und zwar zumeist im Frühjahr und Herbst, aber auch während kurzer Zeit in den Sommermonaten, aufzutreten pflegt. Der Entwurf der Wehr- und Grabenanlage erfordert neben der Kenntnis dieses auch sorgfältige Erhebungen über die größten im Laufe eines Jahres zu erwartenden Wassermengen. Diese treten zwar immer nur während kurzer Zeiträume nach starken Regengüssen auf, wirken aber durch ihre Plötzlichkeit und Kraftentfaltung vielfach verheerend. So wurde beispielsweise an einem

[1] Über die seit 1902 vielfach ausgeführten „Walzenwehre" siehe Ztschr. d. V. d. I. 1908, S. 1861.

Fluß Kaliforniens, der normal 50 bis 75 cbm Nutzwasser in der Sekunde liefert, eine Schwankung der Wasserführung von 28 cbm bis 3500 cbm/Sek. und mehr beobachtet[1].

Die einfachen Wehrteiche an Bedeutung weit überragend sind jene in der neueren Zeit zur Ausführung gelangenden Sammelbecken, die als sog. Talsperren[2] dazu dienen, das Wasser aus einer größeren Anzahl von Wasserläufen aufzunehmen, die einem zuweilen weitausgedehnten Niederschlagsgebiet entstammen. Die Bedeutung derartiger Anlagen erhellt beispielsweise aus der Angabe, daß aus den abbauwürdigen Wasserkräften Badens im Jahresmittel eine Arbeit bis zu rund 500 000 PS gewonnen werden kann[3], sowie daß nach der gleichen Quelle das Einzuggebiet der Murg im badischen Schwarzwald 637 qkm umfaßt und auf den Strecken Schönmünzach-Forbach und Forbach-Murgmündung Gefälle von 150 und 200 m zur Verfügung stehen. Im Ruhrtal, Möhnetal und Listertal des Ruhrgebietes angelegte Staubecken von zusammen 172 Millionen Kubikmeter Fassungsraum bewirken, daß während der trockenen Jahreszeit, wo die Ruhr ein Kleinwasser von nur 5 cbm/Sek. führt, doch eine Betriebswassermenge von 25 cbm/Sek. zur Verfügung steht. Daß derartige Staubecken auch vielfach die Versorgung von Städten mit Nutz- und Trinkwasser übernehmen und durch Regelung der Abflußverhältnisse der sie speisenden Wasserläufe Überschwemmungsgefahren vorbeugen, sei nur nebenbei erwähnt.

## 3. Rohrleitungen.

Die Ausnutzung einer Wasserkraft durch Kraftmaschinen, in denen die Strömenergie des Wassers in Arbeit umgesetzt wird, also in Kreiselrädern oder Turbinen, erfordert bei größeren Gefällen die Zuleitung des Wassers zur Maschine durch geschlossene Rohrleitungen oder Röhrenfahrten. Die Aufstellung der Kraftmaschine erfolgt zunächst dem Unterwasserspiegel, um einen möglichst großen Teil des Gefälles für die Steigerung der Strömgeschwindigkeit des Wassers vor dem Eintritt in die Kraftmaschine zu verwenden. Auch wird die Leitung zur Abminderung der in ihr die Bewegung des Wassers hemmenden Widerstände unter tunlichster Vermeidung von Krümmungen und Querschnittwechseln so verlegt, daß sie das Wasser auf dem kürzesten Wege zur Maschine führt, wie dies beispielsweise die Skizze Abb. 47 zeigt. Der Anschluß der Rohrleitung an den am Ende des Obergrabens befindlichen Wehrteich erfolgt in dem Wasserschloß $a$, einem Gebäude, das die Reinigungsrechen zum Zurückhalten größerer im Wasser

[1] Zeitschr. d. V. d. I. 1910, S. 1172.

[2] *Ziegler*, Der Talsperrenbau nebst einer Beschreibung ausgeführter Talsperren. Berlin 1900. — *Intze*, Die geschichtliche Entwickelung, die Zwecke und der Bau der Talsperren. Ztschr. d. V. d. I. 1906, S. 673 u. f. — *Mattern*, Die Größe von Vorratsbecken für Wasseraufspeicherungen. Ztschr. d. V. d. I. 1918, S. 431. — *Soldau*, Die Bedeutung von Sammelbecken für die Ausnutzung der Wasserkräfte in Deutschland. Ztschr. d. V. d. I. 1922, S. 413 ff.

[3] Technik und Wirtschaft 1911, S. 386.

schwimmender Fremdkörper, wie Blätter, Stroh, Holz u. dgl. sowie die Absperreinrichtungen zur Regelung des Wassereintritts in die Leitung enthält.

Die Rohrleitung selbst, die zuweilen eine Länge von mehreren Kilometern erreicht, hat je nach der zu führenden Wassermenge 500 bis 5000 mm Durchmesser und wird entweder im Freien oder unterirdisch verlegt, um sie vor

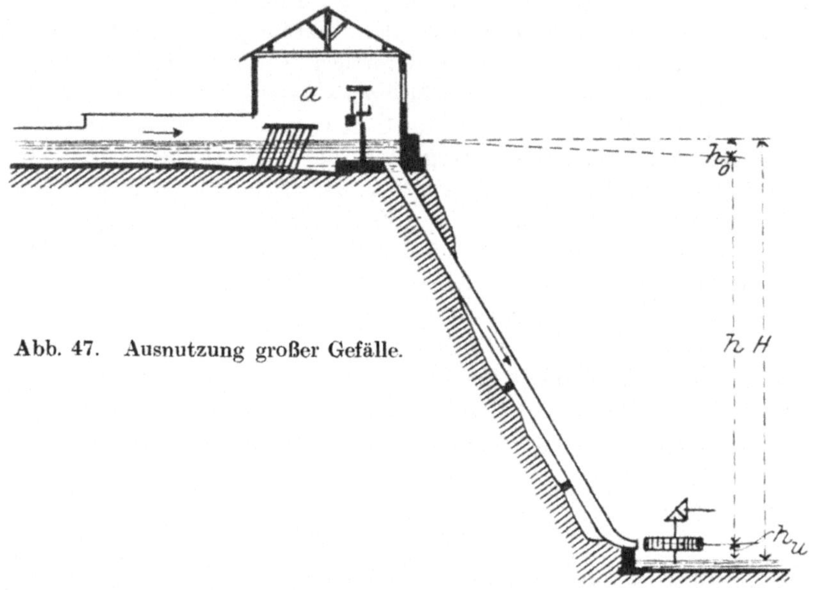

Abb. 47. Ausnutzung großer Gefälle.

Frostwirkungen oder Beschädigungen zu schützen. Sie schmiegt sich den Unebenheiten des Bodens mehr oder weniger an und ruht bei freier Lage auf einzelnen Holzbalken, Mauersockeln, Betonblöcken oder gußeisernen Unterlagen. Den Baustoff für die Rohre bilden meist Eisen- oder Stahlbleche, in seltenen Fällen auch Holz, das in Form von Stäben verwendet wird, die nach Art der Faßbindung durch um die Rohre gelegte Eisenspangen zusammengehalten werden[1]. In neuester Zeit sind auch Rohre aus Eisenbeton zur Verwendung gekommen[2]. Die Bleche werden zu Rohrschüssen von 6 bis 9 m Baulänge zusammengebogen und die Nähte dieser durch Nietung oder Schweißung geschlossen. Die Vereinigung der Schüsse erfolgt meist durch Flanschverbindungen, zuweilen durch Nieten. Die Blechdicke der Schüsse nimmt entsprechend der Zunahme des Wasserdruckes von oben nach unten ebenfalls zu. In die Leitung eingebaute Stopfbüchsen oder bei schwächeren Leitungen aus elastischen Blechscheiben bestehende Längenausgleicher sichern die Leitung bei größerem Temperaturwechsel vor schädlichen Formänderungen. Eine weitere Sicherung gegen Beschädigungen bilden Sicherheitsventile, die am oberen und unteren Ende an die Leitung angeschlossen sind. Die ersteren führen der Leitung beim Leerlaufen Luft zu, die letzteren gewähren bei auf-

[1] Ztschr. d. V. d. I. 1910, S. 1717, 1720.

[2] Engineering News 1913.

tretender stoßweiser Bewegung des Wassers diesem den Austritt aus der Leitung. Zuweilen ist zur Verhinderung von Wasserstößen an die Leitung kurz vor dem Eintritt in das Kraftwerk ein bis über den Spiegel des Oberwassers reichendes, oben offenes Standrohr angeschlossen. Auch verhindern Drosselklappen, die in die Leitung eingebaut sind und bei einem Rohrbruch durch Vermittelung des elektrischen Stromes selbsttätig geschlossen werden[1], das Nachströmen des Wassers zur Bruchstelle. Durch Rohrerweiterungen gebildete Sand- und Schlammfänge dienen bei unreinem Wasser zum Schutz der Kraftmaschine. Bei abwechselnd steigend und fallend liegenden Rohrleitungen sorgen in die Rohrscheitel eingebaute offene Standrohre oder Ventilschwimmer, die unter normalen Verhältnissen vom Wasserdruck geschlossen gehalten werden, für die dauernde bzw. zeitweise Entlüftung der Leitung.

## C. Der Wasserdampf als Triebstoff.

Die Verwendung von Dämpfen zur Arbeitsgewinnung beruht auf deren Fähigkeit, infolge der ihnen eigenen Spannung widerstehende Kräfte zu überwinden. Das Gegenspiel der treibenden und widerstehenden Kräfte vollzieht sich in Kraftmaschinen, die man als Dampfkraftmaschinen oder kurz Dampfmaschinen zu bezeichnen pflegt. Der Betriebsdampf für diese Maschinen ist vornehmlich Wasserdampf. Nur in seltenen Fällen werden Dämpfe anderer Flüssigkeiten, z. B. schweflige Säure, als Triebstoff benutzt. Die Verdampfung des Wassers erfolgt in geschlossenen Gefäßen, den Dampfkesseln, durch Wärmezufuhr. Die Wärme liefern Brennstoffe, die außerhalb des Kessels verbrannt werden, in neuester Zeit auch elektrische Ströme[2]. Der Kessel dient außer zur Dampfentwickelung auch zur Aufspeicherung des gebildeten Dampfes, aus ihm wird dieser dem Arbeitsort durch Rohrleitungen zugeführt.

### 1. Die Gebrauchseigenschaften von Wasser und Dampf.

#### a) Die Wasserreinigung.

Das für die Dampferzeugung benutzte Wasser ist entweder Tagewasser aus Flußläufen usw., oder es ist Quell- bzw. Brunnenwasser. Jedes dieser Wässer enthält Mineralsalze gelöst, unter denen doppelkohlensaurer Kalk ($CaO2CO_2$), doppelkohlensaure Magnesia ($MgO2CO_2$) und schwefelsaurer Kalk ($CaOSO_3$) die vorherrschenden sind. Der Kalkgehalt bedingt die sog. Härte des Wassers, die nach Härtegraden beurteilt wird und einen Maßstab für die Tauglichkeit des Wassers zur Dampferzeugung bildet. Dabei entspricht 1 Härtegrad einem Gehalt von 1 g Kalk (CaO) in 100 l Wasser. Es schwankt die Härte des Flußwassers etwa zwischen 5,5 bis 25 Härtegraden, während die des Quell- und Brunnenwassers bis 72° und mehr betragen kann. Die Erwärmung des Wassers im Dampferzeuger hat die Abspaltung eines Teiles

[1] Ztschr. d. V. d. I. 1914, S. 1518.

[2] Elektrodampfkessel der Allgemeinen Elektrizitäts-Ges. Berlin. — Nach der Österr. Monatsschrift für den öffentlichen Baudienst und das Berg- und Hüttenwesen, Wien 1922 S. 50, vermag 1 KW stündlich 1,2 kg Dampf von mittlerer Spannung zu erzeugen.

der Kohlensäure und damit das Entstehen der unlöslichen einfachen Salze ($CaOCO_2$ und $MgOCO_2$) zur Folge, die in Gemeinschaft mit dem schwefelsauren Kalk ($CaOSO_3$), der beim Fortschreiten der Verdampfung zur Ausscheidung gelangt, zu Boden sinken und sich in Gestalt einer mehr oder weniger dicken und dichten Kruste als sog. Kesselstein ablagern[1]. Die hierdurch verminderte Wärmeleitung der Kesselwand, die bei 1,5 mm Stärke der Ablagerung etwa 6 vH., bei 8 mm etwa 34 vH. beträgt, und die bei festbackenden Salzen bestehende Gefahr der Überhitzung der Wand bedingt es, daß die Brauchbarkeit des Wassers zur Dampferzeugung um so geringer ist, einen je größeren Gehalt an unlöslichen Salzen es besitzt. Die Löslichkeit der Kalk- und Magnesiasalze ist sehr verschieden und beträgt bei kohlensaurem Kalk etwa 20 mg, bei kohlensaurer Magnesia etwa 95 mg und bei schwefelsaurem Kalk etwa 1800 mg im Liter Wasser. Im allgemeinen gilt das Wasser als brauchbar für den Dampfkesselbetrieb, wenn 1 l desselben nicht mehr als 0,3 g feste Rückstände liefert, als schlecht, wenn die Rückstände 0,3 bis 1 g und als unbrauchbar, wenn sie mehr als 1 g betragen.

Die Prüfung des Wassers auf seine Brauchbarkeit[2] erfolgt, wenn genau, durch die chemische Analyse, wenn angenähert, nach *Boutron* und *Boudet* durch Titrieren mit Seifenspiritus. Hierbei wird das zu prüfende Wasser allmählich solange mit einer Seifenlösung versetzt, bis beim Schütteln des Gemisches ein bleibender Schaum entsteht. Die Größe des erforderlichen Seifenzusatzes wächst mit dem Salzgehalt des Wassers und bildet somit ein Maß für dessen Güte.

Das Verbessern schlechten und Brauchbarmachen solchen Wassers, das im natürlichen Zustand für die Dampferzeugung nicht benutzbar sein würde, erfolgt vor seiner Einführung in den Dampfkessel entweder durch Destillieren[3] oder auf chemisch-mechanischem Wege. Im ersteren Falle finden aus zwei Verdampfkörpern bestehende Destillierapparate Benutzung, bei denen die aus dem ersten mit frischem Kesseldampf beheizten Körper abziehenden Brüden das Heizmittel für den zweiten Körper bilden. Der Verdampfraum dieses steht entweder mit einem Kondensator in Verbindung oder es werden die in ihm entwickelten Dämpfe unmittelbar zum Vorwärmen des Speisewassers verwendet. Zur Einschränkung der Wärmeverluste sowie zur Verhinderung zu schneller Versteinung des Heizröhrenbündels des ersten Verdampfkörpers wird der hochgespannte Frischdampf auch vor dem Eintritt in diesen erst zum Ansaugen und Verdichten der Brüden des zweiten Verdampfkörpers benutzt. Er tritt dann auf etwa 0,5 Atm Überdruck entspannt in den ersten Verdampfer ein. Die Brüden dieses treten mit etwa 0,3 Atm Überdruck in den Heizraum des zweiten Verdampfers über. Derartige Anlagen erzeugen dann mit 1 kg Frischdampf rund 4 kg Destillat.

---

[1] Das Ausfallen von $CaOCO_2$ erfolgt bei 100°, von $MgOCO_2$ bei 105 bis 115°, von $CaOSO_3$ bei rund 140° C.

[2] Organ für die Fortschritte des Eisenbahnwesens 1874, S. 221. — *Bunte*, Das Wasser. Braunschweig 1918. S. 337.

[3] Civilingenieur 1889, S. 193.

Mit diesem Verfahren verwandt ist das in den sog. Patent-Plattenkochern verwirklichte Verfahren, bei dem das zu reinigende Rohwasser über eine Reihe hintereinander geschaltete Eisenplatten geleitet wird, die durch Frisch- oder Abdampf auf Siedetemperatur erhitzt werden. Dabei entweicht aus dem Rohwasser entsprechend den Gleichungen

$$Ca(HCO_3)_2 = CaCO_3 + CO_2 + H_2O$$
$$Mg(HCO_3)_2 = MgCO_3 + CO_2 + H_2O$$

einerseits die freie und halb gebundene Kohlensäure der Doppelkarbonate und fallen andererseits die entstehenden einfachen Karbonate aus. Diese lagern sich auf den Platten ab und werden von diesen durch Abklopfen entfernt.

Die chemisch-mechanischen Verfahren gründen sich auf der Benutzung verschiedenartiger Fällungsmittel. Als solche kommen in Betracht: Ätzkalk und Chlorbarium (Verfahren von *de Haën*[1]), Ätzkalk und Ätznatron (*Bérenger-Stingl*[2]), Ätzkalk und kohlensaurer Baryt, Ätzkalk und kohlensaures Natron[3], Bariumaluminat, Permutit u. a. m.

Die Aufgabe des mechanischen Teiles der Speisewasserreinigung ist die Trennung der in feiner Verteilung ausgeschiedenen Sinkstoffe von dem Wasser. Sie wird gelöst entweder durch Filtration des Wassers (*Bérenger-Stingl*) oder in Stromapparaten, die das Wasser unter wiederholtem Querschnitts- und Richtungswechsel langsam durchfließt (*Schlichter, Reisert, Maschinenbauanstalt Humboldt*). Auch werden beide Verfahren vereinigt angewandt (*Miller & Co.*[4]). Dabei dient der Stromapparat als Vorscheider, so daß im Filter nur die feinsten Sinkstoffteilchen zur Ablagerung gelangen.

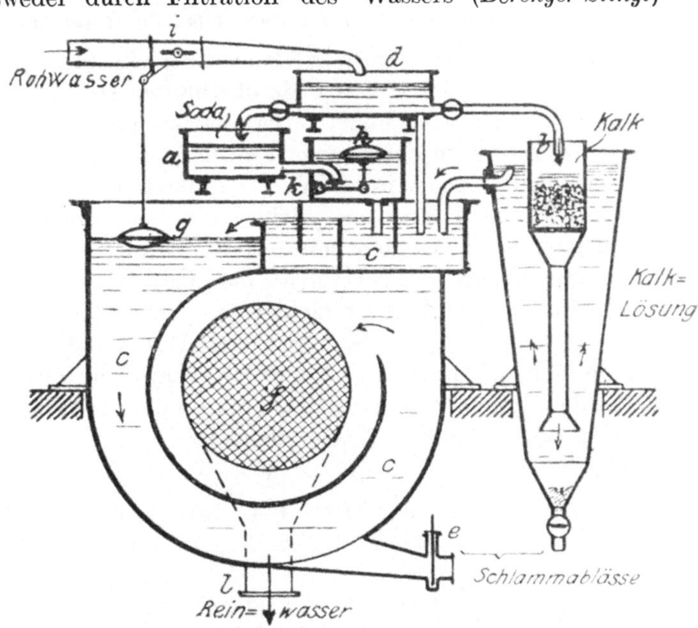


Abb. 48. Speisewasserreiniger.

Von dem letztgenannten Reiniger, der nach dem Kalk-Sodaverfahren arbeitet, gibt Abb. 48 die Anordnung wieder. Die Sodalösung wird in dem

[1] Speisewasserreiniger der Atlas-Werke A.-G. in Bremen und Hamburg.
[2] Civilingenieur 1884, S. 451, 460; 1887, S. 571.
[3] Berg- u. Hüttenmänn. Rundschau 1905, S. 192.
[4] D. R. P. Nr. 175 193. — Ztschr. d. V. d. I. 1906, S. 1951.

Gefäß *a*, die Kalklösung in dem Gefäß *b* bereitet. Aus beiden treten die Lösungen in das Mischgefäß *c* über, dem das zu reinigende Wasser aus dem Behälter *d* zufließt. Die Mischung und Reaktion vollzieht sich während des Durchfließens des Mischgefäßes innerhalb eines Zeitraumes von 2 bis 3 Stunden. Die in dem Absetzraum ausfallenden Sinkstoffe werden von Zeit zu Zeit durch Öffnen des Schiebers *e* entfernt, während das vorgeklärte Wasser in stetem Fluß den Filter *f* durchfließt und, nachdem es von dem Rest der Sinkstoffe befreit worden ist, bei *l* als Reinwasser abgeleitet wird. Schwimmer *g* und *h*, die auf die Ventile *i* und *k* wirken, regeln den Zufluß des Rohwassers sowie das Mischungsverhältnis der Reagenslösungen.

Neueren Untersuchungen zufolge üben auch in dem Wasser gelöste Gase, insbesondere Sauerstoff[1] und Kohlensäure), schädigende Wirkungen auf eiserne Kessel, Rohre usw. aus, indem sie zu Rostbildungen und Anfressungen Veranlassung geben. Sie werden zweckmäßig vor dem Einführen des Wassers in den Kessel entweder durch Auskochen des Wassers oder auf chemischem bzw. mechanischem Wege abgeschieden.

### b) Der Wärmeaufwand bei der Dampfbildung.

Der Wasserdampf wird in den beiden Zustandsformen als gesättigter Dampf oder Sattdampf und als überhitzter Dampf oder Heißdampf zur Arbeitsgewinnung verwendet. Derselbe ist gesättigt, solange er noch mit Erzeugungswasser in Berührung ist, nach dem Verdampfen des letzten Wasserteilchens geht er bei weiterer Wärmezufuhr in den überhitzten Zustand über. Bei gesättigtem Dampf entspricht einer bestimmten Dampfspannung von $p$ Atm stets auch eine bestimmte Temperatur von $t°$ C; überhitzter Dampf besitzt eine höhere Temperatur als gleichgespannter Dampf im Sättigungszustand. Bei der Gleicherhaltung der Temperatur des von seinem Erzeugungswasser getrennten Dampfes führt eine Druck- oder Volumenänderung zur Überhitzung des Dampfes. Nach den Versuchen von *Regnault* stehen $p$, $t$ und $\gamma$, das Gewicht von 1 cbm Dampf in Kilogramm, bei Sattdampf beispielsweise in dem folgenden Zusammenhang:

| $p$ Atm = | 1 | 2 | 3 | 4 | 5 | 6 | 7 | 8 | 9 | 10 |
|---|---|---|---|---|---|---|---|---|---|---|
| $t°$ = | 100 | 120,6 | 133,9 | 144 | 152,2 | 159,2 | 165,3 | 170,8 | 175,8 | 180,3 |
| $\gamma$ kg = | 0,61 | 1,16 | 1,70 | 2,23 | 2,75 | 3,26 | 3,77 | 4,27 | 4,77 | 5,27 |

Der höchste zur Zeit für die Arbeitsgewinnung benutzte Dampfdruck beträgt etwa 18 Atm. Ein bereits in den 1820er Jahren von *Perkins* und *Alban* gemachter Vorschlag, höher gespannten Dampf für den Maschinenbetrieb zu verwenden, scheiterte an technisch unzulänglichen Erkenntnissen und Hilfsmitteln. Er ist aber in der neuesten Zeit für Dr.-Ing. e. h. *Wilhelm Schmidt*, dem die Dampfmaschinentechnik auch die Einführung hoher Dampfüber-

[1] Der Gehalt des Wassers an Sauerstoff schwankt etwa zwischen 5 und 10 ccm, an Kohlensäure zwischen 0 und 5 ccm/l.

hitzung verdankt, zum Ausgang erfolgreicher Versuche mit Dampf von 30 bis 60 Atm Spannung, sog. Hochdruckdampf, geworden[1].

Die zur Verdampfung des Wassers erforderliche Wärmemenge wird in Wärmeeinheiten oder Kalorien gemessen. 1 Wärmeeinheit ist diejenige Wärmemenge, die 1 kg Wasser bei Atmosphärendruck um 1° C erwärmt.

Der im Dampfkessel stattfindende Verdampfungsvorgang zerfällt in 2 Teile: die Erwärmung des Wassers auf die Temperatur des zu bildenden Dampfes, bzw. die Erhaltung dieser Temperatur während der Verdampfungszeit, und die Überführung des erhitzten Wassers in die Dampfform, die eigentliche Verdampfung. Dem entspricht die Trennung der gesamten, dem Wasser zuzuführenden Wärmemenge $W_t$ in die fühlbare oder Erwärmungswärme $W_e$ und die latente, gebundene oder Verdampfungswärme $W_v$, also

$$W_t = W_e + W_v .$$

Bezeichnet
$G$ kg die zu verdampfende Wassermenge,
$t_o$° C die anfängliche Wassertemperatur,
$t$° C die Temperatur des gesättigten Dampfes,
$t'$° C die Dampftemperatur nach erfolgter Überhitzung,
so kann auf Grund der *Regnault*schen Forschungen allgemein gesetzt werden

$$W_t = G\,[606{,}5 + 0{,}305\,t + \eta\,(t' - t) - t_o]\ \text{WE}.$$

Hierin ist
bei Sattdampf . . . . . . . . $\eta = 0$ (nach *Regnault*),
bei Heißdampf für $p$ 4 Atm. $\eta = 0{,}48$ (nach *Regnault*),
bei Heißdampf für $p > 4$ Atm. $\eta = 0{,}60$ (nach *v. Bach*).

Die Unterschiede im Wärmeverbrauch lassen beispielsweise die folgenden Zahlenwerte ersehen, deren Errechnung $G = 1$ kg und $t_o = 0°$ Wassertemperatur unterlegt ist.

| | | | | | | |
|---|---|---|---|---|---|---|
| Dampfdruck . . . . . . . | $p =$ | 1 | 4 | 6 | 8 | 10 Atm, |
| Sattdampf . . . . . . . | rund | 637 | 650 | 655 | 659 | 661 WE, |
| Heißdampf von $t' = 300°$ | rund | 733 | 726 | 740 | 736 | 733 WE. |

## 2. Die Wärmebeschaffung durch Brennstoffe.

### a) Die Art und Zusammensetzung der Brennstoffe.

Die für die Dampfbildung erforderlichen Wärmemengen werden Brennstoffen entnommen, die entweder fest, flüssig oder gasförmig sind[2]. Kohlenstoff und Wasserstoff bilden die brennbaren Grundbestandteile derselben. Die Wärmeentwicklung ist die Folge der Oxydation dieser Grundbestandteile also die Folge von deren Verbindung mit Sauerstoff. Je nach der erreichten

[1] *Hartmann*, Hochdruckdampf bis zu 60 Atm in der Kraft- und Wärmewirtschaft. Ztschr. d. V. d. I. 1921, S. 663ff.

[2] In elektrischen Kraftwerken ist in der Neuzeit auch der elektrische Strom für die Beheizung von Dampferzeugern zur Verwendung gekommen. Ztschr. d. V. d. I. 1921, S. 757 und 1075.

Oxydationsstufe ist die freiwerdende Wärmemenge verschieden groß. Nach den kalorimetrischen Untersuchungen von *Favre* und *Silbermann* liefert

| | | | |
|---|---|---|---|
| 1 kg C | beim Verbrennen zu | CO | : 2 473 WE, |
| 1 kg C | „ „ „ | $CO_2$ | : 8 080 WE, |
| 1 kg CO | „ „ „ | $CO_2$ | : 2 403 WE, |
| 1 kg H | „ „ „ | $H_2O$ | : 34 462 WE. |

Den festen Brennstoffen, wie Holz, Torf, Braunkohle, Steinkohle, Koks, ist stets ein Gehalt an nicht brennbaren Stoffen eigen. Dieselben verbleiben, sofern sie mineralischer Natur sind, bei der Verbrennung des Brennstoffes als Asche oder, wenn diese zum Schmelzen kommt, als Schlacke zurück. Neben diesen Mineralbestandteilen enthalten die festen Brennstoffe meist noch Wasser und Sauerstoff. Im allgemeinen schwankt bei festen Brennstoffen der Kohlenstoffgehalt zwischen 30 bis 85 vH, der Wasserstoffgehalt zwischen 2,5 bis 6 vH. Für die wichtigsten festen Brennstoffe gelten die folgenden Zahlenwerte:

| | | |
|---|---|---|
| Holz . . . . . . | C = 50 vH | H = 5,5 vH |
| Braunkohle . . | 30—45 vH | 2,5—4 vH |
| Steinkohle . . . | 70—85 vH | 4—6 vH. |

Bei den beiden letzten treten noch geringe Mengen Schwefel, etwa 1 bis 4 vH bzw. 0,6 bis 2 vH, hinzu.

Der Aschen- und Wassergehalt erreicht bei festen Brennstoffen ungefähr die folgenden Größen:

| | Aschengehalt ($a$) | Wassergehalt ($w$) |
|---|---|---|
| Holz . . . . . | 0,6—2 vH | 15 vH |
| Braunkohle . . | bis 13,1 vH, i. Mittel 7 vH | bis 50 vH, i. Mittel 40 vH |
| Steinkohle . . . | „ 63,0 vH, „ „ 10—15 vH | „ 20 vH |

### b) Der Heizwert der Brennstoffe.

Die Wärmemenge, welche ein Brennstoff auf Grund seines Gehaltes an brennbaren Stoffen bei vollständiger Verbrennung dieser zu entwickeln vermag, wird der Heizwert oder die Heizkraft des Brennstoffes genannt. Derselbe kann durch Rechnung auf Grund einer chemischen Analyse des Brennstoffes oder auf kalorimetrischem Wege ermittelt werden.

In ersterer Beziehung ist das Folgende zu beachten. 1 kg Brennstoff von $a$ vH Aschengehalt und $w$ vH Wassergehalt enthält

$$\frac{100-(a+w)}{100}\,\text{kg}$$

brennbare Stoffe, die aus

$$c\text{ vH Kohlenstoff und }\left(h-\frac{o}{8}\right)\text{ vH Wasserstoff}$$

bestehen, sofern der Sauerstoff ($o$) in Form chemisch gebundenen Wassers in dem Brennstoff enthalten ist.

Es vermag daher mit Rücksicht auf die Ergebnisse der *Favre* und *Silbermann*schen Versuche 1 kg des Brennstoffes bei vollkommener Verbrennung einen Heizwert

$$H_t = \frac{100 - (a + w)}{100} \cdot \frac{8080\,c + 34462\left(h - \frac{o}{8}\right)}{100} - \frac{w}{100}\,\mathrm{WE}$$

zu entwickeln. Sonach würde beispielsweise 1 kg einer Steinkohle mit einem Gehalt von

$$a = 1{,}75\ \mathrm{vH},\ w = 12{,}88\ \mathrm{vH},\ c = 81{,}64\ \mathrm{vH},\ h = 5{,}59\ \mathrm{vH},\ o = 12{,}77\ \mathrm{vH}.$$

ein Heizwert $H_t = 6708$ WE entsprechen. Im allgemeinen schwankt der Heizwert fester Brennstoffe in den folgenden Grenzen:

| | |
|---|---|
| Steinkohle . . . $H_t$ | = 6400—7800 WE, |
| Braunkohle . . . | = 3500—5000 WE, |
| Koks . . . . . . | = 6000—7000 WE, |
| Torf . . . . . . | = 3600—4800 WE, |
| Holz . . . . . . | = 2800—3600 WE, |
| Stroh . . . . . . | = 1800—1900 WE. |

Im Durchschnitt ist der Heizwert der Steinkohle gleich dem 2,13fachen der Braunkohle einzuschätzen.

Die kalorimetrische Untersuchung verschiedener Steinkohlensorten hat gezeigt, daß Kohlen mit einem Gehalt von 16 bis 23 vH flüchtigen Bestandteilen, wie Pech, Teer, Gas, sowohl die höchste Verbrennungswärme als auch den höchsten Heizwert besitzen. Nach dem Gehalt an flüchtigen Bestandteilen und der Beschaffenheit der Verkokungsrückstände werden folgende Steinkohlensorten unterschieden: Anthrazit, Magerkohle Fettkohle und Flammkohle. Sie werden im allgemeinen in den folgenden Korngrößen verwendet:

| | | |
|---|---|---|
| Nuß I . . . . . | Körnung | 50—80 mm, |
| ,, II . . . . | ,, | 35—50 mm, |
| ,, III . . . . | ,, | 15—35 mm, |
| ,, IV . . . . | ,, | 5—15 mm, |
| Staub, Feinkohle | ,, | < 5 mm. |

Sowohl Steinkohlen- als Braunkohlenklein wird meist durch Heißpressen oder Brikettieren in eine für die Verfeuerung handliche Form gebracht und in dieser als Industriebrikett, Würfelbrikett, Nußbrikett usw. bezeichnet. Steinkohlenstaub wird auch als solcher unmittelbar verbrannt.

Flüssige Brennstoffe sind Erdöl, Masut, Goudron, Teer u. dgl., das erstgenannte mit einem Heizwert $H_t = 10\,000$ bis 11 000 WE. Dieselben werden zum Zweck der Verbrennung mittels eines Luftstromes fein zerstäubt. Sie bilden in dieser Form den Übergang zu den Gasfeuerungen. Die in diesen zur Verbrennung kommenden Gase, die sog. Generatorgase, sind Gemische von Kohlenoxydgas und Kohlenwasserstoffen mit einem Heizwert $H_t = 1100$ bis 1300 WE im Kubikmeter. Sie werden in besonderen, Generatoren oder

Gasgeneratoren genannten, Öfen durch Destillieren und unvollkommene Verbrennung (Vergasung) fester Brennstoffe, meist Braunkohlen oder Koks, erzeugt.

### c) Die Rauchgase.

Der für die Verbrennung der Brennstoffe erforderliche Sauerstoff wird der atmosphärischen Luft entnommen, die neben Stickstoff 21 Volumenprozente oder 23,3 Gewichtsprozente Sauerstoff enthält. Die Luftmenge wird auf Grund der Brennstoffanalyse berechnet und auf das 1,5- bis 2fache derjenigen bemessen, die zur vollkommenen Verbrennung der im Brennstoff enthaltenen brennbaren Stoffe erforderlich ist. Der Überschuß ist durch das Zusammentreten von Luft und glühendem Brennstoff bedingt, das durch die Körnung des Brennstoffes und sein mehr oder weniger dichtes Zusammenlagern in der Feuerstätte mehr oder weniger erschwert wird.

Die technisch-wirtschaftliche Ausnutzung des Brennstoffes wird durch die bauliche Anordnung und Beschaffenheit des Dampferzeugers sowie durch die Art seines Betriebes und seiner Bedienung bestimmt. Sie ist insbesondere bei festen Brennstoffen im Durchschnitt nur mäßig groß. Abgang von brennbaren Teilen in den Ascherückständen, Durchfallen solcher Teile durch den den Brennstoff tragenden Rost der Feuerung, Abzug der Verbrennungsgase mit hohem Wärmegehalt und hoher Temperatur, unvollkommene oder unterbliebene Verbrennung der aus dem Brennstoff entwickelten Heizgase, Wärmestrahlung des Heizkörpers nach außen, gestörte Fließbewegung der heißen Gase und dadurch bedingte Umsetzung von Wärme in Bewegungsenergie u. dgl. haben zur Folge, daß selbst in gut eingerichteten Dampferzeugern und bei sorgfältiger Bedienung derselben bis zu 33 vH und mehr der Heizkraft des Brennstoffes für die Dampferzeugung ungenützt bleibt. Infolge hiervon ist auch die Dampfmenge, welche durch die Verbrennung des Brennstoffes tatsächlich erhalten wird, nicht unerheblich kleiner als diejenige, die dem Heizwert des Brennstoffes entsprechen würde. Sie schwankt, bezogen auf 1 kg des verbrennbaren Teiles, bei Steinkohlen etwa zwischen 6 und 9,5 kg und kann im Mittel zu 7 bis 8 kg eingeschätzt werden.

Zur Beurteilung des Verlaufes der Verbrennung und des Gütegrades der Feuerung dienen zweckmäßig eingerichtete und leicht bedienbare Apparate zur chemischen Untersuchung der Rauchgase und Bestimmung deren Gehaltes an Kohlensäure, Kohlenoxyd, Wasserstoff, Sauerstoff und Stickstoff[1]. Neben diesen bietet die Beobachtung der Farbe des der Schornsteinmündung entströmenden Rauches mittels grau gefärbter Gläser von verschiedener Dunkelheit ein einfaches Mittel zur näherungsweisen Beurteilung des Verbrennungsvorganges. Nach *Ringelmann* steigt hierbei die Farbenreihe in Stufen von je 20 vH von 0 bis 5; 0 entspricht der Rauchlosigkeit und 5 der stärksten Entwickelung tiefschwarz gefärbten Rauches. Der Rußgehalt beträgt in 1 cbm Rauchgas im Durchschnitt etwa 1,6 g, das auf 1 kg verbrannte

[1] Rauchgasprüfer von *Orsat*, *Krell-Schultze*, *Siemens & Halske* u. a.; Zeitschr. d. V. d. I. 1906, S. 212; 1908, S. 349; 1921, S. 1314.

Kohle entfallende Rauchgasvolumen kann zu etwa 12 cbm eingeschätzt werden[1].

Zuweilen, z. B. bei der Lastenförderung auf Werkplätzen, Fabrikhöfen usw., wo die Benutzung des Betriebsdampfes sich nur auf einen kürzeren Zeitraum erstreckt, findet eine Trennung der Wärmeerzeugung von der Dampferzeugung statt. Die Wärme wird in einem Wasservorrat aufgespeichert, der sich in dem drucksicheren Kessel einer Lokomotive befindet und in dem das Wasser unter einen hohen Druck, z. B. 15 bis 20 Atm, gestellt wird, der den Betriebsdruck des zu erzeugenden Dampfes um das 3 bis 4fache übersteigt. Durch eine Einrichtung zur Druckverminderung wird der dem hochgespannten Wasser entstammende Dampf bei Bedarf auf etwa 4 bis 5 Atm Druck abgespannt. Die Verdampfungsdauer ist hierbei durch die Größe und Anfangsspannung des Wasservorrates bestimmt und währt so lange, bis die Temperatur des Wassers auf die Temperatur des entnommenen Dampfes gesunken ist. Einer weiteren Dampfentnahme hat die Neuerhitzung des Wassers vorauszugehen. Auch hat man versucht, den Verbrennungsprozeß durch andere chemische Prozesse zu ersetzen, die mit dem Freiwerden von Wärme ohne Flammenbildung verbunden sind[2].

### 3. Die Dampferzeuger.

Nach den bisherigen Darlegungen haben die technischen Anlagen zur Dampferzeugung im allgemeinen zwei Sonderzwecken zu dienen, der Wärmeerzeugung und der Dampfbildung. Sie genügen denselben durch den Einbau eines geschlossenen drucksicheren Gefäßes zur Aufnahme des zu verdampfenden Wassers, den Verdampfer oder Dampfkessel, in einen Heizofen, dessen Feuerzüge den Verdampfer einschließen. Der Ofen enthält einen Raum für die Einlagerung des Brennstoffes, den Feuerraum oder Verbrennungsraum, und einen solchen für die Aufnahme der Verbrennungsrückstände, die entweder lose gehäuft oder gesindert oder geschmolzen als Asche oder Schlacke auftreten, den Aschenfall. Einen weiteren Teil der Feuerungsanlage bildet der Zugerzeuger, das ist die Einrichtung zur Beschaffung der für die Verbrennung erforderlichen Luft. Er ist entweder vor oder hinter dem Verbrennungsraum angeordnet. Im ersteren Falle geschieht die Luftbeschaffung durch Einpressen der Luft mittels eines Unterwindgebläses, im letzteren durch Einsaugen mittels eines Schornsteines oder eines mechanischen Saugers.

Die allgemeine Zusammenordnung dieser Teileinrichtungen ergibt sich aus der Abb. 49, in welcher $K$ den Kessel, $V$ den Verbrennungsraum, $A$ den Aschenfall, $F$ die Feuerzüge und $Z$ den Zugerzeuger, hier einen Schornstein, bezeichnet. Dieser ist mit dem letzten der Feuerzüge durch einen, meist unterirdisch angelegten Kanal, den Fuchs $F_1$ verbunden, in den ein Rauchschie-

[1] Ztschr. d. V. d. I. 1909, S. 1837ff.

[2] *Honigmann*, Die feuerlose Dampfmaschine mit Natronfüllung. Aachen 1885. — Auch Ztschr. d. V. d. I. 1883, S. 729; 1884, S. 69 und 533; 1885, S. 101 und 160.

ber *s* zur Regelung der angesaugten Luftmenge eingebaut ist. Der besseren Ausnutzung der noch heiß den Fuchs durchströmenden verbrannten Gase dient vielfach ein im Fuchs befindlicher Vorwärmer oder Economiser, durch den das zur Dampferzeugung bestimmte Speisewasser vor dem Eintritt in den Kessel geleitet wird.

Damit der in dem Kessel erzeugte Dampf möglichst wasserfrei oder trocken in die Rohrleitung *r* eintrete, die ihn zum Verbrauchsort führt, wird diese

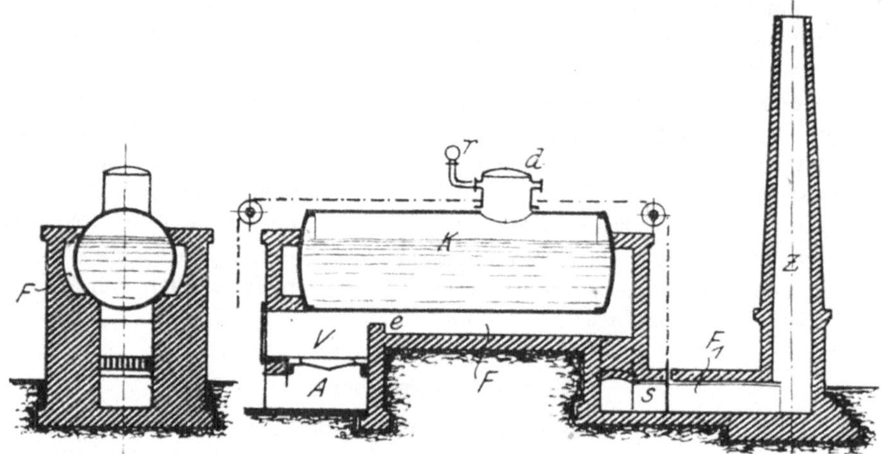


Abb. 49. Dampfkesselanlage.

an einen der Dampfbildung entrückten Teil des Kessels, den Dampfsammler oder Dampfdom *d* angeschlossen, diesem wohl auch zum Zweck der Überhitzung des Dampfes ein Überhitzer nachgeschaltet, der aus einem Bündel enger Eisen- oder Stahlrohre besteht.

An dem Kessel leicht sichtbar und zugänglich angeordnete Apparate bilden die Armatur des Kessels. Sie dienen teils der Überwachung der Wasser- und Dampffüllung des Kessels sowie des herrschenden Dampfdruckes, teils dem Regeln der Speisung des Kessels mit Wasser und der Dampfentnahme. Dampfdicht verschließbare Öffnungen in der Kesselwand, von denen bei großräumigen Kesseln mindestens eine befahrbar ist, das sog. Mannloch, gewähren die Möglichkeit zur Reinigung und zeitweisen Beobachtung des Kesselinnern.

### a) Der Heizapparat.

Die drei Hauptteile des Heizapparates einer Dampfkesselanlage sind der Heiz- oder Feuerraum mit Aschenfall, die Feuerzüge und der zur Luftbeschaffung dienende Zugerzeuger. Den drei Anordnungen entsprechend, die der Heiz- oder Feuerraum gegenüber dem Verdampfer erhalten kann, man vgl. die Abb. 50 bis 52, werden Vor-, Unter- und Innenfeuerungen unterschieden. Ihre Wahl ist durch die Art des verwendeten Brennstoffes, dem mit dieser zusammenhängenden Verlauf der Verbrennung, durch die räumlichen

Verhältnisse und durch die beabsichtigte Übertragung der Wärme an die Kesselwand bestimmt. Während bei der Vorfeuerung die Größe des Verbrennungsraumes dem Bedarf entsprechend gewählt werden kann, um durch eine freie Entfaltung der Flamme die möglichst vollkommene Verbrennung der entwickelten Gase zu fördern, tritt bei der Unterfeuerung und in erhöhtem Maße bei der Innenfeuerung infolge mangelnder Raumgröße leicht eine Beschränkung der Verbrennung der Gase ein, so daß diese nur zum Teil ausgenutzt den Feuerzügen entströmen. Andererseits bietet das Einlagern von Teilen des Dampfentwicklers in den als Unterfeuerung angeordneten Verbrennungsraum bzw. das Umhüllen des letzteren durch die Wandung des Dampfentwicklers bei der Innenfeuerung, die Möglichkeit, durch Ausnutzung der von dem glühenden Brennstoff ausgehenden Wärmestrahlung entsprechende Vorteile zu gewinnen. Immerhin sind diese Vorteile mäßig groß,

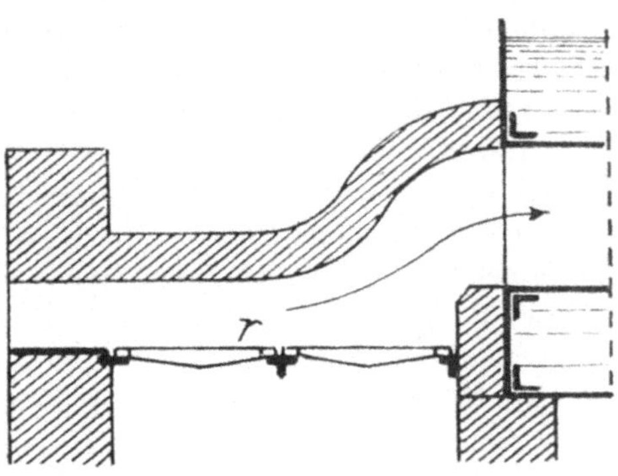

Abb. 50 Vorfeuerung.

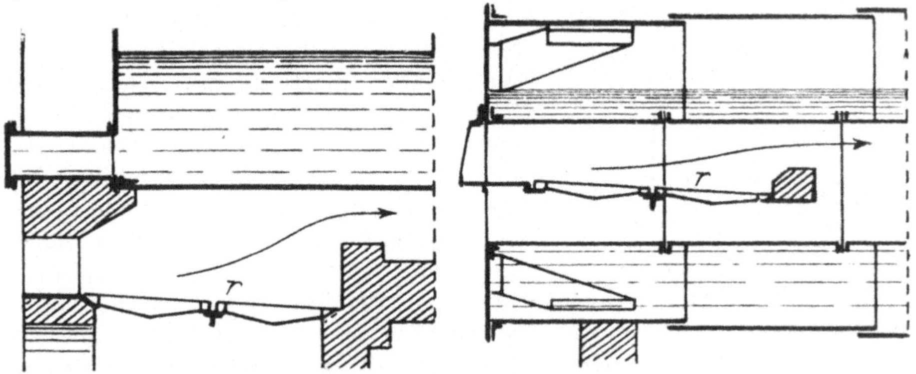

Abb. 51. Unterfeuerung. Abb. 52. Innenfeuerung.

da die Übertragung der Wärme hauptsächlich durch die Heizgase vermittelt wird, die auf langem Wege an der Kesselwandung entlang streichend, ihre Wärme vornehmlich durch Leitung an diese übertragen. Besondere Vorteile gewähren aber die Unter- und Innenfeuerungen noch durch die Raumbeschränkung, die mit ihrem Aufbau verbunden ist und die unter bestimmten Verhältnissen, z. B. bei der Förderung von Lasten dienenden Dampfanlagen, wie Lokomotiven, Schiffe usw., für ihre Wahl bestimmend wird.

### α) Die Feuerungen für feste Brennstoffe.

#### αα) Der Rost und die Handbeschickung.

In Feuerungen, die für die Ausnutzung fester Brennstoffe, insbesondere von Stein- und Braunkohlen, bestimmt sind, trennt stets eine durchbrochene ebene Platte, der Rost ($r$ in den Abbildungen), den Verbrennungsraum von dem Aschenfall. Derselbe dient einerseits zur Stützung des Brennstoffes während der Verbrennung, andererseits zur Zuleitung der Verbrennungsluft zu diesem. Der Brennstoff wird durch eine verschließbare Öffnung der Vorderwand des Heizraumes auf dem Rost in gleichmäßig verteilter Schicht ausgebreitet und dieser die Luft durch Vermittelung des Zugerzeugers durch die schlitzförmigen Durchbrechungen des Rostes, die Rostspalten, zugeführt. Nach dem Durchdringen der entzündeten Brennstoffschicht und der hierbei erfolgten Reaktion wird das entstehende hoch erhitzte Gasgemisch, das auch den der Luft entstammenden Stickstoff sowie meist auch unverbrannte Luftreste enthält, durch die Feuerzüge geleitet, wobei der Wärmeaustausch zwischen ihm und dem im Kessel befindlichen Wasser stattfindet.

Mit Rücksicht auf eine längere Erhaltung des Rostes, schneller Beseitigung entstehender Schäden und Erleichterung der Bedienung bei dem Heizbetrieb wird der Rost nach Abb. 53 aus nebeneinander liegenden und einzeln aushebbaren Eisenstäben, den Roststäben $a$, gebildet. Die Stäbe sind im allgemeinen prismatisch gestaltet. An den Enden, den sog. Roststabköpfen $b$, bei größerer Länge der Stäbe auch in deren Mitte, springen seitlich Nasen hervor, die sich beim Nebeneinanderlegen der Stäbe berühren und die Spaltweite $s$ des Rostes bestimmen. Der Stabquerschnitt ist trapezförmig und wendet seine Schmalseite nach unten dem Aschenfall zu, so daß sich die Rostspalten nach diesem hin erweitern und beim Schüren des Feuers, das ist dem Durchrühren oder Durchkrücken der Brennstoffschicht zum Zweck der Ascheabscheidung und Lockerung des Brennstofflagers, der Durchfall der Asche und der Zutritt der Luft erleichtert wird. Um bei gleicher Stablänge und Spaltweite den Durchlaß der Luft zu vergrößern, wird der gerade Stab bisweilen durch einen wellenförmig verlaufenden ersetzt oder es werden auf einem Grundstab würfelförmige Köpfe aufgesetzt, die sich gegenseitig nicht berühren und deren Oberseiten in einer Ebene liegen. Durch versetzte Anordnung der Köpfe auf den benachbart liegenden Stäben wird ein Spaltengitter erzeugt, das, wie der Wellenspalt, der Luft eine größere Durchtrittsfläche bietet, jedoch das Schüren des Rostes erschwert.

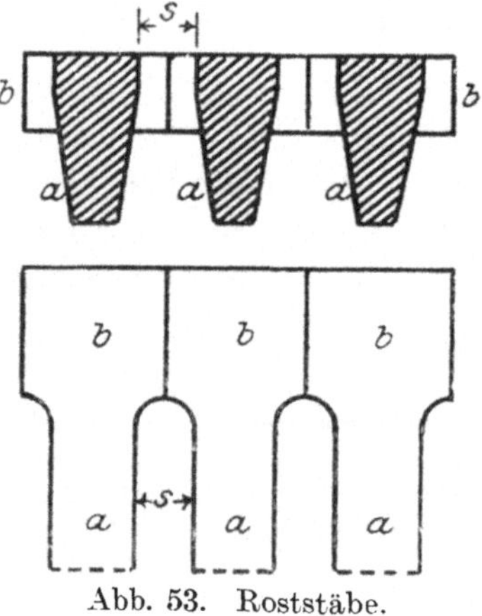

Abb. 53. Roststäbe.

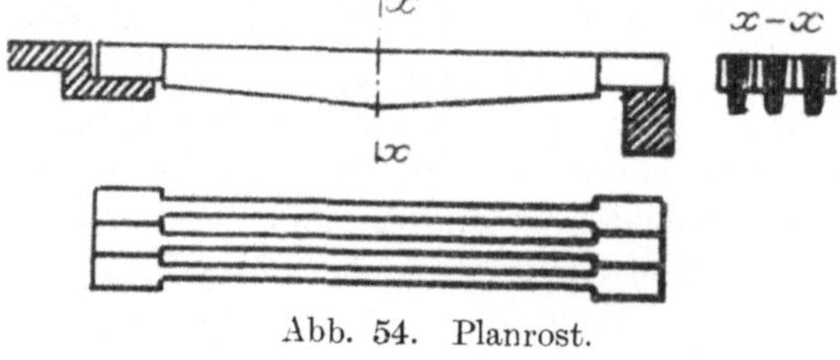

Abb. 54. Planrost.

Jenachdem die Stäbe des Rostes einander gleichlaufend neben oder übereinander angeordnet sind, wird der Planrost (Abb. 54) und der Treppenrost (Abb. 55) unterschieden. Bei stärkerer Neigung des Planrostes gegen die Wagerechte, wobei die Stäbe in der Neigungsrichtung liegen, wird derselbe ein Pult- oder Schrägrost genannt. Auch die Tragfläche des Treppenrostes ist zur Wagerechten geneigt, die Stäbe selbst liegen aber quer zur Neigung und sind so gegeneinander versetzt, daß sich eine treppenartige Anordnung ergibt. Hierdurch erhalten die Rostspalten die wagerechte Lage und der meist feinkörnig verwendete Brennstoff, wie Klarkohle, Sägespäne, Lohe u. dgl., wird von dem unteren, den Spalt begrenzenden Roststab getragen (Abb. 55, B). Dies zu sichern erhalten die Stäbe eine größere Breite bei mäßiger Dicke, also die Plattenform. Zuweilen werden diese Platten selbst wieder rostartig durchbrochen, um eine reichliche Luftzufuhr sicherzustellen (Etagenrost von *Langen*).

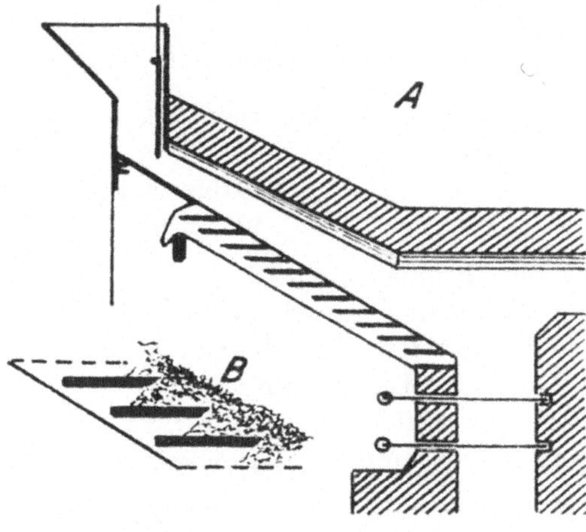

Abb. 55. Treppenrost.

Die Spaltweite des Plan- und Pultrostes ist durch die Körnung des Brennstoffes bestimmt und so zu wählen, daß sie den freien Durchfall unverbrannter Teile tunlichst verhindert, ohne den Luftzutritt erheblich zu erschweren. Im allgemeinen gelten die folgenden Abmessungen der Spaltweite $s$:

| | |
|---|---|
| für Sägemehl, Kohlenstaub u. dgl. | $s$ bis 3 mm |
| für Steinkohle und Braunkohle | $s = 10-15$ mm |
| für Koks und Torf | $s = 20-25$ mm |

Dabei beträgt der auf die Spalten entfallende Teil der Rostfläche, das ist die sog. freie Rostfläche,

| | |
|---|---|
| für Steinkohlenfeuerung etwa | 0,25—0,4 |
| für Koksfeuerung etwa | 0,4 —0,5 |

der gesamten oder totalen Rostfläche.

Durch die gleichförmige Verteilung des Brennstoffes auf dem Rost in einer überall gleichdicken und gleichdichten Schicht, wird die möglichst vollkommene Ausnutzung sowohl des Brennstoffes als der ihm zugeführten Verbrennungsluft erstrebt. Zu große Dicke der Brennstoffschicht führt bei ungenügender Luftzufuhr leicht zu einer unvollkommenen Verbrennung, d. h. zur Bildung von Kohlenoxyd statt Kohlensäure, andererseits fördert zu dünne Bedeckung des Rostes den Übertritt unzersetzter Luft in die Brenngase und hat die Abkühlung dieser zur Folge. Im allgemeinen ist eine Schichtdicke von 50 bis 80 mm als die geeignete zu bezeichnen; in Ausnahmefällen, insbesondere bei kräftiger Luftzufuhr, z. B. bei Lokomotiven, darf sie auch

300 bis 400 mm erreichen, ohne der Güte der Verbrennung Abbruch zu tun. Hiermit hängt die Brennstoffmenge zusammen, die auf 1 qm Rostfläche in 1 Stunde zur Verbrennung gelangt und die

bei Steinkohlen zu 40 bis 90 bis 300 kg
bei Braunkohlen zu 90 bis 125 kg

im Durchschnitt einzuschätzen ist, bei schonend betriebenen Kesselfeuerungen aber

40 bis 60 kg bei Steinkohle und
50 bis 80 kg bei Braunkohle

nicht übersteigen dürfte.

Einen nicht unerheblichen Einfluß üben auf die zur Verbrennung kommende Kohlenmenge die Geschicklichkeit und Sorgfalt des die Feuerung bedienenden Heizers aus.

Nach *Halé* vermögen bei Kesselanlagen mit 2,25 bis 17 qm Rostfläche im Durchschnitt zu verfeuern:

1 Mann 10 bis 30 t Kohle in 1 Woche
2 Mann bis 55 t Kohle in 1 Woche
3 Mann bis 80 t Kohle in 1 Woche

Dabei schwankt die Temperatur im Heizraum infolge des wiederholt erforderlich werdenden Öffnens der Feuertür zwischen 800 und 1300° C.

### ββ) Die mechanischen Rostbeschicker.

Durch den Ersatz der Handbeschickung des Rostes durch die mechanische Beschickung steigt die wöchentlich zur Verbrennung gelangende Kohlenmenge auf 200 t und mehr und vermögen in 1 Stunde auf 1 qm leicht 100 bis 300 kg verfeuert zu werden. Dabei führt die stetig verlaufende Brennstoffzufuhr zum Rost ohne zeitweise Öffnung des Feuerraumes zur dauernden Gleicherhaltung der Temperatur auf 1300 bis 1400° C in diesem und bietet damit die Gewähr einer stetig gleichbleibenden Dampferzeugung. Andererseits erfordern öftere Wechsel in den Betriebsverhältnissen der Kesselanlage die stetige und sorgfältige Überwachung der Dampferzeugung durch den Heizer und machen dessen regelnden Eingriff in das Getriebe des mechanischen Rostbeschickers wiederholt erforderlich.

Der Forderung einer möglichst vollständigen und rauchfreien Verbrennung des Brennstoffes suchen die mechanischen Rostbeschicker auf zweierlei Weise zu genügen. Die einen, die Unterschubfeuerungen und die Wanderrostfeuerungen, schließen sich in der Arbeitsweise dem bei der Handbeschickung geübten Verfahren an. Nach diesem wird der Rost mit einer überall gleichdicken glühenden Brennstoffschicht dauernd bedeckt erhalten. Nach teilweisem Abbrennen wird sie vom Heizer zurückgedrängt und durch Eintragen frischen Brennstoffes zunächst der Beschickungsöffnung so ergänzt, daß die aus ihm entstehenden Vergasungprodukte bei dem Überstreichen der vor ihnen liegenden glühenden Kohlenschicht zur Verbrennung gelangen.

Nach dem zweiten Verfahren besteht die Rostbeschickung im Aufstreuen mehr oder weniger feinkörnigen Brennstoffes auf die ganze den Rost bedeckende und in Glut befindliche Brennstoffschicht, so daß die neue Aufstreuung die aufsteigenden glühenden Gase durchfallen muß und an ihnen zersetzt und entzündet wird. Dampfkesselfeuerungen dieser Art werden Streufeuerungen oder Wurffeuerungen genannt. Sie vermögen je nach ihrer besonderen Einrichtung Kohlen der verschiedensten Körnung von Brikettgröße bis herab zur Staubfeinheit, im letzteren Falle als sog. Kohlenstaubfeuerungen, zu verarbeiten.

Den Übergang vom festliegenden Planrost zu den Wanderrost- und Unterschubfeuerungen bilden jene Feuerungen, deren Rost aus beweglich angeor-

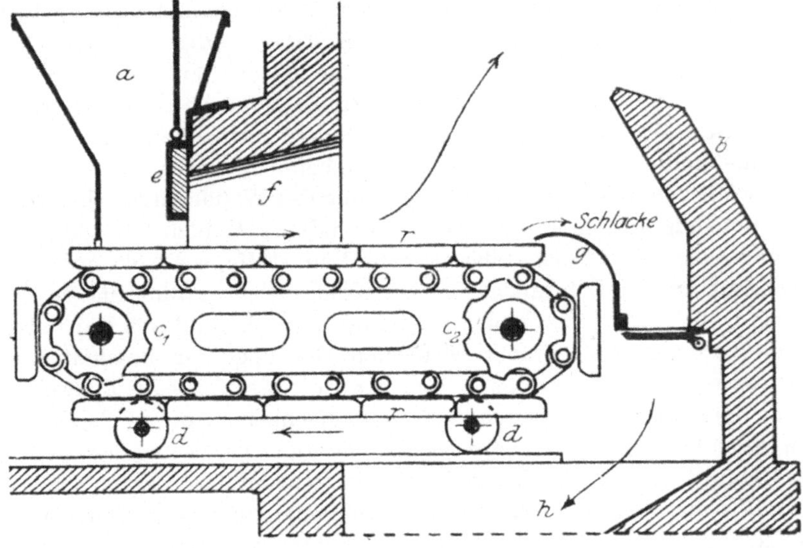


Abb. 56. Wanderrost.

neten Roststäben zusammengesetzt ist, die nach *Vicars*[1] ebene, nach *Niclausse*[2] verzahnte Tragflächen besitzen. Die Stäbe werden während des Heizbetriebes dauernd in wechselnder Folge durch Daumen- oder Kurbelgetriebe in der Längsrichtung derart verschoben, daß sie beim Zurückziehen unter der Brennstoffschicht gleiten, beim Vorschub dagegen die glühende Schicht dem Rostende zuschieben, so daß am Anfang des Rostes neuer Brennstoff auf diesen aus einem vorgelagerten Fülltrichter fallen kann.

Auch der Ketten- oder Wanderrost besteht aus beweglich angeordneten Roststäben. Dieselben sind kurz und, wie die Abb. 56 zeigt, in größerer Zahl hintereinander liegend gelenkig zu endlosen Ketten *r* verbunden, die unter Belassung der Rostspalten in einer der Rostbreite entsprechenden Anzahl nebeneinander angeordnet sind. Die Ketten werden am Eingang der Feue-

---

[1] Ztschr. d. V. d. I. 1907, S. 59.

[2] Ztschr. d. V. d. I. 1911, S. 1608.

rung, wo die Beschickung des Rostes aus dem Schüttrichter *a* erfolgt sowie in der Nähe der Feuerbrücke *b*, wo die Rostfläche endet, so von sternförmigen Kettenrädern $c_1$ $c_2$ getragen, daß die Oberkanten der Stäbe in einer wagerechten Ebene liegen. Die Kettenglieder laufen bei der Wanderbewegung des Rostes mittels Rollen auf geraden Schienen, die von den Seitenwänden eines Gestelles getragen werden, in dem auch die Achsen der Kettenräder gelagert sind. Damit der Rost zum Zweck der Instandhaltung aus dem Feuerraum ausgefahren werden kann, ist das Gestell durch die auf einem Schienengleis stehenden Laufräder *d* unterstützt. Die Dicke der den Rost bedeckenden Brennstoffschicht wird durch die im Mittel etwa 15 m/St. betragende Geschwindigkeit bestimmt, mit der sich der Rost gegen die Feuerbrücke hin bewegt und durch Einstellen eines eisernen, mit Schamottmasse gefütterten Schiebers *e* geregelt, der unmittelbar am Eingang des Feuerraumes liegt. Hinter ihm überspannt den Rost das aus feuerfesten Steinen gemauerte Zündgewölbe *f*[1]. Unter diesem wird der frisch aufgegebene Brennstoff durch die vom Gewölbe ausgehende Wärmestrahlung getrocknet, teilweise entgast und schließlich entzündet, wobei die entstehende Flamme die Beheizung des Zündgewölbes bewirkt. Für die Beschickung des Wanderrostes sind vornehmlich flammende gasreiche und leicht entzündbare Kohlen von gleichmäßiger Körnung geeignet. Gasarme oder gasfreie Brennstoffe, wie Koks und Anthrazit können nur im Gemisch mit gasreichen Kohlen Verwendung finden. Die Bewegung des Wanderrostes erfolgt schrittweise und kann durch Umstellung des auf die vorderen Kettenräder wirkenden Getriebes der Beschaffenheit des Brennstoffes angepaßt werden. Nach dem Verlassen des Zündgewölbes tritt die mit dem Rost fortschreitende Brennstoffschicht in die im Verbrennungsraum liegende eigentliche Brennzone ein, in der die Vergasung des Brennstoffes in der Hauptsache ihr Ende erreicht. Auf dem letzten Viertel seiner Länge ist der Rost nur noch von einer wenig flammenden glühenden Schlackenschicht bedeckt, die am Ende der Rostebene ein Schlackenabstreicher *g* abhebt und in den Schlackenabfluß *h* gleiten läßt. Um auch die letzten Kohlenreste auszunützen, hat sich an Stelle des Abstreichers die Anordnung einer Reihe schmaler Staukörper zweckmäßig erwiesen, die am Rostende pendelnd aufgehängt und einzeln durch Gewichte belastet sind. Dieselben werden von Kühlwasser durchflossen und verzögern den Abfluß der Schlacke solange, bis sie völlig ausgebrannt ist[2].

Die Roste der Unterschubfeuerungen sind entweder quer zu dem Zug des Feuers angeordnete Pult- oder Treppenroste, wie z. B. bei den Feuerungen der *Unterfeed Stocker Co.*[3] und der Bauart *Nyeboe & Nissen*[4], die giebelartig zusammengestellt sind und zwischen denen die zugeführte Kohle emporquillt, um dann über die geneigten Rostflächen abwärts zu gleiten, oder es sind, z. B.

[1] Versuche zur Verfeuerung minderwertiger, schlackenreicher Feinkohle auf Wanderrosten. Ztschr. d. V. d. I. 1917, S. 721ff.

[2] Ztschr. d. V. d. I. 1918, S. 462.

[3] Ztschr. d. V. d. I. 1907, S. 61 und 1909, S. 1883.

[4] Ztschr. d. V. d. I. 1907, S. 61 und 1909, S. 1883.

bei der Feuerung von *Taylor*[1], in der Richtung des Feuerzuges liegende schmale Treppenroste, die von der zwischen ihnen zugeführten Kohle überschüttet werden. In jedem Fall erfolgt die Zuführung des Brennstoffes durch Kanäle, die zwischen den Rosten und tiefer als diese liegen. In sie wird die Kohle entweder durch schwingende Kolben oder mittels einer die Kanallänge ausfüllenden Förderschraube so eingestopft, daß sie die über ihr liegende, bereits in der Verbrennung begriffene Kohleschicht hebt und über die Rostflächen verteilt.

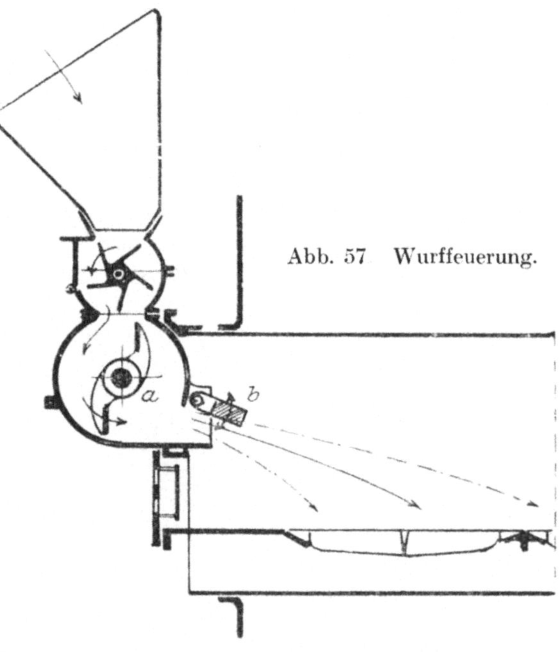


Abb. 57 Wurffeuerung.

Die Wurf- oder Streufeuerungen arbeiten entweder mit einer Wurfschaufel (*Topf*, *Lantz*), deren Wurfweite durch in bestimmten Zeitstufen wiederkehrende Spannungsänderungen eines sie antreibenden Federtriebwerkes selbsttätig so geregelt wird, daß eine gleichmäßige Verteilung des Brennstoffes über die ganze Länge des Rostes stattfindet, oder sie arbeiten nach Abb. 57 mit einem stetig mit etwa 5m/Sek. Umfangsgeschwindigkeit umlaufenden Wurfrad *a* (*Leach*, *Sächsische Maschinenfabrik*), dessen Wurfweite ein in die Streurichtung eingeschalteter, beständig schwingender Schirm *b* bestimmt und regelt, oder endlich, sie fördern als sog. Kohlenstaubfeuerungen die staubfein gemahlene Kohle mit Hilfe des Essenzuges (*Wegener*), eines Wurfrades (*Schwartzkopff*) oder eines durch einen Ventilator oder eine Strahlpumpe erzeugten Preßluftstromes (*Crampton*, *Friedberg*) in den von glühenden Gasen erfüllten Verbrennungsraum, in dem die Kohlenteilchen schwebend zur Vergasung und Verbrennung kommen.

Während die Wurfschaufel in bezug auf die Stückgröße des Brennstoffes nur wenig empfindlich ist und sich für das Verfeuern feiner und grobstückiger Brennstoffe, z. B. Briketts, eignet, ist das Verwendungsgebiet des Wurfrades auf wenig backende, gas- und aschenarme Kohlen von etwa 6 bis 20 mm Korngröße beschränkt. Für Staubkohlenfeuerungen kommt allein in bezug auf Wärmeleistung hochwertige, kokende und an flüchtigen Stoffen reiche Steinkohle in Betracht, deren Aschengehalt 10 vH nicht übersteigt und die, z. B. auf Rohrmühlen, so fein vermahlen wurde, daß auf dem 5000-Maschensieb nur etwa 10 bis 12 vH Rückstände verbleiben. Die Mischung des Kohlenstaubes mit der Verbrennungsluft erfolgt in Raumteilen gemessen im Ver-

[1] Ztschr. d. V. d. I. 1913, S. 394.

hältnis 1 : 10 000; dabei wird eine Verbrennungstemperatur von rund 1800° erzielt[1].

Die Kohlenstaubfeuerungen bilden den Übergang zu den mit flüssigen Brennstoffen betriebenen Kesselfeuerungen, bzw. zu den Gasfeuerungen, die außerhalb des Verbrennungsraumes erzeugte brennbare Gase zur Kesselbeheizung benutzen.

### β) Die Öl- und Gasfeuerungen.

Flüssige Brennstoffe, wie Erdöl, Naphtha, Goudron u. a. werden, wenn sie unter Dampfkesseln verbrannt werden, mit Hilfe eines Dampf- oder Druckluftstrahles fein zerstäubt in den Feuerraum des Kessels eingeblasen. Hierbei finden verschiedenartig eingerichtete „Brenner" Verwendung, die entweder wie der Brenner „Forsunka" von *Lenz*[2] unmittelbar im Innern des Feuerraumes angeordnet werden, oder die nach *Holden*[3] und *Urguhardt*[4] in der Vorderwand des Feuerraumes sitzend ihm vorgelagert sind. Das Öl wird in dem Brenner der Zerstäubungsstelle mittels einer Düse zugeführt und beim Verlassen dieser von dem unter Druck zuströmenden Dampf- oder Luftstrahl erfaßt und in kleine Tröpfchen aufgelöst, als Flüssigkeitsnebel in den Feuerraum eingeblasen, wo es entzündet und verbrannt wird.

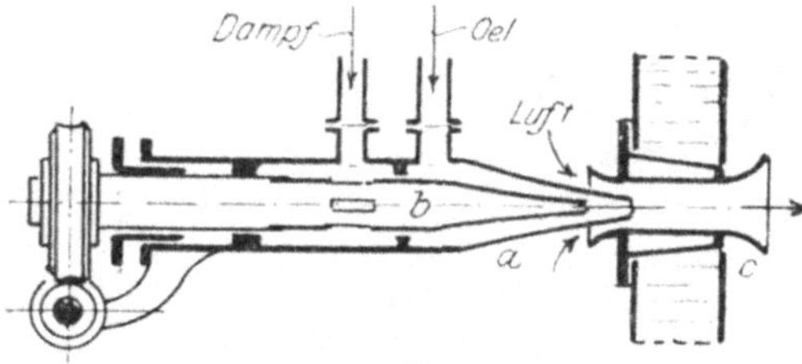

Abb. 58. Ölfeuerung.

In der Abb. 58, welche die grundsätzliche Einrichtung eines für die Ölfeuerung von Lokomotivkesseln bestimmten Brenners ersehen läßt, fließt das Öl aus einem Vorratsbehälter der Mischdüse *a* zu, innerhalb welcher die durch Handrad und Schraube in der Längenrichtung verschiebbare Dampfdüse *b* liegt. Der Dampf wird dem Kessel entnommen. Er überträgt beim Austritt aus der Düse einen Teil seiner Strömenergie auf das die Düsenmündung in einer ringförmigen Schicht umlagernde Heizöl und führt dieses in feiner Verteilung einer dritten Düse *c* zu, in welcher die Mischung mit Luft erfolgt, worauf das Dampf-Öl-Luftgemisch in den Heizraum tritt, wo das Öl zur Verbrennung kommt[5].

Auch bei den Gasfeuerungen wird das Gasluftgemisch nach dem Vorgang von *Ferbeck, Wefer* u. a. dem Verbrennungsraum mittels Düsen zugeführt. Dieselben durchsetzen die Vorderwand des Raumes und bewirken nach Art der Bunsenbrenner die Gemischbildung. In der Regel sind mehrere, zuweilen

[1] Ztschr. d. V. d. I. 1921, S. 425. — *Kaiser*, Versuche mit einer Kohlenstaubfeuerung. Ztschr. d. Bayer. Revisions-Ver. 1922, S. 106ff.
[2] Organ für die Fortschritte des Eisenbahnwesens 1887, S. 34.
[3] Ztschr. d. V. d. I. 1891, S. 496 und 1922, S. 900.
[4] Le Génie civil 1899, S. 113. Ztschr. d. V. d. I. 1922, S. 900.
[5] Über Ölfeuerungen für Dampfkessel handelt die Ztschr. f. Dampfk. u. M. 1919, S. 281.

bis 40, Gasdüsen in gerader oder kreisförmiger Reihenstellung[1] angeordnet. Im ersten Falle ist jede der Düsen von einer dem Luftzutritt dienenden Mischdüse umgeben. Bei kreisförmiger Anordnung liegen sämtliche Düsen in der Wandung eines zum Schutz gegen Abbrennen aus Graphit hergestellten hohlzylindrischen Futters, das in den Heizraum ragt und dessen Höhlung der von den Gasstrahlen angesaugten Verbrennungsluft den Zutritt gewährt. In die Gasleitung eingeschaltete Kiesfilter (*Davy*sches Netz) und sich unter Außendruck schließende Explosionsklappen sichern gegen das Rückschlagen der Flamme in die Gasleitung. Das Gas entströmt den Düsen entweder unter der Saugwirkung des Essenzuges oder wird in ihnen mittels eines Dampf- oder Druckluftstrahles angesaugt und in den Heizraum gedrückt (Abb. 59)[2].

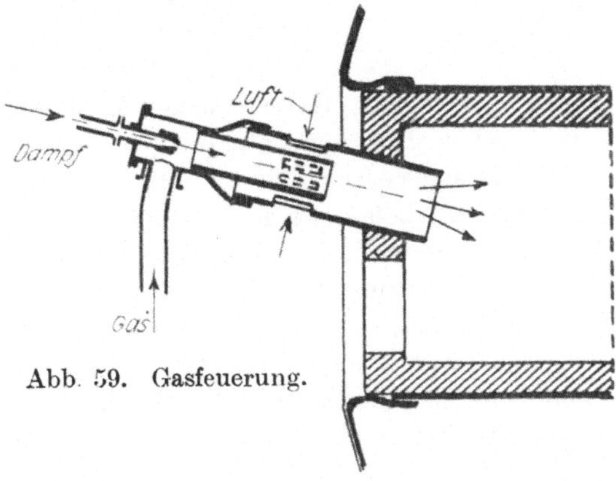

Abb. 59. Gasfeuerung.

Die Anwendung der Gasfeuerung ist dadurch beschränkt, daß sie an die Gewinnungs- oder Erzeugungsstätten des Heizgases gebunden ist. Abgesehen von der selten möglichen Verwendung von Naturgas sind es insbesondere die beim Hochofen- und Koksofenbetrieb fallenden, vornehmlich aus Kohlenoxyd bestehenden Gase mit etwa 4000 WE im Kubikmeter, die auf Hüttenwerken zur Kesselheizung Verwendung finden. 1 cbm dieser Gase liefert etwa 4,6 kg Dampf von 11,5 Atm Spannung und 311° Temperatur bei einer Verdampfung von 22 kg Wasser auf 1 qm Heizfläche. In der neueren Zeit ist auch versucht worden, die flammenlose Verbrennung des Gases für die Dampfkesselbeheizung nutzbar zu machen[3].

### b) Die Zugerzeugung.

Die Überleitung der glühenden Verbrennungsgase aus dem Feuerraum in die den Verdampfer umschließenden Feuerzüge wird in der Regel durch eine aus Schamottesteinen gemauerte, zuweilen durch Luft oder Wasser gekühlte Feuerbrücke (*e* der Abb. 49, S. 70) vermittelt, die sich am hinteren Rostende dammartig erhebt und die Flamme gegen die Verdampferwandung preßt. Hinter ihr führt die Erweiterung des Feuerzuges zur Verminderung der Strömgeschwindigkeit der Gase und damit zur Ablagerung eines großen Teiles der von den Gasen dem Heizraum entführten feinkörnigen, aus Aschen- und Schlackenteilen bestehenden Flugasche. Die Anordnung der Feuerzüge, deren Aufgabe es ist, die über dem Rost gebildeten, in der Verbrennung be-

[1] Ztschr. d. V. d. I. 1912, S. 891 und 1914, S. 1152.
[2] Ztschr. d. V. d. I. 1911, S. 1809.
[3] Ztschr. d. V. d. I. 1913, S. 281.

griffenen und daher heißen Heizgase an der Kesselwandung entlang zu führen, ist dieser Aufgabe gemäß in erster Linie durch die räumliche Gestaltung des Kessels bedingt und daher nur im Zusammenhang mit dieser des näheren zu erörtern. Im allgemeinen führt die räumliche Ausdehnung des Kessels und das Erfordern, die Heizgase solange mit der Kesselwand in Berührung zu erhalten als der Wärmeaustausch zwischen den Gasen und der Wasserfüllung des Kessels noch von einem wirtschaftlichen Nutzen begleitet ist, zu einem mehrfachen Richtungswechsel der Feuerzüge und der sie durchströmenden Gase.

### α) Die Feuerzüge.

Im Innern des Kessels liegende Feuerzüge erhalten meist die Gestalt zylindrischer Rohre von kreisförmigem, selten elliptischem Querschnitt. Diese Flammrohre bilden Teile des Kessels und werden zur Verstärkung gegen den sie belastenden Außendruck aus Wellblech hergestellt oder durch Eisenringe versteift. Die außerhalb des Kessels liegenden, als Feuerzüge dienenden Kanäle werden nur einseitig von der Kesselwand begrenzt und sind an den übrigen Seiten von Mauerwerk umschlossen, das, um den hohen Hitzegraden zu widerstehen, aus feuerfesten Ziegeln aufgeführt und außen von einem aus gewöhnlichen Ziegeln bestehenden Rauhgemäuer umhüllt ist. Dieser aus Stein errichtete Teil des Feuerzuges wird von den den Kanal durchziehenden Feuergasen erwärmt und strahlt die aufgenommene Wärme gegen die Wand des Kessels aus, während diese die Wärme der vorüberstreichenden Gase unmittelbar an die Kesselfüllung überleitet. Die lichte Weite der Feuerzüge ist durch das Volumen und die Strömgeschwindigkeit der Heizgase bestimmt. Im Durchschnitt liefert 1 kg Kohle etwa 12 cbm Rauchgase. Am Ende der Feuerzüge gelangen die Gase auf 150 bis 300° abgekühlt durch den meist unterirdisch liegenden Fuchs ($F_1$ der Abb. 49 S. 70) in einen aufrecht und in der Regel freistehenden, mehr oder weniger hochgeführten Kanal: den Schornstein oder die Esse.

### β) Der Schornstein.

Die Hauptaufgabe des Schornsteines ist, die dem Fuchs entströmenden Verbrennungsgase in eine höhere Luftschicht überzuleiten, wo sie verdünnt und verteilt und damit der Umgebung der Kesselanlage entzogen werden.

In der Regel fällt dem Schornstein auch die Aufgabe der Luftbeschaffung zu, sofern die in ihm vermöge ihrer höheren Temperatur und daher geringen Dichte ($\delta_2$) aufsteigenden Gase das Zuströmen der kühleren und dichteren Außenluft (Dichte $= \delta_1$) zu dem Rost und dem Brennstoff bewirken. Die Geschwindigkeit dieses Zuströmens, also auch das in der Zeiteinheit durch die Spalten des Rostes tretende Luftgewicht, wächst mit dem Gewichtsunterschied $G = h\, f\, (\delta_1 - \delta_2)$, der zwischen zwei gleichhohen Säulen von Luft und Rauchgasen besteht, die nach Abb. 60 durch die Vermittelung des Heizapparates $H$ kommunizierend zu denken sind, also bei gegebener Größe des Schornsteinquerschnittes ($f$) mit der Höhe oder Länge ($h$) des Schornsteinrohres. Der auf die Flächeneinheit bezogene Gewichts- oder Druckunterschied wird in Wassersäulenhöhe gemessen und im Durchschnitt auf 5 bis 15 mm bewertet. Er kennzeichnet die obere Grenze des Schornsteinzuges, der durch regelbare Verkleinerung des Fuchsquerschnittes mittels eines in diesen hinter dem letzten Feuerzuge eingeschalteten Rauchschiebers (*s* der Abb. 49) nach Bedarf von Hand oder selbsttätig[1] vermindert werden kann. Die Mündungsweite des Schornsteines hat der Gasmenge zu entsprechen, die mit etwa 3 bis 4 m Geschwindigkeit in der Sekunde ihr entströmt; also auch der auf dem Rost verbrannten Kohlenmenge bzw. der Flächengröße des Rostes. Sowohl die Ermittelung der Schornsteinhöhe als die des Mündungsquerschnittes folgt bei der mangelhaften Kenntnis der Widerstände, die sich der Gasbewegung in dem Heiz- und Zugapparat entgegenstellen, meist von der Erfahrung gegebenen Regeln[2].

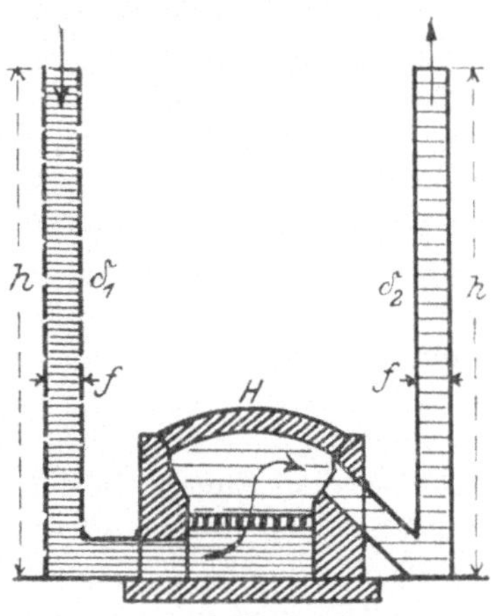

Abb. 60. Schornsteinzug.

Der Schornstein wird aus Ziegelmauerwerk, Eisenbeton oder, insbesondere bei untergeordneten, vorübergehend benutzten oder oft den Aufstellungsort wechselnden Betrieben (Lokomotiven, Lokomobilen), aus Eisenblechrohren errichtet. Ortfeste Schornsteine ruhen auf einem in die Erde eingegrabenen gemauerten Fundament und bestehen aus einem meist würfelförmig gestalteten Sockel und dem sich auf diesem erhebenden Schornsteinrohr, das im Innern entweder gleichweit oder nach oben sich verengend ausgeführt wird, um den Eintritt störender Luftströmungen von außen zu verhindern und damit den ungehinderten Austritt der Rauchgase zu sichern. Aus Rücksicht auf die Standfestigkeit nimmt bei gemauerten Schornsteinen die Dicke der Rohrwand nach unten zu, so daß der Schornstein außen eine schlank kegelförmige Gestalt erhält. Ortfeste Blechschornsteine werden durch Spannstangen verstrebt, die in etwa halber Höhe das Schornsteinrohr erfassen und seitlich in dem Erdboden verankert werden. Vielfach schließt das Schornsteinrohr an der Mündung eine leicht vorspringende Bekrönung ab, die zwar einen architektonischen Schmuck bildet, aber die saugende Wirkung des außen am Schornstein aufsteigenden Luftstromes beeinträchtigt. Kreisförmige oder achteckige Gestalt des inneren Rohrquerschnittes fördert das gleichförmige Durchströmen der Gase, das bei rechteckiger Querschnittsform leicht durch in den Ecken einfallende Außenluft eine Störung erfährt. Die Einmündung des Fuchses erfolgt im Sockel des Schornsteines. Unterhalb der Einmündungsstelle ist dieser zu einem Aschensack ausgetieft, der die von dem Gasstrom mitgerissene Flugasche aufnimmt und durch eine in der Sockelwand angeordnete ver-

[1] Über die selbsttätigen Zugregler von *Hotop* und von *Hörenz* siehe Ztschr. d. V. d. I. 1894, S. 403, 593 und 620.

[2] Ztschr. d. V. d. I. 1894, S. 970.

schließbare Einsteigeöffnung entleert werden kann. Bei dem Anschluß mehrerer Kesselfeuerungen an einen gemeinsamen Schornstein werden den Einmündungen der Füchse zweckmäßig Scheidewände vorgelagert, welche das Aufeinanderstoßen der eintretenden Gasströme verhindern und diese nach aufwärts ablenken.

### γ) Die mechanischen Zugerzeuger.

Um Raum zu ersparen und bei größeren Anlagen kleine, voneinander unabhängige Kesselgruppen bilden zu können, um ferner von dem Zug des Schornsteins, der naturgemäß stets unter dem Einfluß der Witterungsverhältnisse steht, unabhängig zu sein und die abziehenden Rauchgase stärker abkühlen, ihren Wärmegehalt daher besser für die Dampferzeugung ausnutzen zu können, treten bei den Dampfkesselanlagen vielfach mechanische Ersatzeinrichtungen an die Stelle des den Zug erzeugenden Schornsteins, sog. „künstlicher" Zug gegenüber dem „natürlichen" (Schornstein-)Zug. Der Schornstein wird dabei erheblich kleiner, kann daher aus Blech hergestellt werden und dient allein der Ableitung der Gase in eine höhere Luftschicht.

Zugleich gewähren diese Einrichtungen den Vorteil, die Spannung der Luft bei dem Eintritt in den Feuerraum beliebig steigern zu können, so daß es gelingt, den Brennstoff sowohl in hoher Schicht als auch in feiner Körnung (wie Kohlenlösche, Schlammkohle, Koksgrus u. dgl.) auf dem einfachen Planrost mit Vorteil zu verbrennen.

Diese mechanischen Einrichtungen werden entweder als Sauger hinter dem letzten Feuerzug eingeschaltet oder als Bläser dem Rost bzw. dem Aschenfall vorgelagert. In beiden Fällen sind es Strahlpumpen oder Ventilatoren, die mit aus dem Kessel entnommenen Dampfe betrieben werden.

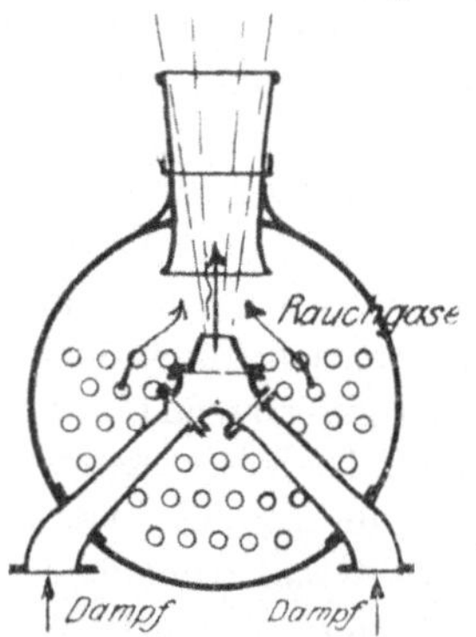

Abb. 61. Lokomotivblasrohr.

Besondere Wichtigkeit haben Dampfstrahlapparate in Gestalt des „**Blasrohrs**" bei Lokomotiven erhalten, wo sie nach Abb. 61 in der Rauchkammer des Kessels unterhalb des hier aus Verkehrsrücksichten nur kurzen Schornsteins angeordnet sind. Sie entsenden ihren saugend wirkenden Dampfstrahl in der Achsenrichtung des Schornsteins, der entsprechend der Ausdehnung des dem Blasrohr entströmenden Dampfes nach der Mündung zu zweckdienlich kegelförmig erweitert wird (*Prüsmann*sche Esse). Bei ortfesten Kesselanlagen sowie bei Schiffskesseln, werden die Nachteile, die mit dem Einbau des Saugers in den heißen Gasstrom verknüpft sind, vielfach durch die Verwendung von Unterwindgebläsen[1] vermieden. Diese werden nach Abb. 62 dem luftdicht verschlossenen Aschenfall vorgelagert und führen dem Rost für gewöhnlich auf 10 bis 15 mm, zuweilen aber, z. B. auf Torpedobooten,

[1] Glasers Annalen für Gewerbe und Bauwesen 1878, S. 152. — Ztschr. d. V. d. I. 1911, S. 1609.

bis auf 150 mm Wassersäule gespannte Druckluft zu. Der Dampfverbrauch der Strahlgebläse beträgt etwa 1,4 vH der Dampferzeugung. Einen Nachteil der Unterwindfeuerung bildet die den Atmosphärendruck übersteigende Spannung der Heizgase in den Feuerzügen, die bei undichtem Mauerwerk den Austritt von Gasen im Gefolge hat.

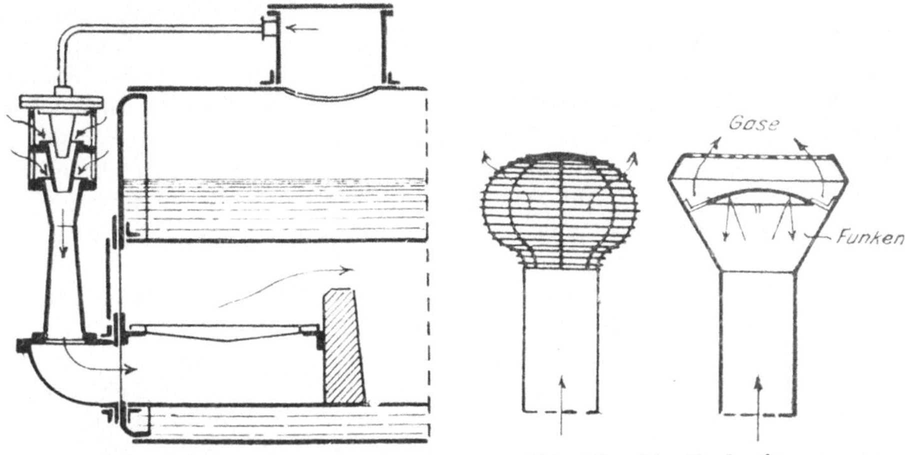


Abb. 62. Unterwindfeuerung. Abb. 63 u. 64. Funkenfänger.

Bei saugend wirkenden Strahlpumpen verhindern an der Mündung des Schornsteines angeordnete Drahtkörbe oder mit Prallflächen ausgestattete Funkenlöscher (Abb. 63, 64) den infolge der großen und unter Umständen stoßweise auftretenden Strömgeschwindigkeit des auspuffenden Dampfes leicht entstehenden Funkenflug.

### c) Der Verdampfer.

Die ursprüngliche Ausgestaltung des Verdampfers als weiträumiges, geschlossenes und daher kesselartiges Gefäß, führte dazu, den Verdampfer allgemein als den Dampfkessel oder auch kurz den Kessel der Dampferzeugungsanlage zu bezeichnen. Diese Bezeichnung ist teils aus Gewöhnung, teils aus Gründen der Zweckmäßigkeit beibehalten worden, auch nachdem dem Großraumkessel der Gliederkessel zur Seite getreten ist, der in der Hauptsache aus einer größeren Zahl engräumiger, meist rohrförmiger Teile besteht, die vom Wasser erfüllt sind und durch einen Dampfsammler zusammengeschlossen werden. In jedem Falle bildet Metall zufolge seiner mit hoher Wärmeleitfähigkeit verbundenen großen Festigkeit und Zähigkeit den Baustoff der Dampfkessel. Unter den Metallen ist es das schmiedbare Eisen, das früher ausschließlich als Schweißeisen, jetzt vornehmlich als Flußeisen bzw. Flußstahl bei dem Bau von Dampfkesseln Anwendung findet. Andere Metalle und von diesen insonderheit Kupfer und Messing müssen, trotz ihrer vorzüglichen Wärmeleitfähigkeit, für den Bau größerer Dampfkessel ihres hohen Preises und der geringeren Festigkeit wegen ausgeschaltet werden oder können doch nur bei der Herstellung von Kesselteilen, wie Verbrennungskammern,

Rohren und Ausrüstungsstücken aus wirtschaftlichen Gründen Benutzung finden.

Der Innenraum eines Dampfkessels ist, von verschwindenden Ausnahmen abgesehen, stets mit Dampf und Wasser erfüllt. Beide Flüssigkeiten lagern sich, ihrem spezifischen Gewicht entsprechend, übereinander, so daß der Wasserspiegel den Wasserraum von dem Dampfraum trennt. Die von den Heizgasen bestrichene Oberfläche des Kessels wird die Heizfläche genannt. Sie ist Wasserheizfläche, wenn die Innenseite der Kesselwand vom Wasser, Dampfheizfläche, wenn sie vom Dampf berührt wird. Ohne besondere Angabe wird unter dem Begriff Heizfläche stets Wasserheizfläche verstanden. Von der Lage und Größe der Heizfläche hängt die Dampferzeugung des Kessels ab. Auf 1 qm und 1 St. bezogen bildet sie unter gleichzeitiger Angabe der Spannung des erzeugten Dampfes, die Leistung des Kessels. Im allgemeinen schwankt diese bei einem Dampfdruck von 8 bis 14 Atm und schonendem Betrieb des Kessels etwa zwischen 25 bis 30 kg/1 qm und 1 St., kann aber vorübergehend bei Verstärkung des Betriebes unter Umständen bis auf 60 und mehr Kilogramm gesteigert werden.

Je nach der Größe des Wasserraumes eines eine bestimmte Leistung ergebenden Kessels werden Großwasserraumkessel und Kleinwasserraumkessel unterschieden. Im allgemeinen wird der Wasserraum gleich dem 6 bis 8fachen der stündlich zur Verdampfung kommenden Wassermenge bemessen. Sowohl ein großer Wasserraum als auch ein großer Dampfraum sichern die Stetigkeit der Erzeugung eines Dampfes von dauernd gleicher Spannung. Ersterer, sofern die in dem großen Wasservorrat aufgespeicherte Wärmemenge bei plötzlicher Steigerung der Dampfentnahme zu einer raschen Nachverdampfung und damit zur Deckung des Dampfabganges führt. Derartige Schwankungen des Dampfverbrauches sind meist unvermeidlich, wenn der Kesseldampf außer zum Maschinenbetrieb noch zu anderen, nicht an feste Zeitpunkte gebundene Verwendungen, z. B. zu Koch-, Heiz- und Trockenzwecken in Bleichereien, Färbereien, chemischen Fabriken usw., zu dienen hat[1]. Dagegen fördert ein klein bemessener Wasserraum bei gleicher Heizfläche des Kessels die Schnelligkeit der Dampfentwickelung und verkürzt die auf das Anheizen des Kessels zu verwendende Zeit. Für bestimmte Betriebe kann dies von erheblichem Vorteil sein. Beispielsweise erforderte das Anheizen eines Kessels von 13 qm Heizfläche und einem Wasserinhalt von 2700 l bis zur Steigerung des Dampfdruckes auf 5 bis 6 Atm. eine Zeitdauer von 90 bis 120 Min., während der Kessel einer Dampffeuerspritze bei 15,8 qm Heizfläche und nur 119 l Wasserinhalt bereits in 9 bis 10 Min. die gleiche Dampfspannung ergab.

---

[1] Ztschr. d. V. d. I. 1911, S. 106. — Hier sei auch auf die beachtenswerte Arbeit von Dr.-Ing. *J. Ruths* in der Ztschr. d. V. d. I. 1922 S. 509 ff. verwiesen, welche die „Aufspeicherung von Dampf im Wasser unter Drucksteigerung und dessen Abgabe unter Druckverminderung" behandelt. Der als Rohrschlange ausgeführte Hochdruckdampferzeuger speist von ihm getrennte, für niedrigeren Druck gebaute Großwasserraumspeicher.

Einen erheblichen Einfluß auf die Dampfmenge, welche 1 qm der Heizfläche zu liefern vermag, übt die Lage der Heizfläche gegenüber den die Wärme abgebenden Heizgasen aus. Unter der Voraussetzung eines gleichen Baustoffes der Kesselwand, gleicher Wanddicke und Reinheit der inneren und äußeren Wandflächen schwankt die stündlich auf 1 qm erzeugte Dampfmenge etwa zwischen 2 und 100 kg. Der erste Wert wurde von *Péclet* am letzten Feuerzug eines Großwasserraumkessels bei 78° Temperaturunterschied zu beiden Seiten der Kesselwand, der letzte Wert von *Clément* unmittelbar über dem Rost, bei einem Temperaturunterschied von 800 bis 1000° gefunden. Im allgemeinen kann die mittlere Dampferzeugung auf 10 bis 70 kg Dampf für 1 qm und 1 St., bei geschont betriebenen Kesseln zu 10 bis 40 kg eingeschätzt werden. Infolge langsamer Wärmeverteilung in dem Wasserkörper des Kessels herrschen namentlich in der Zeit des Anheizens an verschiedenen Stellen der Wasserfüllung verschiedene Temperaturen, die aber während des Siedevorganges infolge der durch die aufsteigenden Dampfblasen erfolgten Mischung der Wassermasse ihren Ausgleich finden. *Hagen*[1] beobachtete an einem Flammrohrkessel von 8460 mm Länge, 2100 mm Durchmesser und 77 qm Heizfläche ein Ansteigen des Temperaturunterschiedes am tiefsten Punkt der Kesselwand und am Wasserspiegel innerhalb 70 Min. von 4 auf 108° (Dampfspannung 3,6 Atm); nach 100 Min. war bereits wieder eine Verminderung des Temperaturunterschiedes um 10° eingetreten.

Die mittlere Größe ortfester Dampfkessel kann auf 300 bis 350 qm Heizfläche, die Höchstleistung eines Kessels auf 12 000 bis 15 000 kg Dampf in der Stunde bei 18 bis 20 Atm Spannung eingeschätzt werden. Für die Erzeugung größerer Dampfmengen ergeben sich aus der gruppenweisen Zusammenordnung mehrerer Kessel von gleicher Bauart und ihrem Anschluß an einen gemeinsamen Schornstein bei gleichzeitiger Benutzung mechanischer Rostbeschicker und Aschenförderer erhebliche Vorteile für den Betrieb der Kesselanlage. Die Kohlen werden dann zweckmäßig in eisernen, durch Band- und Kettenförderer bedienten Vorratsbehältern oder Bunkern oberhalb der Kessel gelagert und den einzelnen Feuerungen durch Fallrohre zugeführt, die über den Beschickungstrichtern der Roste enden. Die Lagermenge beträgt bei 5 bis 7 m hoher Schüttung auf 1 m Bunkerlänge etwa 30 bis 40 t Kohle[2].

Infolge der lebhaft wallenden Bewegung des im Kessel befindlichen Wassers während des Siedevorganges füllt den Dampfraum des Kessels ein Dampf-Wassergemisch, dessen Wassergehalt sich mit Zunahme der Entfernung von der Wasseroberfläche und Abnahme der Strömbewegung des Dampfes vermindert. Die Gewinnung möglichst trockenen Dampfes hat daher die Dampfentnahme an einem Ort des Dampfraumes zur Voraussetzung, der sich in größerer Entfernung von dem Wasserspiegel befindet. In der Regel wird dieser durch den Aufbau eines besonderen Sammelraumes, des Dampfdomes, gewonnen, an dem die der Dampfentnahme dienende Dampf-

[1] Ztschr. d. V. d. I. 1891, S. 310.

[2] *O. Brix*, Neuere Kesselbekohlanlagen. Ztschr. d. V. d. I. 1909, S. 361; 1911, S. 108.

leitung unter Zwischenschaltung eines Dampfabsperrventiles sowie die den Eintritt übermäßiger Dampfspannung verhindernden Sicherheitsapparate angeschlossen werden. Zuweilen tritt an die Stelle des Dampfdomes ein über oder in dem Kessel liegendes Sammelrohr, das im letzteren Falle zur Förderung der Wasserabscheidung an der nach oben gerichteten Seite siebartig durchbrochen wird. Durch Berührung des nassen Dampfes mit einem Teil der Heizfläche des Kessels (Dampfheizfläche) kann durch Verdampfung des mitgerissenen Wassers der Dampf völlig getrocknet werden, wobei sein Sättigungszustand, also die Abhängigkeit des Druckes von der Temperatur solange erhalten bleibt, als sich der Dampf in Berührung mit dem Wasserinhalt des Kessels befindet. Das Vorüberleiten des Dampfes an einer vom Dampferzeuger getrennten Dampfheizfläche führt bei genügend hoher Temperatur zur Überhitzung des Dampfes, ohne daß derselbe eine Spannungsänderung erleidet, da er in Verbindung mit dem Dampfraum des Kessels verbleibt. Diesem Zweck dienende Apparate werden **Dampfüberhitzer** genannt.

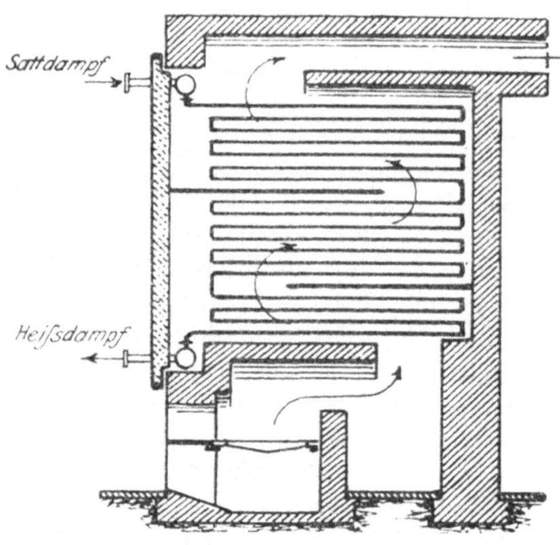

Abb. 65. Dampfüberhitzer.

Sie bestehen im allgemeinen aus einem Bündel enger Rohre, das eine große Oberfläche besitzt und einerseits mit dem Kessel, andererseits mit der Dampfableitung verbunden ist. Meist ist dasselbe in einen der letzten Feuerzüge des Kessels, zuweilen auch in einen besonderen Heizapparat eingelagert. Das Bündel ist entweder aus Gußeisenrohren zusammengesetzt, die (nach *Schwoerer*) zu Rippenheizkörpern ausgebildet sind, oder es besteht nach Abb. 65 aus nahtlos gewalzten, dickwandigen, schmiedeeisernen Rohrschlangen von 40 bis 45 mm äußerem Rohrdurchmesser, die der Dampf (nach *Schmidt*) zweckmäßig im Gleich- und Gegenstrom zu den noch 500 bis 600° heißen Feuergasen durchströmt. Die hierbei erzielte Temperatur schwankt meist zwischen 300 und 400° C. In die Feuerzüge eingefügte Regelklappen dienen zum Aus- und Einschalten des Überhitzers, in der Dampfleitung befindliche Regelventile zur Regelung der Dampfführung, je nachdem dem Kessel gesättigter oder überhitzter Dampf, oder ein Gemisch beider, entnommen werden soll.

### α) Die Bauformen der Dampfkessel.

Die gegenwärtig üblichen Bauformen der Dampfkessel gründen sich einerseits auf dem Bestreben, den Kessel möglichst drucksicher und daher für die Erzeugung hoher Dampfspannungen geeignet zu machen und streben andererseits eine solche Ausgestaltung des Kessels an, bei welcher der Einheit seines Fassungsraumes eine möglichst große Heizfläche, also Leistung des Kessels, entspricht. Beiden Bestrebungen wird im allgemeinen durch den Aufbau des Kessels aus einer Vielzahl kreiszylindrisch gestalteter, also rohrförmiger Bauglieder von geringem Durchmesser entsprochen, die einem größeren Zylinderkessel so zugeordnet sind, daß sie entweder von den Feuergasen durchzogen werden: Feuerrohrkessel oder einen großen Teil des gesamten Wasserinhaltes des Kessels enthalten: Wasserrohrkessel. Beide Kesselformen sind aus dem einfachen Walzenkessel (Abb. 67) hervorgegangen, die Feuerrohrkessel durch Einlagerung rohrförmiger Feuerzüge (Flammrohre, Feuerrohre, Siederohre) in den Wasserraum des Kessels, die Wasserrohrkessel durch Angliederung der vom Wasser erfüllten Rohre (Wasserrohre) an den Wasserraum eines zylindrischen Kessels, der in der Hauptsache nur noch zum Sammeln des in den Rohren gebildeten Dampfes dient. Während der einfache Walzenkessel bei einer größten Dampfspannung von 3 bis 4 Atm eine spezifische Heizfläche von etwa 2 qm für 1 cbm des Kesselinhaltes besitzt, beträgt diese im Durchschnitt bei dem Feuerrohrkessel etwa 5 bis 6, bei dem Wasserrohrkessel etwa 6 bis 8 qm/1 cbm und läßt die Spannung des Dampfes eine Steigerung auf 18 bis 20 Atm zu.

Wird die Leistung eines Kessels auf die Einheit der Grundfläche bezogen, welche die Aufstellung des Kessels erfordert, so beträgt dieselbe bei

dem Walzenkessel 34 kg Dampf auf 1 qm/St.,

dem Wasserrohrkessel 250 bis 300 kg und unter besonders günstigen Umständen bis 600 kg/St.[1]

Auch kann der auf 1 qm Wasserheizfläche entfallende Raumbedarf geschätzt werden bei

| | |
|---|---|
| einem Zweiflammrohrkessel zu | 0,42 qm Grundfläche |
| einem Doppelkessel | 0,20 qm Grundfläche |
| einem Wasserrohrkessel zu | 0,144 qm Grundfläche. |

Die Abb. 66 bis 76 zeigen die wichtigsten Bauformen aus der Entwickelungsgeschichte des Dampfkesselbaues in einfacher schematischer Darstellung und dürften auch ohne eingehende Besprechung im wesentlichen verständlich sein. Die Aufeinanderfolge der Feuerzüge ist in ihnen durch Zahlen und Pfeile angegeben. Die Abbildungen stellen dar:

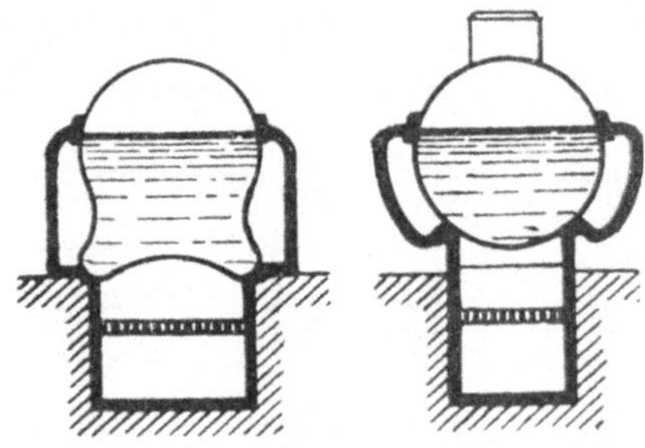

Abb. 66 u. 67. Koffer- u. Walzenkessel.

Kofferkessel (Abb. 66) von *Watt*, Ausgangsform der Kesselbauarten. Nur für Dampfspannungen bis etwa $^1/_2$ Atm Überdruck. Für höhere Spannungen, der infolge seiner kreiszylindrischen Gestalt gegen Innenpressungen größere Sicherheit bietende

[1] Hochleistungskessel von *Babcock & Wilcox.* Ztschr. d. V. d. I. 1911, S. 106.

Zylinder- oder Walzenkessel (Abb. 67). Die Grundform der heutigen Kesselbauarten. Von ihm ausgehend führt

Die Heizflächenvergrößerung durch Teilung des Feuerraumes zu dem

Ein- und Zweiflammrohrkessel (Abb. 68) (*Cornwall*- bzw. *Fairbairn*-Kessel). Innenfeuerung, Rost liegt im Innern des die Kessellänge durch-

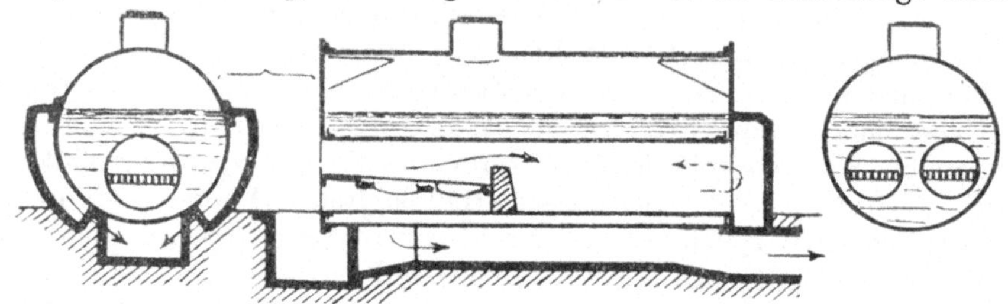

Abb. 68. Ein- und Zweiflammenrohrkessel.

ziehenden, bis 800 mm weiten Flammrohres, das entweder als glattes Rohr oder zum Zweck der Versteifung, weil unter äußerem Druck stehend, als Wellblechrohr ausgeführt wird.

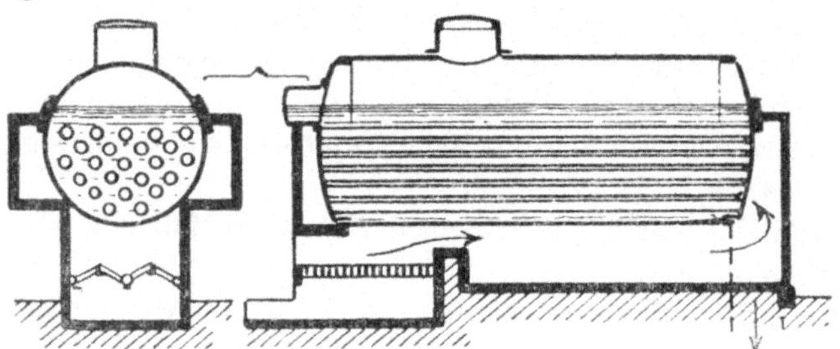

Abb. 69. Röhrenkessel.

Röhrenkessel (Abb. 69). Unterfeuerung, äußere und innere Feuerzüge, letztere durch etwa 100 mm weite Feuerrohre gebildet.

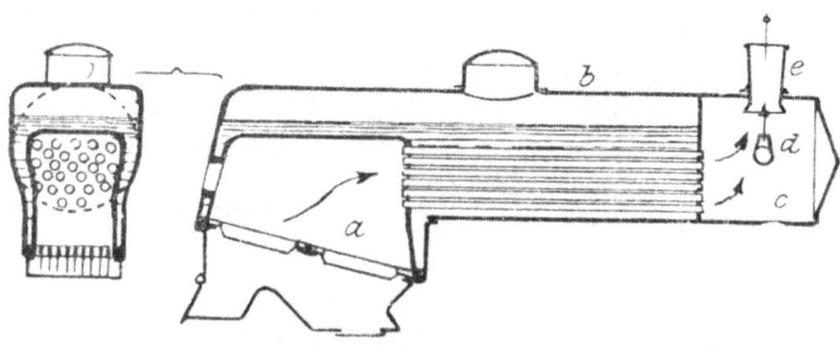


Abb. 70. Lokomotivkessel.

Lokomotivkessel (Abb. 70). Aus dem Verbrennungsraum *a*, dem Langkessel *b* und der Rauchkammer *c* bestehend, von der die Rauchgase unter

Vermittelung des Blasrohres *d* dem Schornstein *e* zugeführt werden. Zwischen Feuerbüchse und Rauchkammer durchziehen bis 250 Stück, 45 bis 50 mm weite, 3 bis 4,5 m lange Feuer- oder Siederohre den Langkessel.

Schiffskessel (Abb. 71). Einbau der vielfach mit mehreren Rostfeuerungen versehenen Feuerbüchse in den bis 3500 mm weiten Zylinderkessel. Bis 400 Stück Feuerrohre von 50 mm Weite und 2000 mm Länge führen die Flamme und Rauchgase rückläufig dem an die Vorderwand des Kessels anschließenden Schornstein zu.

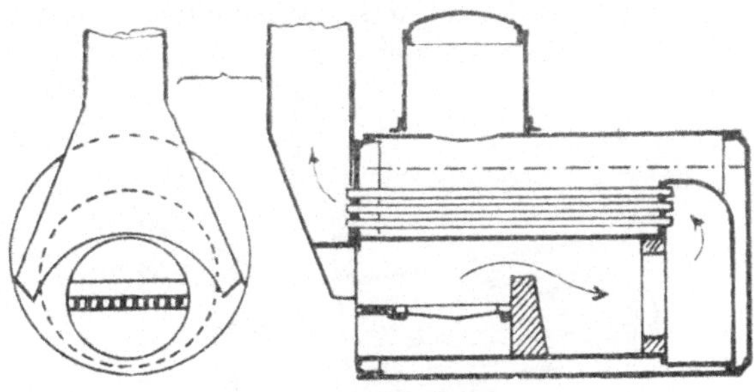

Abb. 71. Schiffskessel.

Heizflächenvergrößerung durch Teilung des Wasserraumes.

Siederkessel (Abb. 72). Zwei bis drei unmittelbar über dem Rost liegende, etwa 500 mm weite Sieder *a* sind durch Stutzen *b* mit dem Ober-

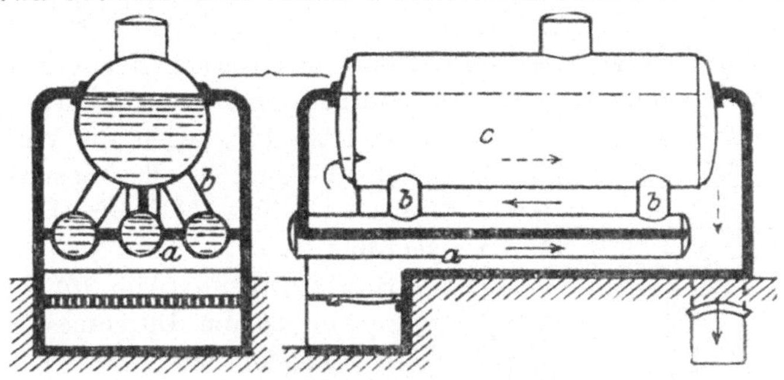


Abb. 72. Siederkessel.

kessel *c* verbunden, durch welche der in den Siedern gebildete Dampf nach diesem in ungünstiger Weise übergeleitet wird. Explosionsgefährliche Bauart, daher kaum noch in Gebrauch.

Vorwärmerkessel (Abb. 73). Neben dem Flammrohrkessel die zweckmäßigste Bauart eines Großwasserraumkessels. Der Vorwärmer genannte Nebenkessel *a* liegt im letzten Feuerzug und läßt vermöge seiner geneigten Lage die sich in ihm bildenden Dampfblasen rasch und sicher nach dem Oberkessel abfließen. Bei der Zuführung des Speise-

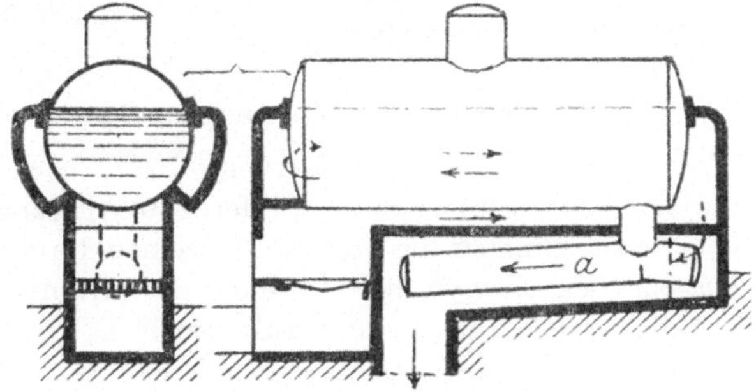


Abb. 73. Vorwärmerkessel.

wassers am Ende des Vorwärmers: Gegenströmung zwischen Wasser- und Heizgasen, daher beste Ausnutzung dieser.

Wasserrohrkessel (Abb. 74). Etwa 100 mm weite Wasserrohre *a* verbinden die beiden Wasserkammern *b*, *c*, die an den zum Dampfsammler gewordenen Oberkessel *d* so angeschlossen sind, daß ein stetiger Wasserumlauf in der Richtung der Pfeile erfolgt. Die Wasserrohre sind zuweilen zur Förderung des Wasserumlaufes doppelwandig. Sie sind bei den älteren Bauarten nur mäßig, unter etwa 12°, gegen die Wagerechte geneigt oder sind bei den neueren Steilrohrkesseln (Abb. 75) aufrechtstehend angeordnet.

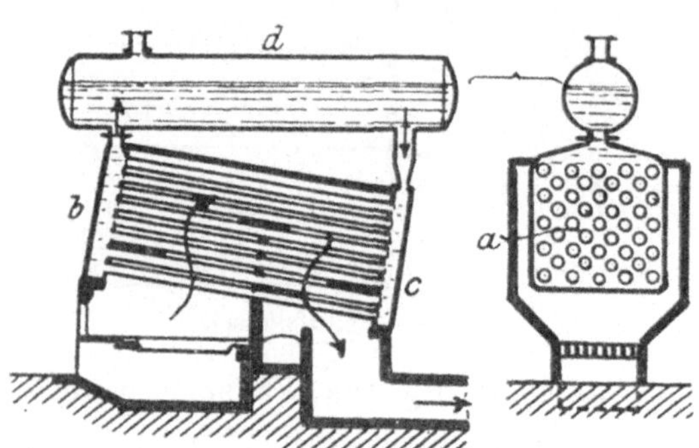

Abb. 74. Flachrohrkessel.

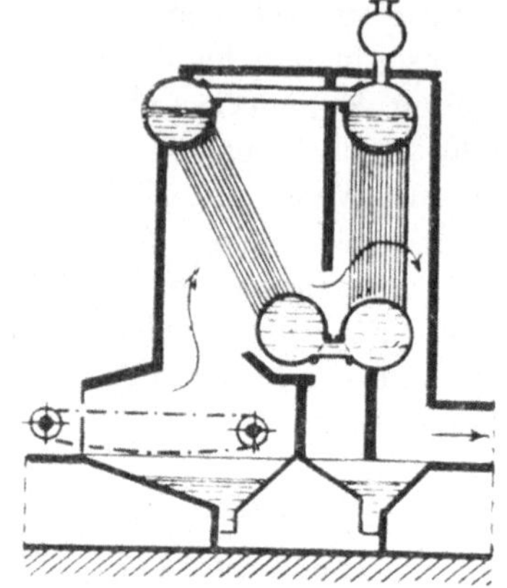
Abb. 75. Steilrohrkessel.

Schiffskessel (Abb. 76). Bis 400 Stahlrohre von 25 mm Durchmesser verbinden seitlich angeordnete Wasserkammern und bilden oberhalb des Rostes das Feuergewölbe. Hierdurch wird bei rascher Dampfentwickelung ein lebhafter Umlauf des Wassers unterhalten, den die Abführung der Dampfblasen, die in den oberen Wasserkammern zur Abscheidung kommen, nach dem Sammelrohre zweckdienlich unterstützt.

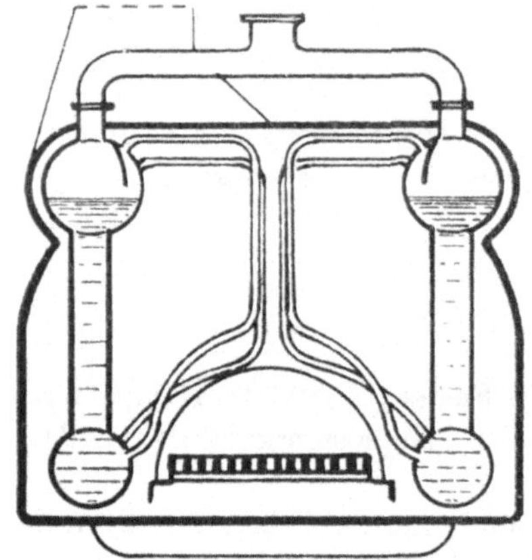
Abb. 76. Torpedobootkessel.

## β) Dampfentnahme und Speisung des Kessels.

Die Leitung des Dampfes vom Kessel nach dem Verbrauchsort erfolgt durch eiserne, seltener durch kupferne Rohrleitungen. Bei Gruppenaufstellung der Kessel münden die von den einzelnen Dampfdomen oder Sammelrohren ausgehenden Dampfrohre in eine Hauptrohrleitung. Die Rohrweite wird im allgemeinen durch die abzuführende Dampfmenge, die zwischen 10 und 40 m schwankende Strömgeschwindigkeit des Dampfes und die Größe der durch Reibung, Krümmungen, Querschnittswechsel usw. bedingten Widerstände bestimmt, die der Dampf in der Leitung zu überwinden hat[1]. Längenänderungen der Rohre, die durch Temperaturschwankungen hervorgerufen werden, finden Ausgleich durch glatte oder gewellte Rohrbogen (Abb. 77), oder durch elastisch durchbiegbare Blechscheiben, die in die Leitung an den gefährdeten Stellen eingeschaltet werden.

Abb. 77. Längenausgleicher.

Am Dampfdom erfolgt der Anschluß des Leitungsrohres unter Vermittelung eines Absperrventiles, das beim Öffnen mittels einer Schraubenspindel vom Sitz abgedrückt, beim Unterbrechen der Dampfentnahme nach dem Zurückdrehen der Spindel durch den Dampfdruck geschlossen wird. Bei einem Bruch des Rohres verhindert ein in die Leitung eingebautes Rohrbruchventil[2] das Ausströmen des Dampfes und damit die Gefährdung der Umgebung der Bruchstelle.

Um die Wärmeverluste einzuschränken, die insbesondere bei langen Leitungen nicht unerheblich sind, erhalten die Rohre und Absperreinrichtungen Umhüllungen aus Korkschalen, Kieselgur, Seidenzöpfen und anderen schlechten Wärmeleitern. Im Vergleich zu ungeschützten Rohren ergibt sich hierbei eine Wärmeersparnis von durchschnittlich 75 bis 85 vH[3]. Kork und Kieselgur werden unmittelbar auf die Rohrwand aufgetragen. Seidenhüllen erfordern die Zwischenschaltung einer Luftschicht, da sie, weil organischen Ursprunges, nicht viel über 100° erwärmt werden dürfen. Nach Abb. 78 wird dieselbe durch einen das Rohr in etwa 6 mm Abstand umgebenden Blechmantel gebildet, der der Seidenwickelung zur Unterlage dient. Nach außen schützt eine Decke aus Nesselgewebe die Seidenhülle. *Eberle*[4] fand beispielsweise für ein Rohr von 76 mm Außendurchmesser bei 22 mm dicker Seidenhülle und 106 bis 162° C Dampftemperatur, die Temperatur der Rohrwand gleich 105 bis 159°, des Blechmantels gleich 70 bis 110° und der Nesselhülle gleich 34 bis 43°. Die dabei erzielte Wärmeersparnis betrug gegenüber der freien, nicht umhüllten Leitung 79 bis 86 vH.

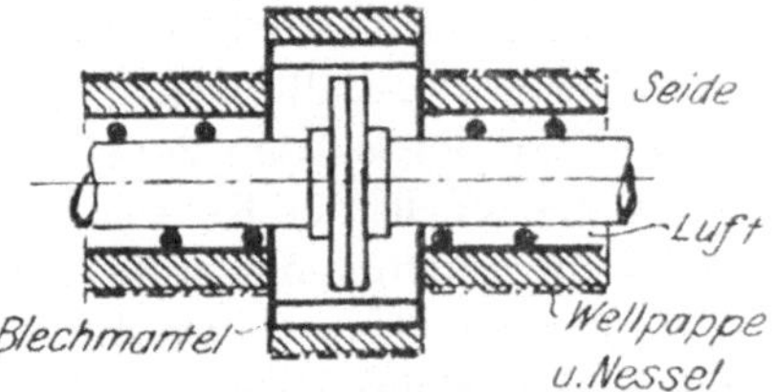

Abb. 78. Wärmeschutz.

Um bei fortgesetzter Dampfbildung die Verkleinerung des Wasserraumes und damit das Sinken des Wasserstandes im Kessel zu verhüten, ist die stetige

[1] *Herm. Fischer*, Über die zweckmäßigste Weite der Dampfleitungen. Dinglers Polyt. Journal 1880, Bd. 236, S. 353 ff.

[2] *P. Roch*, Neuere Ventile, welche bei Brüchen von Dampfleitungen den Dampf selbsttätig absperren. Jahrbuch f. d. Berg- u. Hüttenwesen im Königreich Sachsen auf das Jahr 1895. Ferner Ztschr. d. V. d. I. 1903, S. 392; 1904, S. 1047; 1905, S. 172; 1908, S. 414.

[3] Ztschr. d. V. d. I. 1910, S. 635.

[4] Versuche über den Wärme- und Spannungsverlust bei der Fortleitung von Wasserdampf. Ztschr. d. V. d. I. 1908, S. 481—663.

oder zeitweise erfolgende Speisung des Kessels mit neuem Wasser, dem Speisewasser erforderlich. Dieselbe erfolgt entweder mittels Kolbenpumpen (Speisepumpen) oder Dampfstrahlpumpen (Injektoren), deren Betriebsdampf dem zu speisenden Kessel entnommen wird. Da bei der Veränderlichkeit des Dampfverbrauches und der Abhängigkeit der Dampfbildung von dem Verbrennungsvorgang auch die stetige Zufuhr von Speisewasser die Gleicherhaltung des Wasserstandes, das ist der Höhenlage des Wasserspiegels im Kessel, nicht verbürgt, so wird für diese ein Schwankungsgebiet zugelassen, dessen untere Grenze mindestens 100 mm über der oberen Grenze der Heizfläche liegt.

Der Eintritt des Speisewassers in den Kessel erfolgt entweder an der kühlsten Stelle des Wasserraumes oder, um das Vermischen mit dem heißen Kesselwasser zu fördern, unter Vermittelung eines Verteiltellers in der obersten Wasserschicht. Der Einmündung des Speiserohres in den Kessel wird ein Speiseventil vorgelagert, das bei dem Unterbrechen des Speisens von dem Kesseldruck geschlossen wird.

Durch Vorwärmen des Speisewassers mittels Abdampf der Betriebsmaschine oder der Abhitze der Heizgase werden die mit dem Betrieb des Kessels verbundenen Wärmeverluste vermindert, wird also die Wirtschaftlichkeit des Betriebes erhöht. Die hierbei benutzten Vorwärmer bestehen im allgemeinen aus Röhrenbündeln, die zwischen die Speisepumpe und das Speiseventil in die Speiseleitung eingeschaltet sind und von dem Wasser durchflossen werden. Das Röhrenbündel liegt bei Abdampfvorwärmern, die der Dampftemperatur entsprechend ein Anwärmen des Wassers auf 60 bis 70° ermöglichen, ähnlich wie bei Röhrenkesseln, innerhalb eines eisernen zylindrischen Behälters, der durch Scheidewände so geteilt ist, daß ihn der Dampf im Gegenstrom zum Wasser durchfließt.

In den Fuchs der Kesselanlage oder in einen Nebenkanal zwischen Kessel und Schornstein eingebaute und daher von den abziehenden Rauchgasen umspülte Vorwärmer, sog. Economiser[1] bestehen aus senkrecht stehenden gußeisernen Rohren von etwa 3 m Länge und 1 qm Heizfläche, die reihenweise zu je 6, 8 oder 10 Stück mittels eines Ober- und Unterteiles zu einem „Register“ vereinigt sind. Von diesen werden so viele hintereinander geschaltet als es die Größe der Kesselanlage verlangt. Die Verbindungs- und Dichtungsstellen der Rohre liegen außerhalb des Feuerraumes. Zur Reinhaltung der Außenflächen der Rohre von Ruß- und Flugascheablagerungen dienen Schaber, die von selbsttätig und ständig arbeitenden Getrieben zwischen den Rohren auf- und abbewegt werden. Unterhalb des Vorwärmers liegende Sammel- und Abzugkanäle dienen zur Aufnahme der Ablagerungen. Der Wasserinhalt der Vorwärmrohre entspricht etwa der stündlichen Verdampfung der Kesselanlage. Bei einer Temperatur der Rauchgase von 200 bis 300° steigt die Wassertemperatur im Vorwärmer auf 100 bis 150° und kann die Brennstoffersparnis auf 10 bis 25 vH eingeschätzt werden.

---

[1] Ztschr. d. V. d. I. 1908, S. 1534 und 1934.

### γ) Die Sicherheitseinrichtungen im Dampfkesselbetrieb.

Der Betrieb eines Dampfkessels ist nicht gefahrlos. Er erfordert daher eine sorgfältige Pflege und Wartung des Kessels sowie eine stete Beobachtung des Verlaufes des Betriebes. Beides zu ermöglichen, sind Sicherheitseinrichtungen nicht zu entbehren.

Die hauptsächlichste, einem Dampfkessel drohende Gefahr besteht im Eintreten einer Spannung des Dampfes, welcher die Kesselwand nicht zu widerstehen vermag, und die daher zum Aufreißen der Wandung und im weiteren Verlauf zur teilweisen oder gänzlichen Zerstörung der Kesselanlage führt. Der Vorgang wird als Kesselexplosion bezeichnet, wenn er plötzlich in die Erscheinung tritt und der Druckausgleich der freiwerdenden Dampfmassen innerhalb eines sehr kleinen Zeitraumes verläuft[1]. Die hiermit verbundenen Kraftäußerungen sind um so erheblicher je größer der Kessel, also auch die in ihm enthaltene Dampf- und Wassermenge, und je höher die Dampfspannung ist, die beim Eintritt der Explosion in dem Kessel herrscht. Diese Kraftäußerungen haben nicht selten neben der Zerstörung der Anlage eine mehr oder weniger große Lagen- bzw. Ortsänderung des Kessels und Beschädigung des den Kessel einsch ießenden Kesselhauses zur Folge. Unter Umständen führen sie auch im Verein mit der unmittelbaren Einwirkung der heißen, plötzlich freiwerdenden Dampf- und Wassermassen zu Beschädigungen der in der Nähe des Explosionsortes sich aufhaltenden Menschen oder bringen diese in Lebensgefahr. Der Dampfkesselbetrieb erfordert daher Sicherheitsmaßnahmen und Einrichtungen, welche eine solche Beaufsichtigung des Betriebes ermöglichen, daß das Bestehen von Verhältnissen, die den Eintritt einer Explosion begünstigen, rechtzeitig erkannt werden kann oder die den Eintritt derartiger Verhältnisse auf mechanischem Wege, also selbsttätig, unmöglich machen.

Die Umstände, durch welche die Spannung des Dampfes zu der Festigkeit des Kessels in ein ungünstiges Verhältnis gelangen kann, sind im wesentlichen dreierlei Art:

1. Das Entstehen von Ausfressungen oder Korrosionen der Kesselbleche durch das Einwirken des Wassers und der Feuergase. Derartige Schäden treten vornehmlich an den Stoß- und Nietstellen auf, verteilen sich aber auch vielfach auf die freie Kesselwand. Im Innern des Kessels sind sie die Folge saurer Beschaffenheit des Speisewassers oder der Bildung von mehr oder weniger dicken und mehr oder weniger dichten und harten krustenartigen Ablagerungen von Kalk- und Magnesiasalzen, dem sog. Kesselstein. An der äußeren Wandung, sofern sie den Verbrennungsraum und die Feuerzüge begrenzt, bewirken Stichflammen und sauerstoffreiche Heizgase eine Steigerung der Oxydation des Metalles. Das letztere tritt insbesondere dann ein, wenn Kesselsteinablagerungen im Innern eine

[1] *Hartig*, Die Dampfkesselexplosionen. Leipzig 1867. — *Kirchweger*, Über Dampfkesselexplosionen und deren Veranlassungen. Mitt. d. Hannoverschen Gewerbevereins 1871, S. 183 und 314; 1875, S. 155. — *Hartig*. Zur Feststellung des Begriffes „Dampfkesselexplosion“. Civiling. 1888, S. 455.

Wärmestauung und damit verbundene starke, zuweilen bis zum Erglühen gesteigerte Erhitzung der Wand verursachen. Eine an bestimmte Zeitabschnitte gebundene sorgfältige Untersuchung der Kesselwand durch Befahren des Kessels führt zum Erkennen, eine zweckdienliche Wahl des Speisewassers, das rechtzeitige Entfernen von Kesselsteinablagerungen, insbesondere aber die Entfernung der Kesselsteinbildner aus dem Speisewasser vor dessen Eintritt in den Kessel, führen zur Verhütung von Schädigungen. Die innere Untersuchung erfordert das Entleeren und darauffolgende Kaltstellen des Kessels. Das erstere erfolgt unter Dampfdruck durch einen an der tiefsten Stelle des Kessels befindlichen Abblasehahn.

2. Zu starkes Anwachsen der Dampfspannung infolge ungenügender Dampfentnahme oder zu großer Dampferzeugung. Dampferzeugung und Dampfverwertung sind getrennt verlaufende technische Vorgänge, deren geregeltes Ineinandergreifen im allgemeinen durch menschliche Willenstätigkeit vermittelt wird. Die Abhängigkeit dieser von äußeren Umständen erfordert die sorgfältige Überwachung der im Kessel bestehenden Druckverhältnisse, um sie dauernd dem Bedarf anzugleichen, bzw. wenn sie den Bestand des Kessels bedrohen, sie tunlichst ohne menschlichen Eingriff auf ein zulässiges Maß zurückzuführen.

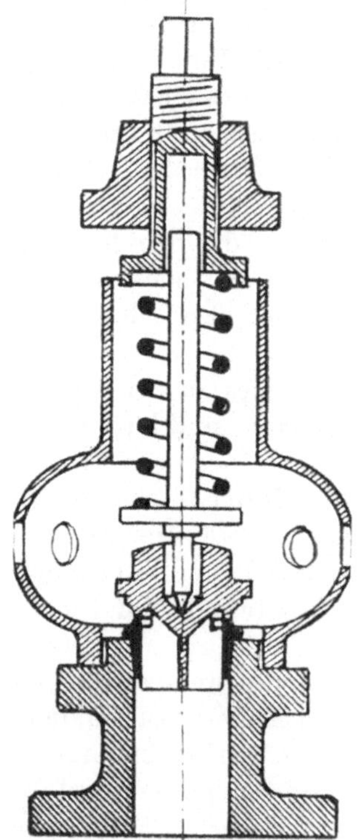

Abb. 79. Sicherheitsventil mit Federbelastung.

Diesen beiden Forderungen entsprechen Dampfdruckmesser, die mit dem Dampfraum des Kessels in Verbindung stehen. Dieselben sind Gewichts- oder Federmanometer (S. **17—19**), wenn sie zur Anzeige des jeweils vorhandenen Dampfdruckes dienen, Sicherheitsventile, wenn sie bei dem Eintritt eines bestimmten Höchstdruckes die Ableitung des überschüssigen Dampfes bewirken. Die Festigkeit des bei der Herstellung des Kessels verwendeten Baustoffes, die Dicke der Kesselwand und der für den Bestand des Kessels vorgesehene Sicherheitsgrad, bestimmen die höchste Spannung des Dampfes, welcher der Kessel ohne Gefahr für sein Bestehen ausgesetzt werden darf. Das Überschreiten dieser Spannung muß das Öffnen des Sicherheitsventiles und den Austritt von Dampf in solchem Maße zur Folge haben, daß ein weiteres Anwachsen der Spannung nicht erfolgt.

Das Sicherheitsventil ist ein Tellerventil mit schmalem Sitz. Seine Größe bestimmt beim Öffnen die Schnelligkeit des Druckausgleiches im Kessel und zusammen mit der zulässigen größten Dampfspannung auch die äußere Belastung des Ventiles. Die Belastung erfolgt durch Gewichte oder Federn bei kleinen Dampfspannungen nach Abb. 79 unmittelbar, bei großen Spannungen mittelbar durch Einschalten eines ungleicharmigen Hebels, der nach Abb. 80 seinen Stützpunkt am Ventilgehäuse findet und dessen langer Arm die Belastung trägt. Die Sicherheitsventile ortfester Kessel erhalten meist Gewichtbelastung, bei Kesseln, deren Betrieb mit Ortsänderung verbunden ist, z. B. Lokomotivkessel, wird das Gewicht vorteilhaft durch die eine kleinere Masse besitzende Feder ersetzt. Der Spannungssteigerung, welche die Feder bei der Belastung erfährt, wird nach *Ch. Pemberton* (1842) und *Meggenhofer* (1851) durch Einschalten eines ausgleichend wirkenden Hebelwerkes vorgebeugt.

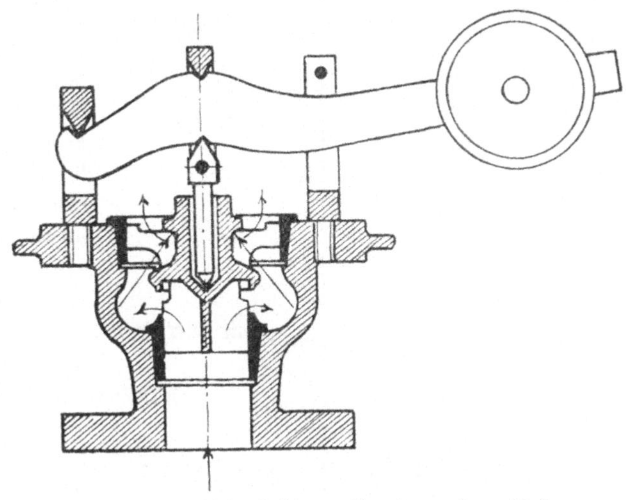

Abb. 80. Sicherheitsventil mit großem Hub.

Die Menge des aus dem Sicherheitsventile abfließenden Dampfes wird durch die Dampfspannung, den Querschnitt und den Hub des Ventiles bestimmt. Es werden Kleinhub- und Hochhub-Sicherheitsventile[1] unterschieden. Die größere Hubhöhe der letzteren ist die Folge einer solchen Ausgestaltung des Ventilkörpers (Abb. 80), daß die Reaktionswirkung des austretenden, von Wölbflächen aufgefangenen Dampfstrahles die hebend wirkende Kesselspannung unterstützt. Um bei ungenügendem Abblasen des Sicherheitsventiles das Fortschreiten der Spannungssteigerung zu verhindern, empfiehlt es sich, durch teilweisen Schluß des Rauchschiebers das Feuer zu mäßigen und dadurch die Verdampfung einzuschränken.

3. Unzulässige Veränderung des Wasserstandes, insbesondere zu starkes Sinken desselben und damit verbundene Überhitzung und unter Umständen Erglühen der Kesselwand.

Es werden beim Dampfkesselbetrieb drei Wasserstandshöhen unterschieden: der normale, der zulässig tiefste und der zulässig höchste Wasserstand. Einrichtungen, welche den Höhenstand des Wassers außerhalb des Kessels sichtbar machen und ihn beobachten lassen, werden Wasserstandszeiger genannt. Ihre drei Hauptarten sind das Wasserstandsglas, der Probierhahn und der Schwimmer.

Das Wasserstandsglas[2] enthält nach Abb. 81 ein 15 bis 20 mm weites, als Schauglas dienendes Glasrohr *a* oder an dessen Stelle ein hohles Metall-

[1] Organ des Zentralverbandes der preußischen Dampfkessel-Überwachungsvereine 1900; Ztschr. d. V. d. I. 1905, S. 359; 1910, S. 594.

[2] Ztschr. d. V. d. I. 1904, S. 1482.

prisma, dessen eine ebene Fläche aus einer starken glattwandigen oder an der Innenseite gerippten Glasplatte besteht. Die Enden des Schauglases sind in durchbohrte Metallfassungen *b c* dampfdicht eingefügt, die den Anschluß an die hierfür ebenfalls durchbohrte Kesselwand derart vermitteln, daß das Glas sich in senkrechter Lage befindet. Es bildet mit dem Innenraum des Kessels ein kommunizierendes Gefäß, in dessen beiden Schenkeln das Wasser sich auf die gleiche Höhe einstellt, wobei der zulässig höchste und tiefste Stand im Glase sichtbar ist. Der letztere wird durch eine leicht erkennbare Marke *d* festgelegt. Zur Entlastung des Schauglases von biegend wirkenden Kräften, die infolge der Formänderung der Kesselwand entstehen, der diese durch wechselndes Erwärmen und Abkühlen unterworfen ist, erfolgt der Anschluß der Fassungen des Glases an die Kesselwand zweckmäßig unter Zwischenschaltung eines biegungssicheren Versteifkörpers *e*, der entweder die Form einer ebenen Platte oder eines Hohlzylinders erhält. Die in den Fassungen befindlichen Hähne *f* und *g* dienen zum Absperren des Dampfes und Wassers vom Schauglas, sind während des Kesselbetriebes aber offen zu halten. Ein dritter Hahn *h* in der unteren Fassung dient, wenn geöffnet, der Reinigung des Glases und der Prüfung von dessen Wirksamkeit. Bei einem durch Unachtsamkeit, Dampfdruck oder plötzliche Abkühlung verursachten Bruch des Schauglases verhindern in den Fassungen liegende Selbstschlußventile das Ausströmen von Wasser und Dampf. Vielfach wird auch das Glasrohr mit einer Schutzhülle aus Drahtgeflecht oder Drahtglas umgeben, um bei einem Bruch des Glases das Umherschleudern der Bruchstücken zu verhindern[1]. Die Durchbohrungen der Fassungen zufällig verstopfende, dem Kesselwasser entstammende Unreinigkeiten, wie Schlamm und Kesselstein-

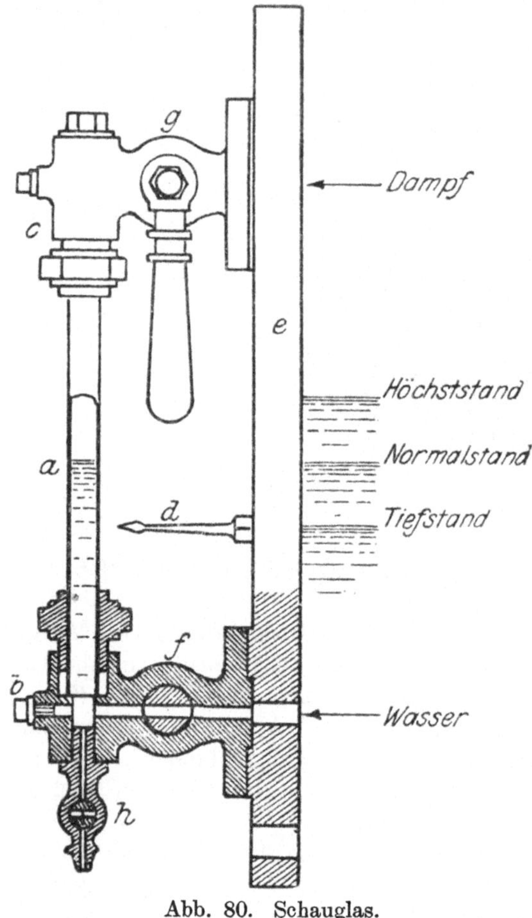

Abb. 80. Schauglas.

[1] *O. Schott* und *W. Herschkowitsch*, Wasserstandsröhren und ihre Schutzgläser. Ztschr. d. V. d. I. 1901, S. 339.

splitter, sowie unbeachtet bleibende Undichtheit des Absperrhahnes der Dampffassung, vermindern die Zuverlässigkeit des Wasserstandsglases und erfordern ein zeitweises Nachprüfen dieser.

Ihm dienen die Probierhähne oder Probierventile, das sind einfache Absperreinrichtungen, die an den Grenzstellen des Wasserstandes, wohl auch in der normalen Höhe desselben, in der Nähe des Wasserstandsglases an dem Kessel angeordnet sind und bei dem Öffnen einen nach abwärts gerichteten Dampf- bzw. Wasserstrahl entweichen lassen.

Der seltener als Wasserstandsanzeiger benutzte Schwimmer besteht aus einem auf dem Wasser des Kessels ruhenden, meist linsenförmig aus Blech hergestellten hohlen Schwimmkörper von etwa 300 bis 400 mm Durchmesser und 10 bis 12 kg Gewicht, der bei wechselndem Wasserstand steigt und fällt, und dessen Bewegung durch ein die Kesselwand dampfdicht durchsetzendes Gestänge nach außen sichtbar übertragen wird. Die an der Durchtrittsstelle und in dem von dem Schwimmer bewegten Zeigerwerk auftretende Reibung beeinträchtigt die Zuverlässigkeit der Angaben des Schwimmers. In neuerer Zeit hat man versucht, die Schwimmerbewegung, bzw. das Heben und Senken des Wasserspiegels selbst, unter Vermittelung elektro-magnetischer Einrichtungen zum In- und Außerbetriebsetzen der Speisepumpe zu verwenden, um durch rechtzeitig einsetzendes Zuspeisen von Wasser die Schwankungen des Wasserstandes auf wenige Millimeter zu beschränken[1]. Hierbei wurden beispielsweise 1000 l Wasser in rund 17 bis 18 Min. in etwa 9 bis 10 Absätzen dem Kessel zugeführt. Schließlich ist noch der älteren Speiserufer oder Lärmpfeifen zu gedenken, die bei zu tiefem Sinken des Wasserstandes eine Allarmpfeife zum Ertönen bringen[2].

## D. Die Gewinnung von Treibgasen.

Treibgase oder Kraftgase sind brennbare Gase, die bei der Verbrennung in einem geschlossenen Raume eine derartige Drucksteigerung erleiden, daß sie zur Erzeugung von mechanischer Arbeit Verwendung finden können. Die Rohstoffe, welche der Gewinnung solcher Gase zugrunde liegen, sind in der Hauptsache Steinkohlen, Braunkohlen, Koks, Teer und Mineralöle. Diese führen vermöge ihres Gehaltes an Kohlenstoff und Wasserstoff bei hoher Temperatur und dem Zutritt von Sauerstoff zu entzündbaren Kohlenstoff- und Wasserstoffverbindungen, deren Gemisch im Verein mit unverbrennbaren Nebenbestandteilen das Treibgas bildet. Neben diesen findet zuweilen auch Spiritus als Ausgangsstoff für die Erzeugung von Kraftgas eine beschränkte Verwendung.

### 1. Die Arten der Treibgase und ihre Eigenschaften.

Der Entstehung nach sind die Kraftgase entweder

1. das Endergebnis der infolge Sauerstoffmangels unvollständigen Verbrennung fester Brennstoffe, insbesondere Anthrazit und Koks, oder

[1] Ztschr. d. V. d. I. 1905, S. 926; 1910, S. 479.

[2] *H. v. Reiche*, Anlage und Betrieb der Dampfkessel. Leipzig 1872, S. 172.

2. gasförmige Destillationsprodukte, die bei der trockenen Destillation von Steinkohle entstehen, oder

3. Dämpfe und Vergasungsprodukte brennbarer Flüssigkeiten, vornehmlich von Erdöl, Benzin, Benzol und Teeröl.

Der chemischen Zusammensetzung nach können zwei Gruppen von Treibgasen unterschieden werden. Die eine der Gruppen umfaßt die unter 1 fallenden Gase, bei denen Kohlenoxyd und Wasserstoff die Hauptbestandteile des brennbaren und daher zur Wärmeerzeugung geeigneten Anteiles bilden. Die zweite Gruppe schließt die nach 2 und 3 entstehenden Gase ein, deren zur Wärmeerzeugung führenden Bestandteile sich vornehmlich aus Wasserstoff und Methan ($CH_4$) zusammensetzen. Der verschiedenen chemischen Zusammensetzung der Gase beider Gruppen entspricht somit auch ein verschieden großer Wärmewert, der etwa zwischen 1000 und 8000 WE/kg schwankt und auch in dem auf die Pferdestärke und Stunde bezogenen Gasverbrauch der Kraftmaschine von etwa 4 bis 5 kg bzw. 0,25 kg seinen Ausdruck findet.

Die Erzeugung der als Treibmittel in Kraftmaschinen verwendbaren Gase geht, soweit feste Rohstoffe in Frage kommen, entweder von dem Sonderzweck der Arbeitsgewinnung aus und dient daher auch diesem Zweck allein: Generatorgas, oder die Erzeugung der Gase ist auf einen andern Verwendungszweck eingestellt und die Verwendung als Kraft- und Arbeitsquelle erfolgt nur nebensächlich: Retortengas (Leuchtgas) oder endlich, die für Arbeitszwecke benutzten Gase sind das unbeabsichtigte aber unvermeidbare Nebenerzeugnis einer andere Arbeitsziele anstrebenden Stofferzeugung, sie bilden für diese Abfallgase: Hochofengas und Koksofengas.

Die Erzeugung der aus flüssigen Brennstoffen hervorgehenden Treibgase schließt sich stets der Verwendung als Treibmittel an und steht in der Regel mit dieser in unmittelbarem Zusammenhang, indem dem Entstehen des Gases auch unmittelbar die Verwendung folgt.

Während die Mineralöle nur geringe Mengen unverbrennbarer Stoffe O, N, S enthalten und im übrigen aus durchschnittlich 85 bis 87 vH C und 12 bis 14 vH $H_2$ bestehen, so daß sie durch die Vergasung nahezu vollständig in Treibgas umgewandelt werden, schwankt bei den aus festen Brennstoffen hervorgegangenen Generator- und Abfallgasen der Gehalt an unverbrennlichen Stoffen O, N, $CO_2$ etwa zwischen 60 bis 70 vH. Nur bei dem Retortengas, das für Leuchtzwecke bestimmt ist und als Treibgas nur nebensächlich Verwendung findet, liegen die Verhältnisse günstiger, sofern dieses im Durchschnitt 52 vH $H_2$, 45 vH $CH_4$ und 2,5 vH CO enthält.

Neben den gasförmigen beeinträchtigen auch feste staubförmige Beimengungen den Gebrauchswert der Generator- und Abfallgase und machen, wenn sie in größeren Mengen auftreten, die Reinigung des Gases vor dem Eintritt in die Kraftmaschine notwendig. Im besonderen ist dies bei Hochofengasen der Fall, die im Kubikmeter zuweilen bis zu 10 bis 12 g und mehr vornehmlich aus Metalloxyden und Salzen (Blei, Zink, Ammoniak, Kali usw.) bestehenden Staub enthalten. In Absetz- und Wascheinrichtungen (Gaswäschen) gelingt es, den Staubgehalt des Gases auf etwa 0,01 bis 0,02 g/cbm herabzudrücken und damit das Gas für den Betrieb von Kraftmaschinen verwendbar zu machen.

Mit dem Gehalt an brennbaren Stoffen steht der Wärmewert der Gase und damit ihre Leistungsfähigkeit in der Kraftmschine in ursächlichem Zusammenhang. Derselbe beträgt bei Hochofen- und Koksofengasen etwa 900 WE/cbm, erhebt sich bei Generatorgasen auf etwa 1200 bis 2700 WE/kg, bei Retortengas auf 7000 WE/kg, bei Rohbenzol (Steinkohlenbenzin) auf etwa 8500 WE/kg und erreicht bei Erdöl und Motorbenzin mit rund 10 000 bis 11 000 WE/kg die obere Grenze.

## 2. Die Herstellung von Treibgasen.

### a) Die Gasgeneratoren.

Die für die Gaserzeugung benutzten Öfen (Generatoren, Gasgeneratoren) sind Schachtöfen. Der Schacht ist zylindrisch oder kegelförmig nach abwärts sich erweiternd gestaltet, im Innern mit feuerfesten Ziegeln ausgekleidet und bei freistehenden Generatoren außen von einem Eisenblechmantel umschlossen. Zuweilen läuft er nach unten in eine kegelförmige Rast aus, welche das Herabsinken des Brennstoffes hemmt. Dieser wird entweder durch eine den Schacht unten schließende Bodenplatte oder durch einen feststehenden, bei neueren Generatorbauarten auch drehbaren Rost unterstützt. Die Höhe der Brennstoffsäule richtet sich nach der Stückgröße des Brennstoffes und beträgt beispielsweise bei

| | | |
|---|---|---|
| Förderkohle | etwa | 1500—2000 mm |
| Koks von 30—50 mm | etwa | 1150 mm |
| Koks von 20—30 mm | etwa | 750 mm |
| Koks von 10—20 mm | etwa | 550 mm |

Die obere Schachtmündung wird mit einer Eisenplatte abgedeckt, welche die Füllöffnung enthält und über dieser einen Fülltrichter trägt. In diesen eingeschaltete Verschlußeinrichtungen (Ventile, Drehschieber) verhindern beim Eintragen des Brennstoffes den Gasaustritt. Das Beschicken des Generators geschieht in Zeitabschnitten, deren Länge der Niedergang der Brennstoffsäule bestimmt. Dieser wird hierbei so bemessen, daß durch die Abnahme der Schichthöhe die Beschaffenheit der Gase keine Veränderung erleidet. Die für die Verbrennung des Brennstoffes erforderliche Luft wird eingeblasen oder angesaugt. Hiernach werden Druck- und Sauggeneratoren unterschieden. Die Luft gelangt mit Wasserdampf gemischt durch den Rost zu dem entzündeten Brennstoff und bewirkt, weil im Überschuß vorhanden, dessen vollkommene Verbrennung (C zu $CO_2$, $H_2$ zu $H_2O$). Hiermit ist eine so erhebliche Wärmeentwickelung und Temperatursteigerung verbunden, daß die überlagernden Brennstoffschichten im Erglühen die Dissoziationstemperatur (1000° C) erreichen und die sie im Aufsteigen durchziehende $CO_2$ in CO und O, die Wasserdämpfe in $H_2$ und O gespalten werden, der freie O aber mit C zu neuem CO verbunden wird. Das so entstehende Gemisch von CO, $H_2$ und dem der Verbrennungsluft entstammenden N, das durch das von dem frisch eingetragenen Brennstoff bei der Erhitzung abgegebene $CH_4$ sowie durch kleine Reste von O und $CO_2$ vermehrt wird, sammelt sich oberhalb der Beschickungssäule im oberen Teil des Schachtes. Von hier aus wird es nach dem Durchlaufen von Wasch- und Reinigungsapparaten entweder in einem Gasspeicher (Gasometer) vorübergehend aufgesammelt oder unmittelbar dem Maschinenbetrieb zugeführt.

In der Neuzeit ist bei der Kraftgaserzeugung der Gewinnung von Nebenerzeugnissen, insbesondere schwefelsaurem Ammoniak und Teer, besondere Aufmerksamkeit zugewendet worden. Dabei wurden nach dem bereits 1879

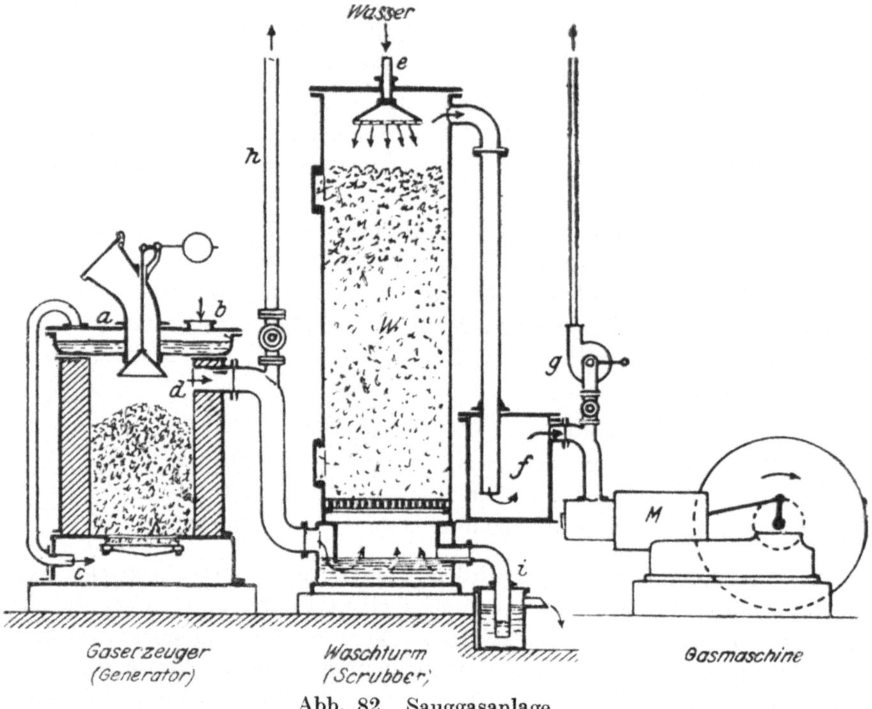


Abb. 82. Sauggasanlage.

von *Mond* vorgeschlagenen Verfahren der Vergasung bei niederen Temperaturen beachtenswerte Erfolge erzielt[1].

Der in dem Generator zur Zersetzung gelangende Wasserdampf wird bei Druckgeneratoren einem Dampfkessel entnommen und unter Zumischung der für die Vergasung des Brennstoffes ausreichenden Luftmenge mittels einer Dampfstrahlpumpe bei einem Druck von etwa 250 mm Wassersäule unter den Rost des Generators geleitet. Bei Sauggeneratoren (Abb. 82) entstammt der Dampf einem Verdampfgefäß *a*, das den Generatorschacht be-

[1] Über „Mond-Gas“ siehe u. a. die Arbeit von *Schöttler*, Ztschr. d. V. d. I. 1901, S. 1593. Ferner *Roser*, Gaserzeugungsanlage mit Gewinnung von Urteer, Ztschr. d. V. d. I. 1920, S. 857, sowie *Trenkler*, Urteergewinnung bei der Gaserzeugung, ebenda 1920, S. 997.

deckt und durch das die von der Gasmaschine *M* bei *b* angesaugte Luft vor ihrem bei *c* erfolgenden Eintritt in den Generator streicht. Hierbei sättigt sich die Luft, ihrer Temperatur entsprechend, mit Wasserdampf. Durch die innerhalb der glühenden Kohleschicht anschließende Zersetzung des Dampfes wird der Heizwert des entstehenden Gases erhöht und das Gas so weit abgekühlt, daß es den Generator bei *d* mit etwa 500° Temperatur verläßt. Die weitere Abkühlung des Gases sowie die Abscheidung der verflüssigungsfähigen wässerigen und teerartigen Bestandteile aus demselben erfolgt in dem mit Koksstücken gefüllten Wäscher *W*, den das Gas im Gegenstrom zu dem bei *e* zufließenden Waschwasser durchströmt. Dieses und der abgeschiedene Teer werden durch den Topf *i* abgelassen. Das gereinigte Gas gelangt mit einem Druck von etwa 50 mm Wassersäule in einen Gassammler *f*, indem zugleich die infolge des zeitweisen Beschickens des Generators wiederholt wechselnde Zusammensetzung des Gases ausgeglichen wird. Aus ihm entnimmt die Kraftmaschine das Gas durch Ansaugen. Dabei sinkt der Gasdruck zufolge der Kleinheit des Sammlers so tief unter den Atmosphärendruck, daß das Nachströmen des Gases zum Sammler und der Luft zum Rost des Generators erfolgt. Für die Inbetriebsetzung wird dem Sauggenerator die erforderliche Verbrennungsluft mittels eines zwischen den Sammler und die Maschine eingeschalteten Handgebläses *g* solange zugeführt, bis die entstehenden und durch einen Schornstein *h* abgeleiteten Gase entzündungsfähig sind.

### b) Die Ölvergaser.

Die Umwandlung flüssiger Brennstoffe in Kraftgas erfolgt bei gleichzeitiger Zuführung und Beimischung der für das Verbrennen des Gases erforderlichen Luft durch Zerstäuben und Verdampfen entweder in besonderen heizbaren Verdampfern oder Vergasern, die der Kraftmaschine vorgeschaltet sind (Petroleum-, Benzin-, Benzol- und Spiritusmaschinen), oder im Innern des Arbeitszylinders der Kraftmaschine. Im letzteren Fall wird der Zerstäubungsstrahl in eine den Zylinder füllende und durch starke Verdichtung hocherhitzte Luftmasse geleitet, die zugleich die Selbstzündung des Treibgases bewirkt (Dieselmaschine). Schwerflüchtige Öle, wie Petroleum und Teeröle, mit Verdampftemperaturen von 200 bis 400° C, werden mit Hilfe von Druckluft zerstäubt und der entstehende Ölstaub nachträglich oder während seines Entstehens durch Erhitzen in die Dampf- oder Gasform übergeführt. Bei Stoffen, die bereits bei niedriger Temperatur Dämpfe bilden, wie Benzin, Benzol, Spiritus mit Verdampftemperaturen zwischen 50 und 100° C, wird das Entstehen des entzündbaren Gasluftgemisches dadurch bewirkt, daß die beim Saughub der Maschine angesogene Luft über die Flüssigkeit streicht und sich mit deren Dämpfen sättigt.

Die benutzten Vergaser sind entweder Oberflächenvergaser oder Spritzvergaser. In den ersteren wird die Flüssigkeit über eine große Oberfläche ausgebreitet dem Luftstrom dargeboten, bei den letzteren, die in der Neuzeit meist Verwendung finden, wird der durch das Ansaugen der Luft entstehende Unterdruck benutzt, den mittels einer Düse zugeführten Brennstoff zu zerstäuben, so daß sich der Ölstaub mit der Luft vermischt und dabei in Dampfform übergeht. Hierbei machen die mit dem Wechsel des Maschinenbetriebes verbundenen Schwankungen der angesaugten Luftmenge und damit des entstehenden Unterdruckes Regelvorrichtungen erforderlich, die entweder die Luftmenge oder die Brennstoffmenge so verändern, daß stets ein für die Wirtschaftlichkeit des Maschinenbetriebes möglichst günstiges Mischungsverhältnis, z. B. $\frac{\text{Öl}}{\text{Luft}} = \frac{1}{16}$, erzielt wird[1].

Die Abb. 83 gibt die wesentliche Einrichtung eines Spritzvergasers wieder, bei dem (nach *Maybach*) die Zuführung des Brennstoffes zu der von einem Mischrohr *a* umgebenen Spritzdüse *b* durch einen Schwimmer *c* vermittelt wird. Dieser befindet sich in einem mit der Düse durch das Rohr *d* verbundenen Öltopfe *e* und bewirkt eine solche Einstellung des Standes der Flüssigkeit, daß diese bis nahe an die Mündung der Düse tritt. Die beim Ansaugen der Luft aus der Düse in Form eines Strahles austretende Flüssigkeitsmenge wird durch das Nadelventil *f* ersetzt, das der sinkende Schwimmer unter Vermittelung der Hebel *g* öffnet, so daß neuer Brennstoff in den Öltopf treten kann. Die Luftmenge hängt von der saugenden Wirkung der bei *h* an den Vergaser angeschlossenen Maschine ab und wird durch die Ventile *i* geregelt, die Saugwirkung selbst regelt die Einstellung der Drosselklappe *k*.

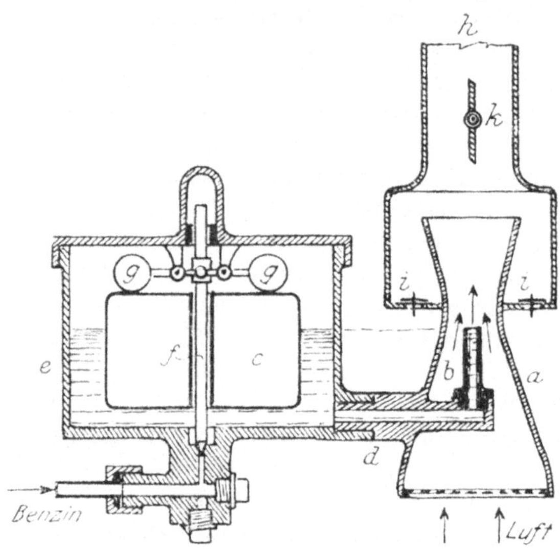


Abb. 83. Benzinvergaser.

# V. Die Umsetzung von mechanischer Arbeit in Energie.

## A. Arbeitsspeicherung in Preßwasser und Preßluft.

Wasser und atmosphärische Luft bilden, wenn sie unter höherem Druck stehen, einen für den Betrieb von Kraftmaschinen geeigneten Triebstoff. Unter günstigen Umständen entspringt der hohe Wasserdruck einem natürlichen Gefälle und vermag, z. B. in den Wassersäulenmaschinen der Bergwerke, unmittelbar für die Arbeitsgewinnung ausgenützt zu werden. Bei

[1] *A. Heller*, Studie über die Vergaser von Motorfahrzeugen. Ztschr. d. V. d. I. 1912, S. 1075.

nicht günstigen örtlichen Verhältnissen dagegen, die das Entstehen eines größeren natürlichen Gefälles verhindern, oder die Schaffung eines solchen verbieten, sowie dann, wenn Luft als Triebstoff Verwendung finden soll, wird es erforderlich, auf künstlichem Wege, durch Aufwendung von mechanischer Arbeit, dem Wasser oder der Luft den für die geforderte Arbeitsleistung notwendigen höheren Druck zu geben. Diese auf künstlichem Wege erzeugten Triebstoffe pflegt die Technik Preß- oder Druckwasser, bzw. Preß- oder Druckluft zu benennen und hat für sie eine Reihe von Verwendungsmöglichkeiten gefunden, die ihnen unter Umständen einen großen Wert sichern.

## 1. Die Speicherung von Preßwasser.

Der Arbeitsdruck des Preßwassers schwankt je nach dem Verwendungszweck desselben. Er steigt beispielsweise bei dem Betrieb von Wasserdruck- oder hydraulischen Pressen nicht selten auf mehrere Hundert Atmosphären und bewegt sich bei Preßwassermaschinen, die der Lastenförderung oder dem Antrieb von Arbeitsmaschinen dienen, etwa zwischen den Grenzen 1 und 50 Atm.

Die Unterdruckstellung des Wassers erfolgt in der Regel durch Kolbenpumpwerke, die das Wasser entweder unmittelbar der Verbrauchsstelle zuführen oder es, wie z. B. in den Wasserversorgungsanlagen der Städte, in einen Hochbehälter heben, aus dem es dem Arbeitsort durch ein senkrecht oder geneigt liegendes Fallrohr zugeleitet wird. Der Arbeitsdruck ($P$ kg) des Wassers ist dann, wenn von Widerständen in der Falleitung abgesehen wird, durch das Gewicht einer Wassersäule gegeben, deren Länge gleich der Gefällhöhe ($h$ m), das ist dem senkrechten Abstand des Wasserspiegels im Hochbehälter von dem Arbeitsort, und deren Querschnitt gleich der Druckfläche ($f$ qm) des von dem Wasser belasteten Kolbens der Kraftmaschine ist, mithin

$$P = f h \gamma \,\text{kg}\,.$$

wenn $\gamma = 1000$ kg das Gewicht von 1 cbm Wasser bedeutet.

Führt das Pumpwerk das Druckwasser unmittelbar der Kraftmaschine zu, so werden die dem Pumpenbetrieb eigentümlichen Druckschwankungen sowie die von der Art des Kraftmaschinenbetriebes abhängigen Schwankungen des Wasserverbrauches durch Eingliederung eines Druckwassersammlers oder Akkumulators in die Druckleitung ausgeglichen. Demselben fällt dann in letzterer Beziehung insbesondere die Aufgabe zu, den Dauerbetrieb des Pumpwerkes, der sich wirtschaftlich am günstigsten erweist, auch dann zu ermöglichen, wenn vorübergehende aber regelmäßig wiederkehrende Leistungseinschränkungen oder Betriebsunterbrechungen der Kraftmaschine zeitweise den vollen Verbrauch des von der Pumpe gelieferten Preßwassers beeinträchtigen bzw. verhindern. Er nimmt in diesem Falle den Überschuß des unter Druck stehenden Wassers auf, um es bei erneutem Bedarf, die Pumpenlieferung ergänzend, der Kraftmaschine zuzuführen und deren Inbetriebsetzung zu beschleunigen. Die Leistungsgröße der Pumpe ist dann dem mittleren Wasserverbrauch der Kraftmaschine und der Fassungsraum des Akkumulators den herrschenden Betriebsverhältnissen anzupassen.

Der Akkumulator besteht zuweilen aus einem weiträumigen, in der Regel zylindrisch gestalteten und aufrecht stehenden Eisenblechkessel, der in die Preßwasserleitung eingeschaltet und zum Teil mit gespannter Luft gefüllt ist: Luftakkumulator, Windkessel, oder er besteht aus einem stehend angeordneten langen Gußeisenzylinder mit Tauchkolben, auf dem entweder der Druck gespannten Dampfes bzw. gespannter Luft oder ein Belastungsgewicht lastet und ihn gegen die Wasserfüllung des Zylinders preßt: Dampfakkumulator[1], Druckluftakkumulator[2], Gewichtsakkumulator[3].

Bei dem Luftakkumulator hängt die Luftspannung von dem Druck des eingepumpten Wassers ab. Sie wächst also mit dessen Vermehrung und sinkt, wenn der Wasserverbrauch die Lieferung des Pumpwerkes übertrifft. Einer größeren Druckänderung kann daher allein durch einen großen Luftinhalt, also Weiträumigkeit des Akkumulatorkessels begegnet werden. Diesem gegenüber bestimmt sowohl bei dem Dampf- und Druckluftakkumulator als dem Gewichtsakkumulator die gleichgroß bleibende Belastung des Akkumulatorkolbens den Wasserdruck. Dieser ist daher auch bei wechselndem Kolbenstand, also verschieden großer Wasserfüllung des Akkumulatorzylinders, stets von der gleichen Größe.

Bei dem Dampfakkumulator erfolgt die Belastung des Kolbens durch den Druck gespannten Dampfes. Derselbe wird von einem größeren Scheibenkolben aufgenommen, der mit dem kleineren Akkumulatorkolben verbunden und in einem Zylinder dampfdicht geführt ist. Die Dampfpressung wird daher im Verhältnis der Kolbenquerschnitte vergrößert auf das den Akkumulatorzylinder füllende Wasser übertragen. Diese Anordnung gewährt den Vorteil, in der Lage des Akkumulatorzylinders unbeschränkt zu sein, ist jedoch nur für mäßiggroße Wasserpressungen anwendbar. Für den Druckluftakkumulator fällt die letztere Beschränkung weg, da die ihn speisende Druckluft eisernen Luftflaschen entnommen wird, in denen die Drucksteigerung dem Arbeitsdruck des den Akkumulatorzylinder füllenden Wasserpumpwerkes entspricht.

Der Gewichtsakkumulator ist an die senkrechte Lage des Zylinders gebunden und läßt einen beliebig hohen Wasserdruck erreichen. Derselbe hängt allein von der Schwere des Kolbens und der von diesem getragenen, dem Arbeitszweck angepaßten Gewichtsbelastung ab. Die plötzliche Unterbrechung der Fallbewegung des Akkumulatorkolbens führt durch die hierbei wirksam werdenden Beschleunigungskräfte vorübergehend zu Druckäußerungen, welche die aus der ruhenden Belastung

[1] Ztschr. d. V. d. I. 1893, S. 1098.

[2] System *O. Wirz*, D. R. P. Nr. 281 120 v. 4. April 1911, gebaut von *Werner & Pfleiderer* in Cannstatt.

[3] *Armengaud*, Publ. industr. Vol. 22, pag. 469.

entspringende Wasserpressung unter Umständen erheblich (bis 60 vH) übersteigen[1].

Die Bauformen der am meisten Verwendung findenden Gewichtsakkumulatoren, von denen die Abb. 84 bis 87 einige Beispiele geben, sind insbesondere

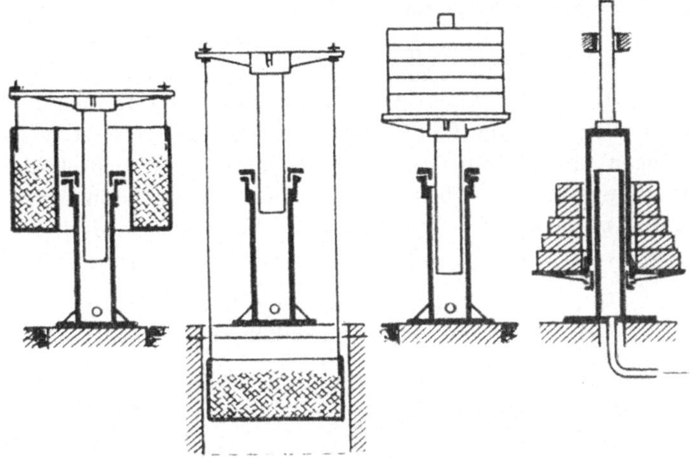

Abb. 84—87. Gewichtsakkumulatoren.

durch den verschiedenartigen Anschluß des Belastungsgewichtes an den Tauchkolben gekennzeichnet. Nach der ursprünglichen, von *Armstrong* 1858 angegebenen Bauform besteht das Belastungsgewicht aus einem kastenförmigen Behälter, der mit Gußeisenstücken, Steinen u. dgl. schweren Körpern gefüllt wird. Derselbe ist mittels Hängestangen an ein Querhaupt oder eine als Scheibe ausgebildete Bekrönung des oberen Kolbenendes angeschlossen und umgibt den Kolben nach der ältesten Bauart ringförmig (Abb. 84), oder hängt unterhalb des Akkumulatorzylinders in einer Bodensenke (Abb. 85). Bei anderen Bauarten stützt sich der Gewichtskasten unmittelbar auf dem oberen Kolbenende, oder es ist dieses zu einer Plattform erweitert, welche eine Anzahl scheibenförmiger Gewichtsstücke trägt (Abb. 86). Auch finden sich Anordnungen, bei denen der Zylinder über eine feststehende Kolbensäule gestülpt ist, die ihn ringförmig umgebenden Belastungsgewichte trägt und bei dem Betrieb auf- und niedersteigt (Abb. 87). Bei feststehendem Zylinder findet der Zu- und Abfluß des Druckwassers in der Regel am unteren Zylinderende statt; vielfach dient die Eintrittsöffnung auch dem Abfluß. Die

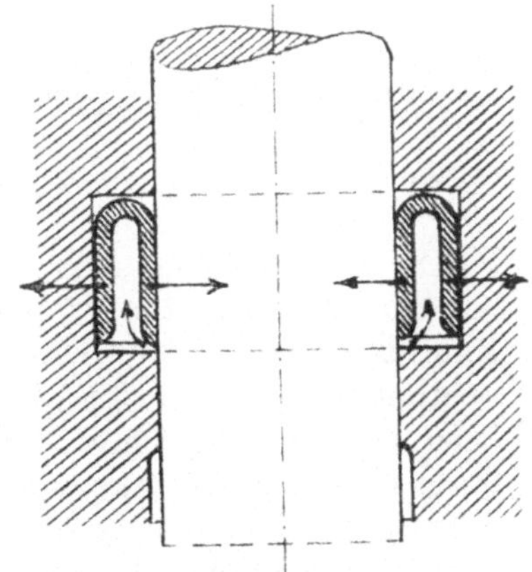

Abb. 88. Manschettendichtung.

[1] Differenzakkumulator von *Twedell* in *H. Schemfil*, Der Betrieb und die Leistungsfähigkeit hydraulischer Transmissionen und Werkzeugmaschinen. Ztschr. d. österr. Ing.-u. Arch.-Ver. 1888, S. 129. Mit Arbeitsdiagrammen.

Abdichtung zwischen Kolben und Zylinder erfolgt durch eine Leder- oder Guttaperchamanschette, die nach Abb. 88 in einer ringförmigen Nut des Zylinderkopfes liegt und durch den Wasserdruck gegen die Nutwand und den Kolben gepreßt wird. Die Kolbenreibung $R$ ist daher dem nutzbaren Wasserdruck $p$ Atm proportional und kann zu

$$R = \varphi f p \,\mathrm{kg}$$

eingeschätzt werden, wenn $f$ qcm die Kolbendruckfläche und $\varphi$ einen von der Beschaffenheit der Reibungsflächen abhängenden Beiwert bezeichnet.

Beim Steigen und Sinken des Akkumulatorkolbens wechselt der Einfluß der Kolbenreibung auf die Größe des im Zylinder herrschenden Wasserdruckes. Der Nutzdruck $p$ und der für das Heben des Kolbens erforderliche Pumpendruck $p_1$ sind, wenn $G$ kg die Kolbenlast bezeichnet, durch die Gleichungen

$$G + \varphi f p = f p_1 \quad \text{für das Heben des Kolbens,}$$
$$G - \varphi f p = f p \quad \text{für das Senken des Kolbens}$$

aneinander gebunden. Aus ihnen ergibt sich durch Ausscheiden von $G$ der Wirkungsgrad des Akkumulators zu

$$\mu = \frac{p}{p_1} = \frac{1}{1 + 2\varphi}.$$

Erfahrungsgemäß kann im Durchschnitt der Beiwert $\varphi = 0{,}08$ angenommen und daher der Wirkungsgrad eines Akkumulators zu

$$\mu = \frac{1}{1 + 2 \cdot 0{,}08} = 0{,}86$$

geschätzt werden. Auch ergibt sich für einen nutzbaren Wasserdruck von beispielsweise $p = 20$ Atm die von der Pumpe zu erzeugende Wasserpressung zu

$$p_1 = \frac{20}{0{,}86} = 23{,}2 \text{ Atm.}$$

Die im allgemeinen unregelmäßig erfolgende Entnahme des Druckwassers aus dem Akkumulator erfordert Vorkehrungen, welche das Überheben des Kolbens und damit seinen Austritt aus dem Zylinder verhindern. Diese Einrichtungen beruhen meist auf der rechtzeitigen Unterbrechung der Wasserlieferung durch die Pumpe. Diese wird nach dem Erreichen des höchsten zulässigen Standes des Akkumulatorkolbens entweder völlig außer Betrieb gesetzt oder durch Ausschalten des Saugventils in den Leergang versetzt.

Eine Einrichtung der ersten Art ist z. B. die von *Glenfield* und *Kennedy* angegebene[1], bei welcher der Pumpenantrieb durch einen Elektromotor erfolgt, der bei dem Erreichen der höchsten Lage des Akkumulatorkolbens durch Vermittelung einer Druckwassermaschine stromlos gemacht wird. Diese Maschine ist doppeltwirkend. Die Druckflächen ihres Kolbens sind verschieden groß und stehen unter dem Akkumulatordruck. Die Steuerung bewirkt ein Dreiweghahn, der in die Druckwasserleitung eingeschaltet ist und mittels

[1] Ztschr. d. V. d. I. 1902, S. 1185.

zweier mit dem Akkumulatorkolben in verschiedener Höhe verbundenen Knaggen umgestellt wird. In der höchsten Lage des Kolbens bewirkt die untere der beiden Knaggen, daß die eine Seite des Kolbens der Druckwassermaschine entlastet wird, so daß die hierbei eintretende Verschiebung des Kolbens eine Strombrücke in der elektrischen Leitung öffnet und den Betrieb der Pumpe unterbricht. Er bleibt solange unterbrochen, bis durch erneuten Preßwasserverbrauch der Akkumulatorkolben so tief herabsinkt, daß die zweite Knagge durch Rückdrehung des Steuerhahnes in die Ausgangsstellung den Schluß der Stromleitung und damit die Wiederinbetriebsetzung der Pumpe veranlaßt.

Über die häufig anzutreffende zweite Art der Hubbegrenzung des Akkumulatorkolbens unterrichtet die beistehende Abb. 89. Hier ist mit der Gewichtsplatte des Kolbens ein Arm *a* verbunden, dessen hakenförmiges Ende beim Erreichen der höchsten zulässigen Kolbenstellung einen Hebel *b* untergreift, den eine Zugstange mit einem Gewichtshebel *c* verbindet. Von diesem aus ragt eine Stange in dem Saugrohr *d* der Pumpe empor. Dieselbe ist während des normalen Betriebes so tief herabgezogen, daß das Saugventil $v_1$ der Pumpe frei spielen kann, die Pumpe daher das aus dem Gefäß *e* gesaugte Wasser durch das Druckventil $v_2$ in den Akkumulator drückt. Erreicht der Kolben des Akkumulators die höchste Stellung, so hebt der Arm *a* durch Vermittelung der Hebel *b* und *c* die Stange so hoch empor, daß sie den Schluß des Saugventiles verhindert und das von dem Pumpenkolben angesaugte Wasser nicht mehr in den Akkumulatorzylinder gefördert wird, sondern in den Behälter *e* zurückfließt. Die tiefste Lage des Akkumulatorkolbens wird durch federnde Puffer *f* begrenzt, welche den Kolben, bzw. das Belastungsgewicht, unterfangen.

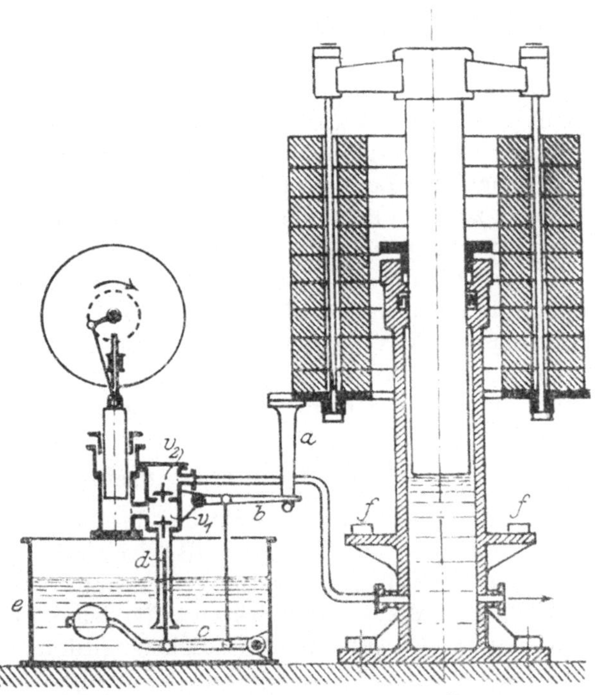

Abb. 89. Gewichtsakkumulator mit Pumpe.

Die einfachste Art der Hubbegrenzung des Akkumulatorkolbens, die jedoch mit einer Wasser- und Arbeitverschwendung verbunden ist, wird dadurch erreicht, daß das von der Pumpe gelieferte Wasser in der Höchststellung des

Kolbens durch eine vom unteren Kolbenende ausgehende Bohrung oberhalb der Zylinderstopfbüchse ins Freie entweicht.

## 2. Die Speicherung von Preßluft.

Die Herstellung von Preßluft geschieht mit Hilfe von Kolbenpumpen, die bei Luftpressungen bis 4 Atm meist einstufig, bei höheren Pressungen, die zuweilen bis 600 und mehr Atmosphären betragen, zwei bis fünfstufig arbeiten[1]. Die mit der Luftverdichtung verbundene Wärmeentwickelung erfordert teils die Kühlung der arbeitenden Teile des Verdichters, insbesondere des Zylinders und Kolbens mittels Wasserumlaufes oder Einspritzung, teils die Kühlung der verdichteten Luft in Röhrenkühlern, welche die Luft im Gegenstrom zu dem Kühlwasser nach jeder Druckstufe durchfließt. In der Luft enthaltene Feuchtigkeit wird der Luft vor dem Eintritt in die Kraftmaschine in größeren kesselartigen Behältern, die gleichzeitig der Aufspeicherung und dem Spannungsausgleich der Luft dienen, sowie in Entwässerungsapparaten entzogen, die in größeren Abständen in die Luftleitung eingefügt sind. Hierdurch sowie durch Vorwärmen der gepreßten Luft auf 100 bis 200° wird der Eisbildung bei der mit starkem Temperaturabfall verbundenen Expansion der Luft in der Druckluftmaschine vorgebeugt, durch das Vorwärmen zugleich auch die Arbeitsfähigkeit der Luft erhöht. Die Erwärmung der Luft erfolgt in Rohrschlangen, die in einem Heizofen eingelagert sind und von der Luft durchströmt werden. Die mit 1 qm Heizfläche in der Stunde erwärmte Luftmenge wird zu 1,5 bis 4,4 cbm angegeben[2]. Bei einem Gesamtwirkungsgrad des Verdichters und des ihn antreibenden Motors von 64 vH können mit 1 PS Nutzarbeit etwa 8,8 cbm Luft von atmosphärischer Spannung auf 6 Atm Überdruck verdichtet werden.

## 3. Die Fortleitung von Preßwasser und Druckluft.

Im allgemeinen wird sowohl das Preßwasser als die Preßluft der Kraftmaschine in schmiedeeisernen Rohrleitungen zugeführt. Bei Preßwasserleitungen sichern in die Leitung eingebaute Selbstschlußventile (Rohrbruchventile) den Akkumulator bei eintretendem Rohrbruch gegen die plötzliche Entleerung. Die Fließgeschwindigkeit wird in den Rohren bei Preßwasser zu 1 bis 3 m/Sek., bei Preßluft zu 6 bis 10 m/Sek. angenommen. Ist ein öfterer Orts- oder Lagenwechsel der Kraftmaschine erforderlich, z. B. bei hydraulischen oder Druckluft-Nietanlagen, Gießereimaschinen, Gesteinsbohrmaschinen u. dgl., so wird diese durch biegsame Metallschläuche[3] an die festliegende Rohrleitung angeschlossen. Derartige Schläuche werden bis zu 150 mm Lichtweite ausgeführt. Ihr kleinster Biegungshalbmesser schwankt bei 6 bis 90 mm

[1] Über neuere Bauarten von Hochdruckkompressoren siehe Ztschr. d. V. d. I. 1920, S. 901.

[2] Ztschr. d. V. d. I. 1891, S. 153.

[3] *W. Theobald*, Die Herstellung der Metallschläuche. Ztschr. d. V. d. I. 1911, S. 82ff.

Innendurchmesser des Schlauches zwischen 80 und 900 mm. Der zulässige normale Betriebsdruck beträgt, je nachdem der Schlauch ohne oder mit Schutzumflechtung versehen ist, bei 6 mm innerer Schlauchweite 50 bis 300, in Sonderfällen bis 800 Atm, bei 90 mm Weite 4 bis 15 Atm.

## B. Gewichts- und Federtriebwerke als Arbeitsspeicher.

Die Benutzung von Gewichts- und Federtriebwerken ist im allgemeinen auf kleine Arbeitsleistungen beschränkt. Die hauptsächlichste Verwendung finden diese Einrichtungen bei dem Betrieb von Uhrwerken oder zum Antrieb von Schreib- und Zeichenwerken, die einem Beobachtungsgeräte angegliedert sind. Sie dienen dazu, die während eines kurzen Zeitraumes von einem lebenden Motor, meist einem Menschen, abgegebene Energie in Form von Lagenenergie aufzunehmen, um sie dann während eines längeren Zeitraumes zum Betrieb des Triebwerkes bereit zu halten. Zuweilen werden Gewichtstriebwerke aber auch bei Förderanlagen für größere Arbeitsleistungen nutzbar gemacht. Beispielsweise wird bei dem Abwärtsfördern auf geneigten Ebenen, sog. Bremsbergen, das Übergewicht der niedergehenden Nutzlast zum Emporheben der leeren Fördergefäße zur Beladestelle verwendet. Oder es wird bei dem Aufwärtsfördern von Lasten das niedergehende leere Fördergefäß zum Heben der schwereren Nutzlast benutzt, nachdem ihm durch Zuführen einer genügend großen Wassermenge vorübergehend ein die Nutzlast überwiegendes Gewicht erteilt worden ist (Wassertonnenaufzüge).

### 1. Die Aufspeicherung der Arbeit.

Bei Gewichtstriebwerken, die für mäßig große Arbeitsleistungen bestimmt sind, ist es in der Regel ein entsprechend schwerer Metall- oder Steinkörper, der durch die Muskelenergie des Motors emporgehoben und in eine solche Höhenlage übergeführt wird, daß er beim Herabsinken, vermöge seines Gewichtes, während eines längeren Zeitraumes Arbeit zu verrichten vermag. In Federtriebwerken ist es die Federkraft oder Elastizität eines biegsamen stab- oder bandförmigen, elastischen Körpers aus gehärtetem Stahl, einer Feder, die durch Formänderung dieses Körpers erregt wird und die bei dem Rückgang desselben in die Ausgangsform frei werdend die Arbeitsleistung verrichtet.

Die für Triebfedern gebräuchlichste Form liefert das zu einer ebenen Spirale zusammengerollte Stahlband. Es findet entweder freiliegend Verwendung oder wird zum Schutz gegen Beschädigungen in ein zylindrisches metallenes Gehäuse, das Federhaus, eingelegt. Im letzteren Falle ist das innere Federende an einer in der Mitte das Federhaus durchdringenden, feststehenden Achse, das äußere am inneren Umfang des um diese Achse drehbaren Gehäuses befestigt. Das Zusammenrollen oder Aufziehen der Feder bewirkt deren Anspannung; bei dem Entspannen wird das Gehäuse von der Feder in der dem Aufziehen entgegengesetzten Richtung um die Achse gedreht.

Nur in seltenen Fällen fällt die Bewegung des Gewichtes oder der Feder nach Richtung und Größe mit der Bewegung der die Arbeit aufnehmenden

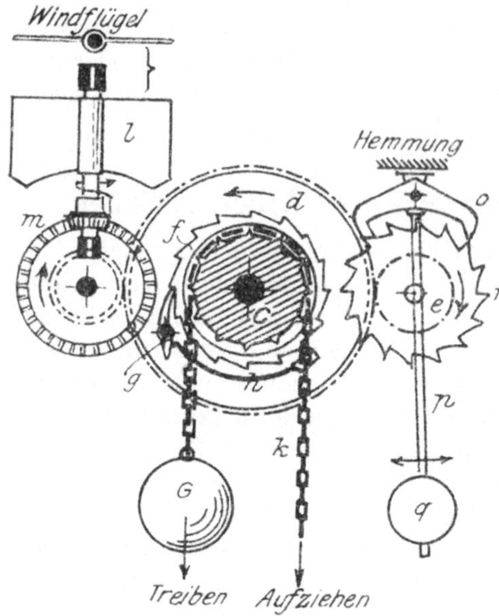

Abb. 90. Gewichtstriebwerk.

Getriebeteile zusammen. Meist wird die Sinkbewegung des Arbeit leistenden Gewichtes sowie die bei der Entspannung der Feder auftretende, von der Form der Feder abhängende Bewegung in die Drehbewegung einer Welle umgesetzt, die das Bindeglied zwischen dem Arbeitsspeicher und dem zu treibenden Werk bildet. Die Übertragung der Gewichts- oder Federbewegung auf diese Welle wird durch ein Zugglied, z. B. ein Seil, eine Schnur oder Kette, vermittelt, das von dem Gewicht oder der Feder ausgeht und um eine auf der Welle sitzende Trommel gewunden ist. Bei Gewichtstriebwerken ist diese Trommel zylindrisch gestaltet; das Zugglied läuft daher dauernd auf dem gleichen Trommeldurchmesser auf, und es besitzt daher das auf die Trommelachse übertragene Drehmoment dauernd die gleiche Größe. Bei Federtriebwerken erhält die Trommel die Form eines Stufenkegels (c der Abbildung 91), dessen Stufen in einer Spiralwindung verlaufen: die Schnecke des Triebwerkes. Indem das Zugglied bei gespannter Feder auf dem kleinsten, bei entspannter Feder auf dem größten Durchmesser der Schnecke aufläuft, wird der mit der Entspannung der Feder eintretenden Abnahme der Zugkraft Rechnung getragen und in jedem Entspannungszustand der Feder ein gleichgroßes, an der Schneckenwelle wirkendes Drehmoment (Kraft × Halbmesser) erzielt.

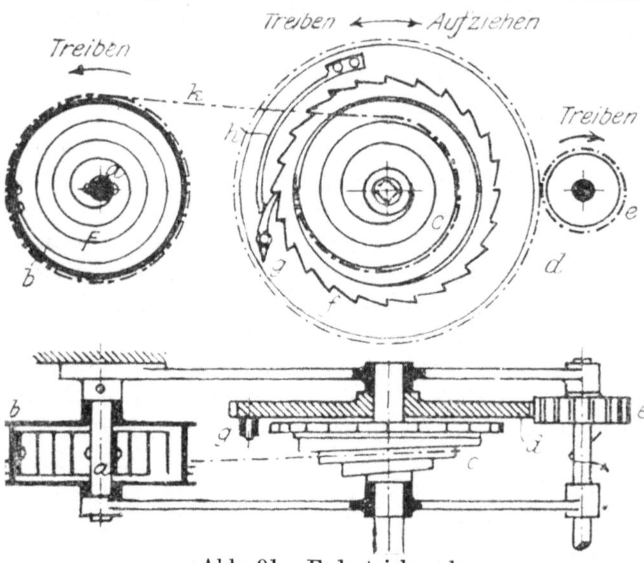

Abb. 91. Federtriebwerk.

Sowohl bei dem Gewichtstriebwerk (Abb. 90) als bei dem Federtriebwerk (Abb. 91) trägt die Achse der Trommel ein lose aufgesetztes Zahnrad *d*, das die Trommeldrehung auf das anzutreibende Getriebe *e* überträgt. Beide, Trommel und Zahnrad, sind durch ein an der Trommel sitzendes Sperrad *f* und einen dem Zahnrad angehörenden Sperrkegel *g* verbunden, den eine Feder *h* in die Verzahnung des Sperrades drückt. Wird die Trommel zum Zweck der Aufspeicherung von Arbeit um ihre Achse gedreht und dabei das Zugglied *k* unter Emporheben des Gewichtes *G* bzw. unter Anspannen der Feder *F* auf die Trommel gewunden, so gleiten die Zähne des Sperrades unter dem durch den Bewegungswiderstand des Getriebes zurückgehaltenen Sperrzahn hinweg. Dagegen findet bei der Arbeitsleistung des niedersinkenden Gewichtes oder der sich entspannenden Feder die Sperrung und damit die Übertragung der Trommeldrehung auf das Getriebe statt.

## 2. Die Regelung der Arbeitsabgabe.

Die Umwandlung der infolge der Erdbeschleunigung veränderlichen Sinkgeschwindigkeit des Arbeit leistenden Treibgewichtes in eine mit gleichförmiger Geschwindigkeit erfolgende Drehbewegung des Werkgetriebes vermittelt eine in das Getriebe eingefügte Bremseinrichtung. Dieselbe ist bei größeren Arbeitsleistungen des Triebwerkes eine von Hand, zuweilen (z. B. bei Bremsbergen) auch elektrisch oder durch einen mit dem Triebwerk verbundenen Geschwindigkeitsregler (Fliehkraftpendel) beeinflußte Band- oder Backenbremse. Bei kleinen Triebwerken wird die Gleichförmigkeit der Arbeitsabgabe sowie die Geschwindigkeit, mit der diese erfolgt, teils durch einen sich selbst regelnden Bremswiderstand, teils dadurch erreicht, daß die Arbeitsabgabe des Gewichtes oder der Feder durch regelmäßig wiederkehrende kleine und gleichgroße Stillstände unterbrochen wird, so daß die Beschleunigungskräfte nicht störend in die Erscheinung treten können. Die hierbei benutzten mechanischen Hilfsmittel sind einerseits der Windflügel, andererseits die Hemmung, die, weil sie die genaueste Regelung des Triebwerkganges ermöglicht, insbesondere bei Zeitmeßgeräten (Uhren) Verwendung findet.

Den Windflügel bilden (siehe Abb. 90) zwei leichte, in einer Ebene liegende Metallplatten *l*; die an einer sie symetrisch teilenden Drehachse befestigt sind und durch ein geeignetes Räderwerk *m* von dem sinkenden Treibgewicht oder der sich entspannenden Feder in schnellen Umlauf versetzt werden. Der hierbei durch die Flügel hervorgerufene Luftwiderstand wächst mit zunehmender Beschleunigung des sinkenden Gewichtes solange an, bis ein Gleichgewichtszustand eintritt, der auf die Dauer erhalten bleibt, da ein rascheres oder langsameres Sinken des Gewichtes die Vergrößerung bzw. Verminderung des Luftwiderstandes zur Folge haben würde. Die Größe der Arbeitsgeschwindigkeit steht im umgekehrten Verhältnis zur Größe der Flügelplatten.

Die ebenfalls sowohl bei Gewichtstriebwerken als auch bei Federtriebwerken zur Anwendung kommende Hemmung besteht nach Abb. 90 aus dem auf einer Achse des Triebwerkes sitzenden Steigrad *n*, dem schwingend bewegten und mit dem Steigrad zusammenarbeitenden Hemmer *o* und einem die Schwingungszahl des Hemmers bestimmenden Pendel *p*. Letzteres ist entweder ein durch ein kugliges oder linsenförmiges Gewicht $q$ beschwertes ebenes Stabpendel oder, insbesondere bei kleinen Triebwerken, z. B. Taschenuhren, ein Federpendel. Das Letztere, die sog. Unruhe, besteht aus einer spiralig gewundenen Stahlfeder, die einerseits an der Achse eines Schwungrädchens (die Belastung des Pendels), andererseits an dem Gestell des Schwungradlagers befestigt ist. Die meist veränderlich einstellbare Länge des Pendelstabes oder der Pendelfeder bestimmt die Schwingungsdauer des Pendels, also auch die Länge und Anzahl der in der Zeiteinheit erfolgenden Unterbrechungen des Triebwerkablaufes, deren bei Uhren in der Regel 1 bis 3 in 1 Sek. gezählt werden. Der Hemmer nimmt an der Schwingung des Pendels teil. Er greift am Ende jeder halben Schwingung derart in die Verzahnung des Steigrades ein, daß die durch das Gewicht oder die Feder dem Rade mitgeteilte Drehung bis zum Rückschwingen des Pendels auf kurze Zeit unterbrochen wird. Am Beginn des Zurückschwingens gibt der Druck, der bei dem Abgleiten des Steigradzahnes auf eine Schrägfläche des Hemmers ausgeübt wird, dem Pendel einen kleinen Antrieb, so daß es bei dem Zurückschwingen stets einen gleichgroßen Schwingungsbogen durchläuft. Die Größe dieses Antriebes wird dem Zweck des Triebwerkes entsprechend gewählt, bei feinen Taschenuhren ist dieselbe meist verschwindend klein. Nach der Gestaltung des Hemmers, durch welche auch die Zahnform des Steigrades bedingt ist, werden verschiedene Hemmungsarten unterschieden. Unter ihnen sind der aus dem Jahre 1680 stammende Hakengang (Abb. 90) sowie die Spindel-, Zylinder- und Ankerhemmung (1715) die gebräuchlichsten.

## C. Die Umsetzung mechanischer Arbeit in elektrische Energie.

### 1. Die dynamoelektrische Maschine.

Die Entdeckung des Elektromagnetismus, also der magnetisierenden Wirkung des elektrischen Stromes durch *Arago* 1824 und die der magnetelektrischen Induktion, das ist der Erregung elektrischer Ströme durch magnetische Kraftwirkungen, durch *Faraday* 1831, bilden die Grundlagen der heutigen, auf dem Verbrauch von mechanischer Arbeit beruhenden Erzeugung elektrischen Stromes. *Werner Siemens* verknüpfte die beiden Erscheinungen auf Grund des von ihm 1867 aufgestellten elektrodynamischen Prinzipes, nach welchem eine gegenseitige Steigerung der beiden Erscheinungen eintritt, wenn der in einem geschlossenen Stromkreis durch magnetische Kraftwirkungen erregte elektrische Strom zur Steigerung dieser Kraftwirkungen und umgekehrt diese gesteigerten magnetischen Kräfte zur Verstärkung des durch sie erzeugten elektrischen Stromes in vielfacher Aufeinanderfolge Benutzung findet[1]. Den Ausgang der Umsetzung bildet hierbei

[1] Hier sei vergleichsweise an den ähnlichen Vorgang erinnert, der sich in den Regenerativ-Gasfeuerungen von *Friedrich Siemens* vollzieht, wo die abwechselnde Leitung der heißen Abgase und der kalten Brenngase nebst der Verbrennungsluft durch mit Steingittern gefüllte Kammern (Regeneratoren) zur Steigerung der Ofentemperatur bis zur Stahlschmelzhitze (1500°) führt.

die geringe magnetische Kraft, die das weiche Eisen eines vom Strom umflossenen Elektromagneten auch nach dem Wegfall des Erregerstromes zurückzuhalten vermag und die als remanenter Magnetismus bezeichnet zu werden pflegt.

Den geschlossenen Stromkreis bildet ein metallischer Leiter. Wird dieser unter Aufwand von mechanischer Arbeit durch das Kraftlinienfeld eines Elektromagneten geführt, so wird in ihm ein elektrischer Strom erregt.

Die Wechselwirkung des Magneten ($m$ der Abb. 92) und des vom Strom durchflossenen Leiters ($l$) wird bei den auf der Anwendung des beschriebenen Steigerungsvorganges beruhenden Stromerzeugern, den dynamoelektrischen Maschinen, Dynamomaschinen oder Generatoren, durch einen Rotationskörper, den Anker ($a$), vermittelt, der aus dünnen, nicht härtbaren Eisenblechscheiben zusammengesetzt (geblättert) ist und innerhalb des magnetischen Feldes des Magneten drehbar lagert. Ihn umhüllt eine Vielzahl die Elektrizität gut leitender Metalldrähte (Kupfer oder Aluminium), die in allgemeinen Schraubenlinien verlaufen und die Ankerwickelungen bilden. Die Drähte sind mit einem isolierenden Stoffe (Guttapercha, Seide) umhüllt und enden in einem zylindrisch gestalteten Übertrager ($k$), dem Kollektor bzw. Kommutator, der mit dem Anker verbunden ist. Auf diesem bei der Drehung des Ankers gleitende Abnehmer ($b$) aus Kupfer oder Kohle, die Bürsten, schließen den aus einem ringförmig verlaufenden Leitungsdraht ($l$) gebildeten Stromkreis an die Ankerwickelungen an. Die Drehachse ($d$) des Ankers fällt mit dessen geometrischer Achse zusammen und ist normal zu dem Kraftlinienfeld gerichtet, das sich zwischen dem Nord- und Südpol ($N$, $S$) des Magneten ausbreitet, so daß die Ankerwickelungen bei dem Umlauf des Ankers die Kraftlinien durchschneiden. Die hierbei auftretenden widerstehenden Kräfte hat die auf den Anker wirkende Drehkraft zu überwinden, sie bestimmen den für den Umtrieb des Ankers erforderlichen Aufwand an mechanischer Arbeit.

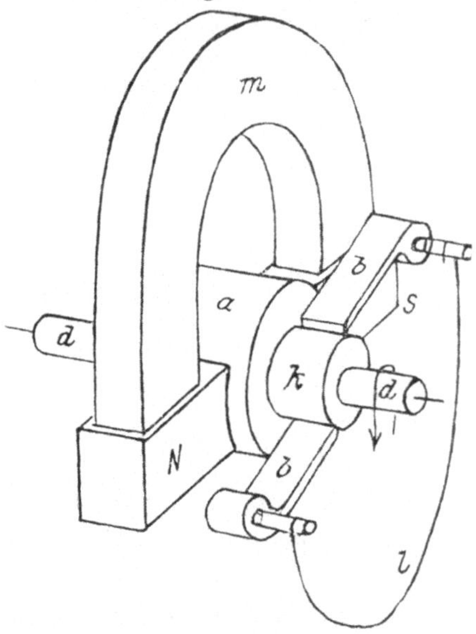

Abb. 92. Vorbild der Dynamomaschine.

### a) Die Wechselstrommaschinen.

Die durch Induktion erzeugten elektrischen Ströme sind Wechselströme. Der Eintritt eines Leiters in ein magnetisches Feld ist gleich wie sein Austritt aus demselben mit dem Entstehen elektrischer Strömungen verbunden, die in dem Leiter in entgegengesetzten Richtungen verlaufen und bei der Kürze ihres Auftretens als Stromstöße bezeichnet werden. Zwei aufeinanderfolgende Stromstöße werden eine Periode genannt. Die Zahl der Perioden oder Stromwechsel in 1 Sek. heißt Frequenz. Die Wechselströme erzeugenden Wechselstrommaschinen sind zwei- oder mehrphasig, je nachdem das magnetische Kraftlinienfeld zwei oder mehr als zwei Magnetpolen entstammt; sie sind ein- oder mehrphasig, je nachdem einer Umdrehung des Ankers zwei oder mehr Stromstöße oder Perioden entsprechen. Dreiphasige Wechselströme liefernde Maschinen werden Drehstrommaschinen genannt. Aus den Abb. 94, 95 sind in schematischer Darstellung die Anordnungen zweier einphasiger aber zwei- bzw. sechspoliger Wechselstrommaschinen zu ersehen. Die Abb. 96 gibt in gleicher Weise die Anordnung einer zweiphasigen und zweipoligen Maschine wieder. In den Figuren bezeichnen *S* und *N* den Süd- und Nordpol des Elektromagneten. *A* den Ankerumfang, der die Wickelungen *a* trägt. Die Enden dieser sind an die gegeneinander isolierten Übertragringe *c*, den Kollektor, angeschlossen, auf denen bei der Drehung des Ankers die Bürsten *b*, d. h. die Enden des festliegenden Leiters *L* gleiten, der den Stromkreis *K* bildet.

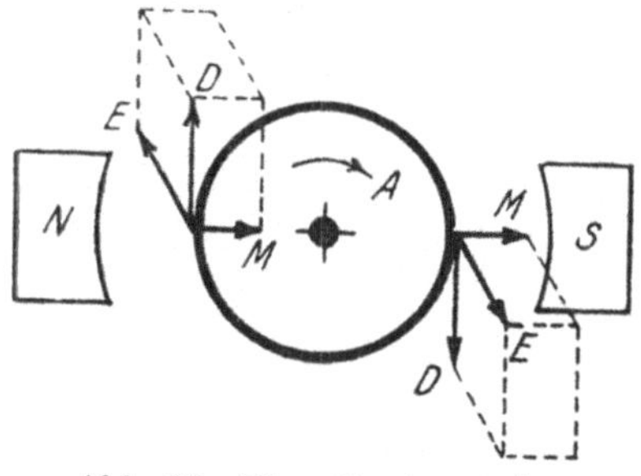

Abb. 93. Koordinatenregel.

Zur Ermittelung der Richtung, in welcher der elektrische Strom bei dem Umlauf des Ankers die Ankerwickelungen durchfließt, kann ein räumliches Koordinatenkreuz nach Abb. 93 dienen, in dem (unter Berücksichtigung des Pfeiles)

die *M*-Achse die Fließrichtung des magnetischen Stromes,
die *D*-Achse die Drehrichtung des Ankers und
die *E*-Achse die Fließrichtung des elektrischen Stromes

bedeutet.

Liegen die Achsen *M* und *D* in einer senkrechten Ebene und ist *D* am Nordpol *N* nach oben gerichtet, d. h. dreht sich der Anker *A* in der Richtung des Uhrzeigerumlaufes, so ist auf Grund der Schwimmerregel von *Ampère* die *E*-Achse nach rückwärts gewendet. Die Pfeilspitze dieser Achse zeigt dann an, daß der elektrische Strom von der Vorderseite des Ankerringes nach dessen Rückseite fließt. In der gleichen Weise ergibt sich, daß bei dem Vorüberstreichen der Wickelung am Südpol (*S*) des Magneten, wo die Drehrichtung des Ankers nach abwärts weist, die Strömung in der Ankerwickelung nach der Vorderseite des Ankers gerichtet ist.

Die Anwendung dieser Betrachtungen auf die zweipolige Einphasenmaschine (Abb. 94) ergibt, daß der in der Ankerwickelung *a* vor dem Nordpol erregte Induktionsstrom, weil nach hinten fließend, in den Schleifring $c_1$ des Kollektors eintritt und nach dem Durchlaufen des Stromkreises *K* in der Richtung des Pfeiles → über den Schleifring $c_2$ in die Wickelung zurückkehrt.

In gleicher Weise ergibt sich, daß der bei dem Vorüberstreichen der Ankerwickelung am Südpol (durch Strichlinie angedeutet) in dieser erregte Induktionstrom, und demgemäß auch der Strom im Stromkreis, der durch die Pfeile o→ angedeuteten Richtung folgt.

Beachtet man ferner, daß die Stärke des Stromes bei dem Umlauf des Ankers mit der Zahl der von der Ankerwickelung durchschnittenen magne-

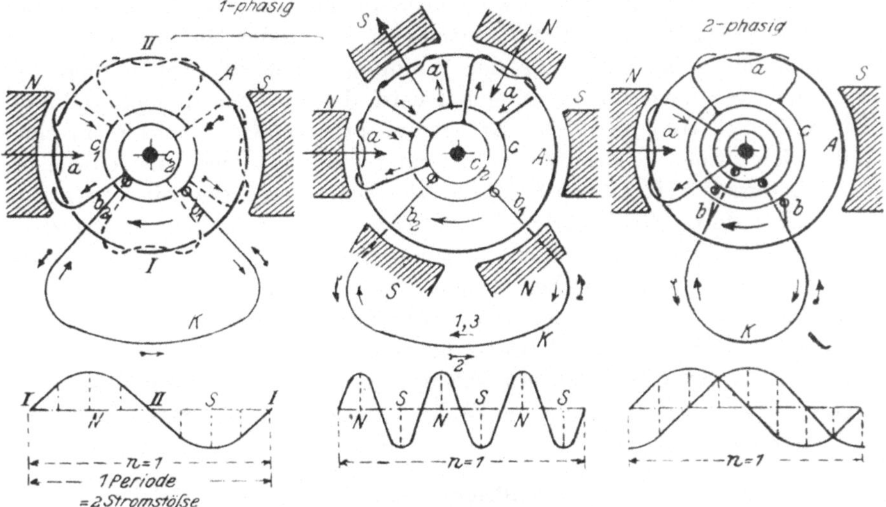


Abb. 94—96. Zwei- und mehrpolige Wechselstrommaschinen.

tischen Kraftlinien zunehmen muß, so ergibt sich die Folgerung, daß die Stromstärke in den Wickelungsstellungen I und II einen Mindestwert, in den Stellungen *N* und *S* einen Höchstwert erreicht, was seinen Ausdruck in einer aus der Abb. 94 zu ersehenden Kurve findet.

Die gleichen Betrachtungen gelten für die sechspolige Maschine (Abb. 95), bei der die Wechselfolge der Magnetpole *NS NS* . . . zu beachten ist, sowie für die zweiphasige Maschine (Abb. 96). Für Kraftwerke schwankt die Periodenzahl etwa zwischen 13 und 25, die Zahl der Stromwechsel in einer Sekunde zwischen 100 bis 250.

### b) Die Umformer.

Der einfache Bau sowie die leichte Isolierbarkeit der Ankerwickelungen macht die Wechselstrommaschine insbesondere für die Erzeugung hochgespannter Ströme geeignet, die dann in besonderen Einrichtungen, den Umformern oder Transformatoren, durch Ausnutzung des Vorganges der Induktion beliebig abgeschwächt, aber auch noch weiter verstärkt werden können.

Diese Einrichtungen bestehen nach Art der Induktionsapparate aus zwei benachbart liegenden oder sich umhüllenden Drahtspulen, die entweder einen Weicheisenkern umschließen: Kerntransformatoren, oder von einem Weicheisenmantel umschlossen werden: Manteltransformatoren. Die eine der beiden Spulen wird durch wenige Windungen eines starken, die andere durch viele Windungen eines dünnen Kupferdrahtes gebildet. Es stehen hierbei die Widerstände in den beiden Spulen sowie die Spannungen der die beiden Spulen durchfließenden Wechselströme im geraden, die Stromstärken infolge gleicher Arbeitsfähigkeit der beiden Ströme im umgekehrten Verhältnis der Windungszahlen.

Von derartigen Umformern wird insbesondere bei der Fernleitung elektrischer Wechselströme Gebrauch gemacht, indem der Maschinenstrom zur Erzeugung eines im Verhältnis der Windungszahlen der Spulen höher gespannten Induktionsstromes verwendet wird, der auf einer dünnen und daher billigen Drahtleitung in die Ferne geleitet und am Gebrauchsort in einem zweiten Umformer wieder zur Induzierung eines Stromes von schwächerer elektromotorischer Kraft, aber nahezu gleicher Arbeitsfähigkeit Verwendung findet. Der durch Stromwärme, Wirbelströme und molekulare Vorgänge im Eisen des Umformers verursachte Arbeitsverlust schwankt je nach der Größe des Umformers etwa zwischen 2 und 6 vH der Arbeitsfähigkeit des Maschinenstromes. Um das Entstehen von Wirbelströmen einzuschränken, wird der Kern bzw. Mantel der Transformatoren in der gleichen Weise wie der Anker der Dynamomaschinen aus 0,3 bis 0,5 mm dicken, durch einen Lacküberzug oder zwischenliegende Seidenpapierblätter isolierte Eisenblechscheiben zusammengesetzt.

### c) Die Gleichstrommaschine.

Werden nach jeder halben Umdrehung des Ankers einer zweipoligen und einphasigen Wechselstrommaschine (Abb. 94) die auf dem Kollektor schleifen-

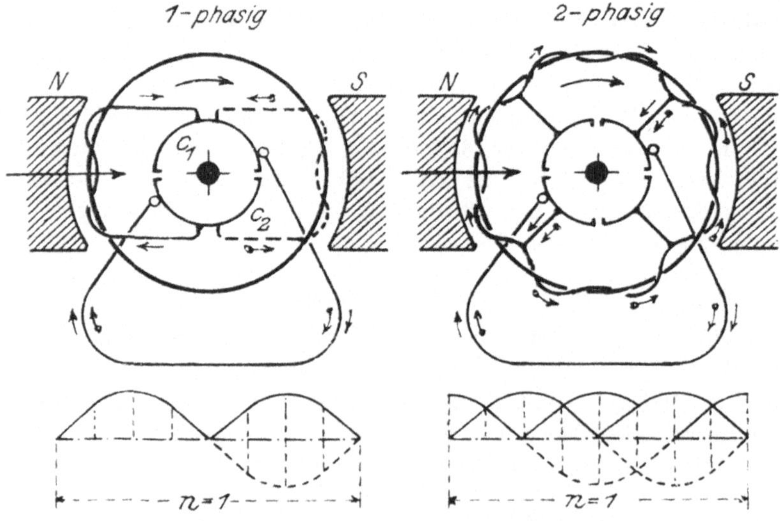


Abb. 97 u. 98. Gleichstrommaschinen.

den Abnehmer derart vertauscht, daß bei dem Durchlaufen des Bogens I bis II die Abnehmer $b_1$ und $b_2$ auf den Kollektorringen $c_1$ und $c_2$, beim Durchlaufen des Bogens II bis I aber $b_1$ auf dem Ringe $c_2$, $b_2$ auf dem Ringe $c_1$ schleifen, so wechseln beim Umlauf des Ankers die aufeinanderfolgenden Stromstöße die Richtung nicht. Die Maschine wird zur Gleichstrommaschine.

Die Elektrotechnik hat die Aufgabe, dauernd einen gleichgerichteten Strom zu erzeugen, dadurch gelöst, daß, wie aus Abb. 97 zu ersehen, die benachbart liegenden und der gleichen Ankerwickelung (Spule) zugehörenden Kollektorringe halbiert und die Hälften $c_1$ und $c_2$ so gegeneinander versetzt sind, daß sie sich zum vollen Ringe ergänzen. Nur an den Stellen des Zusammentreffens werden sie durch dünne Einlagen eines isolierenden Stoffes, z. B. Glimmer oder Preßspan, getrennt gehalten. Der Kollektor wird hierdurch zum Stromwender oder Kommutator. Hierbei werden die den Strom abnehmenden und in den äußeren Stromkreis überleitenden Schleiffedern oder Bürsten sich gegenüberliegend so angeordnet, daß dauernd eine jede Hälfte des Stromwenders von einer der Bürsten berührt wird. Bei mehrphasigen Gleichstrommaschinen (Abb. 98) ist die Zahl der metallischen Stromwenderteile (Lamellen) gleich der Anzahl der einzelnen Ankerwickelungen (Spulen), und es werden je zwei benachbart liegende Spulen mit je einer der Lamellen verbunden. In Gleichstrommaschinen erreicht die Spannung des erzeugten Stromes bei 1500 bis 2000 Volt praktisch ihre Grenze.

Der elektrische Strom, der bei dem Durchkreuzen der magnetischen Kraftlinien in den Ankerwickelungen induziert wird und in den Stromkreis übergeht, dient bei Gleichstrommaschinen, dem dynamoelektrischen Prinzip entsprechend, gleichzeitig zur Erregung des mit dem Anker in Wechselwirkung stehenden Elektromagneten. Für Wechselstrommaschinen wird der zum Erreger der Feldmagnete erforderliche Strom entweder einer Gleichstrommaschine entnommen oder er wird durch Überführen eines Teiles des Wechselstromes in Gleichstrom erhalten. Auch werden bei ihnen die Elektromagnete durch Stahlmagnete ersetzt, die der besonderen Erregung nicht bedürfen.

Je nachdem die Wickelung des Elektromagneten einer Gleichstrommaschine nach Abb. 99 in den Hauptstromkreis ($k_h$) oder nach Abb. 100 in einen von diesem abgezweigten Nebenstromkreis ($k_n$) eingeschaltet ist, wird die Reihenschaltung und die Nebenschlußschaltung, bzw. werden Hauptstrommaschinen und Nebenschlußmaschinen unterschieden. Die gleichzeitige Anwendung der beiden Schaltungsweisen führt zu der Verbundschaltung bzw. zu der Verbundmaschine (Abb. 101). Hiernach wird bei der Hauptstrommaschine der ganze in der Maschine erzeugte Strom vor dem Übertritt in den Hauptstromkreis durch die Drahtwickelung des Elektromagneten geleitet. Die Stärke des Stromes hängt dabei von der Zahl der in der Zeiteinheit von den Ankerwickelungen durchschnittenen magnetischen Kraftlinien, also von der Drehzahl des Ankers ab. Für eine gegebene Maschine ist somit die Gleicherhaltung der Stromstärke an die Gleicherhaltung des Ankerumlaufes gebunden. Eine Änderung der diesen bewirkenden Arbeitsgröße hat auf Grund der Beziehung $W = EJ$ (S. 9) die Änderung der elektromotorischen Kraft oder der Spannung des Stromes zur Folge.

Im Gegensatz hierzu fließt bei der Nebenschlußmaschine der Hauptteil des Stromes unmittelbar dem Hauptstromkreis zu, und es umkreist nur der Rest des Stromes die Schenkel des Magneten (Abb. 100). Durch Einschalten eines Widerstandes oder Spannungsreglers $w$, dessen Wirkung von Hand oder

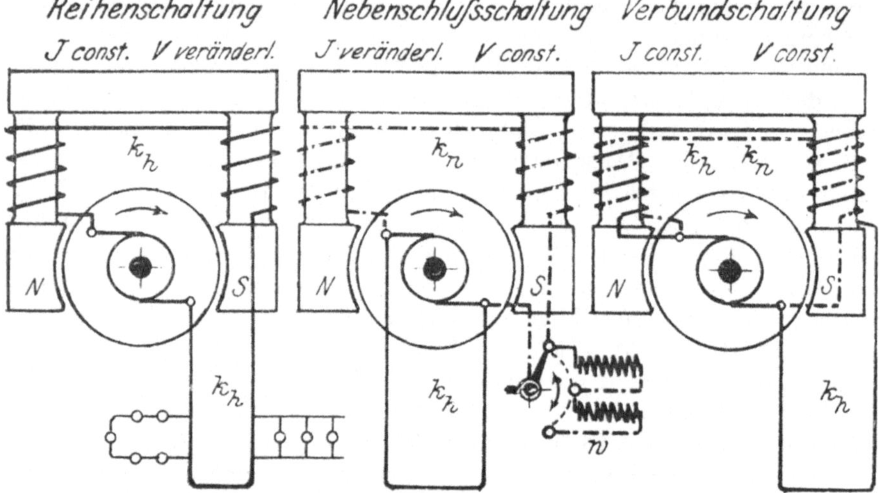


Abb. 99—101. Schaltungsarten der Dynamomaschine.

durch die Maschine selbsttätig beeinflußt wird, wird die Stärke der Magneterregung und als Folge hiervon auch die Stärke des den Hauptstromkreis durchfließenden nutzbaren Stromes in beliebigen Grenzen verändert, während die elektromotorische Kraft des Stromes in der ursprünglichen Größe erhalten bleibt. Somit wird für einen gegebenen Stromerzeuger (Dynamomaschine) die Spannung des erzeugten Stromes durch die Stärke des magnetischen Feldes, die Anzahl der Ankerwickelungen und die Drehzahl des Ankers bestimmt.

## 2. Die Aufspeicherung von elektrischer Energie.

Zur Aufspeicherung von elektrischer Arbeit dienen elektrolytische Apparate oder Akkumulatoren, in denen Gleichstrom zur Zersetzung von mit Schwefelsäure angesäuertem Wasser benutzt wird.

In der schematischen Skizze (Abb. 102) einer Akkumulatoranlage sind die Elektroden des Akkumulators mit $E_1$ und $E_2$ bezeichnet. Sie bestehen aus Bleiplatten, tauchen in das ein Gefäß füllende angesäuerte Wasser ein und sind außerhalb des Gefäßes durch einen metallenen Leiter oder Stromkreis $K$ verbunden. Durch entsprechende Einstellung der beiden Weichen $w_1$ $w_2$ kann entweder die Dynamomaschine $D$ (Abb. 102, I) oder der Elektromotor $M$ (Abb. 102, II) oder können beide Maschinen gleichzeitig in den Stromkreis eingeschaltet werden. In dem ersten Fall findet die Speisung des Akkumulators und die Aufspeicherung der zugeführten Elektrizität statt; im zweiten Fall liefert der Akkumulator den Strom für den Betrieb des Motors und im dritten Fall tritt Stromaufnahme und Stromabgabe durch den Akkumulator gleichzeitig ein. Während der Stromspeicherung liefert die von einer beliebig wählbaren Kraftmaschine *B* betriebene Dynamomaschine *D* einen Strom, der vom — Pol der Maschine ausgehend den Leiter *K* durchfließt, von der Elektrode $E_2$ auf die Elektrode $E_1$ durch die Flüssigkeit übertragen wird und am

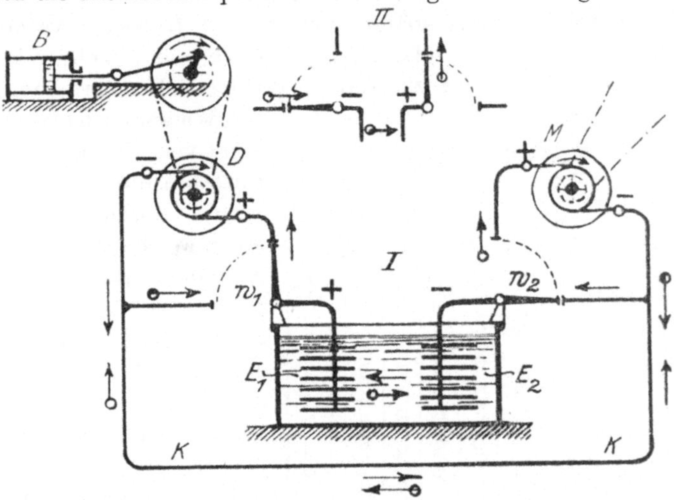


Abb. 102. Akkumulator, die Wechselwirkung von Dynamo und Motor vermittelnd.

+ Pol wieder in die Dynamomaschine eintritt. Tragen am Beginn des Speisens beide Elektroden schon einen Überzug von Bleioxyd (PbO), so tritt infolge der Zerlegung des Elektrolyten und der damit verbundenen Wasserstoffentwickelung am negativen Pol $E_2$ (Kathode) sowie der Sauerstoffentwickelung am positiven Pol $E_1$ (Anode), die Umpolarisierung der beiden Elektroden ein. An $E_2$ wird metallisches Blei in Form von Bleischwamm ausgeschieden und der Bleioxydüberzug von $E_1$ wird durch Aufnahme von Sauerstoff in Bleisuperoxyd ($PbO_2$) umgewandelt. Die Ausschaltung der Dynamomaschine und Einbeziehung des Elektromotors *M* in den Stromkreis durch Einstellung der Stromweichen gemäß Abb. 102, II, ruft daher als Folge der Umpolarisierung im Stromkreis *K* eine elektrische Strömung hervor, die zu dem Ladestrom entgegengesetzt gerichtet ist. Dabei kreist der Strom durch die Wicklung des Ankers und des Polmagneten des Motors und wird bei dem Umlauf des Ankers solange in mechanische Arbeit umgesetzt, bis die beiden Elektroden des Akkumulators sich wieder mit Bleioxyd, bzw. durch Aufnahme von Schwefelsäure mit Bleisulfat ($PbOSO_3$) bedeckt haben und damit der zwischen den beiden Polen bestandene Spannungsunterschied verschwunden ist. Erst eine erneute Ladung des Akkumulators führt zur Fortsetzung der Stromabgabe an den Motor. Der Dauerbetrieb des letzteren erfordert auch die dauernde Einschaltung der Dynamomaschine, so daß diese den vom Motor bezogenen Strom immer wieder ersetzt. Dabei erfüllt der Akkumulator seine eigentliche Aufgabe: Unregelmäßigkeiten des Stromverbrauches bei wechselnder Arbeitsabgabe des Motors auszugleichen, bzw.

einen Überschuß von Strom für andere Zwecke des Betriebes (z. B. Beleuchtung) aufzuspeichern.

Der neu aufgeladene Akkumulator besitzt eine elektromotorische Kraft von etwa 2 Volt. Ihre weitere Steigerung ist mit dem Auftreten von Gasblasen an der Anode, etwas später auch an der Kathode, verbunden, ein Zeichen, daß die zugeführte elektrische Energie nicht mehr vollständig in chemische Energie umgesetzt zu werden vermag. Bei stärkerem Auftreten der Wasserstoffentwickelung am negativen Pol findet daher die Unterbrechung des Ladevorganges durch Umstellung der Stromweiche statt. Während des Entladens nimmt die elektromotorische Kraft des Akkumulators allmählich ab. Es wird in der Regel bis zu einer Senkung der Spannung auf 1,8 Volt fortgeführt und hierauf die Neuladung bewirkt. Die hierbei unter Aufrechterhaltung der größten Leistungsfähigkeit des Stromes erhaltene **Strommenge**, das ist das in Ampèrestunden ausgedrückte Produkt aus Stromstärke und Zeit, wird die **Kapazität** des Akkumulators genannt. Sie wird durch Verminderung der auf die Flächeneinheit der Plattenoberfläche bezogenenStromstärke oder der **Stromdichte** erhöht, die bei dem Entladestrom zu etwa 1 Ampère, bei dem Ladestrom zu etwa 0,8 Ampère für 1 qdcm angenommen zu werden pflegt. Die Energiemenge, das ist das Produkt aus Strommenge und elektromotorischer Kraft, die ein Akkumulator aufzunehmen vermag, ist der Oberfläche der Elektroden proportional und wächst daher mit deren Vergrößerung. Die zulässige Dauer der Stromabgabe wird durch die Menge des auf der Anode abgelagerten Bleisuperoxydes bestimmt.

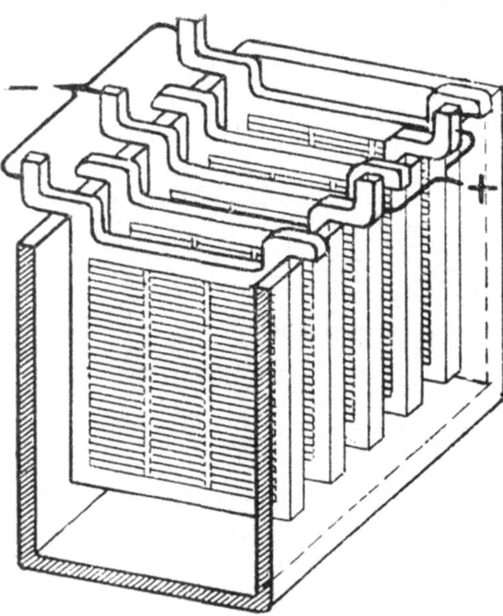

Abb. 103. Akkumulator.

Um die Dauer des Entladens zu vergrößern werden die Elektroden als Gitterplatten ausgeführt und die Durchbrechungen mit einem Gemisch verschiedener Bleioxyde (Mennige) gefüllt, die nach dem Einsetzen der Platten in den Akkumulator und Durchleiten eines Stromes am positiven Pol in Bleisuperoxyd, am negativen Pol in metallischen Bleischwamm umgewandelt werden, ein Vorgang, den man nach *Faure* das Formieren der Elektroden zu benennen pflegt. Die Platten besitzen Rechteckform (Abb. 103) und werden mittels hakenförmig gestalteter Arme am oberen Plattenrand in Gefäße oder **Zellen** aus Glas, Hartgummi oder Holz mit Bleifütterung so eingehangen, daß sie sich nicht berühren und die Gitterflächen einander zu wenden. Die positiven Platten wechseln mit den negativen ab, so daß stets eine positive Platte zwischen zwei negativen liegt. Die Tragarme dienen zugleich zur gegenseitigen Verbindung der gleichpoligen Platten einer Zelle, wodurch diese einen + Pol und einen — Pol erhält. Durch Zusammenschluß mehrerer Zellen entsteht die Akkumulatorenbatterie. Das Aneinanderreihen der gleichnamigen Pole (Schaltung auf Stromstärke Abb. 104, I) führt zur Steigerung der Stromstärke im Verhältnis der Zellenzahl, der abwechselnde Zusammenschluß der verschiedenartigen Pole benachbarter Zellen (Schaltung auf Spannung, Abb. 104, II) zur Steigerung der elektromotorischen Kraft des zur Abgabe gelangenden Stromes. Der Wirkungsgrad der Akkumulatoren, das ist das Verhältnis zwischen der bei dem Entladen gewonnenen elektrischen Energie zu der bei dem Laden dem Akkumulator zugeführten, schwankt etwa zwischen 0,75 und 0,90.

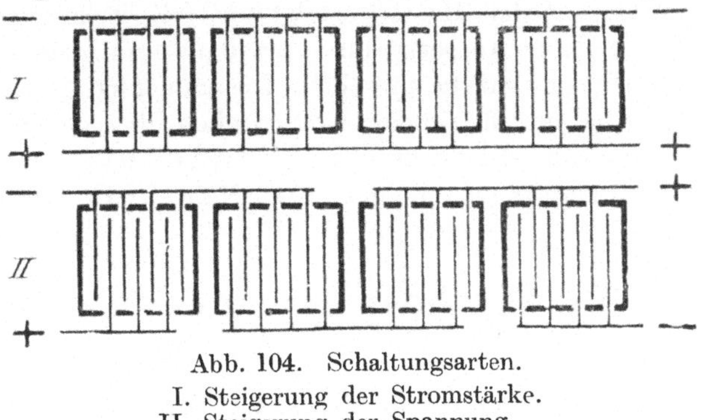

Abb. 104. Schaltungsarten.
I. Steigerung der Stromstärke.
II. Steigerung der Spannung.

### c. Die Fernleitung des elektrischen Stromes.

Die Fernleitung des elektrischen Stromes erfolgt je nach dessen Spannung mittels Drähten aus Kupfer oder Aluminium oder aus solchen hergestellten Seilen, die entweder auf Stützen ruhend in der Luft freiliegend ausgespannt oder unterirdisch verlegt werden. Die Leitungen sind entweder blank, besitzen also eine metallische Oberfläche oder sie sind mit einer Isolierschicht umhüllt. Hohe Spannung bei geringer Stromstärke bedingt schwache Leitungsdrähte und führt daher zur Verbilligung der Leitung. „Die Leitung hochgespannter Elektrizität (Spannung 2000 Volt) mittels dünner Drähte wurde zuerst 1882 von dem Franzosen *Deprez* während der Münchner Elektrizitäts-Ausstellung zur Ausführung gebracht. Die 50 km lange Leitung bestand aus einem Paar eiserner Telegraphendrähte und übertrug die Arbeit von 2 PS. Diesem ersten Versuche folgte 1891 *Ferranti* in London mit der Leitung eines Stromes von 10 000 Volt zwischen Deptford und London. Besonderes Interesse erweckte zur Zeit der Frankfurter Elektrizitäts-Ausstellung die von der Allgemeinen Elektrizitäts-Gesellschaft in Berlin und der Maschinenfabrik Oerlikon eingerichtete Stromleitung (Kraftübertragung) von Lauffen a. N. bis Frankfurt a. M., durch welche bei Spannungen von 10 000 bis 30 000 Volt eine Leistung von 300 PS übertragen wurde. Gegen Ende der Frankfurter Ausstellung gelang es *Siemens & Halske* in Berlin Ströme von 45 bis 48 000 Volt in die Ferne zu leiten, während *Swinburne* in London (1892) die Spannung des geleiteten Stromes auf 130 000 Volt zu steigern vermochte."[1]

Zum Tragen der Luftleitungen dienen eiserne Gittermasten oder nach dem Schleuderverfahren hergestellte Masten aus Eisenbeton[2], deren Höhe der Bodengestalt und damit im Zusammenhang, dem Freihang der Leitungsteile entsprechend bestimmt wird und deren Tragfähigkeit der Zahl und dem Gewicht der einzelnen Leitungen entspricht. Die Auflagerung der Leitungsdrähte auf den Masten erfolgt unter Zwischenfügung von meist glockenförmigen Isolierkörpern aus Porzellan. Blitzschutzeinrichtungen sichern die Freileitung und die mit ihr in Zusammenhang stehenden Maschinen und Anlagen gegen Blitzschlag, vornehmlich aber gegen elektrostatische Ladungen der Leitung durch die atmosphärische Elektrizität bzw. gegen das Auftreten von Induktionsströmen bei in der Nähe der Leitung auftretenden Blitzschlägen.

# VI. Die Ausnutzung der Triebstoffe in Kraftmaschinen.

Die Aufgabe dieses Teiles der Vorlesungen ist, die Verwertung der verschiedenen Energieformen in den Kraftmaschinen zu verfolgen und diese selbst nach Wesen und grundsätzlicher Einrichtung zu schildern.

Maschinen, welche der Umsetzung von Energie in mechanische Arbeit dienen und diese Arbeit für die Zwecke nützlicher Werkerzeugung bereit stellen, werden Kraftmaschinen, Betriebsmaschinen, Umtriebmaschinen oder Motoren genannt. Nach der Art bzw. der Gestaltung des Triebzeuges, das die Wechselwirkung zwischen dem Energieträger oder Triebstoff und der Kraftmaschine vermittelt, ergeben sich zwei Klassen von Kraftmaschinen: Radkraftmaschinen und Kolbenkraftmaschinen. Jede dieser Klassen zerfällt entsprechend der Verschiedenartigkeit der in ihr zur Benutzung kommenden Treibmittel in eine Anzahl Gattungen, zu deren Kennzeichnung es üblich ist, die Benennung des Treibmittels auch auf die Maschine zu übertragen. Es werden demgemäß Wasserkraftmaschinen, Luftkraftmaschinen, Dampfkraftmaschinen, Gaskraftmaschinen und Elektromotoren unterschieden.

Nach dem im ersten Teil der Vorlesungen Ausgeführten ist die Allgemeinverwendbarkeit einer Kraftmaschine an die Erzeugung einer drehenden Bewegung des Endgliedes der Maschine gebunden. Durch sie wird nicht nur die Angliederung an die zu betreibenden Werkmaschinen erleichtert, sondern auch, wenn erforderlich, die Umsetzung in eine andere Bewegungsform unschwer ermöglicht.

In dieser Hinsicht sind die Radmaschinen den Kolbenmaschinen gegenüber baulich im Vorteil. Bei ihnen besitzt das Triebzeug bereits die erwünschte Drehbewegung, während der wiederholte Hin- und Rücklauf des die Arbeit

[1] Ztschr. d. V. d. I. 1891, S. 1259; 1892, S. 1155.

[2] *H. Fischer*, Hohlmasten aus Eisenbeton. Ztschr. d. V. d. I. 1914, S. 1260.

aufnehmenden Kolbens der Kolbenkraftmaschinen die Einschaltung eines Getriebes erfordert, das die Bewegungsform abzuändern und die aus den abwechselnd auftretenden Massenverzögerungen und Massenbeschleunigungen hervorgehende Ungleichförmigkeit der Bewegung auszugleichen geeignet ist. Schon hieraus ergibt sich für die Radkraftmaschine im allgemeinen eine größere Einfachheit der baulichen Gestaltung gegenüber der Kolbenkraftmaschine. Auch spricht für die Radmaschine die dauernd gleichgerichtete Einwirkung des Triebstoffes auf das radförmige Triebzeug. Diesem gegenüber verlangt der in steter Folge wiederkehrende Richtungswechsel der Kolbenbewegung auch den gleichen Richtungswechsel der Einwirkung des Triebstoffes und die mechanische Regelung dieser Einwirkung durch ein meist nicht einfaches Steuergetriebe. Beachtet man ferner, daß die Einfachheit der mechanischen Verhältnisse bei den Radmaschinen unschwer mit einer zweckmäßigen Ausnutzung der Arbeitsfähigkeit des Treibmittels und dadurch mit einem hohen Wirkungsgrad der Maschine verbunden werden kann, so versteht man das Bestreben, die früher allein für die Ausnutzung von Wasser- und Luftkräften verwendete Radmaschine auch für andere Triebstoffe, insbesondere Dampf und Gas, geeignet zu gestalten.

## A. Die Radkraftmaschinen.

Schon der Name weist darauf hin, daß der vornehmlichste Bauteil dieser Klasse der Kraftmaschinen ein radförmig, also im allgemeinen kreiszylindrisch gestalteter Körper ist, der sich unter dem Einwirken des Treibmittels um seine geometrische Achse dreht. Um hierbei ein möglichst großes Drehmoment zu erzielen, ist es mechanisch begründet, die Einwirkung des Treibmittels an den Umfang des Rades oder doch in tunlichste Nähe desselben zu verlegen und den Radkranz zum Triebzeug auszugestalten. Die Stützung des Radkranzes im Raum geschieht durch eine Achse oder Welle, die in Lagern eines Gehäuses ruht, das das Rad entweder ganz oder nur teilweise umschließt. Auf ihr sitzt die ein- oder mehrteilige Nabe (Rosette) des Rades, die durch Vermittelung einer Scheibe, steifer Arme oder von Spannstangen mit dem Radkranz verbunden ist. Bei Scheiben- und Armrädern dient die Achse in der Regel zur Überleitung der Drehbewegung auf das Getriebe der Werkmaschinen und trägt hierfür außerhalb der Lagerstellen die erforderlichen Zahnräder, Riemen- oder Seilscheiben. Die Unsteifheit der Spannstangen bedingt, daß bei den mit diesen ausgerüsteten meist größeren Rädern die Abnahme der Arbeit unmittelbar am Radkranz erfolgt. Je nachdem die Radachse wagrecht oder senkrecht, die Radebene daher entsprechend senkrecht oder wagrecht gerichtet ist, werden die Räder der Radmaschinen in stehende und liegende Räder eingeteilt. Das Gehäuse umschließt das Rad entweder ohne es zu berühren, so daß sich das Rad frei in ihm drehen kann, oder es schmiegt sich bei der Benutzung flüssiger Treibmittel flüssigkeitsdicht an das Rad an (Kapselräder). Im ersteren Falle dient das Gehäuse nur zum Zusammenhalten bzw. zum Zuführen und Einleiten des Treibmittels in das

Rad, in letzterem Falle, in dem die Spannung oder Pressung des Treibmittels zur Ausnutzung gelangt, dient es zur Erhaltung dieser während der Einwirkung auf das Rad. Dabei schließt das Gehäuse zuweilen auch zwei oder mehr Räder ein, die in gegenseitiger Zusammenarbeit stehen.

Die Ausgestaltung des Radkranzes als Triebzeug ist durch die Art des Treibmittels bzw. die Energieform bestimmt, die diesem eigen. Bei flüssigen Treibmitteln kommt sowohl die Lagenenergie als die Strömenergie in Betracht. Für die Ausnutzung der ersteren werden am Umfang des Rades taschenförmige Gefäße, sog. Zellen oder Kübel gleichmäßig verteilt angeordnet, welche die Flüssigkeit aufnehmen und während ihres Herabsinkens in eine tiefere Lage tragen, also an der Sinkbewegung der Flüssigkeit teilnehmen und hierdurch die Drehung des Rades veranlassen: Zellenräder, Kübelräder. Strömender Flüssigkeit wird die Energie mit Hilfe ebener oder gekrümmter Platten, sog. Schaufeln, entzogen, die den Radkörper in gleichmäßiger Verteilung umgeben und der an ihnen entlang strömenden Flüssigkeit eine solche Richtungsänderung aufzwingen, daß sie ihre Geschwindigkeit allmählich verliert, und das Rad, dem Druck der Flüssigkeit weichend, sich um seine Achse dreht. Mit der Vermehrung der Schaufeln rücken diese so eng aneinander, daß immer je zwei von ihnen einen Durchflußkanal begrenzen, den die strömende Flüssigkeit ganz oder teilweise erfüllt: Schaufelräder, Kanalräder. Bei elektrischen Motoren, die stets als Radmaschinen ausgebildet werden, hüllen den hier Anker auch Rotor genannten Radkörper, gleichwie bei Dynamomaschinen, Drahtwindungen ein, die von dem elektrischen Strom durchflossen werden und in Wechselwirkung mit einem magnetischen Kraftfeld treten.

## 1. Die Kapselräder.

Die für die Förderung von tropfbaren Flüssigkeiten und Gasen mit Erfolg benutzten Kapselräder haben als Kraftmaschinen nur eine beschränkte Verwendung gefunden, obgleich das besonders früher hervortretende Bemühen, sie zu einer solchen auszubilden, im Verlauf der Zeit eine große Zahl Erfinder und Konstrukteure beschäftigt hat. Beispielsweise sind in England allein in der Zeit bis 1888 nicht weniger denn 424 Patente auf sog. rotierende Dampfmaschinen erteilt worden. Nicht ohne Erfolg haben derartige Maschinen bei dem Betrieb von Dampffeuerspritzen Anwendung gefunden, deren Pumpwerk ebenfalls als Kapselrad ausgebildet ist. Als Beispiel für die Einrichtung einer derartigen rotierenden Dampfmaschine sei eine Bauart beschrieben, die sich bei der Dampffeuerspritze des Amerikaners *Silsby* benutzt findet und über deren Leistung die unten angegebene Quelle[1] ausführlich berichtet.

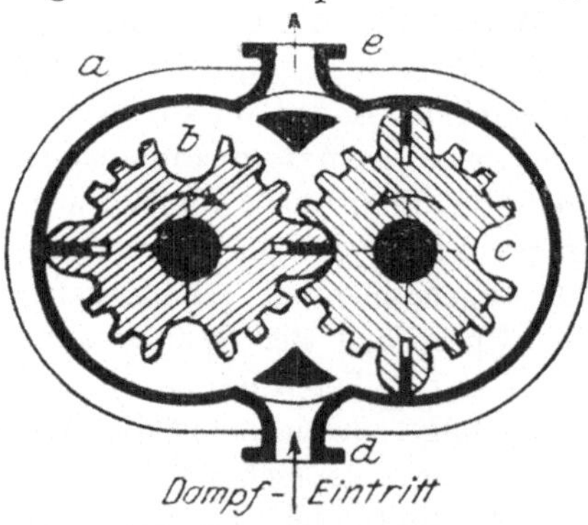


Abb. 105. Kapselrad.

[1] Civilingenieur 1879, S. 497.

Das Gehäuse *a* der in Abb. 105 schematisch veranschaulichten Maschine schließt zwei verzahnte Radkörper *b c* ein, die gegenseitig in Eingriff stehen, so daß sie nach verschiedenen Richtungen umlaufen. Zwei der Zähne jeden Rades ragen über die allgemeine Verzahnung hervor und treten bis an die innere Gehäusewand heran. Ihnen entsprechen an jedem der Räder zwei soweit vergrößerte Lücken, daß sie den Zähnen bei der Drehung der Räder den Durchgang gewähren. In die genannten Zähne dampfdicht eingeschliffene Schieberplatten, die unter dem nach außen gerichteten Drucke von Federn stehen, schleifen dampfdicht an der Gehäusewand und sichern den dichten Schluß bei dem Durchgang der Zähne durch die erweiterten Zahnlücken. Die Abdichtung der sich leicht berührenden ebenen Seitenflächen der Räder und des Gehäuses geschieht nach Art der Labyrinthdichtung durch flache Bohrungen in den Radflächen. Die Flanken der Treibzähne bilden die Druckflächen für den bei *d* eintretenden, auf etwa 6 Atm gespannten Dampf, der nach dem Vorübergang der Zähne an der Austrittsöffnung *e* ins Freie entweicht.

Mit Preßluft betriebene Kapselräder sind bei den seinerzeit zur Kraftversorgung von Paris dienenden Druckluftanlagen vielfach für kleine Arbeitsleistungen zur Verwendung gelangt[1]. Einpferdige Maschinen arbeiten bei 190 bis 210 Umdrehungen in der Minute sowohl ohne als auch mit Expansion der auf 4 Atm gespannten Luft. Im ersteren Falle betrug der Luftverbrauch bei Vorwärmen der Luft auf 60° 46 cbm, im letzteren Falle bei $t = 70°$ 27,2 cbm für 1 PS und 1 Stunde.

## 2. Die Zellenräder.

Zellenräder dienen der Ausnutzung der Lagenenergie schwerer Flüssigkeiten. In industriellen Betrieben bilden sie von alters her die mechanischen Einrichtungen zur Ausnutzung von Wasserkräften, daher auch ihre Sonderbezeichnung Wasserräder. In der Gegenwart ist ihnen in den Kanalrädern ein erfolgreicher Wettbewerber erstanden, infolge dessen sie mehr und mehr an Wert als Kraftmaschine eingebüßt haben und aus den Betrieben verschwinden. Entsprechend der Forderung, dem Wasser die Arbeitsfähigkeit während des Herabsinkens in eine tiefere Lage zu entziehen, sind die Wasserräder stets stehende Räder, besitzen also eine wagrecht liegende Drehachse. Die Größe des Raddurchmessers ist durch die Größe des auszunutzenden Gefälles, die Radbreite, das ist die in der Achsenrichtung liegende Abmessung des Radkranzes, durch die dem Rad in der Zeiteinheit zufließende Wassermenge bestimmt. Je nach der auszunutzenden Gefällsgröße wird das Wasser dem Rad an verschiedenen Stellen des Umfanges zugeführt; doch immer derart, daß es genügend lange auf das Rad zu wirken vermag, um bei dem Verlassen des Rades seine Arbeitsfähigkeit möglichst vollständig eingebüßt zu haben. Der Eintritt des Wassers in das Rad und der Austritt aus demselben

[1] *Riedler*, Neue Erfahrungen über die Kraftversorgung von Paris durch Druckluft. Ztschr. d. V. d. I. 1891, S. 153. — Druckluft-Kapselräder für Gesteinsbohrmaschinen. Ztschr. d. V. d. I. 1922, S. 280.

werden daher tunlichst weit auseinander gelegt und für den letzteren der am tiefsten liegende Punkt des Radumfanges oder dessen Nähe gewählt. Der zwischen der Ein- und Austrittsstelle liegende Teil des Radumfanges bildet den wasserhaltenden Bogen des Rades. Die Eintrittsstelle liegt entweder am Radscheitel, das ist dem höchsten Punkt des Radkranzes, oder in einer mittleren Höhenlage oder bei sehr kleinem Gefälle in der Nähe des Radtiefsten. Es ist üblich, die erstmalige Einwirkung des Wassers beim Eintritt in das Rad das Beaufschlagen des Rades zu benennen und hiernach oben beaufschlagte oder oberschlächtige Räder, nahe über bzw. unter der Achsenhöhe beaufschlagte oder rückenschlächtige bzw. mittelschlächtige Räder und am Radtiefsten beaufschlagte oder unterschlächtige Räder zu unterscheiden. Die Anwendungsgebiete dieser Radarten können bezüglich des zur Ausnutzung gelangenden Gefälles $h$, der verbrauchten Wassermenge $Q$ und der geleisteten Arbeit $N$ wie folgt eingeschätzt werden:

oberschlächtiges Rad . . . . . . bis $h = 12$ m, $Q = 0{,}3$ bis $0{,}8$ cbm/Sek, $N = 130$ PS,
mittelschlächtiges Rad . . . . . . bis $h = 1$ bis $8$ m, $Q = 0{,}3$ bis $2{,}5$ cbm/Sek, $N = 40$ bis $145$ PS,
unterschlächtiges Rad . . . . . . bis $h$ bis 1 m, $Q$ bis 2 cbm/Sek, $N$ bis 30 PS.

Die bauliche Gestaltung sowie die Güte der Ausführung in Holz oder Eisen besitzen ebenso wie die Art des Rades Einfluß auf die Ausnutzung des Wassers im Rad. Dem entsprechend kommen den verschiedenen Radarten etwa die folgenden Wirkungsgrade $\mu$ zu:

oberschlächtiges Rad $\mu = 0{,}65$ bis $0{,}8$,
mittelschlächtiges Rad $\mu = 0{,}6$ bis $0{,}7$,
unterschlächtiges Rad $\mu$ bis $0{,}8$, gewöhnlich nur $0{,}3$ bis $0{,}5$.

Die Wasserräder werden entsprechend der Abb. 106 stets nur teilweise von einem Gehäuse umschlossen, an das die dem Zu- und Abfluß des Wassers dienenden Gerinne $a$ und $b$ angefügt sind. Das Gehäuse besteht aus zwei meist in Stein aufgemauerten Wänden $c$ $d$, die durch den Gerinneboden $b$ verbunden sind und die Lager für die Radachse tragen. Das Rad hängt frei zwischen den Wänden, ohne sie oder den Gerinnboden zu berühren. Bei mittel- und rückenschlächtigen Rädern folgt der Gerinnboden dem Umfang des Rades bis zur Eintrittsstelle des Wassers und bildet einen sog. Kropf $e$, nach dem solche Räder auch Kropfräder genannt werden.

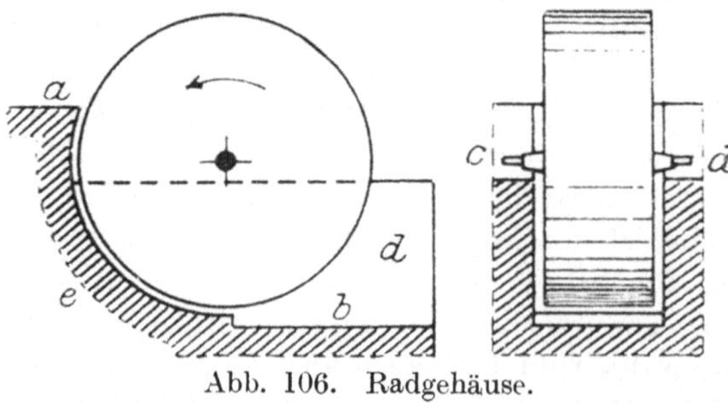

Abb. 106. Radgehäuse.

Die oberschlächtigen und die rückenschlächtigen Räder zeigen die Ausbildung der am Radumfang angeordneten Zellen am vollkommensten. Bei ihnen bildet den Radkranz ein zylindrisch gestalteter Ring, der **Boden** des Rades, an den sich seitlich ringförmige Scheiben schließen, so daß der Querschnitt des Kranzes die Gestalt eines ⊔ erhält. Zwischen den Boden und die Randscheiben eingebaute, aus ebenen oder gekrümmten Holz- oder Metallplatten bestehende Schaufeln begrenzen die einzelnen **Zellen**, die bei der Drehung des Rades an

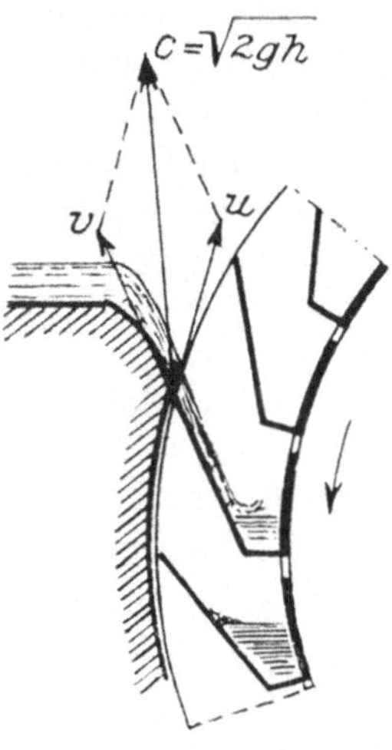

Abb. 107. Stoßfreier Eintritt.

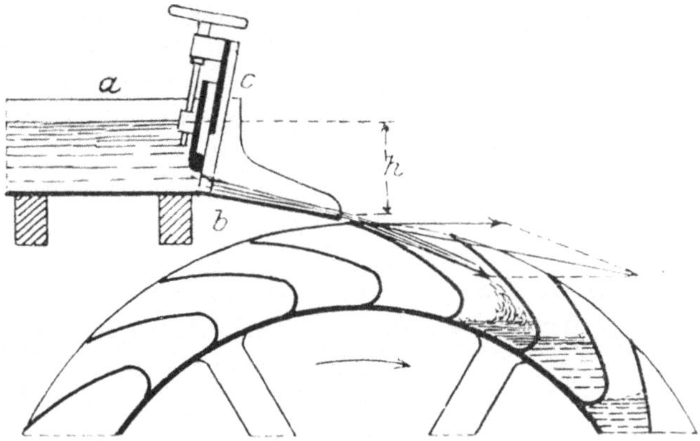

Abb. 108. Oberschlächtiges Rad.

der Eintrittsstelle des Wassers vorüberstreichen und hierbei gefüllt werden. Um Arbeitsverluste zu vermeiden, hat der Eintritt des Wassers in das Rad stoßfrei zu erfolgen, eine Forderung, der entsprochen wird, wenn in dem Geschwindigkeitsparallelogramm (Abb. 107) die Geschwindigkeit $c$ des dem Zuflußgerinne entfließenden Wasserstrahles nach Größe und Richtung die Mittelgeschwindigkeit aus der Umlaufgeschwindigkeit $u$ des Rades an der Eintrittsstelle und der in die Richtung des äußersten Elementes der Radschaufel fallenden Eintrittsgeschwindigkeit $v$ des Wassers in das Rad ist. Dieser Forderung wird bei dem nur mäßig große Wassermengen aufnehmenden oberschlächtigen Rad nach Abb. 108 durch Zuleitung eines dünnen Wasserstrahles entsprochen, dessen Richtung eine an das Zuflußgerinne $a$ an-

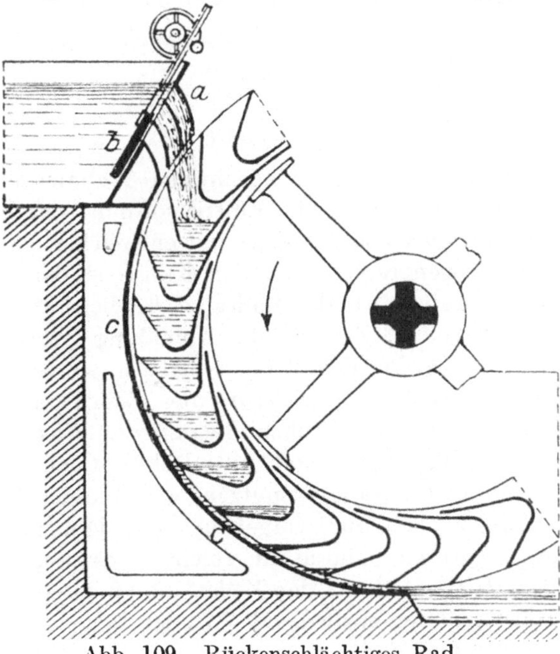

Abb. 109. Rückenschlächtiges Rad.

gefügte Leitplatte $b$ und dessen Geschwindigkeit die durch den Aufstau des Wassers im Gerinne $a$ mittels eines Spannschützens $c$ erzielte Druckhöhe oder das Stoßgefälle $h$ bestimmt. Bei dem für die Aufnahme großer Wassermengen dienenden rückenschlächtigen Rade (Abb. 109) wird der stoßfreie Eintritt mit großer Annäherung durch Teilung des Wasserstromes in der Höhenrichtung vermittels eines Leitapparates $a$ erzielt, der aus angemessen geformten und gerichteten, kulissenartig übereinander liegenden Leitplatten besteht und als Kulisseneinlauf bezeichnet zu werden pflegt. Ein dem Einlauf vorgelagerter Absperrschieber oder Schützen $b$ läßt die dem Rad zuzuführende Wassermenge und damit die Leistung des Rades in gegebenen Grenzen regeln.

Die Empfindlichkeit eines Rades gegen Änderungen der Geschwindigkeitswerte, die seinem Entwurf zugrunde lagen, lassen beispielsweise die folgenden durch Bremsversuche erhaltenen Zahlen ersehen. Das Rad war für die Ausnutzung eines Gefälles von $h = 3{,}573$ m und einer Wassermenge $Q = 0{,}320$ cbm/Sek., also einer verfügbaren Arbeit von

$$N = \frac{0{,}320 \cdot 3{,}573 \cdot 1000}{75} = 15{,}244 \text{ PS}$$

bestimmt. Es sollte bei $n = 7{,}52$ t/Min $N_n = 8{,}183$ PS Nutzarbeit, also einen Wirkungsgrad $\mu = \frac{8{,}183}{15{,}244} = 0{,}537$ ergeben. Die Abänderung der Umfangsgeschwindigkeit des Rades, also die Störung der bei dem Eintritt des Wassers in das Rad bei dem Entwurf vorgesehenen Geschwindigkeitsverhältnisse führte zu den folgenden Leistungsminderungen:

Bei der Drehzahl $n = 9{,}69$ t/Min ergab sich $N_n = 5{,}914$ PS, $\mu = 0{,}385$
„ „ „ $n = 9{,}28$ „ „ „ $N_n = 7{,}885$ „ $\mu = 0{,}517$
„ „ „ $n = 7{,}52$ „ „ „ $N_n = 8{,}183$ „ $\mu = 0{,}537$
„ „ „ $n = 5{,}01$ „ „ „ $N_n = 6{,}654$ „ $\mu = 0{,}436$

Während bei oberschlächtigen Rädern der in die Radzelle eintretende dünne Wasserstrahl die Eintrittsöffnung der Zelle nur teilweise ausfüllt, so daß die Luft aus der Zelle frei entweichen kann, erfordert der dem rückenschlächtigen Rade durch den Kulisseneinlauf zugeführte dicke Wasserstrom die Ventilation des Rades, d. h. die Lüftung der Zelle durch Öffnungen im Radboden, wie dies die Abbildung ersehen läßt.

Wie die Art des Wassereintrittes, so beeinflußt die Gestalt der Zellenschaufel auch die Entleerung des Rades und damit die Größe des Arbeitsverlustes, der mit frühem Beginn des Wasseraustrittes verbunden ist. Bei rückenschlächtigen und mittelschlächtigen Rädern, die vornehmlich nur mäßig hohe Gefälle ausnützen, wird diesem Arbeitsverlust durch ein Kropfgerinne $c$ (Abb. 109) vorgebeugt, das dem wasserhaltenden Bogen des Rades angelagert ist. Durch ein solches, das möglichst nahe an den Radumfang herantritt, wird das den Zellen infolge zu starker Neigung des Anfanges der Zellenschaufel entfließende Wasser den bereits tiefer liegenden Zellen zugeführt und dadurch erneut nutzbar gemacht.

Die weitere Verkleinerung des zur Verfügung stehenden Gefälles zwingt zu tunlichster Vereinfachung der baulichen Einrichtung des Rades, um die Baukosten abzumindern und durch Billigkeit der Anlage einen Gegenwert für das Sinken des Wirkungsgrades, also die schlechtere Ausnutzung der Wasserkraft, zu schaffen. Dies hat insonderheit für das aus vielen Einzelteilen zusammengefügte Triebzeug Geltung und führt zu dessen Vereinfachung durch den Wegfall des Radbodens und schließlich auch der die Radzellen seitlich begrenzenden Randscheiben, für welche durch nahes Anstellen der Seitenwände des Gehäuses an das Rad ein bedingter Ersatz geschaffen wird. Den Grenzfall bildet in bezug auf Einfachheit des Baues das **unterschlächtige Rad** (Abb. 110), das mit seinen ebenen und radial gestellten Schaufeln frei in das, das gerade oder **Schnurgerinne** langsam durchfließende Triebwasser taucht und bei dem man sich mit einer Nutzleistung von 10 bis 30 PS begnügt. Die einfachste Form eines Wasserrades ist schließlich in dem noch vereinzelt in Berggegenden anzutreffenden **Strauberad** zu finden, das seine nur an Armen sitzenden ebenen Schaufeln dem Stoß des mit großer Geschwindigkeit in das Rad tretenden Wassers darbietet und dessen Wirkungsgrad 20 vH nicht übersteigt.

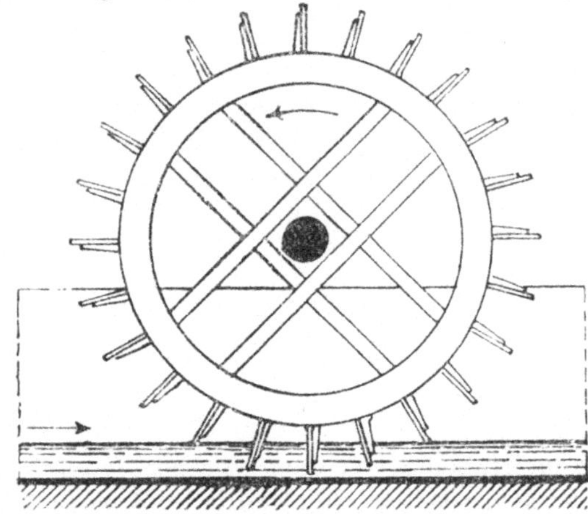

Abb. 110. Unterschlächtiges Rad.

Außer den bereits genannten Umständen sind es neben störenden Bewegungen des Wassers im Rad, neben Wasser-, Luft- und Zapfenreibung, insbesondere Gefällverluste, die durch Wechsel des Wasserstandes im Untergraben hervorgerufen werden, welche die Nutzarbeit der Räder herabsetzen und die daher bei dem Entwurf der Anlage sorgfältig geprüft und beachtet werden müssen.

Die ungenügende Arbeitsökonomie der unterschlächtigen Räder zu verbessern, sind verschiedene Versuche unternommen worden. Von den aus ihnen hervorgegangenen Sonderbauarten sind besonders das Rad von *Sagebien*[1] und das bereits 1825 entstandene Rad von *Poncelet*[2] hervorzuheben. Beide Radbauarten zeichnen sich durch hohe Wirkungsgrade aus, besitzen aber infolge ihres teueren Baues und infolge der Entwickelung der Kanalräder gegenwärtig nur noch geschichtliches Interesse.

Die Anpassung der Leistung eines Wasserrades an den wechselnden Arbeitsverbrauch der von ihm betriebenen Werkmaschinen erfolgt meist

[1] *Grübler*, Zur Theorie mittelschlächtiger Wasserräder und des Sagebienrades. „Der Civilingenieur“ 1876, S. 409.

[2] *Weisbach*, Lehrbuch der Ingenieur- und Maschinenmechanik, 2. Teil, S. 514ff. 4. Aufl. Braunschweig 1865.

durch Veränderung der Aufschlagwassermenge mit Hilfe des Gerinnschützens, zuweilen auch durch Einschalten eines Bremswiderstandes in das Getriebe der Maschine. Die Anpassung des Widerstandes an den Arbeitsverbrauch bewirkt dann ein Fliehkraftregler, der den Brems entsprechend der Änderung seiner Umlaufzahl öffnet oder schließt[1].

## 3. Die Kanal- oder Kreiselräder.

Das von *Poncelet* angegebene und für kleine Gefälle bestimmte Schaufelrad bildet den Übergang zu den Kanalrädern, die ihres raschen Umlaufes wegen auch Kreiselräder oder Turbinen genannt werden. Diese Räder sind auschließlich dazu bestimmt, die in einer strömenden Flüssigkeit enthaltene Arbeitsfähigkeit, die in dem Produkt $M\frac{v^2}{2}$, d. h. Masse mal dem halben Quadrat der Fließgeschwindigkeit, ihren mathematischen Ausdruck findet, für den Maschinenbetrieb nutzbar zu machen. Auch ihnen gelingt dies nur teilweise, da auch ihnen die Unvollkommenheit alles menschlichen Tuns mehr oder weniger anhaftet; doch gewähren sie in ihren vollkommensten Ausführungen unter günstigen Verhältnissen Wirkungsgrade, die nur um wenige vom Hundert von dem Unerreichbaren abweichen. Ein besonderer Vorzug der Kanalräder besteht darin, daß sie für alle Arten strömender Flüssigkeiten verwendbar sind, gleichviel ob sich dieselben im tropfbar flüssigen, dampf- oder gasförmigen Zustand befinden. Demzufolge stehen sowohl Wasserturbinen als auch Dampf-, Gas- und Windturbinen als Kraftspender den mannigfachsten Wirtschaftsbetrieben zur Verfügung. Allen gemeinsam ist eine im allgemeinen große Umlaufsgeschwindigkeit, die bei den Wasserturbinen etwa zwischen $n = 50-400$ t/Min., bei den Dampfturbinen etwa zwischen $n = 7000-30\,000$ t/Min. schwankt.

Nicht mindere Vorteile ergeben sich für die Kanalräder aus der Unabhängigkeit des Strömungsdruckes und der Strömungsrichtung des Treibmittels von dessen Schwerewirkung. Es erlaubt dies einerseits die Lage des Rades im Raum beliebig und jedem Betriebsverhältnis sowie jeder Örtlichkeit angemessen zu wählen und bietet andererseits die Möglichkeit, die Beaufschlagung, d. h. den Eintritt des Treibmittels in das Rad über einen beliebig großen Teil des Radumfanges zu verteilen, also der Menge des zur Verfügung stehenden Treibmittels in günstiger Weise anzupassen und die Abmessungen des Rades zu verkleinern. Hiernach werden die Kanalräder in stehende und liegende Räder, je nachdem die Radebene senkrecht oder wagrecht gerichtet ist, bzw. in teilweise beaufschlagte oder Partialräder und vollbeaufschlagte oder Vollräder eingeteilt.

Ein weiteres Unterscheidungsmerkmal bildet die Richtung, in welcher das Treibmittel die Radkanäle durchströmt. Es ist Gebrauch, die Strömrichtung auf die Drehachse des Rades zu beziehen und je nachdem sie dieser gleichläuft oder senkrecht zu ihr steht, der Durchfluß durch das Rad also

[1] Ztschr. d. V. d. I. 1893, S. 250.

in radialer Richtung erfolgt, Achsialräder und Radialräder zu unterscheiden. Die letzteren sind innen oder außen beaufschlagt, je nachdem der Zutritt des Treibmittels zum Rad am inneren oder äußeren Umfang des ringförmigen Radkranzes erfolgt. Auch die Art, in welcher das Treibmittel die Radkanäle erfüllt, bildet ein wesentliches Unterscheidungsmerkmal der verschiedenen Radbauarten. Entweder wird das Treibmittel in Form eines Strahles, der den Kanalquerschnitt nur zum Teil ausfüllt, an einer der in der Regel gekrümmten Kanalwände (Schaufeln) entlang geleitet, so daß es seine Arbeitsfähigkeit infolge des ihm aufgedrungenen Richtungswechsels an diese überträgt: Druck- oder Aktionsräder. Oder es füllt das Treibmittel den durchflossenen Kanal vollständig an und wird durch einen dem Gefälle entstammenden Überdruck durch die Radkanäle gepreßt, wobei diese einen Gegendruck auf das Treibmittel ausüben: Überdruck- oder Reaktionsräder. Die Druckturbinen werden auch Strahl- oder Freistrahlturbinen genannt.

Die Vereinigung mehrerer der angeführten Merkmale führt zu den verschiedenen Bauarten von Kreiselrädern oder Turbinen, die sich den beiden Hauptklassen der Achsial- und Radialturbinen unterordnen und deren Besonderheiten durch die Eigenschaften der verschiedenen Treibmittel ihren Ausdruck finden.

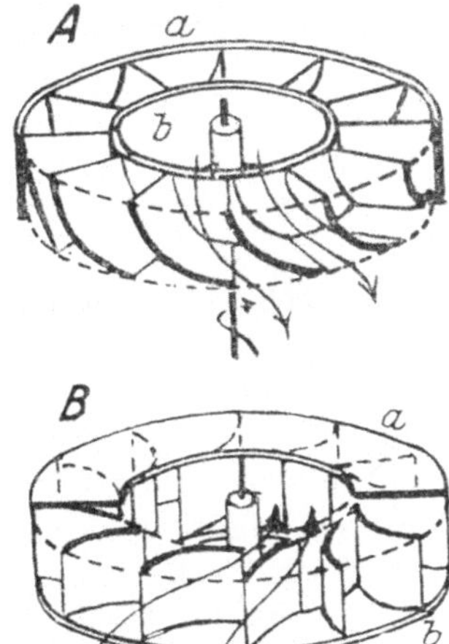

Abb. 111. Kanalräder.
A. Achsialrad.
B. Radialrad.

Den Radkranz des Achsialrades (Abb. 111 A) bilden im allgemeinen zwei gleichachsig liegende zylindrisch (oder auch kegelig) gestaltete Ringe *a b*, zwischen denen die Schaufelung liegt, welche die Durchflußkanäle begrenzt. Bei den Radialrädern sind die Ringe nach Abb. 111 B durch zwei kreisringförmige ebene (oder auch kegelige) Scheiben *a b* ersetzt. Die Kanäle sind an beiden Enden offen; an dem einen Ende tritt der Triebstoff in das Rad ein, um es am andern wieder zu verlassen. Ein hoher Wirkungsgrad fordert, daß das Treibmittel beim Durchfließen des Rades die Arbeitsfähigkeit möglichst vollständig an das Rad abgebe, daß es also nach stoßfreiem Eintritt und störungslosem Durchfluß durch die Kanäle, diese mit einer nur kleinen absoluten Geschwindigkeit verlasse. Diesen Forderungen wird einerseits durch geeignete Wahl der Schaufelform, andererseits durch dauernde Erhaltung der günstig gewählten Eintrittsrichtung und Eintrittsgeschwindigkeit sowie der dieser entsprechenden Drehzahl des Rades genügt. Die Eintrittsrichtung bestimmt daher zweckmäßig ein besonderer Leitapparat, der an der Eintrittsstelle dem Laufrad der Turbine vorgelagert ist. Bei voll beaufschlagten Rädern erstreckt er sich über den ganzen Umfang des Rades, erhält hierdurch selbst die Radform und wird das Leitrad der Turbine genannt. Auch der Leitapparat erhält in der Regel eine Schaufelung, welche die Masse des zuströmenden Treibmittels in dünne Schichten zerlegt und damit die absolute

Eintrittsgeschwindigkeit nach Größe und Richtung für alle Leitkanäle sichert. Der Leitapparat und das Laufrad sind durch einen schmalen Spalt getrennt, bei dessen Überströmen das Treibmittel unter gewisse Druckverhältnisse (Spaltdruck) tritt, die seinen Durchfluß durch das Rad und damit seine Arbeitsleistung in der Turbine beeinflussen.

Die Arbeitsverhältnisse der Turbinen sind im allgemeinen an die gleichen Bedingungen gebunden, wie die der Zellenräder. Wie bei diesen, so ist auch bei den Kanalrädern der stoßfreie Eintritt des Treibmittels in das Rad gesichert, wenn in dem Geschwindigkeitsparallelogramm (Abb. 112) die Richtung der absoluten Eintrittsgeschwindigkeit $c_1$ die Resultierende aus der die Richtung des Schaufelanfanges bestimmenden relativen Eintrittsgeschwindigkeit $v_1$ und der Umfangsgeschwindigkeit $u$ des Laufrades an der Eintrittsstelle ist. In der gleichen Weise ist die Richtung des Schaufelendes an die Bedingung geknüpft, daß die absolute Austrittsgeschwindigkeit $c_2$ des Treibmittels die Resultante aus der relativen Austrittsgeschwindigkeit $v_2$ und der Umfangsgeschwindigkeit $u$ des Rades ist. Dabei wird $c_2$ um so kleiner, also der mit dem Abfluß des Treibmittels verbundene Arbeitsverlust um so geringer, je mehr sich die Richtung von $v_2$ der Richtung von $u$ nähert. Die Verbindung der Endstücke der Radschaufel durch einen stetig verlaufenden Linienzug führt zu einer, den störungsfreien Durchfluß des Treibmittels durch das Rad sichernden Schaufelform.

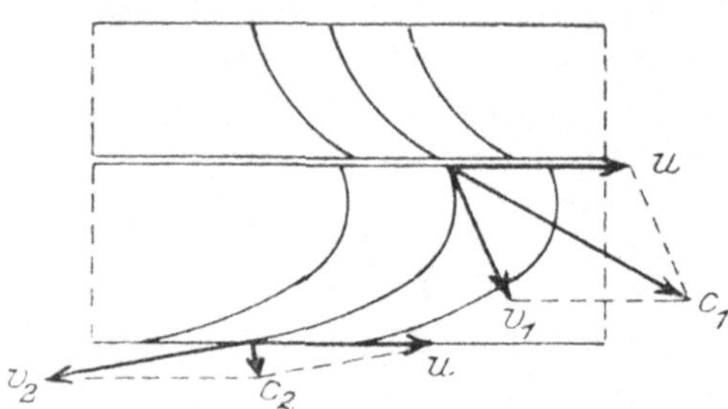

Abb. 112. Kanalradschaufelung.

Den nachteiligen Einfluß, den Änderungen der Geschwindigkeitsverhältnisse auf die Arbeitsleistung und den Wirkungsgrad einer Turbine ausüben, lassen beispielsweise die folgenden Zahlen erkennen. Dieselben beziehen sich auf eine Wasserturbine, die für die Ausnutzung eines Gefälles $h = 4$ m, eine Wassermenge $Q = 5$ cbm/Sek., also eine Roharbeit von $N = \frac{5 \cdot 4 \cdot 1000}{75} = 267$ PS bestimmt war. Durch Bremsen wurde die Drehzahl $n$, also auch die Umfangsgeschwindigkeit $u$ des Laufrades verändert. Hierbei ergab sich für

$n = 25{,}5$ t/Min. $\quad N_n = 220$ PS $\quad \mu = 0{,}824$
$n = 30$ ,, $\quad N_n = 224$ ,, $\quad \mu = 0{,}839$
$n = 36$ ,, $\quad N_n = 217$ ,, $\quad \mu = 0{,}813$

### a) Die Wasserturbinen.

Die der Ausnutzung von Wasserkräften dienenden Kreiselräder sind entweder Druckturbinen oder Überdruckturbinen.

Bei den **Druckturbinen** tritt das Wasser mit einer absoluten Geschwindigkeit $c = \sqrt{2gh}$ in das Rad ein, die dem an der Eintrittsstelle herrschenden

Gefälle $h$, das ist dem Abstand der Eintrittsstelle vom Oberwasserspiegel, entspricht. Es gleitet, ohne die Kanäle des Rades zu füllen, an der Hohlseite der Schaufeln entlang und gibt hierbei sein Arbeitsvermögen an das Rad ab, indem es infolge der Änderung seiner Strömrichtung und des dadurch gegen die Kanalwand ausgeübten Druckes, dieses zur Drehung zwingt. Die nur teilweise Füllung der Radkanäle erfordert den Umlauf des Rades in freier Luft. Derselbe wird für die Dauer durch ein solches Freihängen des Rades über dem Unterwasser erreicht, daß auch bei dem höchsten Stand des Wassers im Untergraben der Eintritt von totem Wasser in das Rad verhindert ist. Es wird durch das Freihängen Arbeitsverlusten vorgebeugt, die in Störungen der freien Fließbewegung des Wassers durch Wirbelbildung und Schleuderkräfte ihre Ursache finden und die in der Regel nicht unerheblich größer sind, als die mit dem Gefällverlust verbundenen, den das Freihängen des Rades nach sich zieht. Dies gilt insbesondere für große Aufschlaggefälle, von denen das durch das Freihängen und die Höhe des Laufradkranzes verlorengehende Gefälle nur einen kleinen Bruchteil des Gesamtgefälles bildet.

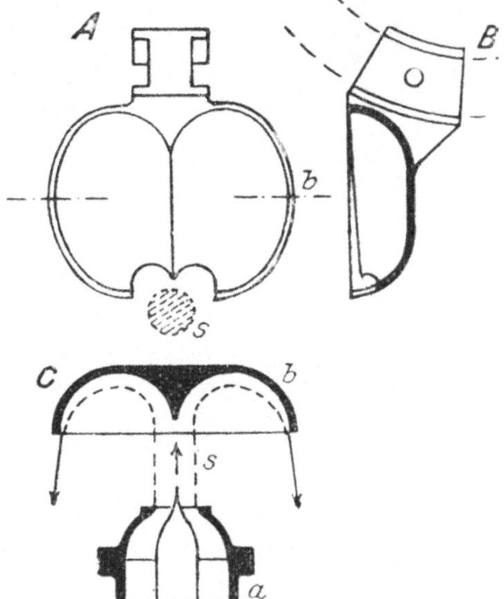

Abb. 113. Pelton-Becher.

Neuere als Freistrahl- oder Becherturbinen bezeichnete Bauarten von Druckturbinen besitzen an Stelle der von dem Triebwasser durchflossenen Kanäle eine freiliegende, nicht zwischen Radkränze eingeschlossene Schaufelung (Abb. 113). Bei ihnen wird das Wasser mittels vorgelagerter Düsen $a$ als freifließender geschlossener Strahl $s$ gegen becherförmige Schaufeln $b$ geleitet, die den Kranz des Rades umgeben. In ihnen erfährt der Strahl eine solche Ablenkung, daß die Abflußrichtung nur um einen kleinen Winkel von der Zuflußrichtung verschieden ist (Abb. 113 C).

Die in der Regel nur teilweise Beaufschlagung der Druckturbinen führt zu einfachen Bauformen. Ihr Anwendungsgebiet umfaßt vornehmlich kleine Wassermengen und hohe Gefälle. Während die ersteren etwa zwischen $Q = 0{,}005$ und 1,2 cbm/Sek. schwanken, liegen die letzteren etwa zwischen $h = 6$ und 60 $m$ und steigen in besonderen Fällen bis zu mehreren 100 m an. Bei Gefällen, die 10 m übersteigen, erfolgt die Zuleitung des Aufschlagwassers stets in geschlossenen Rohrleitungen. Becherturbinen haben bis zu 900 m Gefälle und 1100 PS und mehr Leistung Anwendung gefunden.

Der Wirkungsgrad der Druckturbinen bewegt sich bei älteren Ausführungen etwa zwischen $\mu = 0{,}70$ bis 0,75, bei neueren Ausführungen zwischen

$\mu = 0{,}80$ bis 0,95. Die Umfangsgeschwindigkeit der Räder beträgt im Durchschnitt 50 vH der dem Rohgefälle entsprechenden Geschwindigkeit. Sie wurde für ein altes Tangentialrad von *Zuppinger* ($h = 6{,}17$ m, $d = 1{,}5$ m, $n = 65$ t/Min., $u = 5{,}1$ m/Sek.) zu 46,4 vH, für eine Becherturbine von *Pelton* ($h = 117{,}8$ m, $d = 1{,}83$ m, $n = 255$ t/Min., $u = 24{,}44$ m/Sek.) zu 50,9 vH von $\sqrt{2gh}$ gefunden.

Im Gegensatz zu der Druckturbine arbeitet die Überdruckturbine stets mit voller Füllung der Radkanäle und voller Beaufschlagung. Für gleiche Arbeitsleistungen folgt hieraus für dieselbe die Verminderung der Radabmessungen. Auch unterliegt die Aufstellung des Rades weniger Beschränkungen, da die vollgefüllten Kanäle im Unterwasser laufen können, ohne daß damit erhebliche Arbeitsverluste verbunden wären. Diesem Umstand entspringt die Möglichkeit, die Turbinenkammer ohne Beeinträchtigung des Gefälles über das Unterwasser zu erheben und hierdurch den Zugang zum Rad zu erleichtern. Das Mittel hierzu bietet der Einschluß des Rades in ein meist rohrförmiges Gehäuse, das von der Turbinenkammer entsprechend der Abb. 114 nach dem Untergraben führt und dessen unteres Ende in das Unterwasser taucht. Indem die das Rohr füllende Wassersäule bei dem Herabsinken saugend auf die Wasserfüllung der Laufradkanäle wirkt, ergänzt sie die das Rad umtreibende Wirkung des Gewichtes der über dem Rad stehenden und bis zum Oberwasserspiegel reichenden Wassersäule. Das für den Betrieb der Turbine zur Verfügung stehende Gesamtgefälle $h$ zerfällt daher in das Druckgefälle $h_1$ und das Sauggefälle $h_2$. Die Höhe dieses begrenzt der Atmosphärendruck mit Rücksicht auf den Luftgehalt des Wassers und die Widerstände, die bei dem Herabsinken des Wassers auftreten, auf etwa 7—8 m.

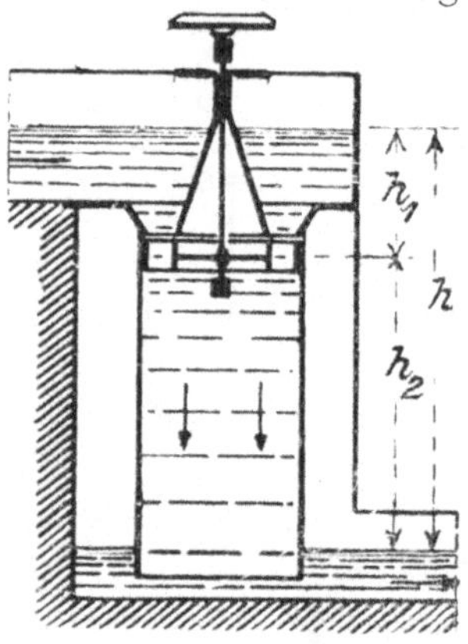

Abb. 114. Turbine mit Saugrohr.

Das meist aus Eisenblech hergestellte Saugrohr ist entweder zylindrisch gestaltet oder nach unten kegelförmig erweitert. *Prasil* und nach ihm *Kaplan* empfehlen, das Saugrohr im Unterwasser trompetenförmig enden zu lassen, um eine möglichst widerstandsfreie Überführung der senkrechten Fallbewegung des Wassers in die wagerechte Strömrichtung im Untergraben zu erreichen. Zuweilen, wenn es die örtlichen Verhältnisse erfordern, tritt an die Stelle des geraden Saugrohres ein gekrümmter Saugschlauch, der dann häufig in Beton ausgeführt wird. Neuerdings hat *Kaplan* auf die Vorteile hingewiesen, die ein knieförmig gestalteter Krümmer von rechteckigem Querschnitt für den widerstandslosen Abfluß bietet[1].

Vollturbinen arbeiten mit Wassermengen $Q = 0{,}01-36$ cbm/Sek. und Gefällen $h = 0{,}3-20$ m. Die Aufstellung des Turbinenrades erfolgt bei kleinen Gefällen von 0,3 bis 3 m und mittleren Gefällen von 3 bis 18 m in

[1] Näheres in Ztschr. d. V. d. I. 1921, S. 1038.

offnen Radkammern, bei größeren Gefällen innerhalb geschlossener Gehäuse, die durch Rohrleitungen mit dem Triebwasser gespeist werden und sowohl bei senkrechter als wagrechter Lage der Turbinenwelle in einem Saugrohr enden. Für die Art der Aufstellung der Turbinen fehlen bisher feste Regeln. Ihre Wahl ist, seitdem auch für eine stehend angeordnete Turbinenwelle Bauarten des Drucklagers gefunden wurden, die selbst bei sehr beträchtlicher Zapfenbelastung nur geringe Reibungsverluste ergeben, vornehmlich durch die Verhältnisse des Betriebes bestimmt.

Je nach der Umlaufgeschwindigkeit der Wasserturbinen werden Langsamläufer, Normalläufer und Schnelläufer unterschieden. Kennzeichnend ist hierbei die von *Baashuus*[1] eingeführte minutliche Umlaufzahl (spezifische Drehzahl $n_s$), die ein Laufrad gegebener Bauart von 1 PS-Leistung bei 1 m Gefälle zu entwickeln vermag. Als Grenzwerte für $n_s$ können angenommen werden

für Langsamläufer . . . . . $n_s =$ 70—130
,, Normalläufer . . . . . $n_s =$ 130—200
,, Schnelläufer . . . . . $n_s =$ 200—800 und mehr.

Größere Umlaufzahlen erweitern nicht nur die Anwendungsmöglichkeiten der Turbinen, sie führen auch zur Verkleinerung der Raddurchmesser und sind infolgedessen mit einer mehr oder weniger großen Vereinfachung und Verbilligung der ganzen Turbinenanlage verbunden.

### α) Die Bauformen der Wasserturbinen.

Die mehr oder weniger befriedigende Ausnutzung der verfügbaren Wasserkräfte durch die älteren Bauformen der Wasserräder, die geringe Drehzahl dieser Räder sowie die Schwierigkeit bzw. Unmöglichkeit der Ausnutzung größerer Gefälle durch dieselben, führte in der ersten Hälfte des vorigen Jahrhunderts zur Erfindung des Kreiselrades oder der Turbine. Als Erfinder gilt der französische Ingenieur *Fourneyron.* Die von ihm angegebene Bauart führt seinen Namen. Die Erfindung war das Ergebnis eines Preisausschreibens der Société d'encouragement in Paris vom Jahre 1826. Von den ersten zur Ausführung gelangten *Fourneyron*-Turbinen hat die zu St. Blasien im badischen Schwarzwalde um das Jahr 1833 aufgestellte besondere Aufmerksamkeit erregt. Es war eine Radial-Vollturbine mit innerer Beaufschlagung und leistete bei 108 m Gefälle, 550 mm Raddurchmesser und 2300 t/Min. eine Arbeit von 30 bis 40 PS. Ihr zur Seite traten 1838 die von dem Amerikaner *Howd* erfundene, 1849 von *Francis*[2] fachgerecht ausgestaltete und nach ihm benannte außen beaufschlagte Radial-Vollturbine sowie die Tangentialräder des Schweizer Ingenieurs *Zuppinger* (1844) und des Freiberger Kunstmeisters *Schwamkrug* (1850). Beides sind Radialturbinen mit teilweiser Beaufschlagung, die bei dem liegenden *Zuppinger*-Rad am äußeren, bei dem stehend gebauten *Schwamkrug*-Rad am inneren Radumfang erfolgt.

[1] Ztschr. d. V. d. I. 1905, S. 92.

[2] *James B. Francis* von Dr. *K. Keller* in „Beiträge zur Gesch. d. Technik u. Industrie“ 1914/15. 6. Bd., S. 79.

Angenähert der gleichen Zeitspanne entstammt auch die zweite Hauptform der Kreiselräder, die Achsialturbine. Mit voller Beaufschlagung und mit Saugrohr versehen, also als Überdruckturbine arbeitend, wurde sie fast gleichzeitig von dem Maschinenfabrikanten *Henschel* in Kassel (1837) und von dem Franzosen *Jonval* (1841) angegeben. Ihr trat 1863 die sowohl mit voller als mit teilweiser Beaufschlagung ausgestattete und als Druck- oder Aktionsturbine arbeitende Achsialturbine des Franzosen *Girard* zur Seite und schloß die Reihe der Bauformen, welche die Grundlage für die übrigen, der älteren und der neueren Zeit angehörenden mannigfachen Turbinenbauarten bilden. Von ihnen haben sich insbesondere zwei Formen: die voll beaufschlagte Überdruckturbine von *Francis* und das Partialrad von *Schwamkrug* geeignet erwiesen, den von der Neuzeit an Wasserkraftmaschinen gestellten Forderungen eines hohen Wirkungsgrades, einer, den verschiedenen Bedürfnissen anpaßbaren Umlaufzahl, der Ausnutzung großer Gefälle und kleinster Wassermengen bei mäßigen Bau- und Betriebskosten zu genügen. Sie finden daher in der Gegenwart in verschiedenen Ausführungen als einfache und mehrfache Turbinen in offener oder geschlossener Radkammer ausgedehnte Verwendung. Durch das im Jahre 1884 von dem Amerikaner *Pelton* erfundene Tangentialrad mit becherförmigen Schaufeln sowie in der neuesten Zeit durch die von *Kaplan*[1] in Brünn angegebene Bauart der aus der Francisturbine abgeleiteten Turbine mit als Flügelrad ausgebildetem Laufrad, haben sie weitere sehr beachtenswerte Ergänzungen gefunden

$\alpha\alpha$) Die Druckturbinen.

Tangentialrad von Zuppinger (Abb. 115). Liegendes Radialrad mit Außenbeaufschlagung. Bei 12 PS Nutzleistung und $n = 65$ t/Min., 1,5 m Raddurchmesser, 60 Schaufeln. Wasserzutritt an einer oder zwei Stellen des Radumfanges, die zur Entlastung der Achsenlager auf dem gleichen Durchmesser liegen. Die Radachse ist durch einen Unterwasserzapfen gestützt und wird durch ein Halslager oberhalb des Rades in senkrechter Lage erhalten. Ableitung der Arbeit durch Radgetriebe. Zuleitung des Triebwassers durch ein Fallrohr *a* mit anschließendem Leitapparat *b*. Regelung der Wassermenge durch Schieber *c*.

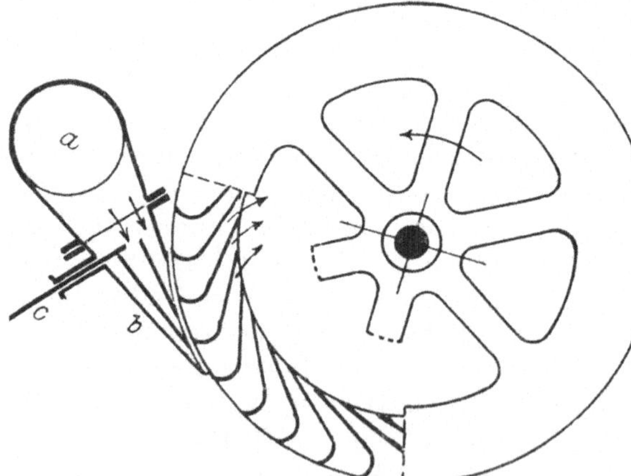

Abb. 115. Tangentialrad von *Zuppinger* (Grundriß).

[1] Bezüglich des Vorranges von *Kaplan* gegenüber gleichgearteten amerikanischen Bauarten vgl. Ztschr. d. V. d. I. 1921, S. 190.

Tangentialrad von Schwamkrug (Abb. 116). Stehendes Radialrad mit innerer Beaufschlagung. Über das Armkreuz $a$ seitlich überhängender Radkranz $b$, so daß der Leitapparat $c$ des Zuflußrohres über die Radschaufelung treten kann. Regelung der Aufschlagwassermenge durch Drehklappen $d$ im Leitapparat.

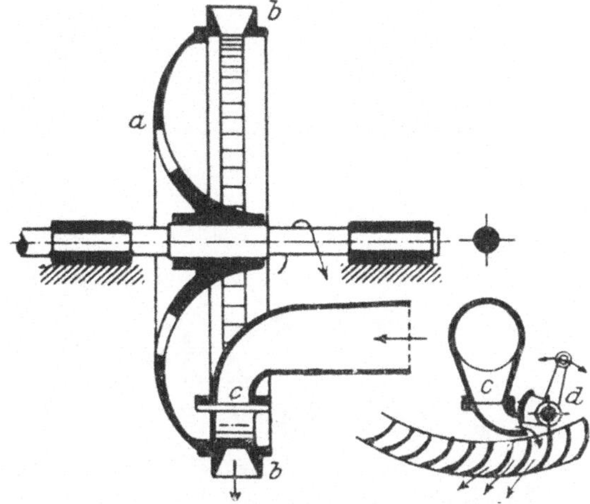

Abb. 116. Strahlturbine von *Schwamkrug*.

Becherturbine von Pelton (Abb. 117). Stehendes Rad, trägt am Umfang vorspringende becherförmige Gefäße oder Schaufeln mit zwei Ablenkungsflächen, die in einer scharfen Kante (siehe Abb. 113) aneinander stoßen. Die Zuleitung des Triebwassers erfolgt durch eine, bei größeren Rädern auch durch mehrere Düsen $a$, die nahe an die Becher herantreten. Der ihnen entfließende Wasserstrahl wird gegen die Becherkante geleitet und von dieser in zwei Teile gespalten, die an den Ablenkungsflächen

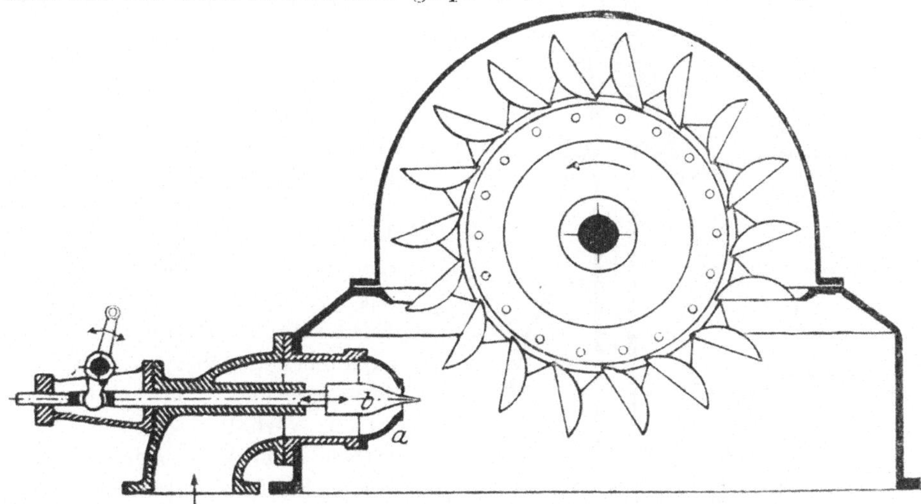

Abb. 117. Strahlturbine von *Pelton*.

entlang fließen. Regelung des Strahles durch den verstellbaren Ventilkegel $b$. Größenbeispiele: $d = 1{,}83$ m, $n = 255$ t/Min., Strahldicke 48 mm, $N_n = 109$ PS[1]; $d = 11$ m, $n = 80$ t/Min., $N_n = 1100$ PS[2].

[1] Dingl. Polyt. Jl. 1884, Bd. 254, S. 273.

[2] Ztschr. d. V. d. I. 1901, S. 1543.

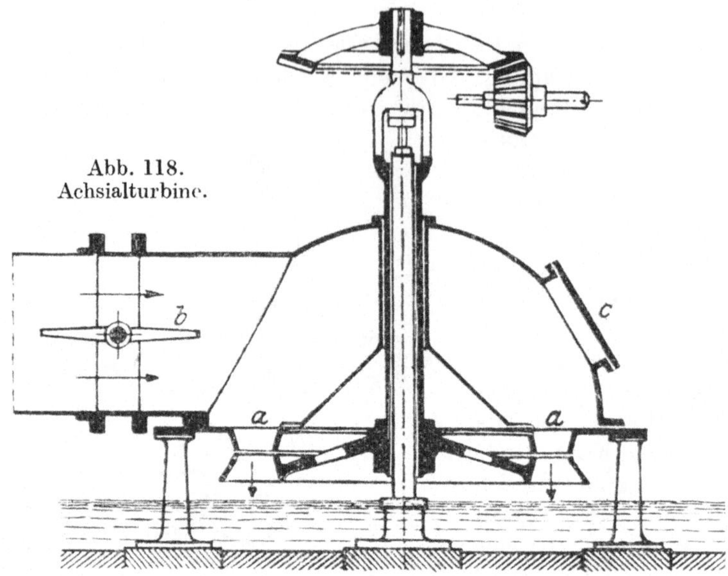


Abb. 118. Achsialturbine.

Achsialturbine nach Girard (Abb. 118). Voll beaufschlagtes Rad über Unterwasser. Leitrad $a$ bildet den Boden eines kuppelförmigen Gehäuses aus Eisenblech, in das die mit Drosselklappe $b$ ausgerüstete Zuleitung des Triebwassers mündet. Zugang zum Leitrad durch ein Mannloch $c$ des Gehäuses.

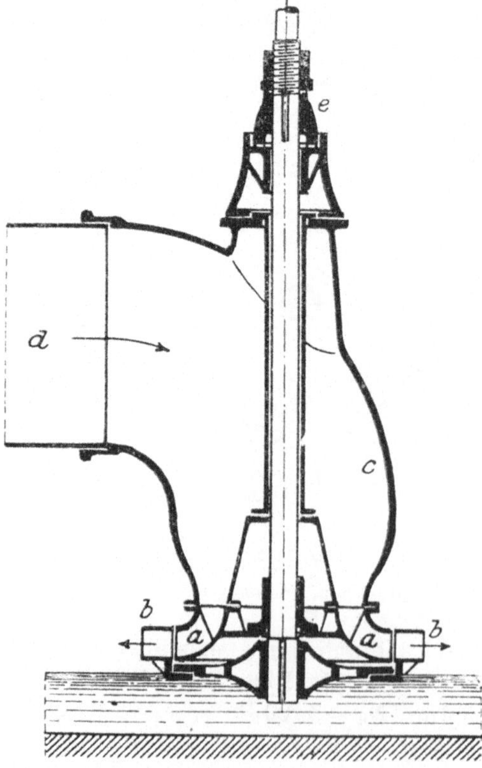


Abb. 119. Innen beaufschlagte Turbine (*Fourneyron*).

$\beta\beta$) Die Überdruckturbinen.

Fourneyron-Turbine (Abb. 119). Innenbeaufschlagung. Das tellerartige Leitrad $a$ liegt im Innern des Laufrades $b$ und bildet den Boden eines Gehäuses $c$, in das die Rohrleitung $d$ mündet. Das Laufrad wird von einem leicht zugänglichen Oberwasserzapfen $e$ getragen und läuft unter normalen Verhältnissen im Unterwasser. Bei Wassermangel dient ein das Laufrad umhüllender Ringschützen, der durch ein Getriebe in der Höhenrichtung verstellt werden kann, zur teilweisen oder völligen Abdeckung der Austrittsöffnungen der Laufradkanäle.

Francis-Turbine für mittelgroße Gefälle (Abb. 120). Liegendes Rad mit äußerer Beaufschlagung. Die Radkammer *a* ist mit dem Untergraben *b* durch ein Saugrohr *c* verbunden, das in das Unterwasser taucht und in der Radkammer von dem Leitrad *d* umsäumt wird. Dieses umschließt das Laufrad, dessen Achse innerhalb des Schutzrohres *e* das Oberwasser durchragt und entweder durch Fuß- und Halslager in senkrechter Lage erhalten wird oder, wie dargestellt, an einem über dem Oberwasser liegenden Kammzapfen *f* hängt. Sehr kleine Gefälle erfordern die Aufstellung des Rades in der Höhe des Unterwasserspiegels und die Ableitung des gebrauchten Wassers in den Untergraben durch Vermittelung eines bis unter die Grabensohle herabreichenden Rohrkrümmers.

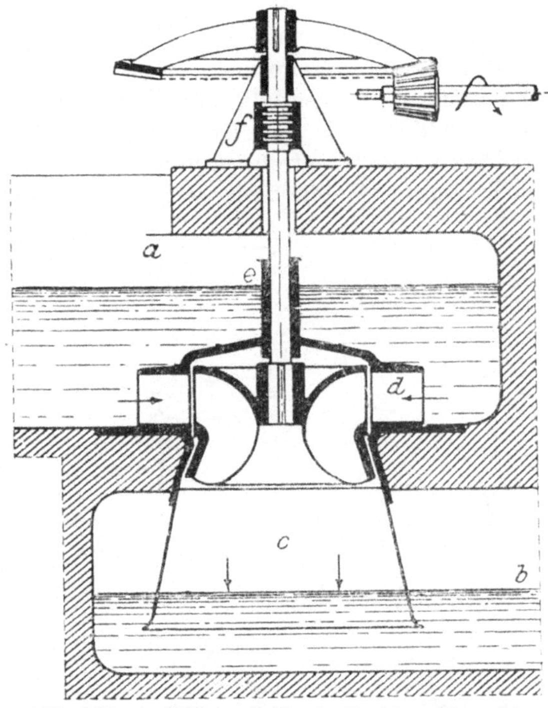

Abb. 120. Außenbeaufschlagte Turbine (*Francis*).

F r a n c i s - D o p p e l t u r b i n e (Abb. 121). Die Anordnung von zwei Turbinenlaufrädern *a*, *b* auf der gleichen liegenden Welle *c* vereinfacht das die Arbeit der Turbine fortleitende Getriebe. Die Teilung der Aufschlagwassermenge führt zu kleinen Rädern und großen Drehzahlen, beispielsweise bei mittleren Gefällen bis $h = 10$ m und offener Radkammer zu Drehzahlen $n = 200-250$ t/Min.

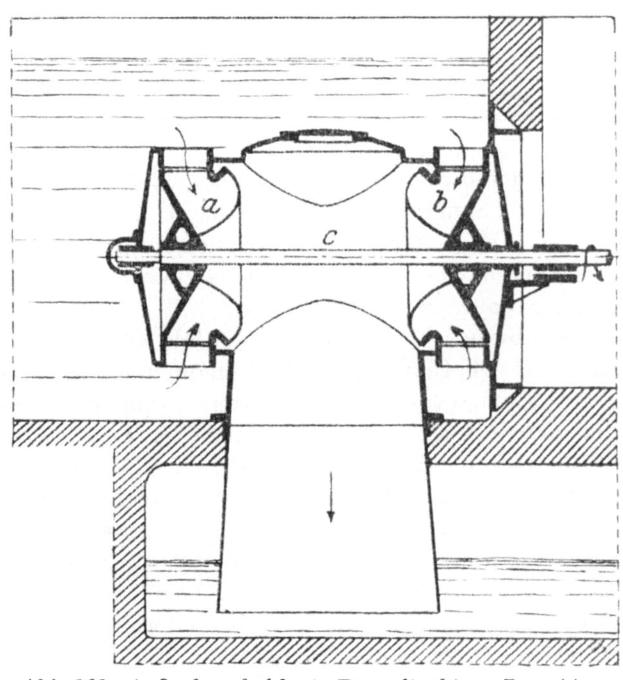

Abb. 121. Außenbeaufschlagte Doppelturbine (*Francis*).

F r a n c i s - S p i r a l t u r b i n e (Abb. 122).

Für hohe Gefälle wird das Francisrad in ein Gehäuse *a* eingeschlossen, dessen Mantel spiralförmig verläuft und an den das Zuleitungsrohr *b* des Triebwassers tangential anschließt. Das von dem Leitrad *c* umgebene Laufrad *d* liegt in dem Gehäuse exzentrisch, so daß sich die Umwand des Gehäuses, am Zulaufrohr beginnend, dem Leitrad bis zum Anschluß allmählich nähert. An die zentrisch zur Radmitte liegende Austrittsöffnung der

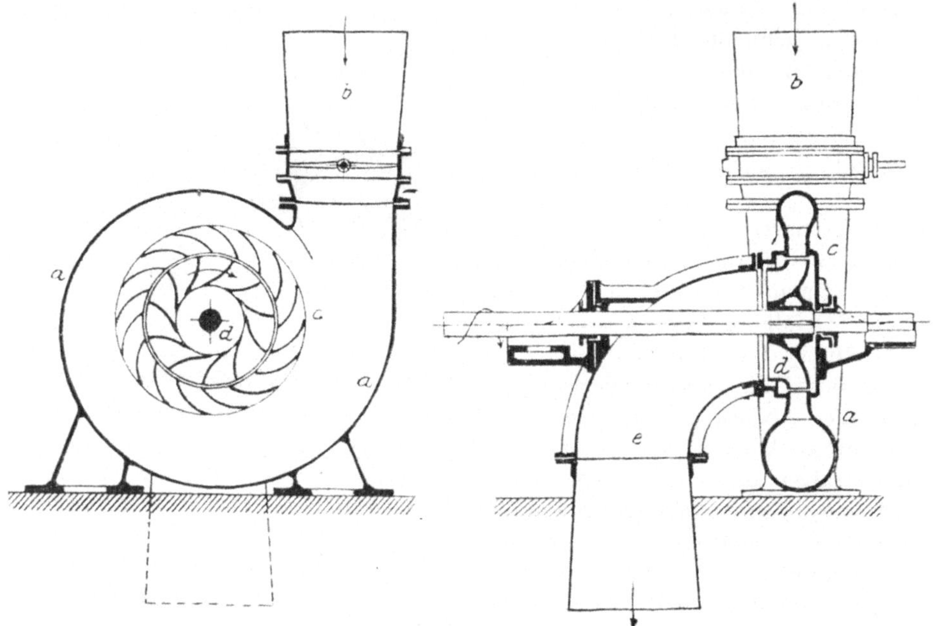


Abb. 122. Spiralturbine (*Francis*).

einen Seitenwand des Gehäuses schließt sich das in das Unterwasser tauchende Saugrohr *e* an. Schnelläufer mit Drehzahlen $n = 300-400$ t/Min. erhalten zum Zweck der Verkleinerung des Laufraddurchmessers und einer guten Überführung des Wassers in die Abflußrichtung besonders gestaltete Laufradschaufeln.

Turbine von Kaplan. Achsialturbine mit vier- auch zweiflügeligem Laufrad. Die gekrümmten Radschaufeln sind entweder fest oder drehbar mit der Radnabe verbunden. Letzteres, um bei veränderlicher Wassermenge zur Erzielung guter Wirkungsgrade die Schaufelwinkel den Änderungen im Wasserzufluß angleichen zu können. Den Einlauf in das Rad bildet ein Leitapparat mit *Fink*schen Drehschaufeln, der das Wasser senkrecht zur Radachse zuführt und aus dem es austretend, sich frei, ohne durch Wandflächen geführt zu werden, in achsialer Richtung in das Laufrad ergießt. Die Übergänge zur Kaplan-Turbine bilden jene Bauarten der Francis-Turbine, bei denen unter zunehmender Erweiterung des Spaltes zwischen Leit- und Laufrad die Schaufeln des letzteren in der Richtung der Radachse so verlängert sind, daß sie das die Radkanäle durchfließende Wasser allmählich in die achsiale Richtung überleiten (Abb. 120)[1]. Für die Wasserturbine zeigt der Übergang von dem eine Vielzahl engstehender Schaufeln enthaltenden Kanalrad zu dem Flügelrad den umgekehrten Weg der Entwickelung, den die Windturbinen erkennen lassen. Hier bildete das Flügelrad den Beginn des Weges, der zur Zeit bei dem amerikanischen Scheibenrad sein Ende gefunden hat.

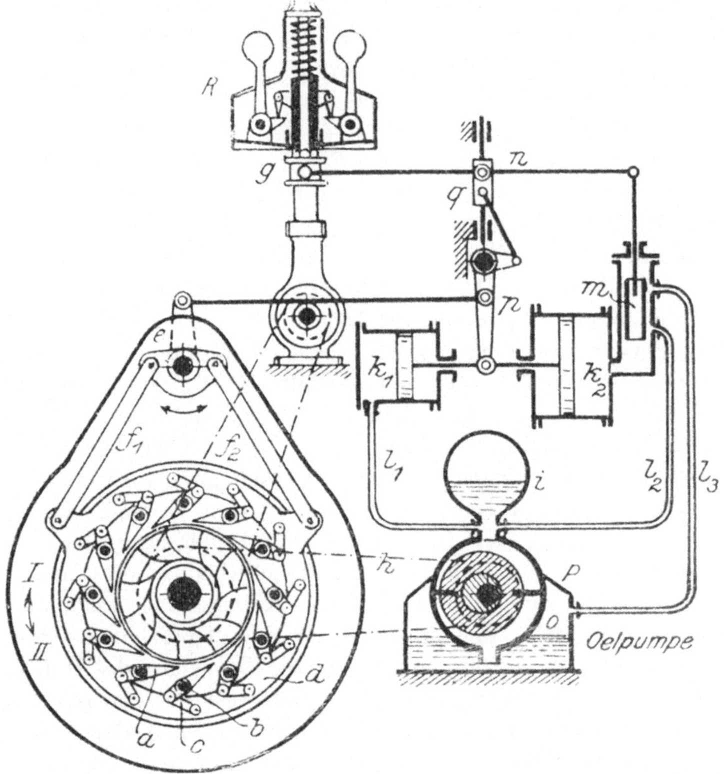


Abb. 123. Leistungsregler für Turbinen. (Drehschaufeln von *Fink.*)

### β) Die Leistungsregelung der Wasserturbinen.

Der Regelung des Turbinenbetriebes dienen teils in das Zulaufgerinne eingebaute Schützen, bei Rohrzulauf auch Drosselklappen und Absperrschieber, teils Einrichtungen verschiedener Bauart, die zu dem Leitapparat unmittelbar in Beziehung stehen. Die letzteren bezwecken entweder den völligen Abschluß einzelner Leitradkanäle gegen den Einlauf von Triebwasser, oder sie bezwecken die Veränderung der das Rad durchfließenden Wassermenge durch eine mehr oder weniger große Verengung der Durchflußquerschnitte

[1] Der Aufsatz von *Reindl*, Die Kaplan-Turbine in Ausführung und Verwendung in der Zeitschr. d. V. d. I. 1921, S. 1035 u. ff. gibt in den Figuren I—VII der Abb. 2 eine gute Übersicht der Entwicklung. Auf ihn sei auch bezüglich der baulichen Gestaltung der Kaplan-Turbine verwiesen.

sämtlicher Radkanäle. Unter den letztgenannten Einrichtungen genießt die von *Fink* angegebene Drehschaufel mit Recht besondere Beachtung, da sie die gleichmäßige Belastung aller Radkanäle gewährleistet und sich bei einfachem Bau auch für die Selbstregelung unter Benutzung eines Krafteinschalters gut eignet. Ihre Anwendung bei der Regelung einer Francis-Turbine zeigt die schematisch gehaltene Abb. 123[1]. Die Schaufeln $a$ des Leitrades sind um die Achsen $b$ drehbar und stehen durch Lenker $c$ mit einem Ring $d$ in Verbindung, der drehbar um das Leitrad gelegt ist. Die Drehung des Ringes wird durch den Kreuzhebel $e$ vermittelt, der mit dem Ring durch die beiden Stangen $f_1 f_2$ verbunden ist. Sie führt, wenn sie in der Richtung des Pfeiles I erfolgt, zum Schließen, wenn in der Richtung II zum Öffnen der Leitkanäle. Hierbei wird sie von einem Fliehkraftregler $R$ abgeleitet, der von der Turbine angetrieben wird, so daß seine Umlaufszahl in einem festen Verhältnis zur Drehzahl des Turbinenrades steht. Da die an der Hülse $g$ des Reglers wirkende Stellkraft zu klein ist, um die Drehung des Ringes $d$ und damit die Verstellung der Leitschaufeln zu bewirken, ist zwischen die Reglerhülse und den Kreuzhebel $e$ ein mit Drucköl betriebenes Triebwerk (Krafteinschalter, Servomotor) eingeschaltet, dessen Ölpumpe $P$ ihren Antrieb von der Turbinenwelle durch den Riemen $h$ erhält. Die Pumpe speist einen Windkessel (Druckölsammler) $i$ von dem die Druckölleitungen $l_1$ $l_2$ nach den Zylindern $k_1$ $k_2$ des Triebwerkes führen. Die beiden gleichbenannten Kolben des Triebwerkes sind verschieden groß. Ihre Bewegung wird von einem rohrförmigen Schieber $m$ gesteuert, der in die Leitung $l_2$ eingeschaltet ist und durch den Hebel $n$ mit der Reglerhülse $g$ in Verbindung steht. Von dem Schiebergehäuse führt ein Rohr $l_3$ das gebrauchte Öl in den Ölsammler $o$ zurück. Die beiden Kolben $k_1$ $k_2$ sind durch eine Kolbenstange verbunden, welche den Winkelhebel $p$ erfaßt, der einerseits mit dem Kreuzhebel $e$, andererseits mit einem Gleitstück $q$ verbunden ist, das die Drehachse des Hebels $n$ trägt. Die gezeichnete Mittelstellung des Rohrschiebers $m$ entspricht der normalen Umlaufszahl des Turbinenrades und des Reglers. Die beiden Leitungen $l_2$ $l_3$ sind geschlossen. Wird diese unterschritten und damit die Reglerhülse gesenkt, so bewirkt diese durch den Hebel $n$ das Heben des Rohrschiebers und damit das Öffnen von $l_2$, so daß die beiden Kolben (da $k_2 > k_1$) durch das nun in den Zylinder $k_2$ eintretende Drucköl nach links verschoben werden und die Erweiterung der Leitradkanäle, also die Erhöhung der Drehzahl des Laufrades der Turbinen erfolgt. Gleichzeitig bewirkt die Verschiebung der beiden Kolben durch den Winkelhebel $p$ das Senken des Gleitstückes $q$ und infolgedessen auch des Schiebers, so daß er die Zuflußleitung $l_2$ erneut verschließt und die Ausschaltung des Triebwerkes erfolgt. Umgekehrt hat eine Zunahme der Umlaufsgeschwindigkeit des Turbinenrades das Steigen der Reglerhülse und damit das Senken des Rohrschiebers zur Folge. Es wird die Ablaufleitung $l_3$ geöffnet und der auf $k_1$ lastende Öldruck drängt die beiden Kolben nach rechts, so daß der Ring $d$ in der Pfeilrichtung I gedreht und die Drehzahl der Turbine infolge der eintretenden Verengung der Leitradkanäle ver-

[1] Turbinenregler von *Escher, Wys & Co.*, Ztschr. d. V. d. I. 1911, S. 360.

mindert wird. Das gleichzeitige Anheben des Gleitstückes $q$ führt den Rohrschieber $m$ in die Abschlußstellung zurück und schaltet damit das Triebwerk wieder aus. Der Vorgang wiederholt sich nach der einen oder anderen Richtung bis zur Neueinregelung der normalen Umlaufzahl des Laufrades.

### b) Die Dampfturbinen.

Die Arbeitsleistung der Dampfturbinen beruht auf der Umsetzung der Spannungsenergie des Wasserdampfes in Ström- oder kinetische Energie. Diese Umsetzung erfolgt in dem Leitapparat der Turbine. Ihm entströmt der Dampf mit großer Geschwindigkeit. Der hierbei entstehende Massendruck der Dampfteilchen gegen die Schaufelflächen des Laufrades vermittelt die Umwandlung der Strömenergie in mechanische Arbeit, indem er das Rad in Drehung versetzt. Auf die Größe der Entspannung des Dampfes im Leitapparat und damit auf die Vollständigkeit der Energieumsetzung in diesem, ist einerseits der Druck, unter dem das Laufrad steht und der, je nachdem die Turbine ohne oder mit Kondensation arbeitet, 1 kg/qcm oder 0,03 bis 0,2 kg/qcm beträgt, andererseits die Gestaltung des Leitapparates von entscheidendem Einfluß. Während die Geschwindigkeit des Dampfes, wenn er einer einfachen Mündung entströmt, in der Mündungsebene die Schallgeschwindigkeit (für gesättigten Dampf von Atmosphärendruck = 425 m/Sek.) nicht überschreitet und der Druck nur bis ungefähr auf den 0,58ten Teil des im Ausströmungsgefäß herrschenden (den kritischen Druck) sinkt, gestattet eine Leiteinrichtung, die zu einer schlankkegelförmig sich erweiternden Düse ausgestaltet ist, die vollständige Umsetzung des Dampfdruckes in Strömenergie. Die Form der Düse, welche dieser Forderung entspricht (Abb. 124), ist erstmalig von dem Schweden *de Laval* angegeben, von *Zeuner*[1] unter der Voraussetzung reibungsloser adiabatischer Strömung theoretisch begründet und von verschiedenen Beobachtern[2] auf dem Wege des Versuchs geprüft worden

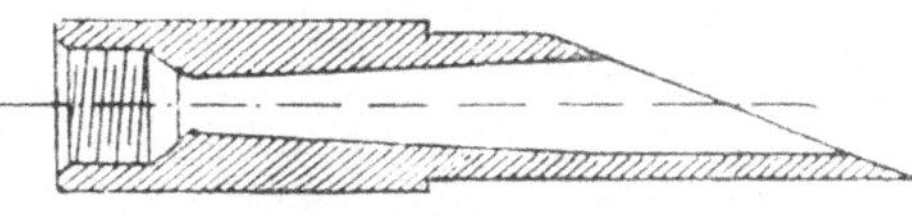
Abb. 124. *Laval*-Düse.

Aus Düsen oder Leitkanälen, welche die der Laval-Düse eigentümliche Erweiterung nicht besitzen, tritt der Dampf mit Spannung und daher noch expansionsfähig in das Laufrad über. Ist hierbei der Austrittsquerschnitt der Laufradkanäle kleiner als der Eintrittsquerschnitt, so treten gleichwie in Wasserturbinen an den Schaufelflächen Reaktionskräfte auf, die zu dem Ablenkungsdruck hinzutreten, den die Hohlform der Schaufeln bedingt. Man pflegt daher auch die Dampfturbinen in Druck- oder Aktionsturbinen und in Überdruck- oder Reaktionsturbinen einzuteilen. Die Dampfzuführung erfolgt bei den ersteren entweder nur auf einem Teil des Radum-

[1] *G. Zeuner*, Theorie der Turbinen. Leipzig 1899. S. 267.

[2] *Stodola*, Die Dampfturbine und die Aussichten der Wärmekraftmaschinen. Ztschr. d. V. d. I. 1903, S. 1 u. ff. — *Lewicki*, Die Anwendung hoher Überhitzung beim Betrieb der Dampfturbine. Ebenda 1903, S. 441 u. ff. — *Büchner*, Zur Frage der *Laval*schen Turbinendüsen. Ebenda 1904, S. 1029 u. ff.

fanges oder sie arbeiten ebenso wie die Überdruckturbinen mit voller Beaufschlagung

Die Geschwindigkeit ($v$), die der Dampf bei dem Verlassen der Laval-Düse besitzt, ist um so größer, je höher die Eintrittsspannung und je kleiner der Enddruck des Dampfes ist. Sie erlangt beispielsweise die folgend verzeichneten Werte in m/Sek.

| | Anfangsdruck in Atm. | | | | Enddruck in Atm |
|---|---|---|---|---|---|
| | 1. | 5. | 10. | 15. | |
| $v =$ | 825 | 1080 | 1168 | 1228 | 0,1 |
| | | 740 | 880 | 760 | 1,0 |
| | | 270 | 580 | 710 | 4,0 |

Überhitzung des Dampfes steigert die Ausflußgeschwindigkeit. Auch wird durch sie der Niederschlag von Wasser in der Turbine verhindert. Hohe, bis etwa 500° C reichende Überhitzung vermindert die Reibungswiderstände am umlaufenden Rad und bewirkt die Verminderung des Wärmeverbrauches. Hierdurch wächst die Möglichkeit, einen Teil der Abdampfwärme zurückzugewinnen und für andere Zwecke nutzbar zu machen.

Nach Theorie und Erfahrung wird die wirtschaftlich günstigste Ausnutzung der lebendigen Kraft des die Leiteinrichtung verlassenden Dampfstrahles erzielt, wenn die Umfangsgeschwindigkeit des Turbinenrades gleich der halben Austrittsgeschwindigkeit des Dampfes ist. Es nötigt jedoch die Rücksichtnahme auf die Sicherheit des Betriebes sowie auf die Größe der Drehzahlen, welche den zu betreibenden Werkmaschinen eigentümlich sind, zu einer weiteren nicht unerheblichen Einschränkung der Radgeschwindigkeit. Dies führt dazu, die letztere auf nur etwa $^1/_4$ der Ausströmgeschwindigkeit des Dampfes herabzusetzen und bei hoher Dampfspannung und geringem Gegendruck der Wahl der Radgröße eine Umfangsgeschwindigkeit von durchschnittlich 150—400 m/Sek zugrunde zu legen. Selbst diesen Geschwindigkeiten entsprechen bei *Laval*schen Dampfturbinen von 3 bzw. 300 PS-Leistung und mit Laufrädern von 100 bzw. 760 mm Durchmesser noch Drehzahlen von 30000 bzw. 10000 Uml/min. Es sind dies immer noch Umlaufszahlen, welche die Anforderungen des Werkmaschinenbetriebes, die in den meisten Fällen bei 3000 bis 4000 Uml/min ihre obere Grenze finden (Dynamomaschinen), noch erheblich übersteigen und daher einer weiteren Verminderung bedürfen.

Für die Herabsetzung der Umlaufsgeschwindigkeit auf eine dem Bedarf entsprechende Größe stehen bei den Dampfturbinen die folgenden Verfahren in Gebrauch:

1. Bei vollständiger Entspannung des Dampfes durch Expansion in einem Leitapparat und Ausnutzung der hierbei entstehenden Dampfgeschwindigkeit (Strömenergie) in einem Laufrad:

a) Die Anwendung eines großen Raddurchmessers *(Riedler-Stumpf)*.

b) Die Anfügung eines Radvorgeleges an die Turbinenwelle *(de Laval)*.

2. Bei völliger Entspannung des Dampfes durch Expansion in einem Leitapparat: die stufenweise Ausnutzung der hierbei entstehenden größten Dampfgeschwindigkeit (Strömenergie) in mehreren aufeinander folgenden Laufrädern (*Riedler-Stumpf*, *Seger-Kolb*).

3. Bei dem Verteilen der Entspannung des Dampfes auf mehrere aufeinander folgende Leitapparate: die Ausnutzung der hierdurch entstehenden Druckstufen in Laufrädern, die zwischen die Leitapparate eingeschaltet sind, wobei

a) in jedem der Leitapparate ein Druckabfall eintritt (*Parsons*),

b) nur einige der Leitapparate der Entspannung des Dampfes, die übrigen der Steigerung der Geschwindigkeit des Dampfes dienen (*Curtis*).

Die bauliche Gestaltung, die durch diese Arbeitsverfahren vorgezeichnet ist, führt unter Übernahme des Begriffes der Turbinenkammer aus dem Wasserturbinenbau zu zwei Hauptformen der Dampfturbine, der Einkammerturbine und der Mehrkammerturbine[1]).

Die erste dieser Formen umfaßt die Einrad-Druckturbinen, die nur Strömenergie ausnutzenden Mehrradturbinen und die nach Art der *Parsons*-Turbine eingerichteten Überdruckturbinen mit aufeinander folgenden Druckstufen.

Die Mehrkammerturbinen umschließen diejenigen Turbinenbauarten, bei denen das Gehäuse durch senkrecht zur Turbinenachse stehende dampfdicht eingesetzte Scheidewände in Kammern geteilt ist, deren jede ein Laufrad enthält. Die benachbart liegenden Kammern sind durch Leitapparate verbunden, die in die Trennungswände eingebaut sind und werden zuweilen gruppenweise derart zusammengefaßt, daß die Laufräder der einen Gruppe mit dem Abdampf von Kolbendampfmaschinen, die nicht stetig in Betrieb stehen, wie Fördermaschinen, Walzenzugmaschinen, Dampfhämmer u. dgl., unter Einschaltung eines Wärmespeichers beaufschlagt werden: Hoch- und Niederdruck-Abdampfturbinen, Zweidruckturbinen[2]. Zuweilen dient auch der Niederdruckteil einer Zweidruckturbine dazu, bei vorübergehendem Gebrauch schwachgespannten Dampfes, z. B. für Heiz- und Kochzwecke, einen Teil des dem Hochdruckteil der Turbine zugeführten Frischdampfes auf den niederen Druck abzuspannen (Anzapfturbine)

### α) Einkammerturbinen.

Turbine von *Laval*[3], 1889 bis 1895 (Abb. 125). Druckturbine für Leistungen von 3 bis 300 PS. Laufraddurchmesser 100 bis 760 mm. 1 bis 15 Stück Dampfdüsen. Das Rad $a$ ist von einem Gehäuse $b$ umschlossen, in das die Düsen $c$ einmünden. Die Drehzahl des Rades von $n = 10\,000$ bis 30 000 t/Min. erfordert das sorgfältige Auswuchten der Radmasse, damit der Schwerpunkt der Radscheibe möglichst in die Drehachse fällt und diese bei der Drehung zur freien Achse wird. Die Radwelle besitzt bei 10 pferdigen Turbinen 5 mm,

[1] *E. Lewicki*, Beitrag zur Einteilung der Dampfturbinen. Zeitschr. für d. gesamte Turbinenwesen 1905, Heft 4.

[2] *Grunewald*, Abdampfverwertungsanlagen. Ztschr. d. V. d. I. 1911, S. 215 u. ff.

[3] Ztschr. d. V. d. I. 1894, S. 796; 1895, S. 1189. — Civilingenieur 1895, S. 333.

bei 300pferdigen 35 mm Dicke und ruht so in drei Lagern ($e_1$ $e_2$ $e_3$), daß sie bei nicht vollkommenem Massenausgleich am Beginn der Drehung des Rades zwar eine Durchbiegung erleidet, aber in kurzer Zeit nach dem Überschreiten der kritischen Geschwindigkeit wieder zur freien Achse wird und der gefahrlose Umlauf des Rades gesichert ist. Das am Deckel des Turbinengehäuses angeordnete Endlager nimmt den Achsialdruck auf, der aus dem Einwirken des Dampfes auf die Turbinenschaufeln entsteht. Ein kleines und zwei große feinverzahnte Pfeilräder $r_1$ $r_2$ $r_3$ mit einem Übersetzungsverhältnis von $\frac{10}{1}$

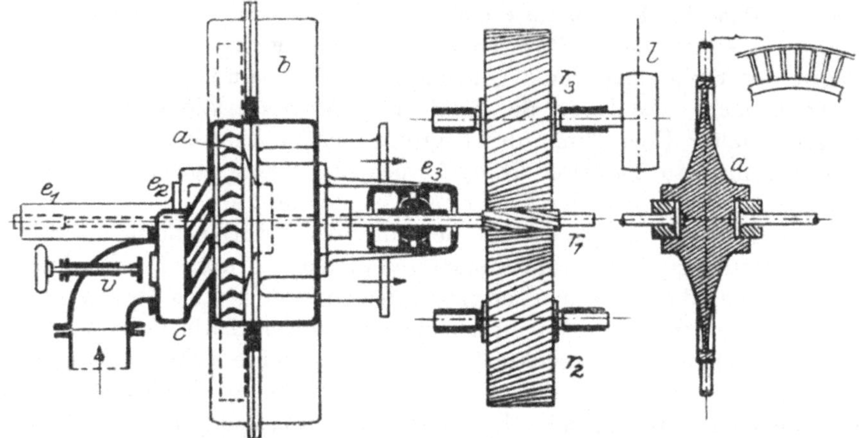


Abb. 125. Dampfturbine von *Laval* (Grundriß).

bis $\frac{11}{1}$ übertragen die Drehung der Turbinenwelle auf zwei Nebenwellen, von denen die Bewegung bei *l* weiter geleitet wird. Die Zahnräder besitzen große Breite und laufen mit 30 bis 50 m Umfangsgeschwindigkeit in der Sekunde. Den Dampfzufluß regelt ein Drosselventil *v*, das in der Dampfleitung den Düsen vorgelagert ist und unter der regelnden Wirkung eines Fliehkraftreglers steht. Der Dampfverbrauch einer 50pferdigen Turbine wurde bei dem Betrieb mit Sattdampf zu 8,2 kg, mit Heißdampf von $t = 200$ bis 300° Temperatur zu 7,6 bis 7,7 kg für 1 PS und 1 Stunde ermittelt.

Überdruckturbine von Parsons 1884[1] (Abb. 126). Das Laufwerk besteht aus zwei Gruppen zylindrischer Trommeln mit verschieden großen Durchmessern, die auf einer gemeinsamen Welle innerhalb eines sie dampfdicht einschließenden Gehäuses angeordnet sind. Die kleinsten Trommeln jeder Gruppe liegen dem Eintritt des Dampfes zunächst. Jede der Trommeln trägt eine Anzahl Laufschaufelkränze. Zwischen je zweien dieser ist ein Leitschaufelkranz an der Gehäusewand befestigt. Die Laufschaufeln *a* (Abb. 126, B) treten an das Gehäuse *b*, die Leitschaufeln *c* an die Trommel *d* bis auf 1—3 mm heran, so daß die freie Drehung der Trommel nicht gehemmt ist, aber auch größere Dampfverluste vermieden werden. Die stufenweise Vergrößerung des Durchmessers der Leit- und Laufschaufelkränze entspricht der Volumenvergrößerung, welche der Dampf beim Durchströmen der Kanäle in-

[1] Ztschr. d. V. d. I. 1889, S. 604. — Engineering 1892, S. 573.

folge der in jedem Leitschaufelkranz stattfindenden Druckverminderung erleidet. Die Trommelstufen gleicher Größe sind durch Kanäle *e* in der Gehäusewand oder durch auserhalb des Gehäuses liegende Rohre *f* miteinander verbunden. Es herrscht in ihnen daher die gleiche Dampfpressung, sodaß sich die bei dem Durchströmen der Laufschaufelkränze entstehenden und gegeneinander gerichteten Achsialdrücke gegenseitig aufheben. Die Trommel-

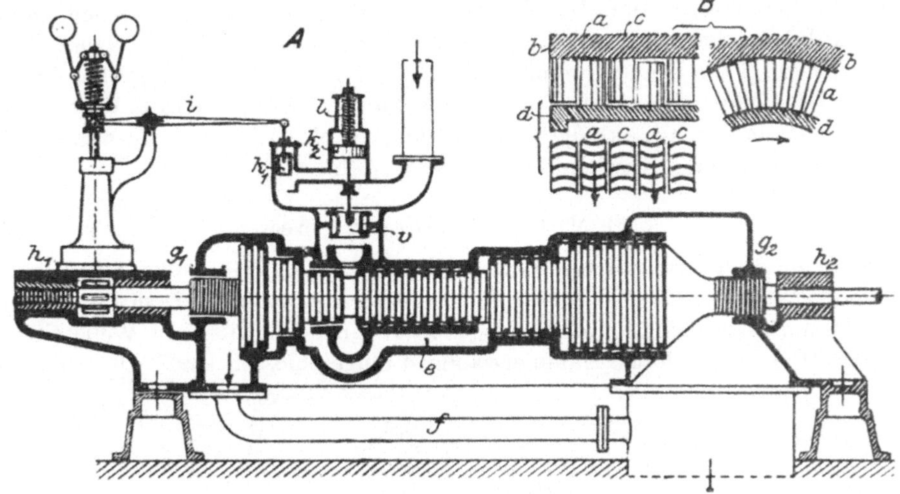


Abb. 126. Dampfturbine von *Parsons*.

welle tritt durch Labyrinthdichtungen in den Stirnseiten $g_1$ $g_2$ des Gehäuses nach außen und ruht hier in Lagern $h_1$ $h_2$, die z. T. mit Wasserkühlung versehen sind. Das eine dieser Lager ($h_1$) ist als einstellbares Kammlager ausgebildet und sichert die Trommel gegen Achsialschub, so daß sich die Laufkränze frei und mit geringem Spielraum zwischen der Leitradschaufelung bewegen. Die Richtung der Schaufeln ist in den Leit- und den Laufkränzen entgegengesetzt (Abb. 126, B), sodaß der diese durchfließende Dampfstrom von Kranz zu Kranz einen Richtungswechsel erfährt und die Strömgeschwindigkeit bei fortschreitender Entspannung des Dampfes allmählich steigt. Die *Parsons*-Turbine besitzt volle Beaufschlagung. Der Austritt des entspannten Dampfes erfolgt entweder ins Freie oder in einen Kondensator. Den Zutritt des Frischdampfes regelt ein Drosselventil ($v$), das nach Anweisung eines Fliehkraftreglers durch den Betriebsdampf der Maschine eingestellt wird. Hierfür wirkt der Regler durch den Hebel $i$ auf einen kleinen Kolben $k_1$, der bei zu raschem Lauf der Turbine gesenkt wird und den Zutritt des Dampfes zu dem mit dem Ventil $v$ verbundenen Kolben $k_2$ hemmt, so daß die das Ventil belastende Feder $l$ durch Senken des Ventils den Dampfzufluß zur Turbine einschränkt. Umgekehrt bewirkt bei zu langsamem Umlauf des Reglers das Heben des Kolbenschiebers $k_1$ und der hierdurch verstärkte Zutritt des Dampfes zum Ventilkolben $k_2$ das Heben des Dampfventils.

Im Jahre 1903 betrug die größte Leistung einer *Parsons*-Turbine etwa 10000 PS, 1912 wurde sie auf etwa 30000 PS gesteigert und in der neuesten Zeit[1] ist sie bis auf 75000 PS oder 60000 kW gestiegen. Die Turbinen werden sowohl als Hochdruckturbinen mit 12—18 Atm Eintrittsspannung und 260—400° C Temperatur des Dampfes, als auch als Niederdruckturbinen mit etwa 2 Atm Eintrittsspannung gebaut. Sie arbeiten mit Oberflächenkondensation bei 95—98 vH Luftleere und verbrauchen rund 4,6 kg/PS-St oder 7,1 kg/kW-St Dampf. Bei den größten *Parsons*-Turbinen beträgt die Umfangsgeschwindigkeit der bis zu 3800 mm großen Laufräder 180 bis 200 m/Sek; die Drehzahl der Turbinenwelle also rund 1000 t/Min. Im allgemeinen schwankt die Umlaufzahl je nach Größe und Verwendungszweck der Turbine zwischen 750 bis 3000 t/Min.

### β) Mehrkammerturbinen.

Die Abdampfturbine, Bauart Zoelly (Abb. 127)[2]. Voll beaufschlagte Überdruckturbine. Fünf Druckstufen des bei $a$ zuströmenden Dampfes werden durch fünf Laufräder $b$ ausgenutzt, die auf einer gemeinsamen Welle sitzen und zwischen gleichviel Kammerwände $c$ eingeschlossen sind. Die Abdich-

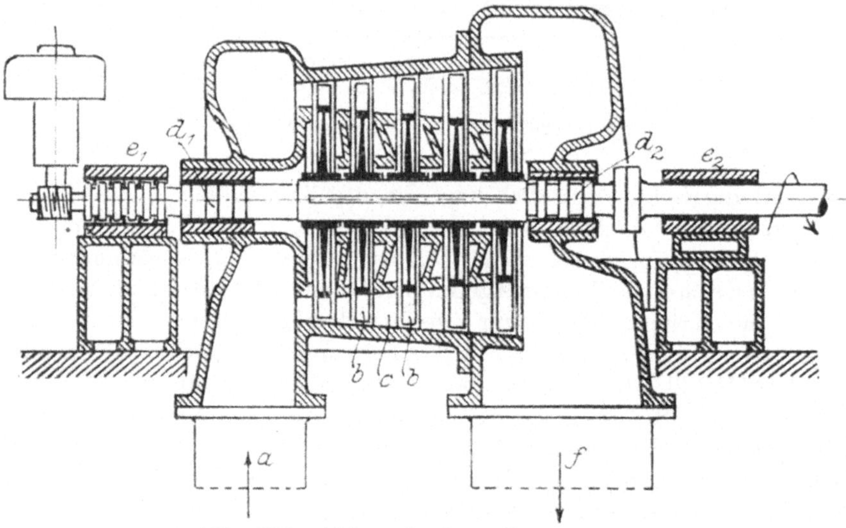


Abb. 127. Abdampfturbine, Bauart *Zoelly*.

tung der Wände gegen die Naben der Radscheiben erfolgt durch Labyrinthgänge, so daß die Drehung der Räder reibungslos ist. Ebenso dichten Labyrinthgänge $d_1$ $d_2$ den Durchtritt der Turbinenwelle durch die Stirnwände des Gehäuses. Außerhalb dieses liegt die Welle in zwei Lagern $e_1$ $e_2$, die auf dem Maschinenrahmen stehen, der auch das Gehäuse trägt. Das den Rückdruck des Dampfes aufnehmende Lager $e_1$ ist als Kammlager ausgeführt. Der Ab-

[1] Ztschr. d. V. d. I. 1918, S. 335; 1919, S. 386, 762.

[2] *Grunewald*, Abdampfverwertungsanlagen. Ztschr. d. V. d. I. 1911, S. 378ff.

dampf tritt bei $a$ in das Gehäuse ein, durchströmt der Reihe nach die sämtlichen Leit- und Laufradkanäle und strömt bei $f$ in den Kondensator ab[1]. Die Geschwindigkeitsregelung erfolgt durch Drosselung des zuströmenden Abdampfes mittels eines in die Dampfleitung eingebauten Schieberventils. Dasselbe wird durch eine kleine Preßölmaschine verstellt, je nachdem der diese steuernde entlastete Kolbenschieber von dem Fliehkraftregler beeinflußt wird. Bei zu großer Geschwindigkeit hebt der letztere den Kolbenschieber, es tritt Drucköl über den Kolben der Preßölmaschine und senkt diesen sowie das mit ihm verbundene Drosselventil. Hierbei zieht ein Hebel den Kolbenschieber mit herab, bis er den Zu- und Abfluß des Preßöles wieder sperrt und hierdurch die neue Ventilstellung bis zu einer abermaligen Einwirkung des Reglers erhalten bleibt. Bei dem Sinken der Geschwindigkeit sinkt auch der Kolbenschieber herab, so daß das Drucköl solange unter den Kolben der Preßölmaschine tritt, bis der Rückführhebel durch Wiederanheben des Kolbenschiebers und Absperren des Ölzu- und abflusses die neue Stellung befestigt[2].

### c) Die Windturbinen.

Die Unzuverlässigkeit der atmosphärischen Luftbewegung in bezug auf Stärke, Dauer und Richtung läßt die Ausnutzung der bewegenden Kraft des Windes für den Betrieb von Kraftmaschinen nur dann als geboten erscheinen, wenn die Gewinnung motorischer Arbeit nicht an bestimmte Zeiten gebunden ist, oder wenn die Möglichkeit besteht, die in unbestimmten Zeiträumen gewonnene motorische Kraft aufzuspeichern, um sie später zu beliebiger Zeit nutzbar verwerten zu können. Solche Verhältnisse finden sich vornehmlich in landwirtschaftlichen und gärtnerischen Betrieben sowie in solchen industriellen Betrieben, in denen sich die Beschaffung von Wasser oder das Ansammeln von elektrischer Energie für Beleuchtungszwecke und kleinere Arbeitsleistungen erwünscht bzw. notwendig erweist. Derartige Arbeitsstätten sind es daher auch vornehmlich, die in der neueren Zeit von der Aufstellung sog. Windmotoren, Windräder oder Windturbinen Nutzen ziehen[3]. Die Benutzung des Windes für den Antrieb kleiner Mahlwerke, die früher hauptsächlich zur Anwendung des Windes Gelegenheit bot, hat durch die neuzeitliche Gestaltung der Mehlfabrikation erheblich an Bedeutung verloren. Nur in flachen, windreichen Landstrichen geben auch heute noch oft zahlreiche Windmühlen der Gegend ein typisches Gepräge.

#### α) Die Bauformen der Windräder.

Mit dem Verwendungszweck hat sich auch die bauliche Gestaltung des Windrades wesentlich verändert. An die Stelle nur weniger schmaler Windflügel auf der Drehachse des Motors, die aber zuweilen bis zu 12 m Länge und mehr erreichten, ist das Scheibenrad von 2—15 m Durchmesser ge-

---

[1] Nach Ztschr. d. V. d. I. 1904, S. 1203.

[2] Vgl. die Turbinenregelung S. 141.

[3] *Mayersohn*, Betriebserfahrungen mit Windkraftanlagen. Ztschr. d. V. d. I. 1920, S. 927.

treten, das aus einer größeren Anzahl schmaler Schaufeln aus Holz oder verzinktem Eisenblech zusammengesetzt ist, die gegen die Ebene des Rades schwach geneigt liegen und in der Richtung der Radachse von dem Wind beaufschlagt werden. Diesen Radgrößen entsprechen dann bei einer Windgeschwindigkeit $v = 7—8$ m/Sek und einem Winddruck $p = 6—8$ kg/qm Arbeitsleistungen $N_n = \frac{1}{2} — 15$ PS.

Allgemein ergibt sich die Nutzarbeit eines Windrades, das der Windströmung eine Angriffsfläche von $F$ qm darbietet, aus der Gleichung

$$N_n = \mu N = \mu \frac{1}{75} M \frac{v^2}{2} = \mu \frac{1}{75} \frac{F v \gamma}{g} \frac{v^2}{2} = K F v^3 \text{ PS},$$

wenn $M$ die Masse der auf die Radfläche einwirkenden Luft, $v^m$ die Geschwindigkeit der Luftströmung, $\gamma$ das Gewicht von 1 cbm Luft = 1,29 kg, $\mu$ den Wirkungsgrad des Rades bezeichnet.

Hierin kann

für alte Flügelräder $\mu = 0{,}44$, daher $K = 0{,}0004$,
für neue Scheibenräder $\mu = 0{,}57$, daher $K = 0{,}0005$

gesetzt werden.

Die Geschwindigkeit des Windes wechselt in weiten Grenzen. Sie durchläuft von dem der Windstille entsprechenden Werte Null bis zu einem Höchstwert von 30 bis 40 m/Sek (Orkan) alle Stufen. Demgemäß schwankt auch der Druck auf die Flächeneinheit etwa zwischen 0 und 196 Kg/qm. Für den Betrieb von Windrädern kommen nur mittlere Geschwindigkeiten von etwa 5 bis 15 m/Sek in Betracht. Bei dem Sinken der Geschwindigkeit unter 5 m wirken die Bewegungswiderstände des Rades, bei mehr als 15 m Luftgeschwindigkeit die starken Beanspruchungen des Radunterbaues störend auf den Betrieb ein. Als normale, der Berechnung eines Rades unterzulegende Mindestgeschwindigkeit pflegt man $v = 7$ bis 8 m/Sek zu wählen. Man richtet dann das Rad so ein, daß bei dem Anwachsen der Geschwindigkeit über diese Grenze eine Verkleinerung der Druckfläche des Rades eintritt, bis bei gefahrbringender Drucksteigerung das völlige Abstellen des Rades erfolgt. Bis dahin bleibt die Leistung des Rades annähernd die Größtleistung, während sie beim Sinken der Windgeschwindigkeit unter den angegebenen Wert ebenfalls sinkt und schließlich infolge Überwiegens der Bewegungswiderstände bei dem eintretenden Stillstande des Rades ihre unterste Grenze erreicht. Der Eintritt der für den Betrieb eines Windrades ausnutzbaren Windgeschwindigkeit ist durch die allgemeinen meteorologischen Verhältnisse bedingt und daher für verschiedene Örtlichkeiten verschieden sowohl in der Häufigkeit ihres Auftretens, als ihrer Verteilung auf den Verlauf eines Jahres. Im allgemeinen kann man für die Ausnutzung der vollen Leistungsfähigkeit eines Windrades im Jahr mit etwa 30 bis 40 sog. Windtagen rechnen.

Die bauliche Gestaltung der Windturbine umfaßt die Einrichtung des Windrades und dessen Unterbaues. Der letztere ist insofern von Bedeutung als er, als Träger des Rades, dieses so hoch über den Erdboden oder in der

Nähe befindliche Bauwerke u. dgl. emporheben muß, daß der treibende Luftstrom ungehemmt auf das Rad einzuwirken vermag. Während die alten Wind-

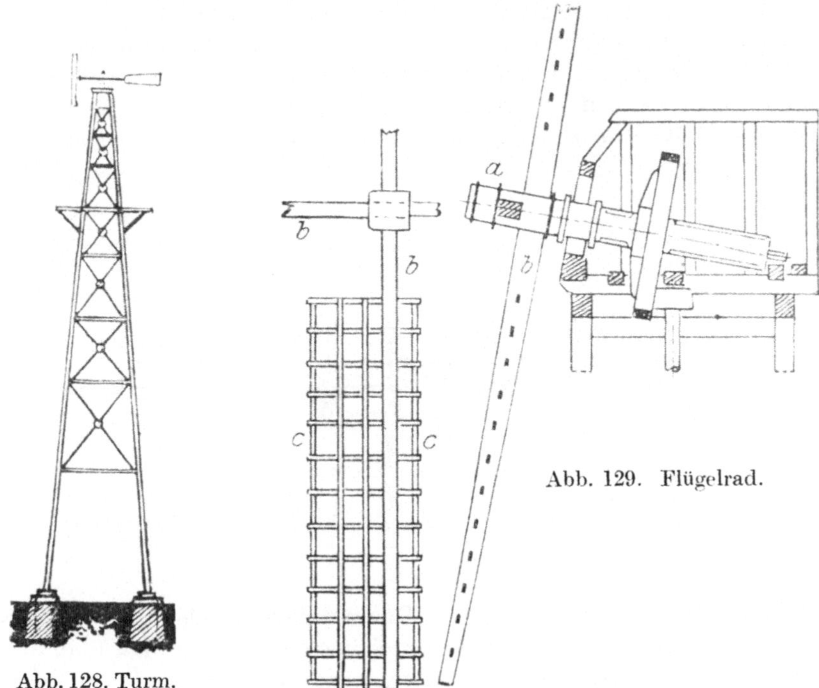


Abb. 128. Turm.

Abb. 129. Flügelrad.

mühlenräder von dem Gebäude getragen wurden, das das Mahlwerk enthielt, erhalten die Windturbinen der Neuzeit in der Regel nach Abb. 128 einen eigenen, 10 bis 20 m hohen turmähnlichen Unterbau der in dem Erdboden sturmsicher verankert ist und aus einem hölzernen oder eisernen Fachwerkbau besteht. Die Krone des Turmes trägt die Lager für die wagrecht liegende Achse des Windrades.

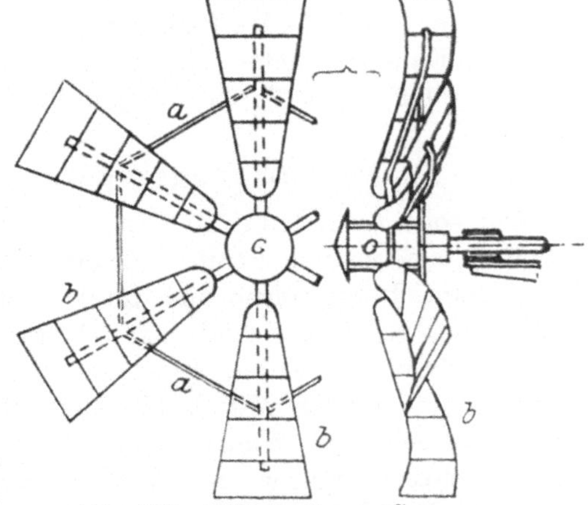


Abb. 130. Flügelrad von *Soerensen.*

Der Aufbau der alten und der neuen Windräder ist wesentlich verschieden. Während die ersteren nach Abb. 129 in der Regel aus vier sich rechtwinklig kreuzenden und den Kopf der Radwelle *a* durchdringenden, sog. Ruten *b* und rechtwinkelig zu diesen zwischen Saumlatten *c* gefaßten kurzen und schmalen Schindeln, Sprossen oder Scheiden gebildet wurden, bestehen die neuzeitlichen Windräder nach Abb. 130 u. 131 aus einem vieleckig gestalteten

Rahmen *a*, der eine größere Zahl schmaler, zu einer Kreisringfläche zusammengestellter dünner Holz- oder Eisenblechplatten Spaletten *b* trägt. Die Plattenebenen sind gegen die Radebene unter einem Winkel von 28 bis 35° geneigt und da die benachbarten Spaletten sich nicht berühren, so entstehen kurze Kanäle, in denen die durchströmende Luft einen Richtungswechsel erleidet, demzufolge sie einen Teil ihrer Strömenergie an das Rad abzugeben und dieses in Drehung zu versetzen vermag. Die Spaletten reichen

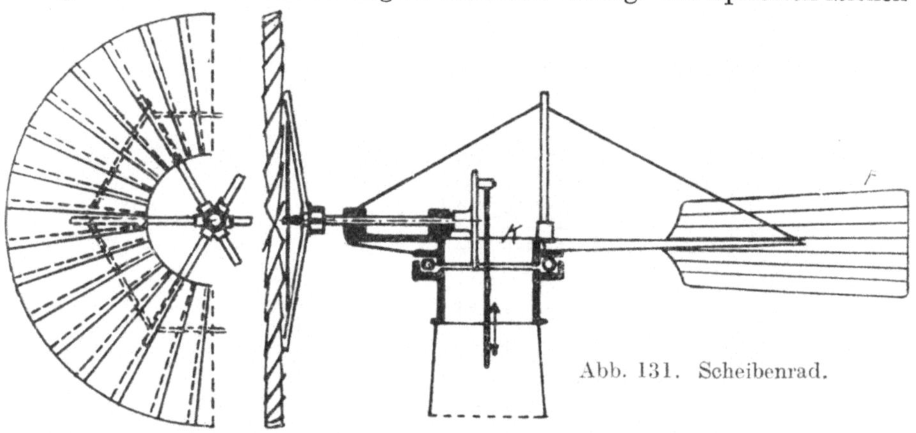

Abb. 131. Scheibenrad.

nicht bis zur Achse, so daß um diese ein Raum unbedeckt bleibt, dessen Durchmesser etwa $^1/_3$ des äußeren Scheibendurchmessers beträgt. Bei Rädern von mehr als 5 m Durchmesser wird die Rahmenbedeckung in der Regel aus zwei konzentrisch liegenden Ringscheiben gebildet (Doppelrad). Die sternförmig angeordneten Arme oder Speichen des Rahmens hält eine eiserne Rosette (*c*) zusammen, die am Ende der eisernen Radachse befestigt ist. Die Drehung der Achse wird entweder durch Kegelräder auf eine senkrechte Welle übertragen, die innerhalb des Radturmes abwärts führt (Abb. 133), oder es treibt eine am Ende der Achse sitzende Kurbelscheibe das Gestänge einer Pumpe an, die am Fuß des Turmes aufgestellt ist (Abb. 131).

### β) Die Leistungsregelung der Windturbinen.

Die volle Ausnutzung der Energie des Luftstromes erfordert, daß dieser die Radebene senkrecht treffe. Sie erfordert daher, daß das Rad dem Wechsel der Strömrichtung folgen und durch Drehung um die senkrechte Achse des Unterbaues gegen den Wind eingestellt werden kann. Bei der alten „deutschen Bockwindmühle“[1] wurde deren aus Holz erbautes Mühlenhaus von einer senkrecht stehenden Mittelsäule, dem Hausbaum, getragen und konnte um diese nach Bedarf mittels eines vom Haus nach außen ragenden Hebels, dem Sterdt, gedreht werden. Mit der erstmalig bei holländischen Windmühlen erfolgten Einführung eines steinernen Mühlengebäudes wurde das Einstellen

[1] *Schwahn*, Lehrbuch der praktischen Mühlenbaukunde, 4. Abt., Von dem Bau der Windmühlen. Berlin 1850.

des in dem Dach des Hauses gelagerten Rades gegen den Wind einer „Windrose“ übertragen, die unter der Einwirkung des Windes die Drehung des Hausdaches bewirkte. Infolge der senkrechten Lage der Ebene der Windrose zur Ebene des Turbinenrades ist hierbei die Abstellung der ersteren mit der Einstellung des letzteren gegen die Windströmung verbunden.

Für das Einstellen der verhältnismäßig kleinen und leichten Scheibenräder der Neuzeit dient in der Regel nach Abb. 131 eine „Windfahne“ *F*, die in der Richtung der Radachse mit dem auf Rollen ruhenden Radtisch *K* starr verbunden ist. Sie wird durch den an ihr entlang fließenden Luftstrom nach Maßgabe der Abb. 132 gerichtet und hierdurch die Radachse in die Windrichtung eingestellt. Nur die großen Räder erhalten eine „Windrose“, *W* der Abb. 133. Dieselbe wirkt durch ein Triebwerk auf einen Zahntrieb *a* ein, der an dem Tisch des Windrades gelagert ist und auf einem am Kopf des Turmes befestigten Zahnkranz *b* abwälzt.

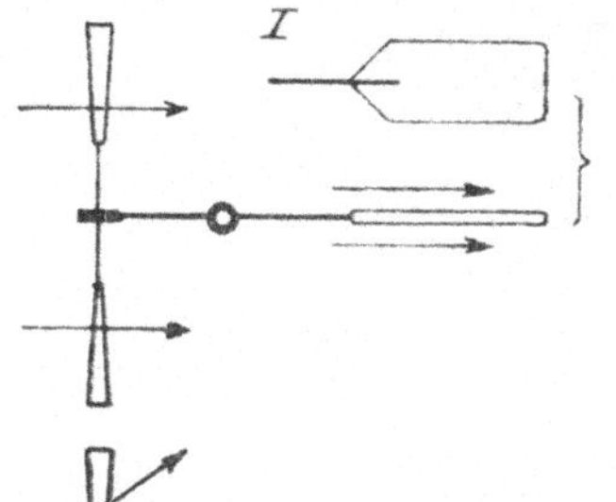


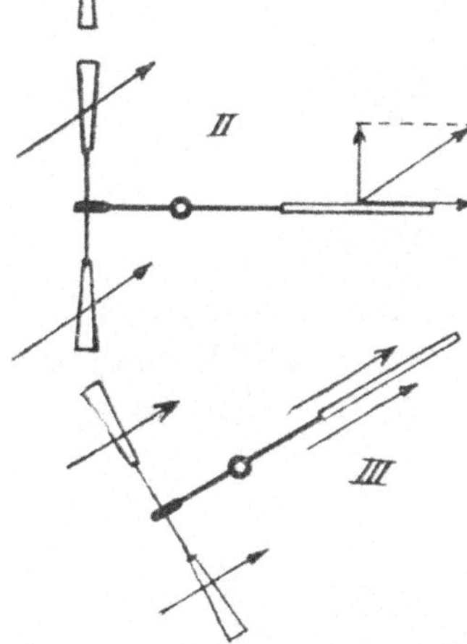


Abb. 132. Radeinstellung mit Windfahne.

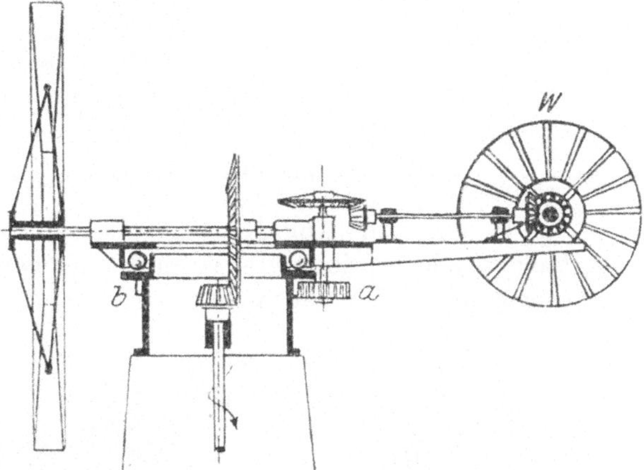


Abb. 133. Radeinstellung mit Windrose.

Das Regeln der Leistung der Windräder bzw. das Anpassen derselben an die jeweilig herrschende Windgeschwindigkeit erfolgt durch Verändern der Druckflächenprojektion des Rades auf eine zu der Windrichtung normal stehende Ebene. Sie kann erfolgen:

a) Durch Änderung der Größe der Radfläche. Ein bei dem alten deutschen Flügelrad benutztes Verfahren, bestehend in dem Herausnehmen bzw. Einfügen von Sprossen an dem von den Saumlatten der Flügel gebildeten Rahmen.

b) Durch Verändern der Neigung einzelner Teile der Druckfläche gegen die Windrichtung, und zwar:

1. Bei Flügelrädern durch Verdrehen der einzelnen Flügel um die Längsachse der Ruten oder durch Aufklappen der drehbar am Flügelrahmen gelagerten Sprossen: Holländisches Flügelrad.

Im ersteren Fall (Abb. 134) sind die Ruten drehbar im Wellenkopf *a* gelagert und tragen Hebel *b*, die von Armen *c* einer Schubstange *d* erfaßt werden, welche die hohle Radwelle *e* durchdringt, so daß die Längsschiebung dieser Stange die Flügeldrehung bewirkt.

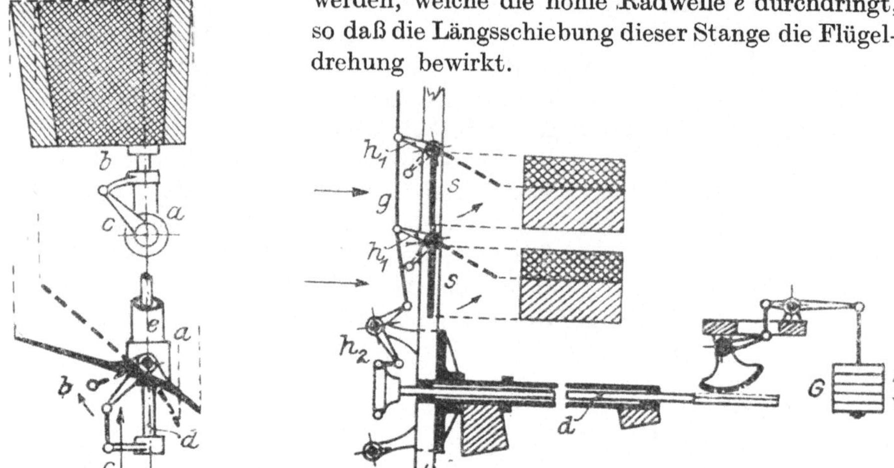

Abb. 134 und 135. Leistungsregelung bei Flügelrädern.

Im zweiten Fall (Abb. 135) sind die Sprossen (*s*) drehbar mit den Ruten verbunden und werden unter Vermittelung von Hebeln $h_1$ und $h_2$ sowie Gestängen *g* durch den Längsschub der Stange *d* gegen die Windrichtung ver-

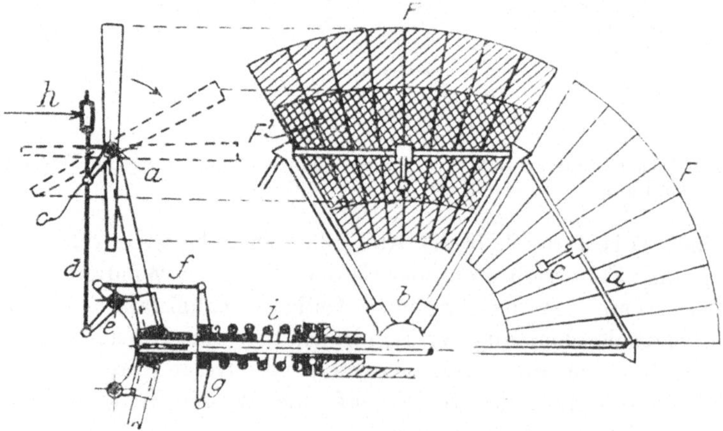

Abb. 136. Leistungsregelung (*Halladay*).

dreht. Die Schubstange *d* steht in beiden Fällen unter der Belastung eines Gewichtes *G*, dessen Größe der Flügelbelastung bei normaler Windgeschwindigkeit und geschlossenen Sprossen entspricht. Bei wachsendem Winddruck regelt es die Einstellung der Sprossen derart, daß der auf ihnen lastende Druck den normalen Druck, für den das Rad gebaut wurde, nicht übersteigt. In den Figuren ist die Größenänderung der Druckflächenprojektion durch verschieden gerichtete Schraffierung angedeutet.

2. Bei Scheibenrädern durch Teilung der Radscheibe in sektorförmige bewegliche Sprossengruppen oder Segel: Scheibenrad von Halladay (Abb. 136). Die Sprossengruppen $F$ sind um Achsen $a$ drehbar, die an dem Gestellrahmen $b$ des Rades gelagert sind. An jeder der Achsen befestigte Hebel $c$ stehen durch Zugstangen $d$ mit Winkelhebeln $e$ in Verbindung und bewirken bei dem Ausschwenken der Segel durch Zugstangen $f$ die Verschiebung einer auf der Radachse sitzenden Rosette $g$. Bei zunehmender Radgeschwindigkeit bewirkt die hierbei sich steigernde Fliehkraftwirkung von am Ende der Zugstangen $d$ sitzenden Belastungsgewichten $h$ die Überführung der Segel in die punktiert gezeichnete Lage; bei Verminderung der Umlaufgeschwindigkeit führt eine die Rosette $g$ belastende Feder $i$ oder ein diese ersetzendes Gewicht die Segel in die Ausgangsstellung zurück. Im ersteren Fall vermindert sich die Projektion $F$ der Segel auf $F'$ bzw. Null, wenn das Segel zufolge zu großen Winddruckes bis in die Gleichlage mit der Radachse gedreht und damit das Rad abgestellt wird.

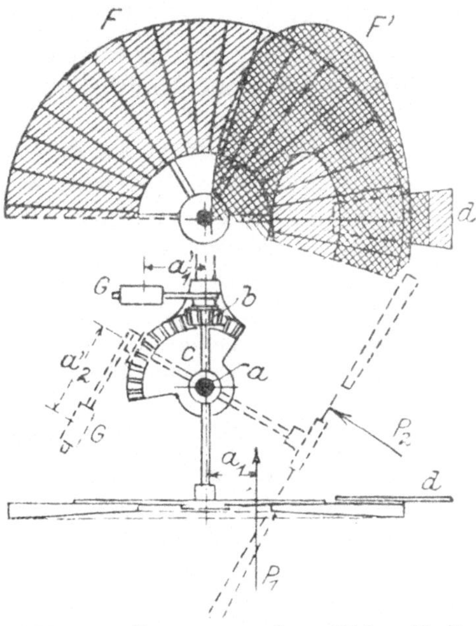

Abb. 137. Leistungsregelung (*Eclyps*-Rad).

c) Durch Verändern der Neigung der ganzen Druckfläche des Rades gegen die Windrichtung: sog. Eclyps-Räder von *Corcoran, Beloit* u. a. (Abb. 137). Die Radachse ist um die senkrechte Achse $a$ drehbar und trägt das mit dem Hebelgewicht $G$ belastete Kegelrad $b$. Dieses wälzt bei dem Ausschwenken des Scheibenrades in die punktierte Lage auf dem Zahnbogen $c$, so daß sich das Gewicht hebt, bis die Momentengleichung

$$P_1 a_1 = G a_1' \text{ in die Gleichung } P_2 a_1 = G a_2'$$

übergegangen ist. Hierbei entspricht die Kraft $P_1$ bzw. $P_2$ der durch den Druck des Windes verursachten Belastung der Radscheibe, die infolge einseitiger Vergrößerung der Druckfläche des Rades durch die seitlich über den Scheibenrand hervorragende Fahne $d$ um den Betrag $a_1$ exzentrisch zur senkrechten Achse $a$ wirkt. Die Radprojektion $F$ geht über in die kleinere Projektion $F^1$ und wird bei weiterem Anwachsen des Winddruckes zu Null, d. h. das Abstellen des Rades tritt ein. Bei dem Nachlassen des Winddruckes führt das sinkende Belastungsgewicht $G$ das Rad wieder in die Ausgangsstellung zurück. Zuweilen wird das Belastungsgewicht durch eine Schraubenfeder ersetzt, die bei der Ablenkung des Rades gespannt wird.

### d) Die elektrischen Motoren.

Durch Einleiten von Strom in die Anker- und Magnetwickelung einer dynamoelektrischen Maschine wird diese, dem Gesetz des Gebrauchswechsels entsprechend, zum Elektromotor. Hierbei wird der Anker der Maschine durch eine Drehkraft in Umlauf versetzt, deren Größe dem Unterschied zwischen der Spannung des dem Anker von außen zufließenden Stromes und der Gegenspannung entspricht, die in den Ankerwickelungen infolge ihres Durchtrittes durch die Kraftlinien des magnetischen Feldes hervorgerufen wird.

Je nach der Stromart und der dieser entsprechenden Einrichtung der Maschine werden Gleichstrommotoren und Wechselstrommotoren unterschieden. Die letzteren sind Drehstrommotoren, wenn drei in der Phase von 120° gegeneinander verschobene Wechselströme die Drehfelder bilden. Bei den Gleichstrommotoren bestimmt die Schaltung des Feldmagneten die Bauart. Der Dynamomaschine entsprechend werden hiernach Hauptstrommotoren, Nebenschlußmotoren und Verbundmotoren unterschieden und damit auch zugleich die Verwendungsgebiete der Motoren bestimmt.

Bei den Hauptstrommotoren ist die Zugkraft und damit das Drehmoment des Ankers derart durch die Stärke des zur Verfügung stehenden Stromes bestimmt, daß es mit dem Quadrat derselben wächst. Sie ändern ihre Drehzahl im umgekehrten Verhältnis zur Belastung. Demgegenüber nimmt bei Nebenschlußmotoren die Drehzahl des Ankers vom Leerlauf bis zur vollen Belastung nur wenig ab. Auch kann die Umlaufzahl durch Ein- und Ausschalten eines in die Magnetwickelung eingefügten Widerstandes (Regelwiderstand) in bestimmten Grenzen gesteigert oder vermindert werden. In Verbundmotoren unterstützen sich die beiden Magnetwickelungen derart, daß durch die Nebenschlußwickelung das Durchgehen des Motors verhindert, durch die Hauptstromwickelung das Drehmoment beim Anlauf erhöht werden kann. Bei Drehstrommotoren ändert sich die Umlaufzahl mit der Änderung des Drehmomentes und erfolgt eine Regelung des Maschinenbetriebes durch Ein- oder Ausschalten von Widerständen im Ankerstromkreis.

Die Elektromotoren und deren Hilfseinrichtungen sind, wenn sie in stauberfüllten oder feuchten Räumen zur Aufstellung gelangen, teilweise oder vollständig durch Einkapselung in dicht schließende Metallgehäuse zu schützen. Die Bedienung der Elektromotoren ist einfach. Das Anlassen und Ausschalten muß mit Vorsicht unter allmählichem Aus- bzw. Einschalten der in den Hauptstromkreis eingebauten Anlaßwiderstände erfolgen, um einer Zerstörung der Leitungssicherungen bzw. dem Entstehen von Kurzschluß vorzubeugen. Als bisher erreichte Grenzen der Leistung von Wechselstrommaschinen werden angegeben[1]:

---

[1] *J. Foster*, „Die Entwickelung der Wechselstromtechnik": Elektrotechn. Zeitschr. 1920, S. 1009 nach *General El Review*. Bd. 23, S. 80. — Ferner *W. Reichel*. „Vorläufige Grenzen im Elektromaschinenbau". Ztschr. d. V. d. I. 1920, S. 543 ff.; 1921, S. 195 ff.

50000 kW bei $n = 1200$ Uml/min
38000 „ „ $n = 1500$ „
31000 „ „ $n = 1800$ „
7500 „ „ $n = 3600$ „

Auch bei Gleichstrommotoren sind die größten zulässigen Drehzahlen den Leistungen umgekehrt proportional. Bei 500—600 Volt Spannung und normaler Ausführung laufen beispielsweis Gleichstrommotoren von

5000 kW Leistung mit bis $n = 240$ Uml/min
4000 „ „ „ „ $n = 300$ „
3000 „ „ „ „ $n = 400$ „
2000 „ „ „ „ $n = 600$ „

## B. Die Kolbenkraftmaschinen.

Der Begriff Kolbenkraftmaschine umfaßt diejenigen Kraftmaschinen, in denen die Umsetzung der Spannungsenergie von unter Druck stehenden Flüssigkeiten in mechanische Arbeit unter Vermittelung eines hohlzylindrischen, den Triebstoff aufnehmenden Baugliedes, dem „Zylinder“, und eines in dessen Achsenrichtung frei beweglichen, ihn flüssigkeitsdicht berührenden zweiten Baugliedes, dem „Kolben“, derart erfolgt, daß von der Bewegung eines der beiden Glieder der Antrieb von Werkmaschinen abgeleitet werden kann. Die Regel ist feste Lagerung des Zylinders und Verschiebung des Kolbens; selten die umgekehrte Anordnung, z. B. bei dem Dampfhammer von *Condie*; zuweilen Verteilung der Bewegung auf beide Glieder gleichzeitig, wie bei den oszyllierenden Maschinen.

### 1. Die Einteilung der Kolbenkraftmaschinen.

Nach dem Aufstellungsort werden die Kolbenmaschinen eingeteilt in ortsfeste Maschinen, das sind solche, deren Betriebsort nicht wechselt, und in Maschinen, die nicht an einen bestimmten Betriebsort gebunden sind. Der Ortswechsel wird entweder durch fremde Hilfe vermittelt: Lokomobilen, oder er erfolgt durch die Kraft der Maschine selbst: Lokomotiven. In beiden Fällen ist die Maschine mit der Einrichtung zur Erzeugung des Triebstoffes, z. B. einem Dampfkessel, verbunden und ruht auf einem durch Räder gestützten Unterbau, einem Wagen. In neuerer Zeit ist der Begriff Lokomobile auch auf solche Verbindungen der Kraftmaschine mit dem Triebstofferzeuger übertragen worden, die nicht auf Rädern ruhen, aber vermöge ihrer Zusammenordnung eine leicht von Ort zu Ort versetzbare Einheit bilden.

Als Triebstoffe für Kolbenkraftmaschinen dienen unter Druck stehende Flüssigkeiten, deren sonstige Eigenschaften die Benutzung zum Maschinenbetrieb nicht ausschließen oder sie technisch bzw. wirtschaftlich unzweckmäßig erscheinen lassen. In der Regel beschränkt sich die Wahl auf Wasser, Wasserdampf, Treibgas und atmosphärische Luft. Hiernach erfolgt die Einteilung der Kolbenkraftmaschinen in Druckwasser- oder Wassersäulenmaschinen, Dampfmaschinen, Gasmaschinen und Druckluftmaschinen. Die besondere Gestaltung dieser Maschinengattungen ist durch die Arbeitseigenschaften des Treibmittels bedingt; es fußt dieselbe jedoch auf einer Reihe allgemeiner technischer Grundlagen, die für alle diese Maschinen bis zu einem gewissen Grade Geltung besitzen.

## 2. Die allgemeine bauliche Gestaltung der Kolbenkraftmaschine.

Der den Triebstoff aufnehmende Zylinder (*a*) der Kolbenkraftmaschine (Abb. 138) ist in der Regel aus Eisen gegossen, im Innern durch Ausbohren und Schleifen geglättet und an einem oder an beiden Enden durch Böden

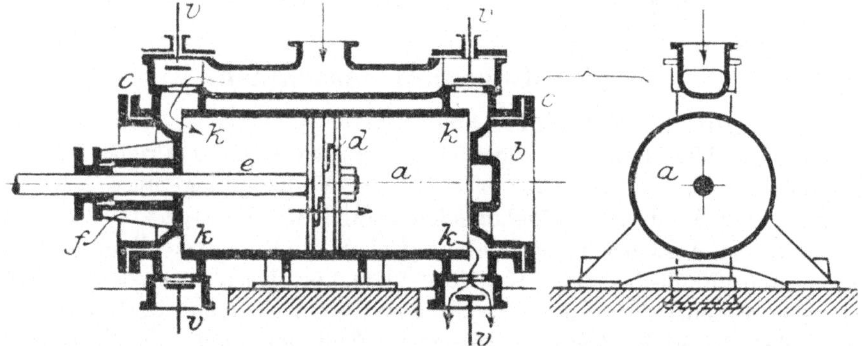


Abb. 138. Triebzeug der Kolbenkraftmaschinen (Zylinder und Kolben).

oder Deckel (*b*) geschlossen. Bei einseitigem Abschluß besteht der Zylinder und Boden zuweilen aus einem Stück. Im anderen Falle sowie bei doppelseitigem Abschluß des Zylinders, wird er durch Flanschen (*c*) vermittelt, die die Zylinderenden umsäumen und an denen die Deckel unter Zwischenfuge von Dichtungsringen mittels Schrauben flüssigkeitsdicht befestigt werden. Den im Zylinder spielenden Kolben (*d*) bildet ein scheibenförmiger Körper, der bei einseitigem Zylinderverschluß meist durch ein mit ihm verbundenes und die Zylinderwand berührendes Rohrstück geführt wird (Tauchkolben). Bei doppelseitigem Zylinderverschluß übernimmt die Führung des Scheibenkolbens die zylindrisch abgedrehte Kolbenstange (*e*), welche ihn in der Mitte erfaßt und die Schubbewegung, die ihm der Triebstoff erteilt, nach außen überträgt. Hierbei durchdringt die Stange den einen oder beide Zylinderböden in Stopfbüchsen (*f*), welche den flüssigkeitsdichten Abschluß der Durchtrittsstelle sichern.

Damit der Kolben in dem Zylinder möglichst widerstandslos und doch flüssigkeitsdicht gleite, trägt er am Umfang eine sorgfältig bearbeitete und sich der Zylinderwand anschmiegende Liderung. Diese besteht im allgemeinen aus offenen Metallringen, die in Nuten der Kolbenumfläche liegen und entweder durch ihre eigene Federkraft oder durch besondere Hilfsfedern gegen die Zylinderwand gedrückt werden. In besonderen Fällen, namentlich bei schnellaufenden Kolbenmaschinen, werden die Liderungsringe zuweilen durch eine größere Zahl aufeinander folgender flacher Ringnuten ersetzt, in denen bei dem Eintritt des Triebstoffes entstehende Flüssigkeitswirbel dichtend wirken, sofern deren Entstehen mit Energieverbrauch verbunden ist (reibungsloser Kolben mit Labyrinthdichtung). Reichliche Fettung der Lauffläche des Zylinders fördert in jedem Falle die Gleitbewegung und vermindert die Reibungsarbeit.

Zunächst den Böden treten Kanäle (*k*) in den Zylinder ein, die mit Abschlußeinrichtungen (*v*) versehen sind und dem Einlassen des arbeitsfähigen bzw. dem Abströmen des gebrauchten Treibmittels dienen. Durch wechselseitiges Öffnen und Schließen dieser Abschlußeinrichtungen erfolgt die Regelung des Zu- und Abflusses des Treibmittels. Der hierbei wirksame Mechanismus bildet in Gemeinschaft mit den Abschlußeinrichtungen die „Steuerung" der Maschine. Diese Steuerung ist eine Handsteuerung, wenn die Bewegung des Steuermechanismus durch die Hand des Menschen, eine Selbststeuerung, wenn sie durch die Arbeitsleistung der Maschine selbst vermittelt wird. Durch die Ein- und Auslaßkanäle wird der Hohlraum, der beim Hubwechsel zwischen dem Kolben und dem ihm zunächst befindlichen Zylinderboden entsteht, derart vergrößert, daß er bis zu 15 vH und mehr des Zylinderinhaltes beträgt. Sofern dieser Raum den Treibmittelverbrauch ungünstig beeinflußt, wird er der schädliche Raum des Zylinders genannt.

Aus der Lage des Zylinders im Raum und dem Aufbau des Getriebes ergeben sich verschiedene Anordnungen der Kolbenmaschinen, für welche die Abb. 139 bis 150 auf der folgenden Seite einige Beispiele liefern. Die einfachste Anordnung (Abb. 139) folgt aus der nach Größe und Richtung übereinstimmenden Bewegung des Triebzeuges und des Werkzeuges der von der Kraftmaschine angetriebenen Werkmaschine, wie sie z. B. Hämmern, Schmiedepressen, Wasserhaltungen, Kolbenförderern eigentümlich ist. Anordnungen nach Abb. 140 bis 144 werden als stehende, solche nach Abb. 146 bis 147 als liegende Kolbenmaschinen bezeichnet. Bei beiden wird die geradlinige Verschiebung des Kolbens durch eine schwingende Lenk- oder Pleuelstange *a* und eine Kurbel *b* in die drehende Bewegung einer Welle, der Kurbelwelle, umgesetzt. Den Anschluß der Lenkstange an die Kolbenstange vermittelt bei diesen Darstellungen der zwischen Führungslinealen oder Geradführungen gleitende Kreuzkopf *c*, bei den durch die Abb. 141 vertretenen Balanciermaschinen ein ein- oder doppelarmiger Hebel oder Balancier *d*, dessen Anschluß an die Kolbenstange ein zu deren Geradführung dienender Lenker oder Gegenlenker *e* vermittelt. Zu der Vereinfachung des Getriebes führt einerseits nach Abb. 144 u. 147 der Wegfall der Kolbenstange und die Ausbildung des Scheibenkolbens zu einem Tauchkolben oder Plunger *f*, andererseits nach Abb. 145 der Wegfall der Lenkstange und die drehbare Anordnung des Zylinders, wie sie der oszyllierenden Maschine eigentümlich ist. Beispiele für lokomobile und lokomotive Kolbenmaschinen lassen die Abb. 148 bis 150 ersehen.

Bei allen diesen, die Drehbewegung einer Welle bewirkenden Kolbenmaschinen, wirkt ein mit der Kurbelwelle verbundenes Schwungrad (*g*) vermöge seiner Massenträgheit ausgleichend auf die aus dem Wesen des Kurbelgetriebes hervorgehende ungleichförmige Drehung der Kurbelwelle. Es nimmt bei beschleunigter Bewegung, entsprechend seiner Masse ($M$) und

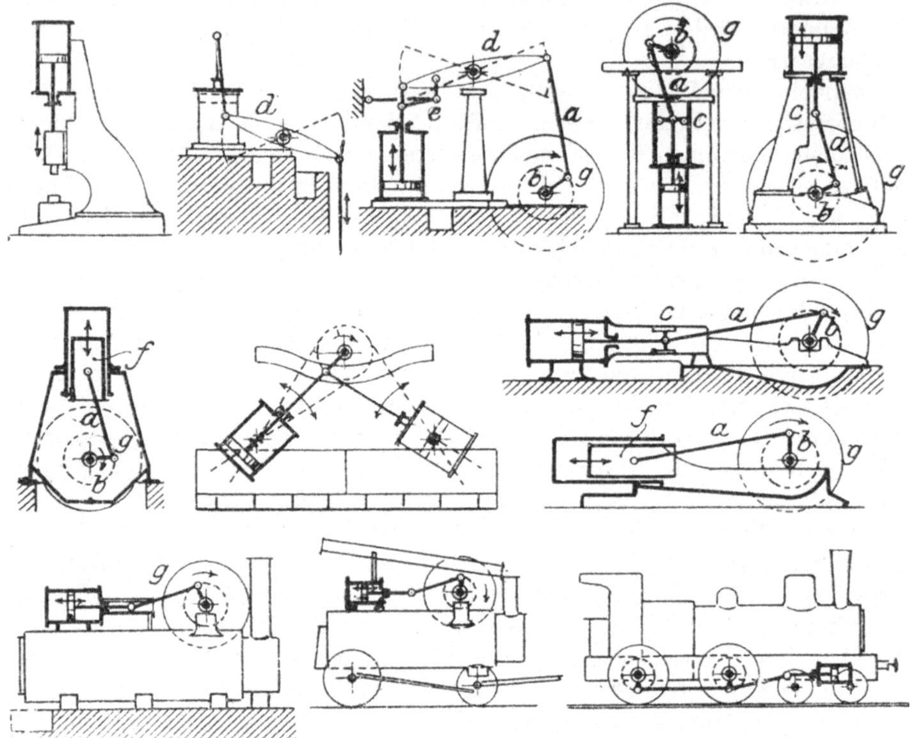


Abb. 139—150. Bauformen von Kolbenkraftmaschinen.

deren Geschwindigkeit ($v$), die Arbeitsgröße $M\,\frac{v^2}{2}$ auf und gibt sie bei Verzögerung der Bewegung an die Maschine zurück, die Arbeitsleistung des Triebstoffes ergänzend. Dem vorherrschenden Einfluß der Geschwindigkeit entspricht ein großer Durchmesser des Rades sowie die Anhäufung der Radmasse am Radkranz. Zur Beurteilung der Wellendrehung dient der Ungleichförmigkeitsgrad

$$\delta = \frac{v_{\max} - v_{\min}}{v_{\text{mitt}}},$$

das ist das Verhältnis der größten Geschwindigkeitsschwankung zur mittleren Geschwindigkeit. Seine zulässige Größe wechselt je nachdem von der Kraftmaschine versorgten Werkbetrieb. Sie beträgt beispielsweise bei dem Antrieb von

Pumpen und Schneidwerken . . . . $\delta = 1 : 25$
Webstühlen und Papiermaschinen . $\delta = 1 : 40$

Mahlmühlen . . . . . . . . . . . . . $\delta = 1 : 50$
Spinnmaschinen . . . . . . . . . . . $\delta = 1 : 60$ bis $1 : 100$
Dynamomaschinen . . . . . . . . . $\delta = 1 : 150$ bis $1 : 300$.

Je nach der Anzahl der auf die gleiche Kurbelwelle einer Kolbenkraftmaschine einwirkenden Kolben werden Einzylinder- und Mehrzylindermaschinen unterschieden. Bei den letzteren sind die Kurbeln derart zueinander versetzt, daß sich die Maschinen gegenseitig über die Totlagen der Kurbeln hinweghelfen, die durch die Gleichrichtung der Kolbenstange und Kurbel gekennzeichnet sind. Gleichzeitig wirkt die gegenseitige Unterstützung der von den einzelnen Maschinen ausgehenden Drehkräfte günstig auf die Gleicherhaltung der Winkelgeschwindigkeit der Kurbelwelle, so daß das Schwungrad verkleinert, in besonderen Fällen, z. B. bei allen lokomotiven Maschinen, auch entbehrt werden kann.

### 3. Die Arbeitsleistung der Treibmittel in den Kolbenkraftmaschinen.

Die von dem Kolben im Zylinder in gleicher Richtung durchlaufene Strecke heißt der Kolbenweg, Kolbenhub oder Kolbenschub. Zwei aneinanderschließende und daher in verschiedenen Richtungen erfolgende Kolbenhübe ergeben das Kolbenspiel, dem eine volle Umdrehung der Kurbelwelle entspricht. Man pflegt die Zahl der aufeinander folgenden Kolbenspiele oder die Spielzahl der Maschine auf die Minute, die mittlere Kolbengeschwindigkeit auf die Sekunde zu beziehen. Für einen Kolbenhub von $s$ m und für $n$ Kolbenspiele ist dann, wenn der Hin- und Rücklauf des Kolbens mit der gleichen mittleren Geschwindigkeit erfolgt, diese mittlere Geschwindigkeit

$$v = \frac{2sn}{60} = \frac{sn}{30} \text{ m/Sek}.$$

Eine Kolbenkraftmaschine heißt doppelt wirkend, wenn das Treibmittel während des ganzen Kolbenspieles, also während des Hin- und Rücklaufes des Kolbens, Arbeit leistet, einfach wirkend, wenn nur der eine Kolbenhub im Spiel unter der Einwirkung des Treibmittels erfolgt. Im letzteren Falle findet der zweite Hub, der den Kolben in seine Ausgangsstelle am Beginn des Spieles zurückführt, unter der Wirkung einer äußeren Kraft statt. An die Stelle des Arbeitsgewinnes tritt Arbeitsverbrauch. In der Regel ist der Rücklauf des Kolbens die Folge der Trägheitswirkung des Schwungrades, dem während des Arbeitshubes die erforderliche Beschleunigung erteilt wurde. Zuweilen liefert die Außenkraft der Druck der Atmosphäre: atmosphärische Kolbenkraftmaschine.

Der Eintritt des Treibmittels in den Zylinder findet entweder während des ganzen Kolbenhubes oder nur während eines Teiles desselben statt. Die Menge des während eines Hubes in den Zylinder eingeführten Treibmittels nennt man die Füllung des Zylinders, die Dauer der Einführung, die Füllungszeit. Die Maschine arbeitet mit voller Füllung, wenn die Einführung des Treibmittels während des ganzen Kolbenhubes erfolgt. Hierbei ist der

Druck des Treibmittels am Anfang und Ende der Füllungszeit von gleicher Größe. Mit voller Füllung arbeitende Kolbenmaschinen werden hiernach auch Volldruckmaschinen genannt. Eine teilweise Füllung des Zylinders ist an die Verwendung eines dehnbaren (expansibeln) Treibmittels gebunden. Der auf den Füllungsweg folgende zweite Teil des Kolbenhubes wird unter der Wirkung des Dehnungsdruckes des Treibmittels zurückgelegt, so daß am Ende des Kolbenweges der Druck des Treibmittels kleiner ist als dessen Anfangsdruck: Expansionsmaschinen. Das Verhältnis ($\varepsilon$) zwischen dem Füllungsweg ($s_1$) und dem vollen Hub ($s$) wird der Füllungsgrad, das umgekehrte Verhältnis der Expansionsgrad genannt. Für Volldruckmaschinen ist $\varepsilon = \frac{s_1}{s} = 1$, für Expansionsmaschinen $< 1$.

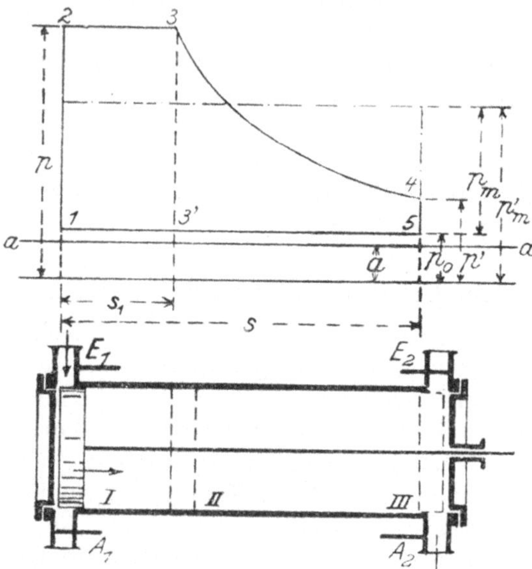

Abb. 151. Ableitung des Arbeitsdiagrammes.

Den Druckverlauf während eines Kolbenhubes veranschaulicht das Arbeitsdiagramm. Ein solches gibt die Abb. 151 in idealer Form wieder, sofern sie ohne Rücksicht auf die Einflüsse entworfen ist, die in Wirklichkeit die Bauart der Steuerung und die Forderungen des Betriebes auf die Arbeitsleistung des Treibmittels in der Maschine ausüben. Diese Verhältnisse berücksichtigende Arbeitsdiagramme werden mit Hilfe des Indikators (S. 40) aufgenommen und Indikatordiagramme genannt.

Nach der Abb. 151 ergibt das Diagramm (Schaubild) unter der Voraussetzung eines elastischen Treibmittels (Dampf, Gas u. dgl.) den folgenden Druckverlauf. Das Öffnen des Eintrittkanales $E_1$ führt Treibmittel vom Drucke $p$ kg/qcm absolut dem Zylinder zu. Der Druck steigt hinter dem Kolben von Null auf $p$ und bewirkt, da auch auf der Gegenseite des Zylinders der Austrittskanal $A_2$ geöffnet ist, das Verschieben des Kolbens nach rechts um die Strecke $s_1$ (Füllungsweg), deren Ende der Abschluß des Eintrittkanales $E_1$ bestimmt. Durch die nun erfolgende Dehnung des eingetretenen Treibmittels sinkt der Druck am Ende des Kolbenhubes $s$ auf $p'$ und sodann durch das gleichzeitig erfolgende Öffnen des Austrittkanales $A_1$ links vom Kolben auf den Wert $p_0$ herab, der (je nach der Betriebsführung) $\gtreqless$ als der Atmosphärendruck $a$ sein kann. In Abb. 151 ist $p_0 > a$, die den Ausschub des Treibmittels durch den nun nach links zurücklaufenden Kolben kennzeichnende Gerade 5 bis 1 liegt daher oberhalb der atmosphärischen Linie $a$—$a$. Der Verlauf der Expansionskurve 3 bis 4 ist durch die Art des Treibmittels und die während der Expansion herrschenden Wärmeverhältnisse bestimmt. Die Kurve ist eine Isotherme, wenn die Temperatur während der Expansion in gleicher Höhe erhalten bleibt, eine Adiabate, wenn während der Expansion weder Wärme zugeführt noch abgeleitet wird. Die Umwandlung der Diagrammfläche, die in ihrem ersten Teil 1 2 3 3′ die von dem einströmenden, in ihrem zweiten Teil 3′ 3 4 5 die von dem expandierenden Treibmittel geleistete Arbeit mißt, in ein flächengleiches Rechteck, das den Kolbenweg $1-5=s$ zur Grundlinie hat, liefert den mittleren Kolbendruck $p_m = p'_m - p_0$, der, würde er während des ganzen Kolbenschubes wirken, die gleiche Arbeit leisten würde. Mit ihm berechnet sich diese Arbeit zu

$$(1) \qquad N = \frac{2 F s n p_m}{60 \cdot 75} = \frac{c F p_m}{75} \text{PS},$$

wenn

$F$ die Kolbenfläche in qm,
$s$ den Kolbenhub in m,
$n$ die Spielzahl in 1 Min.,
$c$ die mittlere Kolbengeschwindigkeit in m/Sek.,
$p_m$ den mittleren Kolbendruck in kg/qm

bezeichnet. Diese Arbeit wird zum Teil als Nutzarbeit ($N_n$) von der Maschine abgegeben, zum Teil aber durch die Eigenwiderstände verbraucht.

Aus der Länge $s_1$ des Füllungsweges bzw. aus dem Füllungsgrad $\varepsilon = \frac{s_1}{s}$ folgt ferner die für die Erzeugung einer Pferdestärke in der Stunde erforderliche Treibmittelmenge in kg zu

$$(2) \qquad G = \frac{2 F s_1 n \cdot 60 \gamma}{N} = \frac{120 F s \varepsilon n \gamma}{N},$$

wenn $\gamma$ das Gewicht von 1 cbm des Treibmittels bedeutet.

Beispiel. Unter der Voraussetzung verlustlosen Betriebes einer Dampfmaschine von

$d = 0{,}5$ m Zylinderdurchmesser,
$s = 1{,}0$ m Kolbenhub,
$n = 60$ t/Min.,
$p = 6$ Atm absolutem Kesseldruck und
$p_0 = 1{,}2$ Atm absolutem Gegendruck

folgt

(1) $N = 54\, p_m$ PS, (2) $G = 1411{,}2 \frac{\varepsilon \gamma}{N}$ kg/1 PS—st.

Arbeitet die Maschine mit Expansion und sind

| | | | | | |
|---|---|---|---|---|---|
| die Füllungsgrade | $\varepsilon =$ | 1/4 | 1/2 | 3/4 | 1 |
| so folgt aus dem Diagramm | $p_m =$ | 2 4 | 3,9 | 4,6 | 4,8 Atm |
| damit die Leistung | $N =$ | 130 | 211 | 248 | 259 PS |
| und der Dampfverbrauch | $V =$ | 0,049 | 0,098 | 0,147 | 0,196 cbm |

oder, da 1 cbm Dampf von 6 Atm Spannung $\gamma = 3{,}27$ kg wiegt,
das verbrauchte Dampfgewicht $G_e = 9{,}2$ 11,3 14,7 18 kg.

Wird hingegen die Maschine ohne Expansion betrieben, so erfordern die gleichen Leistungen die Dampfspannungen

$$p = p_m + 1{,}2 = 3{,}6 \quad 5{,}1 \quad 5{,}8 \quad 6 \text{ Atm abs.}$$

Diesen entsprechen
die spez. Dampfgewichte $\gamma = 1{,}97$ 2,76 3,12 3,27 kg/cbm
daher die abs. Dampfgewichte $G_v = 22{,}4$ 19,0 18,3 18 kg.

Somit ergibt die Gewinnung gleicher Leistungen bei Expansionsbetrieb gegenüber Volldruckbetrieb derselben Maschine
eine Dampfersparnis $G_v - G_e = 13{,}2$ 7,7 3,6 0 kg
oder 59 41 21 0 vH.

Die vorstehende Rechnung bestätigt, was bereits die Überlegung lehrt, daß die Ausnutzung der Expansionsfähigkeit eines Treibmittels in Kolbenkraftmaschinen ein um so günstigeres Ergebnis verspricht, mit je größerer Expansion, also mit um so geringerer Füllung, die Maschine arbeitet. Eine Einschränkung erfährt dieses Ergebnis nur insofern als eine sehr weitgehende Expansion zu einer so geringen Endspannung des Treibmittels führt, daß dessen Arbeitsleistung im letzten Teil jeden Kolbenhubes nicht unbedingt von einem wirtschaftlichen Vorteil begleitet ist. Dies ist sowohl in Hinsicht auf die bestehenden Bewegungswiderstände der Fall als auch und vornehmlich in Hinsicht auf die erhebliche, mit einer weitreichenden Expansion verbundene Abnahme der den Kolben bewegenden Kraft und die aus ihr hervorgehende ungleichförmige Geschwindigkeit der umlaufenden Kurbelwelle.

Letzterem Übelstande zu begegnen liegt es nahe, den Verlauf der Expansion auf zwei oder mehr Zylinder zu verteilen. Sofern hierbei das gleiche Treibmittel die einzelnen Zylinder der Reihe nach durchläuft, wird es in dem vorhergehenden stets nur zum Teil entspannt und strömt mit dem hierbei erlangten niederen Drucke dem folgenden Zylinder zu, um in ihm weiter zu expandieren. Zwar ergibt sich hieraus für jeden der folgenden Zylinder eine geringere mittlere Spannung des Treibmittels ($p_{m_1} > p_{m_2} > p_{m_3} \ldots$), dieselbe kann jedoch durch eine gleichzeitige, entsprechende Vergrößerung der Zylinderquerschnitte ($F_1 < F_2 < F_3 \ldots$) derart ausgeglichen werden, daß gleiche mittlere Kolbendrücke ($F_1 p_{m_1} = F_2 p_{m_2} = F_3 p_{m_3} = \ldots$) auf die gemeinsame Kurbelwelle übertragen werden. Derartige **Mehrfachexpansionsmaschinen** haben für die Ausnutzung hoher Dampfspannungen große Bedeutung erlangt und werden insbesondere als Zwei- und Dreifach-, zuweilen auch Vierfach-Expansionsmaschinen mit nebeneinander oder hintereinander liegendem Hochdruck- und Niederdruck- bzw. Hochdruck-, Mitteldruck- und Niederdruckzylinder für 8 bis 15 Atm Eintrittsspannung des Dampfes gebaut.

## 4. Die Steuerung der Kolbenkraftmaschinen

besteht aus dem im Inneren eines vom Treibmittel erfüllten Raumes liegenden **Verteiler** und dem außerhalb dieses Raumes liegenden, die Bewegung des

Verteilers vermittelnden **Steuergetriebes**. Nach der Gestaltung des Verteilers und dem Aufbau des Steuergetriebes werden die Steuerungen eingeteilt in **Schieber- und Ventilsteuerungen**, bzw. in **zwangläufige** oder **paarschlüssige Steuerungen** und **kraftschlüssige Steuerungen**. Bei sich selbst steuernden Maschinen mit Kurbelgetriebe wird die Bewegung des Verteilers in der Regel von der Kurbelwelle mittels eines zweiten Kurbelgetriebes oder eines Nockenscheibengetriebes abgeleitet. Dem kurzen Weg entsprechend, den der Verteiler zurücklegt, wird die Kurbel des Steuergetriebes zu einem Exzenter ausgebildet und die Exzenterscheibe auf der Hauptkurbelwelle befestigt, der die Scheibe umfassende Ring aber durch die Exzenterstange mit dem Verteiler verbunden. Bei kraftschlüssigen Steuerungen geht vom Exzenter nur die Öffnungsbewegung des Verteilers aus, die Schließbewegung vollzieht sich unter der Wirkung einer Feder, die während der Öffnungsbewegung gespannt wurde und die durch Lösen des kinematischen Zusammenhanges des Steuergetriebes plötzlich entspannt wird. Derartig eingerichtete Steuerungen werden auch **auslösende** oder **Präzisionssteuerungen** genannt.

Der die Verteilung des Treibmittels bewirkende **Verteilungsschieber** ist bei geradlinig erfolgender Schiebung entweder ein **Muschelschieber** oder ein **Kolbenschieber**; drehend bewegte Schieber werden **Drehschieber** und bei Zylinderform auch **Hähne** genannt.

### a) Die Muschelschiebersteuerung.

Der **Muschelschieber** besteht nach Abb. 152 aus einer einseitig ausgehöhlten Metallplatte, die ihre Hohlseite einer Gleitbahn, dem **Schieberspiegel**, zuwendet und auf dieser flüssigkeitsdicht aufgeschliffen ist. Er überdeckt die in Form rechteckiger Schlitze im Schieberspiegel befindlichen Mündungen der nach den Zylinderenden führenden Kanäle *m* und *n* sowie die zwischen diesen liegende Abströmöffnung *a* für das zur Wirkung gekommene Treibmittel. Geringe Breite der Zuströmschlitze verkürzt den Schieberweg und trägt dadurch zur Verminderung der bei der Bewegung des Schiebers zu leistenden Reibungsarbeit bei, die bei hoher Treibmittelpressung und großem Schieber erheblich ist[1]. Die über die Kanalmündungen glei-

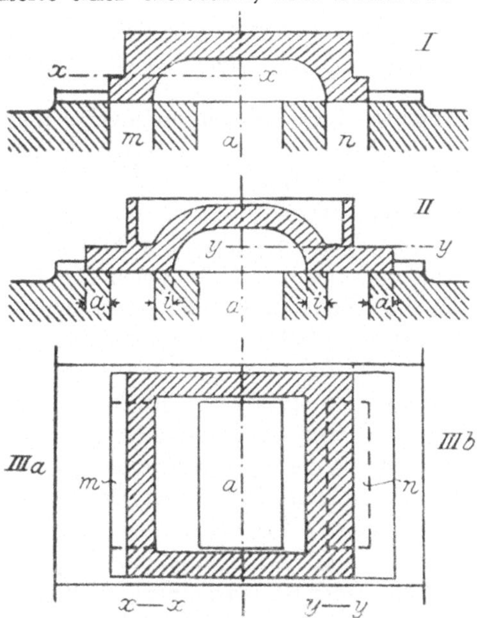

Abb. 152. Muschelschieber ohne und mit Überdeckung.

[1] Beispielweise wurde bei 10—12 Atm Dampfdruck an Lokomotiven die zur Bewegung des Schiebers erforderliche Kraft zu 400—500 kg gemessen.

tenden Teile des Schiebers werden die *Schieberlappen* genannt. Ihre Breite ist bei unelastischem Treibmittel stets, bei elastischem zuweilen gleich der Schlitzbreite, so daß der Schieber in der Mittelstellung beide Einströmkanäle eben verschließt (Abb. 152, I und III a). Für die Verteilung elastischen Treibmittels erhalten die Schieberlappen meist eine größere Breite als die Kanalmündungen, so daß sie diese in der Mittelstellung nach beiden Seiten überdecken (Abb. 152, II und III b). Dadurch, daß die *äußere Überdeckung* $a$ größer als die *innere Überdeckung* ($i$) ist, wird das Öffnen der Kanäle zeitlich verzögert, das Schließen zeitlich beschleunigt.

### α) Einschiebersteuerungen.

Die Bewegung des Schiebers wird nach Abb. 153 von der die Triebkurbel der Maschine tragenden Welle $a$ abgeleitet und durch das auf dieser sitzende

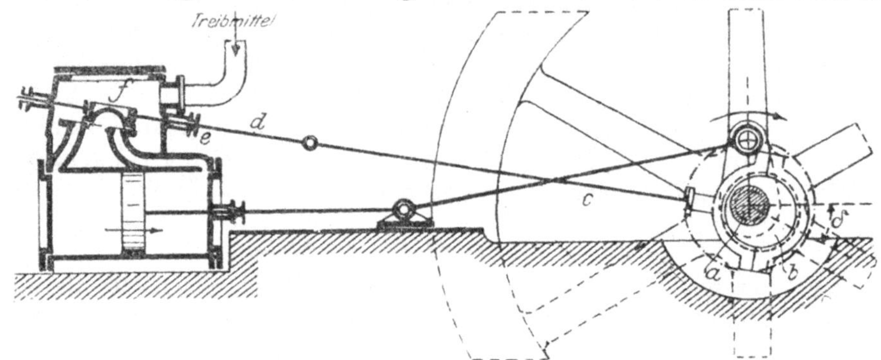


Abb. 153. Steuergetriebe für Gleitschieber.

Exzenter $b$, die Exzenterstange $c$ und die Schieberstange $d$ vermittelt, die durch die Stopfbüchse $e$ in den Schieberkasten $f$ tritt. Die Stange umfaßt den Schieber lose mittels eines Rahmens, so daß der auf dem Rücken des Schiebers ruhende Druck des Treibmittels die Stange nicht belastet.

Den Zusammenhang der Kolben- und Schieberbewegung im Verlauf eines Kolbenspieles veranschaulichen die Abb. 154, I bis IX. In ihnen kennzeichnen die römischen Ziffern die zusammengehörenden Stellungen des Kolbens und der Triebkurbel, die arabischen Ziffern die zusammengehörenden Lagen des Schiebers und der ihn führenden Exzenter- oder Schieberkurbel. Im allgemeinen entspricht den Endstellungen des Kolbens die Mittellage des Schiebers und damit eine Vorstellung der Schieberkurbel gegen die Triebkurbel um 90°. Durch Vergrößerung dieses Winkels um einen Betrag $\delta°$ (den *Voreilwinkel*, Abb. 154 I) wird ein Voreilen des Schiebers gegen den Kolben (das *lineare Voreilen des Schiebers*) erzielt und damit die Voröffnung der Ein- und Ausströmkanäle $m$ und $n$, so daß bereits in der Anfangsstellung I des Kolbens einerseits durch $m$ frisches Treibmittel hinter denselben tritt und andererseits der vor ihm stehende Treibstoff, der im vorausgegangenen Hube zur Wirkung gelangte, durch $n$ den Zylinder verläßt.

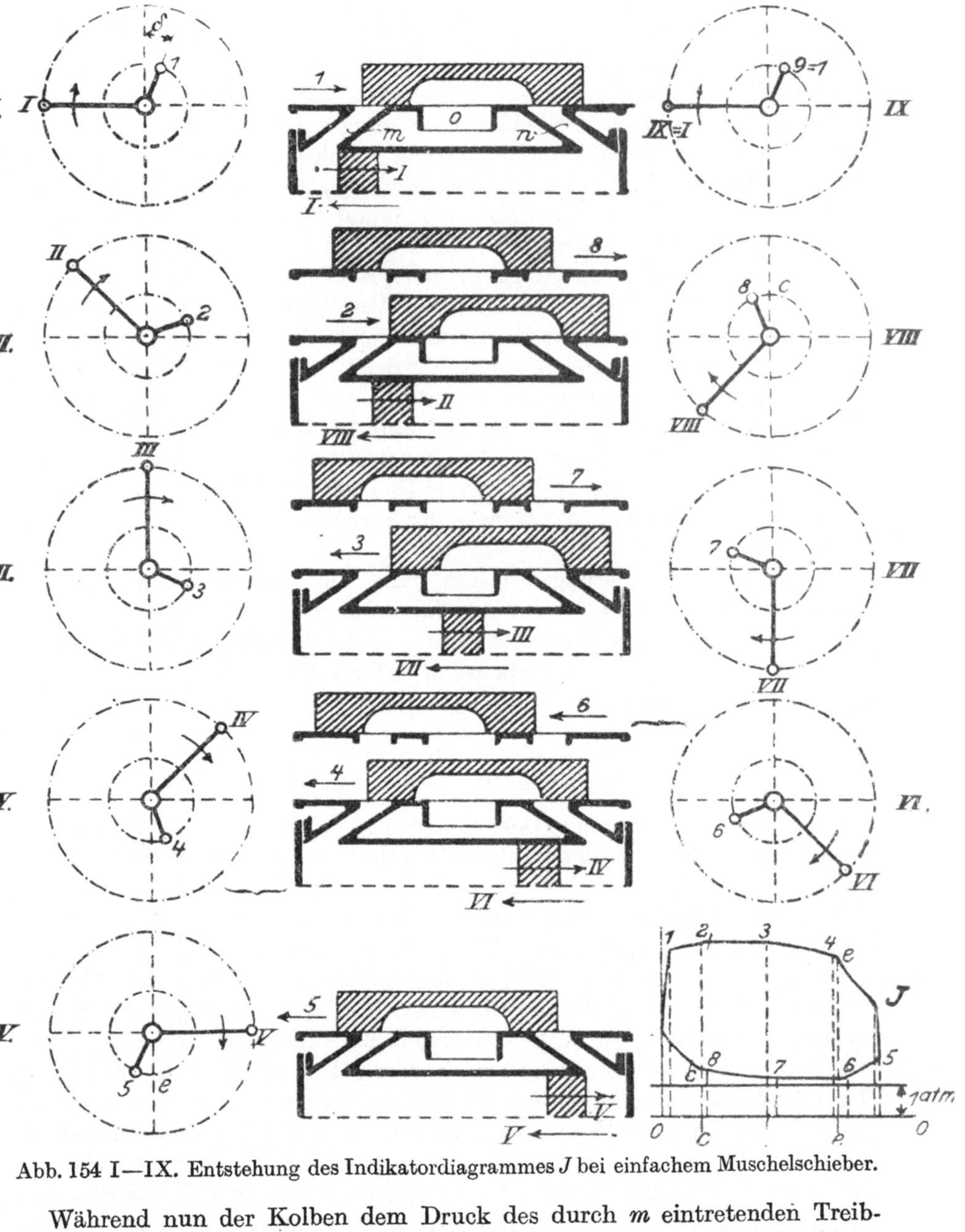

Abb. 154 I—IX. Entstehung des Indikatordiagrammes $J$ bei einfachem Muschelschieber.

Während nun der Kolben dem Druck des durch $m$ eintretenden Treibmittels weicht und die Triebkurbel über II in die Stellung III überführt, öffnet der Schieber die Kanalmündungen mehr und mehr, um sie dann zurückkehrend allmählich wieder zu schließen und beim Eintritt des Kolbens in die Endstellung V die dem Kolbenrücklauf entsprechende Voröffnung der Kanäle bewirkt zu haben. Der Rücklauf selbst von V über VI, VII, VIII bis IX = I vollzieht sich unter Verhältnissen, die den eben geschilderten entsprechen und an der Hand der Abbildungen leicht zu verfolgen sind.

Unter Berücksichtigung des Vorstehenden läßt das Indikatordiagramm (Abb. 154 J) den Einfluß der Schieberbewegung auf den Wechsel der Druckverhältnisse im Zylinder der Maschine leicht verfolgen. Eine besondere Bedeutung gewinnen hierbei die Punkte *e* und *c* der Diagrammlinie, die den Lagen *e* und *c* der Schieberkurbel in den Abb. 154, V und VIII entsprechen. Sie kennzeichnen den Beginn der Expansion bzw. der Kompression des Treibmittels in dem Zylinder bei dem Hingang, bzw. Rückgang des Kolbens. Beide, Expansion und Kompression, sind, wie der Verfolg des Zusammenspieles von Kolben und Schieber erkennen läßt, durch die Größe der äußeren und inneren Überdeckung des Schiebers bestimmt. Mit der Vergrößerung der Überdeckungen geht ein zeitlich früherer Abschluß der Kanäle Hand in Hand. Sie führt daher einerseits zur Beschränkung der Füllung des Zylinders, andererseits zur Erhöhung der Kompression. Aus konstruktiven Gründen ist die Größe der Überdeckungen jedoch an bestimmte Grenzen gebunden, die ohne Schädigung der Gleichförmigkeit des Ganges der Maschine nicht überschritten werden können.

Die Einschiebersteuerungen lassen daher im allgemeinen nur größere Füllungen und damit eine beschränkte Expansion des Treibmittels zu. Kleine Füllungen, also auch die bessere Ausnutzung der Arbeitsfähigkeit des Treibmittels durch weitgehende Expansion, erfordern die Anwendung zweier Schieber. Derartige

### β) Doppelschiebersteuerungen

erhalten einen Verteilungs- oder Grundschieber, der die Verteilung des Treibmittels nach den beiden Kolbenseiten in der vorbeschriebenen Weise bewirkt und einen Expansionsschieber, der die Füllungsgröße bestimmt. Die beiden Schieber liegen entweder in getrennten, nur durch eine Überströmöffnung miteinander verbundenen Schieberkästen, z. B. bei der Doppelschiebersteuerung von *Gonzenbach* oder sie sind in einem gemeinsamen Schieberkasten aufeinander liegend angeordnet, wie bei den Steuerungen von *Bréval*, *Polonceau*, *Farcot*, *Meyer* u. a. Im ersten Fall bestimmt der Expansionsschieber das Ende der Füllungsperiode durch den Abschluß der genannten Überströmöffnung, im zweiten Falle führen Durchbrechungen des Grundschiebers das Treibmittel dem Zylinder zu, die der Expansionsschieber am Beginn der Expansion verschließt. Der Expansionsschieber wird meist von einem zweiten Exzenter bewegt, das, da es ebenfalls auf der Triebkurbelwelle sitzt, in Abhängigkeit zu dem Grundschieberexzenter steht; nur bei den von *Farcot* 1838 angegebenen Schleppschiebersteuerungen nimmt der Grundschieber den auf ihm liegenden Expansionsschieber durch Reibung mit. Den Weg des Expansionsschiebers begrenzen dabei im Innern des Schieberkastens befindliche verstellbare Anschläge, so daß der Füllungsgrad innerhalb der Grenzen 0,5 und 1 beliebig verändert werden kann.

Jede zwischen Null und Eins liegende Zylinderfüllung lassen die einhäusigen Doppelschiebersteuerungen mit selbständigem Antrieb der beiden Schieber durch gesonderte Exzenter erreichen. Unter ihnen ist die von dem Elsässer *Meyer* im Jahre 1842 als Steuerung für Dampfmaschinen angegebene Bauart (Abb. 155), die bekannteste und vollkommenste. Bei ihr besteht der Expan-

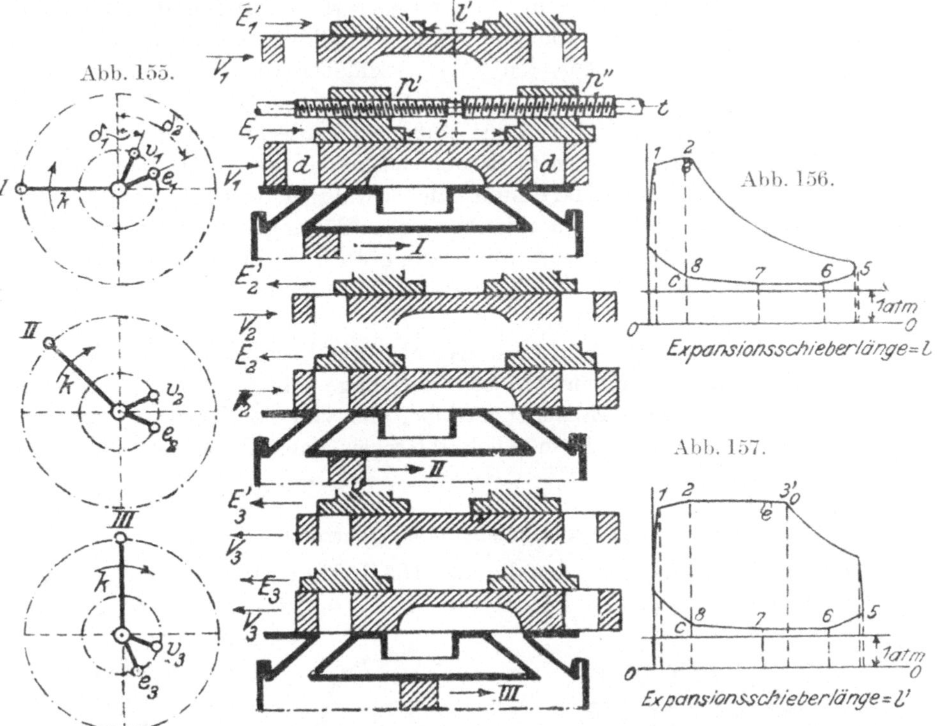


Abb. 155—157. Doppelschiebersteuerung von *Meyer*, Veränderung der Länge des Expansionsschiebers gestattet Füllung v. 0—1.

sionsschieber ($E$) aus zwei Platten $p'$ $p''$, die auf den Rücken des Verteilungsschiebers ($V$) dichtschließend aufgeschliffen sind. Ihr gegenseitiger Abstand kann durch Drehen der Rechts- bzw. Linksgewinde tragenden Schieberstange $t$ verändert werden. Die Änderung ist gleichbedeutend mit der Änderung der Schieberlänge, die je nach ihrer Größe bei dem Gleiten des Expansionsschiebers auf dem Grundschieber zu einem früher oder später erfolgenden Abschluß der in dem letzteren befindlichen Durchlässe $d$ führt. Das den Expansionsschieber bewegende Exzenter $e$ besitzt einen größeren Voreilwinkel als das Exzenter $v$ des Verteilungsschiebers. Es beginnt infolgedessen der Expansionsschieber bereits während der Öffnungsbewegung des Verteilungsschiebers seinen Rücklauf und schließt dessen Durchlaßkanal um so früher, eine je größere Länge er besitzt. Der Kanal bleibt dann bis zu der ein neues Kolbenspiel einleitenden erneuten Voröffnung des Verteilungsschiebers geschlossen, so daß der begonnene Kolbenschub unter der Expansionswirkung des Treibmittels vollendet wird. Den Austritt des Treibmittels während des Kolbenrücklaufes regelt allein der Verteilungsschieber. Die Abb. 155, I bis III, in denen der Verteilungsschieber die gleichen Abmessungen besitzt wie in der Abbildungsreihe 154, lassen die Schieberbewegungen während der ersten Hälfte eines Kolbenspieles verfolgen und dürften für die zweite Hälfte des Spieles leicht zu ergänzen sein. Den Druckverlauf im Zylinder zeigen die Indikatordiagramme (Abb. 156 und 157). Von ihnen entspricht 156 einem Abstand $l$ der Expansionsplatten $p'$ $p''$ (Schieber $E$), 157 einem Abstand $l' < l$ (Schieber $E'$).

Besitzt der Grundschieber keine äußere Überdeckung und werden die Platten des Expansionsschiebers so weit zusammengeschoben, daß der Abschluß des Durchlaßkanales im Grundschieber während dessen Einlaßbewegung nicht erfolgt, so arbeitet die Maschine mit voller Füllung. Mit der Verlängerung des Expansionsschiebers nimmt die Füllung ab und erlangt den Wert Null, wenn der Abschluß des Durchlaßkanales im Verteilungsschieber mit der Voröffnung dieses zusammenfällt.

Die Veränderung der Schieberlänge, also die Bestimmung der Füllungsgröße erfolgt durch Drehen der Schieberstange entweder von Hand oder durch ein mechanisches Zwischengetriebe, das von der Kraftmaschine den Antrieb erhält und von einem Fliehkraftregler nach Bedarf ein- und ausgeschaltet wird.

### b) Die Kolbenschiebersteuerung.

Der Kolbenschieber, den die Abb. 158, 159 in zwei Ausführungen zeigen, ist ein Drehkörper, dessen Erzeugende dem Längenschnitt eines Muschelschiebers gleicht. Dem letzteren entspricht daher auch die von dem Kolbenschieber bewirkte Verteilung des Treibmittels. An die Enden des mittleren Schieberteiles sind gleichgroße zylindrische Verdickungen angeschlossen, die dicht in das den Schieber umgebende hohlzylindrische Schieberhaus eingepaßt sind. Bei der Axialverschiebung des Schiebers gleiten sie an den Mündungen der

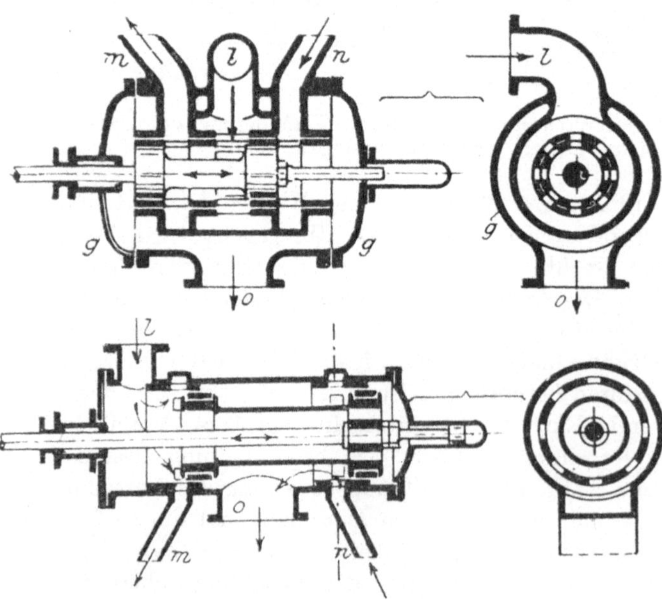


Abb. 158 und 159. Kolbenschieber.

Ein- und Austrittskanäle *m* und *n* vorüber, welche die Gehäusewand durchsetzen. Die schlitzförmigen Kanalmündungen sind über den Umfang des Gehäuses gleichförmig verteilt, so daß der Schieber unter allseitig gleichem Außendruck steht und daher vollkommen entlastet ist. Die für die Bewegung des Schiebers verbrauchte Arbeit ist infolgedessen auch bei hohem Treibmitteldruck verhältnismäßig klein. An das Schieberhaus ist ferner die Zuleitung *l* des frischen und die Ableitung *o* des gebrauchten Treibmittels angeschlossen, letztere zuweilen nach Abb. 158 durch Vermittelung eines zweiten Gehäuses *g*. Der unmittelbare Anschluß der Ableitung *o* an das Schieberhaus (Abb. 159) setzt die Ausbildung des Kolbenschiebers als Rohrschieber voraus. Die Steuerbewegung des Schiebers wird in jedem Falle in der Regel in der gleichen Weise wie bei dem Muschelschieber durch ein Exzenter der Triebwelle vermittelt.

Bei den als „Gleichstrommaschinen" bezeichneten Kolbenkraftmaschinen übernimmt der Triebkolben zugleich die Aufgabe eines Kolbenschiebers, indem er den Austritt des zur Wirkung gekommenen Treibmittels aus dem Zylinder durch Abströmschlitze regelt, welche die Zylinderwand in der Mitte ihrer Länge durchsetzen. Der Eintritt des Treibmittels in den Zylinder wird gesondert gesteuert.

### c) Die Drehschieber- oder- Hahnsteuerung.

Auch die Drehschiebersteuerungen besitzen ein zylindrisch gestaltetes Schiebergehäuse (Abb. 160). In ihm ist der meist als Teil eines Vollzylinders ausgeführte Schieber nicht verschiebbar, sondern drehbar gelagert. Nach

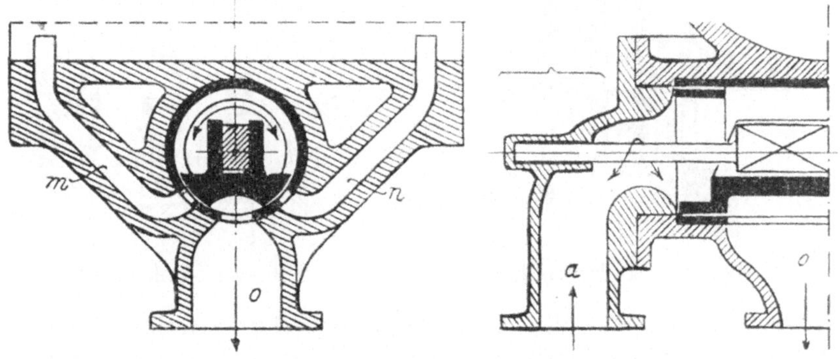


Abb. 160. Drehschieber (Hahn).

der dargestellten Anordnung des Schiebers verbinden die Kanäle *m* und *n* das Schiebergehäuse mit den Enden des Triebzylinders. Der Zufluß des Treibmittels erfolgt durch das Rohr *a*, das seitlich in das Schiebergehäuse mündet, dem Abfluß des Treibmittels dient der zwischen den Einströmkanälen liegende Auspuff *o*. Dieser sowie die Kanäle *m* und *n* münden in schmalen, langgestreckten, rechteckigen Schlitzen in das Gehäuse ein. Der Schieber erhält zum Zweck der Verteilung des Treibmittels eine Schwingbewegung um seine

Längenachse, so daß die beiden Zylinderseiten abwechselnd mit dem Zu- und Abfluß des Treibmittels in Verbindung treten.

Nach dem Vorgang des Amerikaners *Corliss* vermitteln an jedem Ende des Triebzylinders zwei getrennt voneinander angeordnete Drehschieber den Ein- und den Auslaß des Treibmittels. Die beiden Auslaßschieber werden paarschlüssig, die beiden Einlaßschieber kraft- oder paarschlüssig gesteuert. Die Steuerbewegung geht von einem Exzenter der Triebwelle aus und wird durch einen seitlich am Zylinder gelagerten dreiarmigen Hebel und geeignete Gestänge auf die Schieber übertragen. Die Schließbewegung eines jeden der Einlaßschieber bewirken in der Regel Federn, die bei dem Öffnen der Schieber angespannt und im Zeitpunkt des Schieberschlusses durch Trennung des Steuergetriebes plötzlich entlastet werden. Die getrennte Anordnung der Schieber für Ein- und Auslaß gewährt den Vorteil kurzer Einströmkanäle und damit kleiner schädlicher Räume[1].

### d) Die Ventilsteuerungen.

Auch bei den Ventilsteuerungen erfolgt die Verteilung des Treibmittels durch paarweise an den Zylinderenden angeordnete Ein- und Auslaßkanäle.

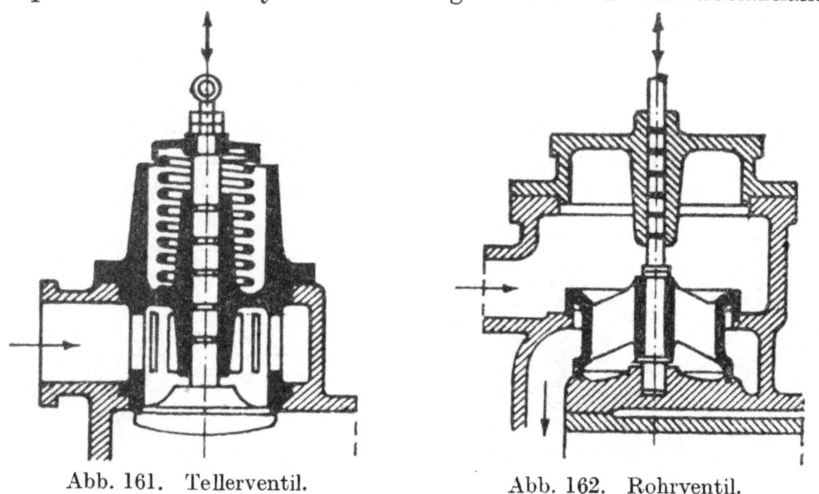

Abb. 161. Tellerventil. Abb. 162. Rohrventil.

Die diesen vorgelagerten Ventile werden kraft- oder paarschlüssig gesteuert. Die Bewegung der Ventile wird in der Regel von einer besonderen Steuerwelle abgeleitet, die seitlich oder oberhalb des Triebzylinders gelagert ist und die ein Radgetriebe mit der ihr gleichgerichteten oder sie unter rechtem Winkel kreuzenden Triebwelle verbindet.

Die Steuerventile sind entweder nach Abb. 161 einfache Tellerventile oder es sind Doppelsitzventile, die auch bei mäßig großem Durchmesser und Hub dem Treibmittel große Durchflußquerschnitte darbieten. Die Doppel-

[1] Über die Entwickelung der Corlisssteuerung von 1849 (erstes Patent in Amerika) bis zur neueren Zeit siehe *C. Matschoss* „Die Entwickelung der Dampfmaschine". Berlin 1908, 2. Bd., S. 1—29.

sitzventile werden meist als Rohrventile (Abb. 162), zuweilen auch als Glockenventile ausgeführt. Schmale, meist kegelförmig gestaltete Sitzflächen bewirken, daß die Ventile fast vollständig entlastet sind und tragen dadurch zur Verminderung der Bewegungswiderstände günstig bei. Sowohl die Ventilsitze als die Ventile selbst werden aus Gußeisen hergestellt, um für beide gleiche Ausdehnungsverhältnisse zu schaffen und dadurch das dauernde Dichthalten zu förden. Die das Ventil führende und zu seiner Bewegung dienende Spindel tritt aus dem Ventilgehäuse durch eine lange, mit der Gehäusewand verbundene Hülse nach außen, die sie möglichst dicht umschließt und gegen die sie durch eingedrehte Labyrinthgänge noch besonders abgedichtet ist.

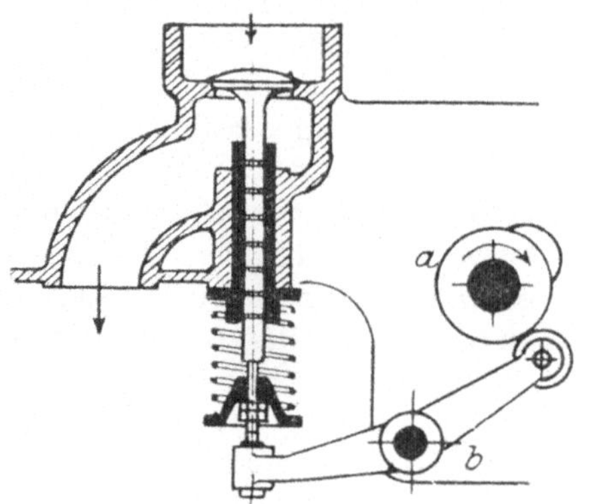


Abb. 163. Ventilsteuerung mit Daumenscheibe.

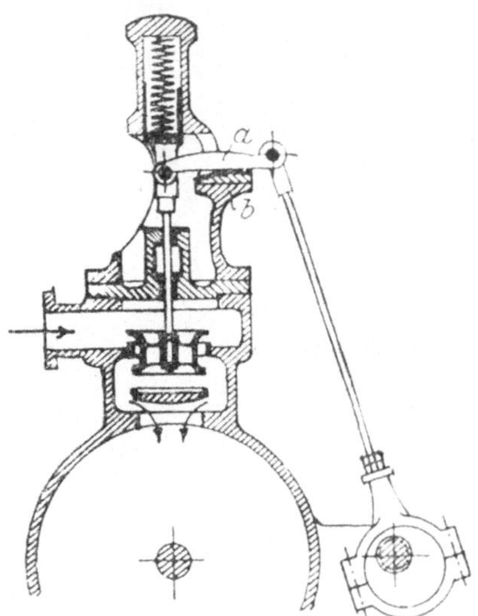


Abb. 164. Wälzhebelsteuerung.

Den Ventilschluß bewirken oder unterstützen Federn, die in Abb. 163 beispielsweise zwischen den Ventilsitz und eine Scheibe der Ventilspindel eingeschaltet sind, nachdem sie bei dem Öffnen des Ventiles angespannt wurden. Das Öffnen des Ventiles erfolgt entweder nach Abb. 163 durch eine Nockenscheibe *a*, die unter Vermittelung eines Hebels *b* die Ventilspindel antreibt oder nach Abb. 164 durch ein Exzenter. Damit hierbei einem langsamen Abheben vom Sitz ein rasches Ansteigen des Ventiles folge, ist zwischen die Exzenter- und Ventilstange ein Wälzhebel *a* eingeschaltet, durch dessen Abwälzen auf der gekrümmten Wälzplatte *b* der Stützpunkt des Hebels bei der Öffnungsbewegung nach der Exzenterstange hin verschoben wird. Umgekehrt folgt einem raschen Senken des Ventiles dessen sanftes, stoßfreies Aufsetzen auf den Sitz.

Bei kraftschlüssig gesteuerten Ventilen wird die Schließbewegung nach dem Vorbild von *Gebr. Sulzer* (1867) durch die plötzlich erfolgende Trennung des Steuergetriebes eingeleitet und durch die das Ventil belastende Feder vollzogen. Die mit dem Öffnen des Ventils verbundene Anspannung der Feder wird hierbei beispielsweise nach Abb. 165 durch eine Klinke *a* vermittelt, deren Aufsetzen auf den Ventilhebel *b* die durch die Feder *c* belastete Ventilspindel *d* mit dem Exzentergetriebe *e* verbindet. Berührt die Klinke während der Schließbewegung des Exzenters einen Anschlag *f*, so wird sie durch diesen von dem Hebel *b* abgedrängt und die gespannte Feder ausgelöst, so daß diese, sich entspannend, das Ventil rasch und „präzis“ schließt (auslösende oder Präzisionssteuerungen). Die Veränderung der Lage des Anschlages *f* läßt den Zeitpunkt für die Federauslösung und damit auch den Zeitpunkt des Ventilschlusses, also die Größe der Füllung des Zylinders zwischen Null und Voll beliebig verändern.

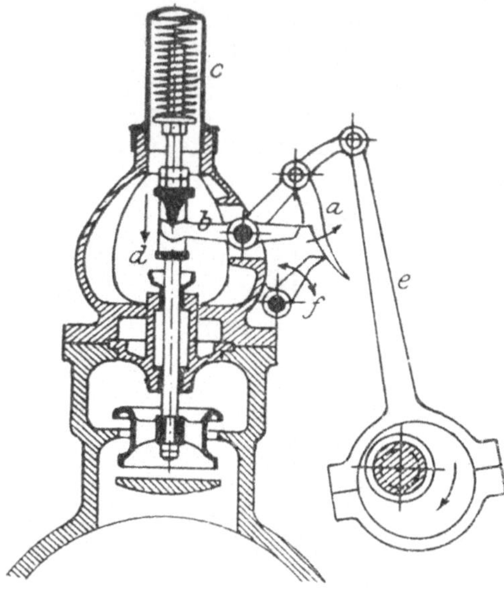

Abb. 165. Ausklinksteuerung.

Der geringe Widerstand, den die Ventile im allgemeinen ihrer Bewegung entgegenstellen, macht die Ventilsteuerungen für die Selbstregelung durch Vermittelung eines Fliehkraftreglers besonders geeignet, indem er ermöglicht, die an der Hülse des Reglers tätige Stellkraft unmittelbar, ohne Zwischenfügung eines Krafteinschalters der Leistungsregelung dienstbar zu machen. Dies sowie die unschwer zu erreichende hohe Genauigkeit der Zumessung des Treibmittels sind besondere Vorzüge der mit Ventilsteuerung ausgestatteten Kolbenkraftmaschinen.

#### e) Die Umsteuerungen.

Steuerungen, welche einen solchen Wechsel in der Verteilung des Treibmittels bewirken lassen, daß derselbe die Umkehr der Bewegungsrichtung des Kolbens oder, was hiermit gleichbedeutend ist, der Drehrichtung der Triebwelle zur Folge hat, werden Umsteuerungen genannt. Sie finden bei solchen Kolbenkraftmaschinen Anwendung, die dem Ortswechse dienen, insbesondere bei den Förderanlagen der Bergwerke, den Eisenbahnlokomotiven, Dampfschiffen usw. Die Umsteuerungen sind meist Gleitschiebersteuerungen. DasVersetzen des Schiebers aus der Lage Abb. 166 I in die Lage Abb. 166 II hat den Austausch des Ein- und Ausströmkanales und damit die Umkehr der Bewegungsrichtung des Kolbens zur Folge. Der anfangs rechtsläufige Kolben wird linksläufig und bewirkt die Umkehr der Drehrichtung der Kurbelwelle. Das Versetzen des Schiebers geschieht u. a. entweder durch die Verdrehung des Schieberexzenters

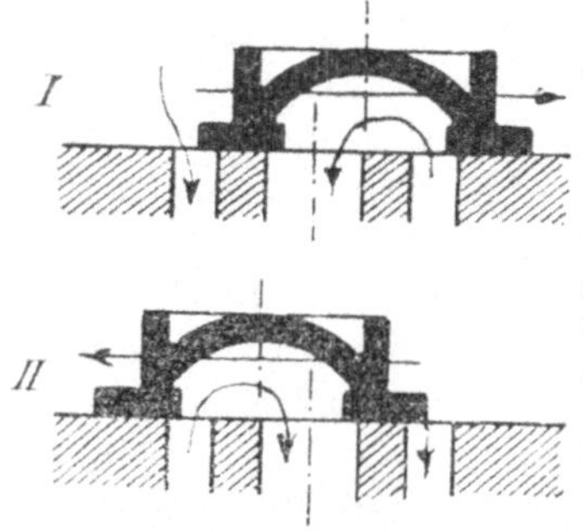

Abb. 166. Umsteuerung.

auf der Welle oder durch Einschalten eines schwingenden Rahmens, der Hängetasche oder Kulisse, zwischen Exzenter und Schieberstange. Derartige Kulissensteuerungen gewähren neben der Umsteuerung die Möglichkeit einer begrenzten Änderung des Füllungsgrades.

Mit Ausnahme der mit nur einem Exzenter arbeitenden Umsteuerungen von *Fink*, *Heusinger v. Waldegg* u. a. besitzen die Kulissensteuerungen nach dem Vorbild der Steuerung von *Stephenson* (1843) zwei Exzenter, von

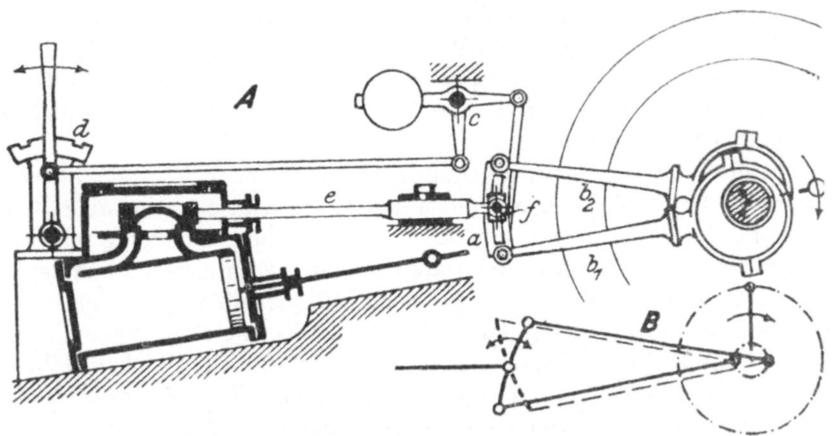


Abb. 167. Umsteuerung. Kulissensteuerung von *Stephenson*.

denen das eine die Vorwärtsdrehung, das andere die Rückwärtsdrehung der Triebkurbel bestimmt und die man daher als Vor- und Rückwärtsexzenter zu unterscheiden pflegt. Die Kulisse *a* der Umsteuerung von *Stephenson* (Abb. 167) ist rahmenförmig und gekrümmt. Sie wendet ihre Hohlseite gegen die Kurbelwelle, wird an jedem Ende von einer der Exzenterstangen $b_1$ $b_2$ erfaßt und ist an einem Stellhebel *c* aufgehangen. Derselbe trägt ein die Kulisse ausgleichendes Gegengewicht und kann an einem feststehenden Zahnbogen *d* in verschiedenen Stellungen verriegelt werden. Innerhalb des Kulissenrahmens liegt ein am Ende der Schieberstange *e* drehbar befestigtes Gleitstück *f*, der sog. Stein der Kulissensteuerung. Befindet sich der Stein, wie gezeichnet, in der Mitte der Kulissenlänge, dem Totpunkt der Kulisse, so wirken beide Exzenter durch die Vermittelung der Kulisse gleichzeitig auf den Schieber ein, doch ist die Bewegung, die sie ihm erteilen, zu klein, um die Verteilung des Treibmittels zu bewirken (Abb. 167 B). Erst beim Senken der Kulisse übernimmt das Vorwärtsexzenter ($b_2$) oder beim Heben derselben das Rückwärtsexzenter ($b_1$) vornehmlich die Bewegung des Schiebers, so daß bei verschiedener Umlaufrichtung der Kurbelwelle die geregelte Verteilung des Treibmittels im Zylinder erfolgt. Die verschiedenen Bauarten der Kulissensteuerungen sind durch die Form, Lage und Aufhängung der Kulisse sowie durch die Anordnung der Gestänge unterschieden, welche die Einzelbewegungen zu übertragen haben.

### f) Die Leistungsregelung der Kolbenmaschinen.

Die Arbeitsleistung der Kolbenkraftmaschinen ist einerseits durch die Eintrittsspannung des Triebstoffes, andererseits durch den Druckverlauf während des Kolbenhubes bedingt. Daraus ergeben sich für die Leistungsregelung zwei Möglichkeiten: Die Änderung der Spannung des Triebstoffes vor dem Eintritt in den Zyl nder durch Drosselung und die Änderung des Füllungs- oder Expansionsgrades mittels geeigneter Steuerungseinrichtungen. Die letztere setzt die Expansionsfähigkeit des Triebstoffes voraus, ist also für unelastische Triebstoffe, z. B. Wasser, nicht anwendbar. Für diese kommt allein die Drosselung in Betracht, während für elastische Triebstoffe (Dampf, Gas, Luft) beide Möglichkeiten, die Drosselung und die Füllungsänderung, ausgenützt werden können.

Der durch Drosselung geschaffene Eintrittsdruck ist stets kleiner als der vor der Drosselstelle herrschende Leitungsdruck, er kann aber je nach dem Umfang der Drosselung zwischen Null und diesem beliebig schwanken. In jedem Falle ist die Druckminderung von einem Energieverbrauch begleitet, der aus dem Energievorrat des zuströmenden Triebstoffes zu decken ist. Derselbe dient zur Überwindung der Widerstände, die mit der Strömungsstörung an der Drosselstelle verbunden sind und vornehmlich in Wirbelbildungen innerhalb des Triebstoffes ihren Ursprung haben. Hieraus ergibt sich eine nur geringe Wirtschaftlichkeit des Drosselverfahrens in arbeitsökonomischer Hinsicht, die seine Anwendung im allgemeinen auf unelastische Triebstoffe beschränkt. Für Gase und Dämpfe ist das Drosselverfahren nur in den Fällen empfehlenswert, wo es durch eine besondere Einfachheit der Einrichtung und daraus entspringende Billigkeit der Triebmaschine gestützt wird und Veränderungen des Füllungsgrades ausgeschlossen sind.

Das gebräuchlichste, bereits von *Watt* bei seiner ersten Betriebsdampfmaschine verwendete Hilfsmittel zum Drosseln des Triebmittels ist die Drosselklappe; neben ihr kommen für die örtliche Verengung des Leitungsquerschnittes auch Ventile und Schieber zur Verwendung. Die Drosselklappe besteht aus einer kreisrunden oder elliptischen Metallscheibe vom gleichen Durchmesser wie das Innere der Rohrleitung. Sie ist in ein kurzes Zwischenstück der Leitung so eingebaut, daß sie von außen um eine in ihrer Ebene liegende Achse gedreht werden kann. Je nachdem hierbei ihre Ebene zur Rohrachse gleich- oder normalgerichtet wird, gibt sie den vollen Durchflußquerschnitt frei oder sperrt sie den Durchfluß völlig ab. In allen Zwischenstellungen ist der Durchfluß mehr oder weniger beschränkt. Hierdurch wird das die Querschnittsverengung durchfließende Treibmittel mehr oder weniger abgedrosselt und sein Druck entsprechend verändert.

Die Änderung der Füllung des Zylinders, die insbesondere bei der Verwendung elastischer Treibmittel für die Leistungsregelung der Maschine zur Anwendung kommt, erstreckt sich zwischen den Grenzen Null und Vollfüllung. Im ersteren Falle ist sie gleichbedeutend mit dem Ausfall eines oder mehrerer hintereinander folgender Arbeitshübe der Maschine. Diese Art der Leistungsregelung (das Regeln durch „Aussetzer"), die vornehmlich bei kleinen Petroleum- und Gasmaschinen zu finden ist, trägt zur Vereinfachung des Baues und der Wartung der Maschine erheblich bei. Für größere Leistungen tritt an ihre Stelle die Regelung der Expansionsarbeit des Triebstoffes. Ihre Anwendung ist an die Ausbildung der Steuerung zu einer Steuerung für veränderliche Expansion gebunden, wie sie z. B. durch die Doppelschiebersteuerungen und die verschiedenen Bauarten der Ventil- und Hahnsteuerungen vertreten wird.

Die Leistungsregelung der Kolbenmaschinen wird nur selten unmittelbar durch den Eingriff der Menschenhand eingeleitet. Nur in den Fällen, wo sie einem Arbeitsvorgang dient, dessen Leitung unmittelbar der menschlichen Einsicht bedarf, wie z. B. der Betrieb von Dampf- und Lufthämmern, ist sie nicht zu entbehren. Wo aber technologisch zusammengesetzte Arbeitsvorgänge die genaue Anpassung der Arbeitserzeugung an den Arbeitsverbrauch erfordern, wie es in besonders hohem Maße in gut geleiteten Fabrikbetrieben der Fall ist, tritt auch bei den Kolbenmaschinen an die Stelle der Handregelung die schon bei den Radmaschinen erläuterte selbsttätige mechanische Regelung. Sie wird wie dort durch einen Fliehkraftregler vermittelt, der den Gang der Maschine überwacht und bestimmt, indem er entweder unmittelbar oder durch Vermittelung eines Krafteinschalters auf die Regeleinrichtungen (Drossel, Steuerung) einwirkt.

## 5. Die besondere bauliche Gestaltung der Kolbenkraftmaschinen.

Die bisher betrachtete Allgemeineinrichtung der Kolbenkraftmaschine erfährt ihren weiteren Ausbau nach Maßgabe und Erfordern des in der Maschine zur Arbeitsabgabe gezwungenen Treibmittels. Weitere Betrachtungen haben daher auf diesem zu fußen und den Aufbau sowie die Wirkungsweise der Maschine vorzuführen, die sich aus der Art und den besonderen Eigenschaften des Treibmittels ergeben. Diesen entspringt schon die im Eingang gegebene Gruppierung der Maschinen, die nun auch im folgenden die Grundlage der Besprechungen zu bilden hat.

### a) Die Druckwasser- oder Wassersäulenmaschinen.

#### α) Die Hubmaschinen.

Durch Druckwasser betriebene Kolbenkraftmaschinen sind nach dem Bericht von *Calvör*[1] erstmalig im Jahre 1748 in den Bergwerken des Oberharzes sowie nach anderen Berichten[2] im Jahre 1749 in einem Bergwerk zu Schemnitz in Ungarn zur Anwendung gekommen. Als Erbauer der ersteren wird der braunschweigische Ingenieuroffizier *Winterschmidt*[3], als der der letzteren der Oberkunstmeister *Höll* genannt. Die unter Tage aufgestellten Maschinen

[1] Maschinenwesen auf dem Oberharz 1763, I. Bd., S. 187.

[2] *Rühlmann*, Allgemeine Maschinenlehre, Bd. I, S. 343. — Ztschr. f. Berg-, Hütten- u. Salinenwesen 1861, S. 59.

[3] Notizblatt des Architekten- u. Ingenieur-Vereins zu Hannover 1853—1854, S. 14.

dienten zum Betrieb von Pumpensätzen, die ein Gestänge mit dem Kolben der Kraftmaschine verband. Den Betriebsdruck bildete das Gewicht einer Wassersäule, wonach diese Maschinen auch Wassersäulenmaschinen genannt werden, deren Höhe beispielsweise bei der Maschine des Leopoldschachtes zu Schemnitz 89,2 m betrug. Einem Kolbendurchmesser von 351 mm und einem Kolbenhub von 2025 mm dieser Maschine entsprach bei 7,5 Hüben in der Minute und einer mittleren Kolbengeschwindigkeit von 500 mm/Sek. eine Aufschlagwassermenge von 0,022 cbm/Sek. Sechs Pumpensätze hoben 0,0057 cbm/Sek. Wasser auf 212,7 m Höhe, so daß sich der Wirkungsgrad der Maschinenanlage (Kraftmaschine und Pumpen) zu $\mu = 0{,}62$ berechnet.

Die Steuerung, die den Zu- und Abfluß des Druckwassers regelte, war bei diesen ersten Wassersäulenmaschinen eine Drehschieber- oder Hahnsteuerung, die durch ein fallendes Gewicht, den Fallblock, in Tätigkeit gesetzt wurde. Der Oberbergrat *Henschel* auf dem Steinkohlenwerk zu Obernkirchen, bzw. der Markscheider *Florian* zu Kreuth bei Bleiberg in Kärnten, ersetzten später den frei herabfallenden Steuerblock durch einen um eine festliegende Achse schwingenden Hammer. Die stoßweise Wirkung dieser Fallblock- und Hammersteuerungen veranlaßten im Jahre 1804 den Kunstmeister *Baldauf* zu Freiberg i. S. zur Regelung des Kraftwasserlaufes in der Maschine eine Hilfswassersäulenmaschine zu benutzen. Er gab damit der Steuerungseinrichtung im allgemeinen die Form, in der sie bei den meisten der später entstandenen, dem unmittelbaren Pumpenantrieb dienenden Wassersäulenmaschinen Anwendung gefunden hat. Weitere Bereicherungen erfuhr der Bau von Wassersäulenmaschinen u. a. durch die Einführung der Kolbensteuerung durch den K. Bayerischen Baudirektor *v. Reichenbach* (Maschine zu Illsank im Salzkammergut 1808 bis 1817) sowie durch die Anwendung einer Gegenwassersäule, den Einbau von Windkesseln in das Zu- und Abflußrohr des Druckwassers bzw. die Einfügung einer die Rückschwingung der Wassersäule im Fallrohr hindernden Rückflußklappe durch den Oberbergrat *Althans* (Maschine der Bergwerke zu Pfingstwiese bei Ems und der Grube Zentrum bei Eschweiler 1836 bzw. 1855, Abb. 168). Anderweite nennenswerte Ausführungen von Wassersäulenmaschinen, die dem Pumpenbetrieb in Bergwerken dienten, sind die Maschinen von *Schitko* (Schemnitz 1828), *Jordan* (Klausthal im Harz 1830), *Junker* (Huelgoat i. d. Bretagne 1830), *Taylor* und *Darlington* (Northumberland und Derbyshire 1842, Wales 1843) usw.

Für die im Jahre 1855 auf der Grube „Centrum" bei Eschweiler von *Althans* errichtete Wassersäulenmaschine[1], die durch hervorragende Leistung ausgezeichnet war, gelten beispielsweise die folgenden Werte:

| | |
|---|---|
| Kolbendurchmesser | 1229 mm |
| Kolbenhub | 2197 mm |
| Spielzahl | 3,5 t/Min. |
| Kolbengeschwindigkeit im Mittel | 0,257 m/Sek. |

[1] Ztschr. f. Berg-, Hütten- u. Salinenwesen 1861, S. 59. — Ztschr. d. V. d. I. 1860, 4. Bd., S. 79.

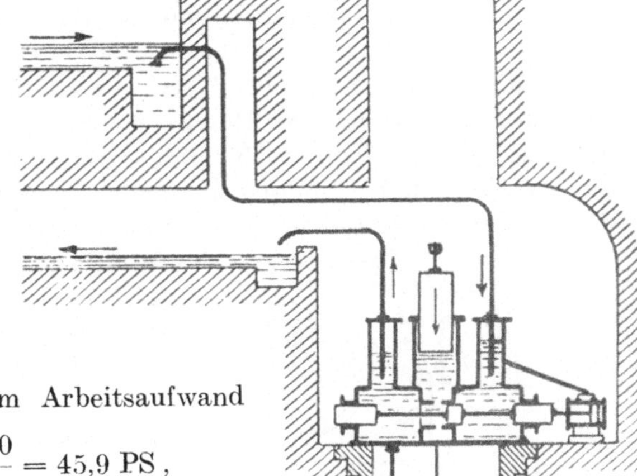

Die Maschine, deren Gesamtanordnung die Abb. 168 wiedergibt, arbeitet bei 0,154 cbm/Sek. Aufschlagwasser mit einem mittleren Druckgefälle von 14,12 + 8,24 = 22,36 m und fördert mit einer Hubpumpe 0,0225 cbm/Sek. auf 72,8 m Höhe, mit einer Druckpumpe 0,0067 cbm/Sek. auf 36,4 m Höhe.

Es entspricht daher einem Arbeitsaufwand

$$N = \frac{0{,}154 \cdot 22{,}36 \cdot 1000}{75} = 45{,}9 \text{ PS},$$

ein Arbeitsverbrauch

$$N = \frac{[(0{,}0225 \cdot 72{,}8) + (0{,}0067 \cdot 36{,}4) + (0{,}154 \cdot 8{,}24)]\,1000}{75} = 42 \text{ PS},$$

wonach sich für die ganze Anlage der Wirkungsgrad zu

$$\mu = \frac{42}{45{,}9} = 0{,}915,$$

für die Wassersäulenmaschine allein[1] zu

$$\mu' = \frac{1}{2}(1 + \mu) = 0{,}933$$

ergibt.

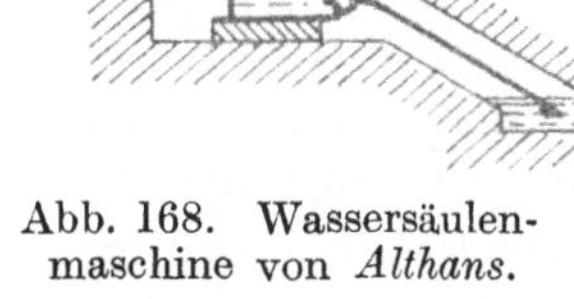

Abb. 168. Wassersäulenmaschine von *Althans.*

Als ein Beispiel für die Einrichtung derartiger Wassersäulenmaschinen und die Darlegung der bei ihnen gebräuchlichen Kolbensteuerungen werde die in Abb. 169 schematisch dargestellte Maschine von *v. Reichenbach* benutzt, die seinerzeit durch ihre Bauart und Ausführung hervorragte und früher auf der Station Illsank der Solleitung Berchtesgaden-Reichenhall-Traunstein-Rosenheim im Salzkammergut in Betrieb war, gegenwärtig aber im deutschen Museum zu München als ein beachtenswertes Denkmal deutscher Technik Aufnahme gefunden hat.

Die Illsanker Maschine besitzt zwei übereinander stehende Triebzylinder $a$, $b$, deren auf einer gemeinsamen Kolbenstange sitzende Kolben die Arbeit

[1] *Weißbach*, Lehrbuch der Ingenieur- und Maschinenmechanik, Braunschweig 1865, 2. Tl., S. 761.

des Druckwassers aufnehmen und auf die unter dem großen Triebzylinder stehende Druckpumpe[1] übertragen. Der verschieden großen Saug- und Druckarbeit der Pumpe entsprechend, haben die Triebkolben *c* und *d* 292 mm bzw. 535 mm Durchmesser. Der Durchmesser des Pumpenkolbens beträgt 268 mm, der Hub der drei Kolben 1800 mm. Die beiden Triebzylinder stehen durch die Kanäle *e* und *f*, in welche eine Kolbensteuerung eingeschaltet ist, mit der Zuleitung *g* des Druckwassers in Verbindung. Zwischen den beiden verschieden großen Kolben *h* und *i* des Kolbenschiebers der Steuerung mündet das Druckwasserrohr *g* in den Schieberzylinder, oberhalb und unterhalb derselben das Abflußrohr *k′ k* für das gebrauchte Triebwasser. Die Steuerbewegung des Kolbenschiebers wird durch das Druckwasser hervorgerufen und durch eine kleine Hilfswassersäulenmaschine *lm* vermittelt, die durch den Kolbenschieber *l* gesteuert und durch das Druckwasserrohr *g′* gespeist wird. Der Triebkolben *m* dieser Hilfsmaschine ist mit dem Kolbenschieber der Hauptsteuerung verbunden und besitzt den gleichen Durchmesser wie der größere Kolben *h* dieses Schiebers. Die Kolben des Hilfssteuerschiebers *l* sind gleich groß und daher sowohl gegen den Druck des Wassers (durch *g′*) als auch den der Atmosphäre (durch *k*) entlastet.

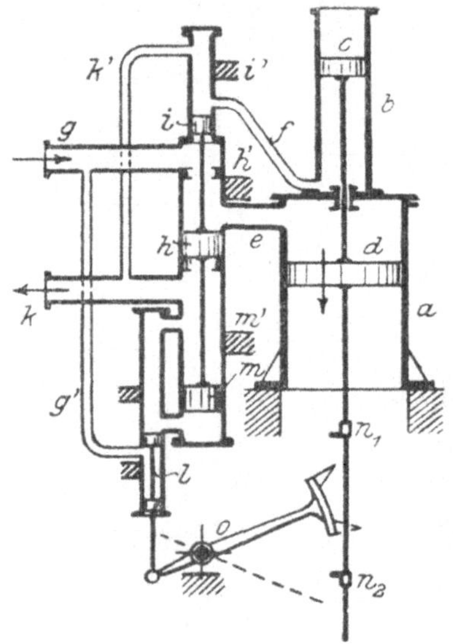

Abb. 169. Wassersäulenmaschine von *v. Reichenbach.*

In dem durch die Abb. 169 veranschaulichten Zeitpunkte des Betriebes der Maschine befindet sich der Hilfsschieber *l* in seiner tiefsten Stellung. Dabei ist der Raum oberhalb und unterhalb des Kolbens *m* durch den Wasserabfluß unter Atmosphärendruck gestellt, der Kolben daher entlastet. Infolgedessen wird der Hauptsteuerschieber (da $h > i$) durch das Druckwasser herabgedrückt und der Druckzylinder *a* der Hauptmaschine für den Wassereintritt geöffnet, so daß die Triebkolben herabgedrückt werden und die Pumpe Soole fördert. Nahe dem Ende des Kolbenweges erfaßt die Steuerknagge $n_1$ der Kolbenstange den Steuerhebel *o* und bewirkt durch ihn das Anheben der Hilfsteuerkolben *l* in die durch die Schraffierung angedeutete Stellung. Das Druckwasser tritt unter den mit der Hauptsteuerung verbundenen Kolben *m*, so daß die beiden Kolben *m* und *h* entlastet werden und der Druck des Wassers auf den kleinen Kolben *i* die ganze Kolbenverbindung hebt und in die durch die Buchstaben *m′*, *h′*, *i′* gekennzeichnete Stellung überführt. Hierdurch ist die Umsteuerung der Maschine vollzogen. Das in den oberen Triebzylinder *b* eintretende Druckwasser hebt die Triebkolben und veranlaßt das Ansaugen von neuer Soole durch die Pumpe. Dabei wird das entspannte Wasser aus

[1] In der Abbildung nicht gezeichnet.

dem unteren Triebzylinder verdrängt, bis nahe dem Hubende eine zweite Steuerknagge $n_2$ der Kolbenstange die Umstellung des Steuerhebels *o* und damit das Senken des Hilfssteuerschiebers bewirkt. Infolge der hierbei eintretenden Entlastung des Kolbens *m* wird der Hauptsteuerschieber durch den auf seinem größeren Kolben *h* lastenden Überdruck wieder in die gezeichnete Stellung herabgedrückt und damit ein neues Spiel der Maschine eingeleitet.

Die Arbeitsverhältnisse der Maschine sind wie folgt zu kennzeichnen:

Kolbengeschwindigkeit beim Ansaugen der Soole . . . . . . $v_1 = 360$ mm/Sek.

Kolbengeschwindigkeit beim Fortdrücken der Soole . . . . . $v_2 = 120$ mm/Sek.

Kraftwasserverbrauch . . . . . $Q = 0{,}0262$ cbm/Sek.

Fallhöhe des Kraftwassers . . . $H = 87{,}8$ m

Geförderte Salzsoole . . . . . . $Q' = 0{,}005$ cbm/Sek.

Förderhöhe . . . . . . . . . . $H' = 355{,}8$ m

Spezifisches Gewicht der Soole . $s = 1{,}208$

Arbeitsleistung der Triebmaschine $N = \frac{0{,}0262 \cdot 87{,}8 \cdot 1000}{75} = 32$ PS

Arbeitsverbrauch der Pumpe . . $N_n = \frac{0{,}005 \cdot 355{,}8 \cdot 1208}{75} = 28{,}7$ PS

Wirkungsgrad der ganzen Anlage $\mu = \frac{28{,}7}{32} = 0{,}9$

Wirkungsgrad der Wassersäulenmaschine allein . . . . . . $\mu' - \frac{1}{2}(1 + \mu) = 0{,}95$.

Die Maschine trägt die Aufschrift:

„Unter der glücklichen Regierung König Maximilian Josephs von Bayern wurde dieses hydraulische Werk, welches die gesättigte Salzsoole auf eine Höhe von 1218′ hebt, zum Nutzen der dankbaren Nachwelt von dem Kgl. Bayerischen Salinenrat Ritter *Georg v. Reichenbach* erbaut und dadurch Berchtesgadens Salzreichtum mit jenem von Reichenhall vereinigt. Im Jahre des Heils 1817."

Seit der Mitte des vorigen Jahrhunderts haben Druckwasser-Hubmaschinen bei der Bewegung großer Lasten in Häfen, Fabriken, Hüttenwerken usw. als Kran- und Aufzugmaschinen ausgedehnte Anwendung gefunden. Dabei wird die Förderlast entweder unmittelbar dem Triebkolben der Druckwassermaschine aufgebürdet, so daß die Last und der Kolben die gleiche Geschwindigkeit (etwa 0,5 m/Sek.) besitzen oder es wird die Druckwassermaschine nach dem Vorgang des Engländers *Armstrong*[1] derart zwischen die beiden Flaschen eines Rollenflaschenzuges eingeschaltet, daß die Hubbewegung des Kolbens den Abstand der Flaschen vergrößert. In diesem Falle beträgt die Lastgeschwindigkeit ein der Rollenzahl im Flaschen-

[1] Engl. Pat. Nr. 11319 v. J. 1846; Nr. 967 v. J. 1856.

zug entsprechendes Vielfaches der Kolbengeschwindigkeit (bei 4facher Übersetzung etwa 2 m). Dabei ist zwar die gehobene Last um einen dem gleichen Verhältnis entsprechenden Betrag kleiner als die Hubkraft des Kolbens; doch unterliegt ihre Größe insofern keiner Beschränkung als die Kolbenkraft durch geeignete Wahl des Wasserdruckes und des Kolbenquerschnittes stets der Last angepaßt werden kann.

### β) Die Kurbelmaschinen.

Auch diejenigen Druckwassermaschinen, die durch Vermittelung eines Kurbelgetriebes den Umlauf einer Welle herbeiführen, verdanken ihr Entstehen den Bedürfnissen des Be gwerkbetriebes. Sie haben in diesem vornehmlich als Antriebsmaschine („Wassersäulengöpel") bei der Erz- und Kohlenförderung Anwendung gefunden und waren dementsprechend mit Umsteuerungseinrichtung versehen. Im Jahre 1819 wird über die Errichtung eines Wassersäulengöpels durch *Bousnel* auf der Bleierzgrube zu Vedrin berichtet[1] und 1832 erbaute *Schitko* eine zweigliedrige doppelt wirkende Balanciermaschine zum Betriebe eines Pochwerkes am Georgenstollen bei Schemnitz[2], die sich durch einen hohen Wirkungsgrad auszeichnete. Ihr folgte auf dem Andreasschacht daselbst 1843 ein vom Oberkunstmeister *Adriany* erbauter Wassersäulengöpel[3]. Bei dem auf Daniel-Fundgrube bei Schneeberg im K. Sachsen von dem Kunstmeister *Bornemann* im Jahre 1856 aufgestellten Wassersäulengöpel[4] arbeiten zwei Druckwassermaschinen auf eine gemeinsame Kurbelwelle, welche die Fördertrommeln trägt. Die Kurbeln sind um 90° versetzt. Die Steuerung geschieht durch Kolbenschieber, die von Exzentern bewegt werden. Wasserstöße, sog. hydraulische Widder, werden bei dem Umstellen der Schieber durch sich selbsttätig öffnende Druckausgleichventile verhütet. Ein in die Zuleitung des Druckwassers eingeschalteter Vierweghahn dient zum Umsteuern der Maschine. Die Triebkolben hatten 162,3 m Durchmesser, 857 mm Hub und es betrug: Aufschlagwassermenge $Q = 0{,}0107$ cbm/Sek. Gefälle $H = 126$ m, Förderlast $G = 660$ kg, Fördergeschwindigkeit $c = 0{,}92$ m/Sek., daher

$$N = \frac{0{,}0107 \cdot 126 \cdot 1000}{75} = 18 \text{ PS}, \qquad N_n = \frac{660 \cdot 0{,}92}{75} = 8{,}1 \text{ PS},$$

$$\mu = \frac{8{,}1}{18} = 0{,}45 .$$

Der Bau von Wasserversorgungsanlagen in Städten sowie der Bedarf mäßig großer Betriebskräfte in gewerblichen Betrieben und Haushaltungen veranlaßten den Ingenieur *Schmid* in Zürich um das Jahr 1870 bis 1871 zur Konstruktion eines Kleinwassermotors, der infolge vorteilhafter Arbeitsweise große Verbreitung erlangte und verschiedenen späteren Bauarten zum Vor-

[1] Ann. d. Min. 1819, S. 59.
[2] *Schitko*, Beiträge zur Bergbaukunde. Wien 1834. S. 134.
[3] Ann. d. Min. 4. sér., Bd. XI. — Freiberger Jahrbuch 1856, S. 200.
[4] Civilingenieur 1856, S. 138.

bild gedient hat Der „*Schmid*sche Motor“ (Abb. 170) besitzt einen oszyllierenden Zylinder und Schiebersteuerung. Der zylindrisch gestaltete Schieberspiegel ist nach einem Kreis gekrümmt, dessen Mittelpunkt auf der Schwingungsachse des Zylinders liegt. Der Schieber steht fest und besteht aus zwei durchbrochenen Platten, die an die gegabelte Druckwasserleitung angefügt sind und zwischen denen das gebrauchte Wasser abfließt. Wasserstöße werden durch einen Windkessel in der Zuleitung des Druckwassers ausgeglichen.

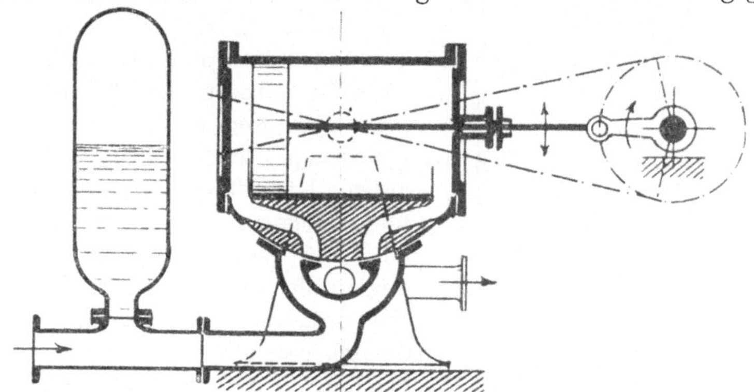

Abb. 170. Druckwassermaschine von *Schmid*.

Der bei normalen Betriebsverhältnissen hohe Wirkungsgrad dieser Maschinen sinkt mit dem Herabsetzen der Leistung erheblich, da für jeden Kolbenhub die Vollfüllung des Zylinders also der gleiche Wasserverbrauch bestehen bleibt.

Diesem Mangel abzuhelfen, fügte *Ph. Meyer* in Wien an die Zylinderenden Luftkammern an, in denen die Luft durch das eintretende Druckwasser verdichtet wird, so daß sie nach erfolgtem Abschluß des Wasserzuflusses expandierend den Kolbenschub vollendet. Die Größe der Luftverdichtung und damit auch die Größe des Wasserverbrauches regeln an den Luftkammern angeordnete Druckausgleichventile[1].

In der Neuzeit haben diese für kleine Verhältnisse bestimmten Druckwassermaschinen infolge der Verbreitung der Elektrizitätsanlagen und elektrischen Motoren erheblich an Bedeutung verloren. Auch den hydraulischen Fördereinrichtungen der Häfen, Hüttenwerke und anderen industriellen Anlagen ist durch den elektrischen Betrieb ein erheblicher Wettbewerb erstanden. Dagegen hat sich die Verwendung hochgespannten, oft mehrere hundert Atmosphären Pressung besitzenden Druckwassers für den Betrieb von hydraulischen Pressen zum Formen, Verdichten und Scheiden von Werkstoffen bisher als unersetzbar erwiesen.

### b) Die Kolbendampfmaschinen.

Die Verwendung des Wasserdampfes als Triebstoff für Kolbenkraftmaschinen beruht auf der Ausnutzung seiner Spannung, Elastizität und

[1] Näheres siehe *Musil*, Die Motoren für das Kleingewerbe. Braunschweig 1878, S. 23, Tafel I.

Kondensierbarkeit, Eigenschaften, die zu dem Wärmegehalt des Dampfes in inniger Beziehung stehen. Der Dampf kommt sowohl im gesättigten Zustande als Sattdampf als auch im überhitzten Zustande als Heißdampf bei dem Maschinenbetrieb zur Verwendung. Es werden hiernach Sattdampfmaschinen und Heißdampfmaschinen unterschieden. Eine Verminderung des Wärmegehaltes führt zur Verminderung des Spannungszustandes des Dampfes, bis bei dem Verschwinden der Spannung auch der Bestand des Dampfes als solcher aufhört. Derselbe geht in die flüssige Aggregatform über und in dem von ihm erfüllt gewesenen Raume tritt, wenn er nach außen abgeschlossen ist, die absolute Leere und ein spannungsloser Zustand ein.

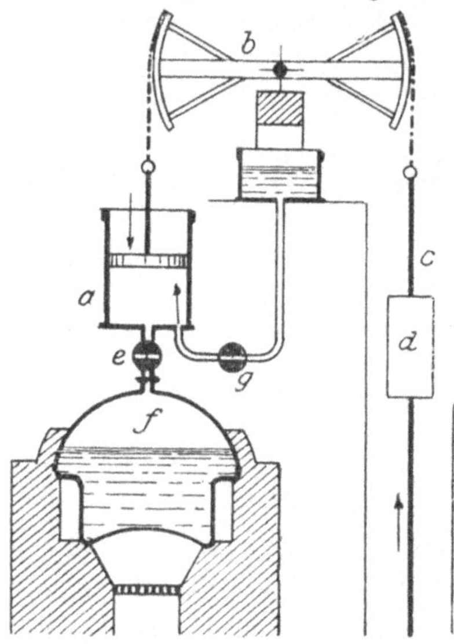

Abb. 171. Atmosphärische Dampfmaschine von *Newcomen.*

Von diesem Verhalten des Dampfes gingen die ersten Bestrebungen aus, den Wasserdampf in Kolbenmaschinen für die Arbeitsgewinnung nutzbar zu machen. Sie führten zum Entstehen der sog. atmosphärischen Dampfmaschine, die bereits 1690 von *Papin* geplant und 1705 erstmalig durch den Engländer *Newcomen* auf einer Steinkohlengrube zu Warwickshire für den Betrieb von der Grubenentwässerung dienenden Pumpen benutzt wurden. Diese atmosphärischen Maschinen sind nicht Dampfmaschinen im eigentlichen Sinne des Wortes, bei ihnen bildet der Dampf nicht das die Arbeit spendende Mittel, sondern er dient allein zur Schaffung einer Luftleere, die dem Druck der Atmosphäre die Möglichkeit der Arbeitsleistung schafft.

Bei der Maschine von *Newcomen* (Abb. 171), ist der in dem Zylinder *a* auf- und absteigende Kolben durch eine Kette mit dem doppelarmigen Balancier *b* verbund.n, an dessen anderem Ende das Pumpengestänge *c* in gleicher Weise angeschlossen ist. Die Hebelenden tragen kreisbogenförmige Führungen, auf die sich beim Schwingen des Hebels die Ketten auflegen, so daß die Geradführung des Kolbens und des Gestänges gesichert ist. Ein Gewicht *d* dient zur Vergrößerung der Last des Gestänges, die bei dem Herabsinken die Förderarbeit der Pumpen leistet und im Dampfzylinder den Kolben aufwärtszieht. Der hierbei aus dem geöffneten Hahn *e* aus dem Kessel *f* in den Zylinder strömende Dampf wurde nach erfolgtem Schluß des Hahnes bei den ersten Maschinen durch Abkühlen der äußeren Zylinderwand, bei den späteren Maschinen durch Einspritzen von kaltem Wasser in den Zylinder kondensiert, so daß der auf dem Kolben lastende äußere Luftdruck diesen wieder senkte und dabei das Gestänge hob sowie die Saugarbeit der Pumpe verrichtete. Das Umstellen des Dampfhahnes und des Hahnes *g* im Einspritzrohr des Kühlwassers erfolgte anfänglich von Hand, durch geschickte Verbindung der Hähne mit dem Pumpengestänge soll später *Humphrey Potter* (1718) eine Selbststeuerung der Maschine geschaffen haben.

Dem entgegengesetzt hatte bereits im Jahre 1698 der englische Bergwerksbeamte *Savery* dem gespannten Dampfe die Leistung der Druckarbeit von Pumpen zugewiesen und die Saugarbeit durch den Luftdruck verrichten lassen, indem er zwischen das Saug- und Druckventil der Pumpe ein Gefäß einfügte, das abwechselnd aus einem Kessel mit Dampf gefüllt und dann durch Bespritzen mit Wasser abgekühlt wurde. Die hierbei eintretende Kondensation des Dampfes schaffte den für das Ansaugen des Wassers erforderlichen Unterdruck, so daß sich das Gefäß mit Wasser füllte, das der hierauf eintretende Dampf durch das Druckventil in die Leitung preßte. Um die hierbei durch teilweise Kondensation des eintretenden Dampfes auftretenden erheblichen Dampfverluste zu vermindern, empfahl *Papin* (1709) die Zylinderform des Gefäßes und die Einschaltung einer Kolbenscheibe zwischen Wasser und Dampf. Aus der den gleichen Gedanken verfolgenden Wasserhebemaschine des Amerikaners *Hall*[1] hat sich später, in gewissem Sinne auf die *Savery*sche Maschine zurückgreifend, der selbsttätig arbeitende „Pulsometer" entwickelt.

Der von dem deutschen Mechaniker *Leupold* (1725) gefaßte Plan, gespannten Dampf in zwei Maschinen zur Arbeitsleistung zu zwingen, deren Kolben ein Balancier derart verbindet, daß dem Aufstieg des einen, der Abstieg des andern entsprach, dürfte nicht zur Ausführung gelangt sein. Die Steuerung der beiden Maschinen bildete ein von *Papin* erfundener Vierweghahn. Derselbe war in die Dampfleitung so eingeschaltet, daß, während der eine Zylinder mit Dampf gefüllt wurde, der gebrauchte Dampf aus dem zweiten Zylinder ins Freie entweichen konnte. Kondensation war nicht vorhanden.

Es war dem Schotten *James Watt* vorbehalten, in glücklichem Erkennen und Beseitigen der Mängel, welche der Maschine von *Newcomen* anhafteten, den Weg zu öffnen, dessen weiterer Verfolg zu den Ergebnissen führen sollte, die in den späteren Bauarten der Kolbendampfmaschine ihre Blüte und Frucht gefunden haben.

Die Mängel der *Newcome*schen Maschine waren insbesondere in der Beschränkung der Arbeitsleistung durch die Verwendung des Luftdruckes als Kraftquelle und in der sich bei jedem Kolbenspiel wiederholenden Abkühlung des mit Dampf gefüllten Zylinders durch das zum Zweck der Dampfkondensation in den Zylinder gespritzte Kühlwasser begründet. *Watt* beseitigte sie, indem er den in seiner Wirkung engbegrenzten Luftdruck durch den der Größe nach wählbaren und dadurch wirkungsvoller zu machenden Druck des Dampfes ersetzte und die Kondensation in einen von dem Zylinder der Maschine getrennten Kondensator verlegte (1768 bis 1769).

---

[1] Official Gazette of the United States Patent Office. Vol. II, S. 367, Nr. 131 515 u. 131 516.

Diese älteste *Watt*sche Maschine ist in ihren Grundzügen durch die Abb. 172 wiedergegeben. Sie war einfach wirkend und in ihrem allgemeinen Aufbau der Maschine von *Newcomen* nachgebildet. Den oben offenen Zylinder umgab ein allseitig geschlossener Dampfmantel $a$, der dauernd mit dem Dampfkessel in Verbindung stand. Durch den Deckel dieses Mantels trat die Kolbenstange in einer Stopfbüchse nach außen. Die Dampfverteilung erfolgte durch

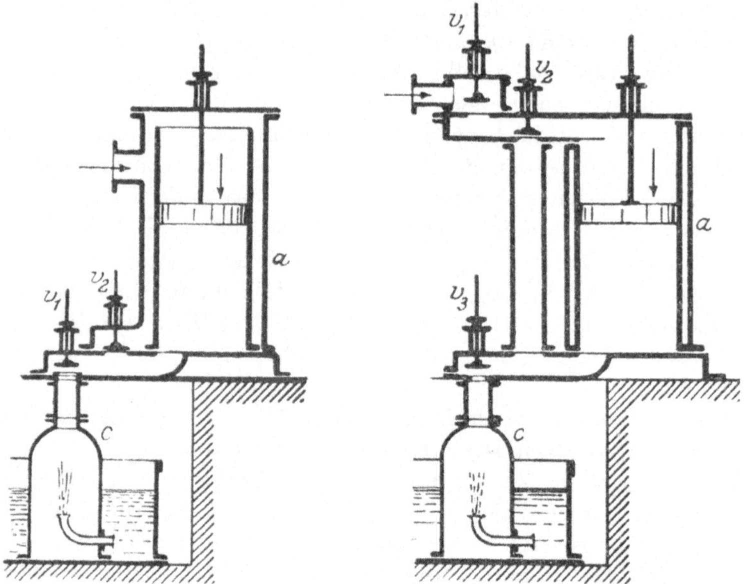


Abb. 172 und 173. Dampfmaschine von *J. Watt.*

zwei Ventile $v_1$ $v_2$, von denen das eine ($v_1$) den Abfluß des Dampfes nach dem Kondensator $c$, das andere ($v_2$) den Eintritt des Dampfes unter den Kolben steuerte. Das Öffnen des letzteren bewirkte den Druckausgleich über und unter dem Kolben. Dann wurde dieser von dem Gestängegewicht gehoben, bis der Schluß von $v_1$ und Öffnen von $v_2$ das Überströmen des unter dem Kolben stehenden Dampfes nach dem Kondensator veranlaßte, so daß der auf dem Kolben lastende Dampfdruck diesen abwärts trieb und das Gestänge wieder hob, was gleichbedeutend mit der Förderleistung der Pumpe war. Die Einlagerung des Zylinders in frischen Dampf, der den Mantel dauernd erfüllt, hindert die Abkühlung des Zylinders und beugt dadurch dem jetzt als Eintrittskondensation bezeichneten teilweisen Niederschlag des Dampfes vor, wenn derselbe zum Zweck der Arbeitsleistung unter den Kolben tritt.

Bei späteren Ausführungen der Maschine erfolgte die Dampfverteilung nach Abb. 173 durch drei Ventile, von denen $v_1$ den Eintritt des Dampfes über den Kolben, $v_3$ den Dampfabfluß nach dem Kondensator ($c$) steuerte. Beide Ventile wurden gleichzeitig geöffnet, so daß während des Dampfeintrittes über dem Kolben unterhalb dieses durch Kondensation eine Luftleere erzeugt wurde und somit der absolute Druck des Dampfes zur Wirkung kam.

Nach erfolgtem Niedergang des Kolbens und Schließen der beiden Ventile bewirkte das Öffnen des Zwischenventiles $v_2$ den Übertritt des den Zylinder oberhalb des Kolbens füllenden Dampfes unter den Kolben. Hierbei wurde dieser durch das Gestängegewicht gehoben. Der Kondensator arbeitete mit Einspritzung des Kühlwassers durch den Druck der Außenluft. Die ungünstige Form des *Watt*schen Kofferkessels (Abb. 66, S. 87) zwang zur Anwendung geringer Dampfspannung, die demgemäß 1,1 bis 1,5 Atm absolut nicht überstieg. Hierdurch war die Leistungsfähigkeit der Maschine beschränkt.

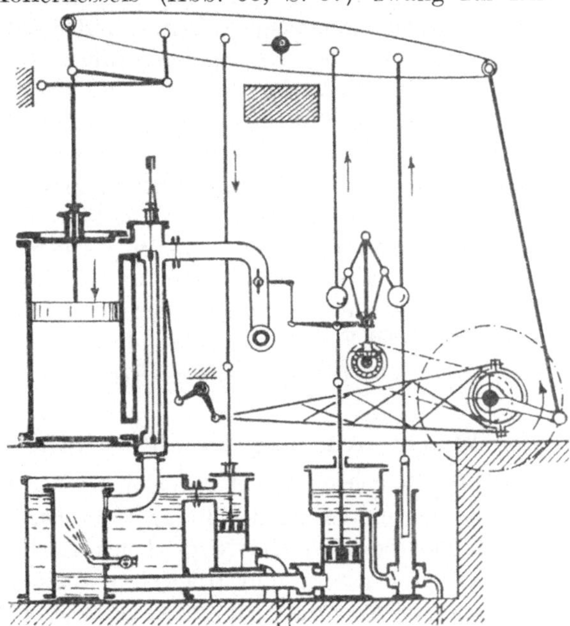

Abb. 174. Betriebsdampfmaschine von *Watt*.

In der Folgezeit, von 1778 bis etwa 1800, zeitigte *Watts* rastloses, von regem Erfindergeist wirkungsvoll unterstütztes Bemühen die erste doppelt wirkende Kolbendampfmaschine mit Umlaufbewegung und damit jene Bauform, die der Dampfkraftmaschine zu einer unbeschränkten Verwendbarkeit als Betriebsmaschine verholfen hat. Die Ausnutzung der Expansivkraft des Dampfes, die Selbstregelung des Dampfzuflusses durch eine Drosselklappe und den 1673 von *Hugghens* erfundenen Fliehkraftregler, die Steuerung mittels des *Murdock*schen Röhrenschiebers, der mit Frischdampf beheizte Dampfmantel, das zur Geradführung der Kolbenstange dienende, den Namen *Watts* tragende Parallelogramm, die Übertragung der Schwingbewegung des Balanciers auf die in Drehung zu versetzende Welle durch ein Planetenradgetriebe und später durch die Kurbel, bilden die wesentlichen Merkmale dieser *Watt*schen Maschine, von der Abb. 174 die Grundzüge der Anordnung wiedergibt.

Die weitere Entwickelung der Kolbendampfmaschine war einerseits von dem Streben nach Vereinfachung des äußeren Aufbaues der Maschine, andererseits von dem Streben nach tunlichster Vervollkommnung der Dampfwirkung und Dampfausnutzung geleitet. In ersterer Beziehung ist zu gedenken der oszyllierenden Maschine von *Murdock* (1785), der liegenden Maschinenanordnung von *Symington* (1801) und der stehenden Bockmaschine von *Maudslay* (1807), welche die Grundlagen der neuzeitlichen, durch Zweckmäßigkeit und Wohlgefälligkeit ausgezeichneten Bauformen der Kolbendampfmaschine bilden. Bezüglich der wirtschaftlichen Ausgestaltung des Dampfmaschinenbaues und -betriebes ist insbesondere auf die Einführung der mit nur $^1/_3$ bis $^1/_6$

Füllung und mit Dampfspannungen bis zu 6 Atm arbeitenden Hochdruckdampfmaschine durch den Amerikaner *Oliver Evans* (1801), die weitere Steigerung der Expansion des Dampfes durch Verteilung derselben auf zwei Zylinder von verschiedenem Durchmesser durch den Engländer *Woolf* (1804) zu verweisen. Beide Vornahmen bilden die Grundlagen für die wirtschaftliche Entwickelung der Kolbendampfmaschine der Neuzeit, die auf tieferer theoretischer Erkenntnis der Arbeitseigenschaften und des Verhaltens des Dampfes unter bestimmten gegebenen Bedingungen fußend, sich vollzogen und in dem Ausbau der zweifachen Verbundmaschine durch *Wright* (1816) und der dreifachen Expansionsmaschine durch *Perkins, Kirk* (1879), sowie der Aufnahme des Heißdampfbetriebes durch *Schmidt* (1890 bis 1895) vorläufig ihren Abschluß gefunden hat. Wesentliche Förderung hat der Dampfmaschinenbau auch durch die Entwickelung der die Dampfverteilung in der Maschine regelnden Steuerungen gefunden, die in ihren vornehmlichsten Arten bereits im allgemeinen Teil besprochen wurden und für die als besonders kennzeichnend hier nur auf die Doppelschiebersteuerung von *Meyer* (1842), die Hahnsteuerung von *Corliß* (1860 Einführung in Deutschland) und die Ventilsteuerungen von *Sulzer* (1867) und *Collmann* hingewiesen sei[1].

### α) Wärmenutzung durch Expansion und Überhitzung.

Mit der Steigerung der Expansion ist die Erhöhung des Betriebsdruckes sowie die Verminderung des Brennstoffaufwandes Hand in Hand gegangen.

Während die *Watt*sche Niederdruckmaschine mit einer Dampfspannung $p = 1{,}1$ bis 1,5 Atm absolut arbeitete und einen Brennstoffaufwand $B = 1{,}96$ bis 2,22 kg/PS-St. erforderte, beträgt gegenwärtig für

| | | |
|---|---|---|
| die 1fach Expansionsmaschine | $p = 4$ bis 6 Atm, | $B = 1{,}1$ bis 1,2 kg/PS-St., |
| die 2fach Expansionsmaschine | $p = 5$ bis 8 Atm, | $B = 0{,}9$ bis 1,0 kg/PS-St., |
| die 3 u. 4fach Expansionsmasch. | $p = 10$ bis 15 Atm, | $B = 0{,}65$ bis 0,7 kg/PS-St., |
| und sinkt bei Heißdampfmaschinen | | $B$ auf 0,44 bis 0,6 kg/PS-St. |

herab.

Die Ausnutzung der im Brennstoff enthaltenen Wärmemenge nimmt mit der Größe der Maschinenleistung zu. Beispielsweise beträgt sie

| | | |
|---|---|---|
| bei Auspuffmaschinen von mehr als | 50 PS etwa | 5 bis 6 vH, |
| bei Kondensationsmaschinen von mehr als | 150 PS etwa | 9 vH, |
| bei Kondensationsmaschinen von mehr als | 1000 PS etwa | 12 bis 13 vH. |

[1] Die ausführlichste Bearbeitung hat die Geschichte der Benutzung des Dampfes als Triebkraft in dem Buch „Die Entwickelung der Dampfmaschine“ von *Conrad Matschoß*, Berlin 1908, gefunden, das in 2 Bänden „Die Dampfmaschine im Rahmen der Wirtschafts- und Kulturgeschichte“ und „Die technische Entwickelung der Dampfmaschine“ bis zur Neuzeit behandelt. Ferner siehe *Matschoß*, „Die ersten Dampfmaschinen außerhalb Englands“ in Ztschr. d. V. d. I. 1905, S. 1971, sowie zwei Aufsätze in genannter Zeitschrift vom Jahre 1886, S. 721 und 1890, S. 1280, welche die erste in Deutschland gebaute, am 23. August 1785 auf dem König Friedrich-Schachte bei Hettstedt aufgestellte Dampfmaschine behandeln.

Auch der Dampfverbrauch schwankt mit der Größe der Maschine und beträgt bei

| | | | |
|---|---|---|---|
| einer Maschinenleistung | $N \leqq$ 10 PS | etwa | 20 bis 25 kg/PS-St., |
| einer Maschinenleistung | $N \backsim$ 50 PS | etwa | 8 bis 10 kg/PS-St., |
| einer Maschinenleistung | $N >$ 100 PS | etwa | 5 bis 6 PS/kg-St., |
| einer Heißdampfmaschine | | etwa | 4 bis 5 kg/PS-St. |

Den Fortschritt im Dampfmaschinenbau belegen u. a. die folgenden Zahlen[1], die sich auf Dampfmaschinen von 500 PS-Leistung beziehen. Es betrug

im Jahre 1875 der Dampfverbrauch 8 kg PS-St.,
im Jahre 1888 der Dampfverbrauch 6,75 kg/PS-St.,
im Jahre 1893 der Dampfverbrauch 5,50 kg/PS-St.

Auf den in Wärmeeinheiten ausgedrückten Heizwert, der zur Kesselheizung benutzten Kohle bezogen, verteilt sich der mit dem Betrieb neuzeitlicher Dampfmaschinenanlagen verbundene Wärmeverbrauch bei

| | Einzylindermaschinen mit Auspuff | Verbundmaschinen mit Kondensation |
|---|---|---|
| auf Kesselverluste | 25,00 vH | 25,00 vH |
| auf Rohrleitungsverluste | 1,41 „ | 1,31 „ |
| auf Abkühlverluste in der Maschine | 1,25 „ | 2,51 „ |
| auf Abkühlverluste durch Kondensation | — | 0,52 „ |
| auf Auspuffverluste | 64,49 „ | — |
| auf Wärmeabgang im Kühlwasser | — | 58,91 „ |
| auf Wärmeumsatz in Arbeit | 7,85 „ | 11,75 „ |
| | 100,00 | 100,00 |

Die erheblichsten Fortschritte ergeben sich im Dampfmaschinenbau aus der Steigerung der Expansion des Dampfes in der Mehrzylindermaschine und aus der Benutzung der Dampfüberhitzung. Auf die Erhöhung der Gleichförmigkeit der Bewegung der Maschine, die mit der Verteilung der Expansion auf mehrere an Durchmesser zunehmende Zylinder verbunden ist, ist bereits im allgemeinen Teil hingewiesen worden. Hier ist der Vorteil hervorzuheben, der damit für die Ausnutzung der Arbeitsfähigkeit des Dampfes verbunden ist und der sich insbesondere bei der Benutzung von Sattdampf aus den Temperaturänderungen im Zylinder der Maschine ergibt, die mit der Änderung der Druckverhältnisse zusammenhängen.

In Einzylindermaschinen, die mit hoher Expansion arbeiten, ruft der große Unterschied zwischen der Eintritts- und Austrittstemperatur des Dampfes, der bei $p = 15$ Atm und $p_0 = 0{,}5$ Atm beispielsweise $t = 188{,}4 - 81{,}7 = 107{,}7\,°$C beträgt, eine erhebliche Abkühlung der Zylinderwand hervor. Infolge davon erleidet der am Beginn des neuen Kolbenhubes in den Zylinder tretende hochgespannte Dampf eine Abkühlung, die zum teilweisen Niederschlag desselben, das ist des als Eintrittskondensation bezeichneten Vorganges, führt. Andererseits bedingt die Wiedererwärmung der Zylinder-

[1] Ztschr. d. V. d. I. 1894, S. 939; 1896, S. 102.

wand durch die Heizwirkung des den Dampfmantel erfüllenden Frischdampfes während des Ausstoßens des gebrauchten Dampfes in den Kondensator, die Wieder- oder Nachverdampfung eines Teiles dieses Niederschlages und damit eine Spannungssteigerung im Ausstoßraum, die als ein auf dem Kolben lastender Gegendruck in die Erscheinung tritt. Beide Vorgänge sind mit Arbeitsverlusten verbunden, die zwar durch Erhöhung der Kolbengeschwindigkeit auf beiläufig 3 bis 6 m/Sek. gemildert werden können, die aber doch unter Umständen eine nicht unerhebliche Schädigung des wirtschaftlichen Betriebes der Maschine zur Folge haben.

Hier übt die Verteilung des Druckgefälles und damit auch die des Temperaturgefälles auf mehrere Zylinder, also der Übergang zur Mehrfachexpansionsmaschine, nach beiden Richtungen hin den günstigsten Einfluß aus. Sie ermöglicht das Einhalten von Dampftemperaturen, die nur eine mäßige Abkühlung der Zylinderwand und damit den Niederschlag einer geringen Wassermenge im Zylinder zur Folge haben. So würde sich z. B. für eine Dreifachexpansionsmaschine, die mit einem Eintrittsdruck $p = 12$ Atm und einem Kondensatordruck $p' = 0{,}25$ Atm arbeitet, in den einzelnen Zylindern das Einhalten von Druckgefällen

$$p - p' = 12 - 4{,}5 = 7{,}5 \text{ Atm}; \quad 4{,}5 - 1{,}5 = 3{,}0 \text{ Atm}; \quad 1{,}5 - 0{,}25 = 1{,}25 \text{ Atm}$$

zweckmäßig erweisen, sofern ihnen Temperaturgefälle

$$t - t' = 188{,}4 - 148{,}3 = 40^\circ; \quad 148{,}3 - 112{,}4 = 36^\circ; \quad 112{,}4 - 65{,}4 = 47^\circ$$

entsprechen.

Außer in der Verbundwirkung ist in der Verwendung des überhitzten Dampfes ein weiteres Mittel zur Steigerung der Leistungsgüte der Dampfmaschine gegeben. Dies insofern als durch die Überhitzung der Kondensationspunkt des Dampfes soweit zurückgedrängt werden kann, daß sowohl die Eintrittskondensation als auch das Nachdampfen vermindert bzw. beseitigt wird. Doch wird die Verwendung stark überhitzten Dampfes dadurch erschwert, daß sie leicht mit schädlichen Formänderungen des Zylinders und Kolbens verbunden ist und besonders hitzebeständige Stopfbüchsendichtungen und Schmiermittel erfordert. Diese Umstände veranlassen dazu, die Überhitzungstemperatur auf höchstens 350 bis 400° C zu beschränken, der Metallpackungen und Mineralöle zu genügen vermögen.

Die Abstufung der Zylinderdurchmesser und des Dampfdruckes erfolgt bei den Mehrfachexpansionsmaschinen in der Regel derart, daß die Leistungen der einzelnen Zylinder nur wenig voneinander verschieden sind. Es ergeben sich dann nahezu gleich große Kolbenkräfte, also für die einzelnen Kurbeln der gemeinsamen Triebwelle auch nahezu gleiche Drehkräfte. So erhält beispielsweise[1] eine Dreifachexpansionsmaschine mit drei Zylindern von $s =$ 991 mm Hub bei $n = 61$ t/Min. die folgenden Zylinderdurchmesser

[1] Ztschr. d. V. d. I. 1902, S. 187.

$$D_1 = 556 \text{ mm}, \qquad D_2 = 864 \text{ mm}, \qquad D_3 = 1446 \text{ mm}$$

und leistet dabei $N_i = 208{,}5 + 224{,}3 + 221{,}6 = 654{,}4$ PS.

Eine andere Dreifachexpansionsmaschine, bei der die dritte Stufe der Expansion auf zwei gleich große Zylinder verteilt ist und die mit $s = 1500$ mm Kolbenhub und $n = 85$ t/Min. arbeitet, liefert an Arbeit

| | | |
|---|---|---|
| im Hochdruckzylinder . . . . . . . . . . | $N_i =$ | 1091,5 PS |
| im Mitteldruckzylinder . . . . . . . . . . | $N_i =$ | 907,2 PS |
| in den beiden Niederdruckzylindern . . . | $N_i = 705 + 749{,}5 =$ | 1454,5 PS |
| | insgesamt $N_i =$ | 3453,2 PS |

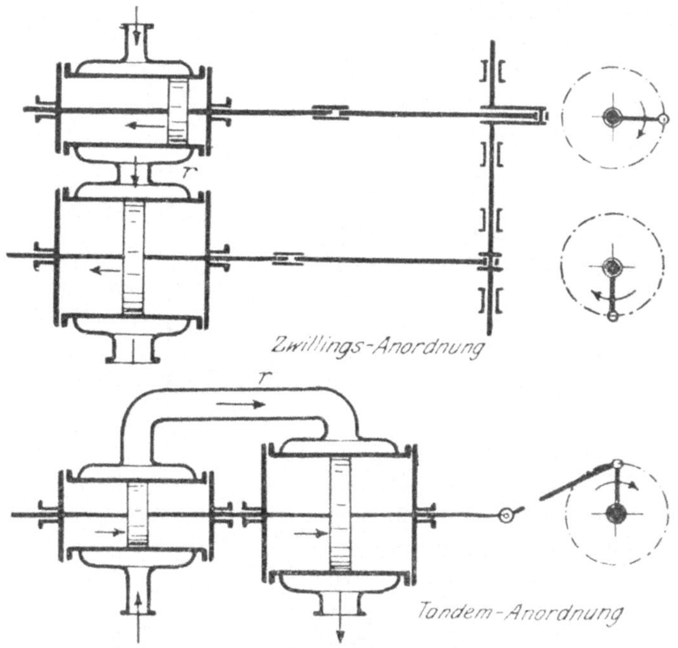


Abb. 175 u. 176. Mehrfachexpansionsmaschinen.

Die Dampfmaschinen mit mehrfacher Expansion werden sowohl liegend als auch stehend, in Zwillings- und in Tandemanordnung gebaut, wie dies die Skizzen 175, 176 an zwei Beispielen erläutern. Zwischen die aufeinander folgenden Zylinder ist ein größerer Hohlraum, der Verbinder oder Receiver ($r$) eingeschaltet, in dem aus den Dämpfen, die unter verschiedenen Druckverhältnissen von Zylinder zu Zylinder überströmen, vor dem Eintritt in den folgenden Zylinder ein homogenes Dampfgemisch gebildet wird und dem die Maschine den Namen Verbundmaschine verdankt. Die Steuerung der Hochdruckzylinder erfolgt in der Regel durch gut entlastete Kolbenschieber oder Ventile. Die Niederdruckzylinder sind zum Zweck höchster Dampfausnutzung an einen Kondensator angeschlossen oder liefern den abgespannten Dampf zur letzten Ausnutzung an eine Dampfturbine ab.

### β) Die Dampfkondensation und Rückkühlung.

Die Entspannung, welche der Dampf im Zylinder der Dampfmaschine durch Expansion erleiden kann, ist durch den Gegendruck bestimmt, den er bei dem Verlassen des Zylinders vorfindet und den er vermöge einer geringen Überspannung zu überwinden hat. Der Gegendruck schwankt zwischen Null und 1 Atm, je nachdem der austretende Dampf vollständig kondensiert wird oder der Austritt in die freie Luft erfolgt. Die für die rasche Entleerung des Zylinders am Ende eines jeden Kolbenhubes erforderliche Überspannung des Dampfes läßt man in der Regel zwischen 0,1 und 0,2 Atm schwanken. Es darf daher der Gegendruck, welcher der Bewegung des Kolbens widersteht, bei in die Atmosphäre ausstoßenden Auspuffmaschinen zu 1,1 bis 1,2 Atm. bei Kondensationsmaschinen im günstigsten Falle zu 0,1 bis 0,2 Atm eingeschätzt werden.

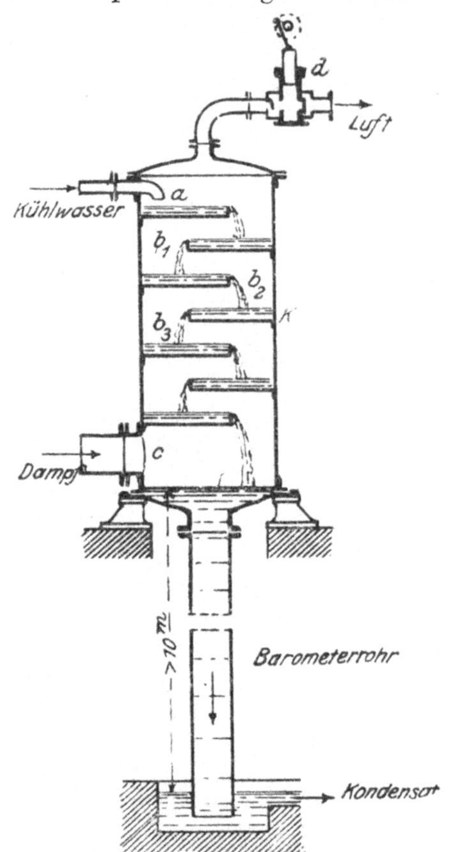

Abb. 177. Mischkondensator.

Dampfpressungen kleiner als der Atmosphärendruck werden durch die Abkühlung des am Ende der Expansion dem Zylinder entströmenden Dampfes unter den Taupunkt erzielt und entweder durch Mischen des Dampfes mit kaltem Wasser oder durch die Berührung mit einer durch Wasser gekühlten Gefäßoberfläche erhalten. Hiernach wird die Mischkondensation und die Oberflächenkondensation unterschieden. Die letztere wird so geleitet, daß die Vermischung von Kondenswasser und Kühlwasser verhindert ist. Die zur Ausführung der Kondensation benutzten Einrichtungen heißen Kondensatoren. Sie werden in der Regel durch eine Pumpenanlage ergänzt, in der die Kaltwasserpumpe der Beschaffung des Kühlwassers, die Warmwasser- bzw. Luftpumpe der Beseitigung des Kondensates sowie der dem Dampf und Kühlwasser entstammenden Luft dient. Den Betrieb der Pumpen übernimmt die Dampfmaschine selbst, indem die Kolbenbewegung entweder unmittelbar oder durch Vermittelung eines Schwinghebels auf die Pumpenkolben übertragen wird. Bei geeigneten örtlichen Verhältnissen wird zuweilen die Warmwasserpumpe nach Abb. 177 durch ein Saugrohr von über 10 m Länge ersetzt, das an den Kondensator angeschlossen ist und von dem Atmosphärendruck dauernd mit Wasser gefüllt erhalten wird. Das Kühlwasser tritt oben bei *a* in den Kondensator *K* ein und fließt über die wechselseitig angeordneten Stufen $b_1$ $b_2$ ... herab, während der unten bei *c* eintretende Dampf ihm entgegen strömt und die zwischen den Stufen sich ausbreitenden dünnen Wasserschleier durchdringt. Die zurückbleibende Luft wird am Kopf des Kondensators von einer kleinen Luftpumpe (*d*) abgesaugt.

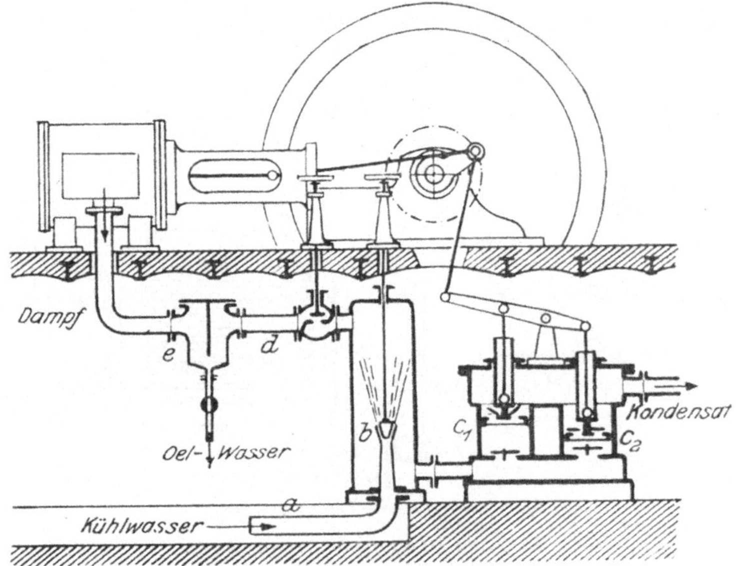


Abb. 178. Einspritzkondensator.

Vielfach erfolgt die Aufstellung der Kondensatoranlage nach Abb. 178 in einer Unterkellerung des Maschinenraumes. Der dargestellte Kondensator ist ein **Einspritzkondensator**, in dem das von dem Rohr *a* zugeführte Kühlwasser mittels Düsen oder einem Brausenrohr (*b*) verteilt wird. Die Beseitigung des Kondensates und der Luft bewirken zwei einfach wirkende Hubpumpen $c_1$ $c_2$, die von der Maschinenkurbel angetrieben werden. In das bei *d* an den Kondensator anschließende Abdampfrohr ist zum Zwecke der Gewinnung eines ölfreien Kondensates der Dampfentöler *e* eingeschaltet.

Die Einrichtung eines **Oberflächen-** oder **Röhrenkondensators**, 1834 von *Hall* zuerst angewandt, ist aus Abb. 179 zu ersehen. Derselbe besteht aus einem von zahlreichen engen Kühlrohren durchzogenen Kessel (*K*) an den zwei Vorkammern (*a*, *b*) anschließen, in welche die Rohre münden. Die Kammer *b* enthält den Anschluß der Zu- und Abflußleitungen $c_1$ $c_2$ des Kühlwassers. Sie ist durch eine Scheidewand in zwei Abteilungen geteilt, so daß das bei $c_1$ eintretende Wasser auf seinem Wege bis zum Austrittsrohr $c_2$ sämtliche Rohre durchfließen muß. Der oben bei *d* in den Kühlraum eintretende Dampf umspült die Rohre und wird hierbei kondensiert. Das warme, meist zur Kesselspeisung verwendete Kondenswasser sowie die zur Abscheidung kommende Luft, saugt die Hubpumpe *e* ab. Die Kühlrohre der Oberflächenkondensatoren haben 12 bis 25 mm Durchmesser, sind 1500 bis 4500 mm lang und werden aus die Wärme gut leitenden Metall, meist Messing, gefertigt. Ihre Zahl beträgt bei großen Maschinen bis zu 3000 Stück. Die Größe der Kühlfläche schwankt je nach der Bauart des Kondensators zwischen 0,01 bis 0,03 qm/1 kg Dampf und 1 Stunde.

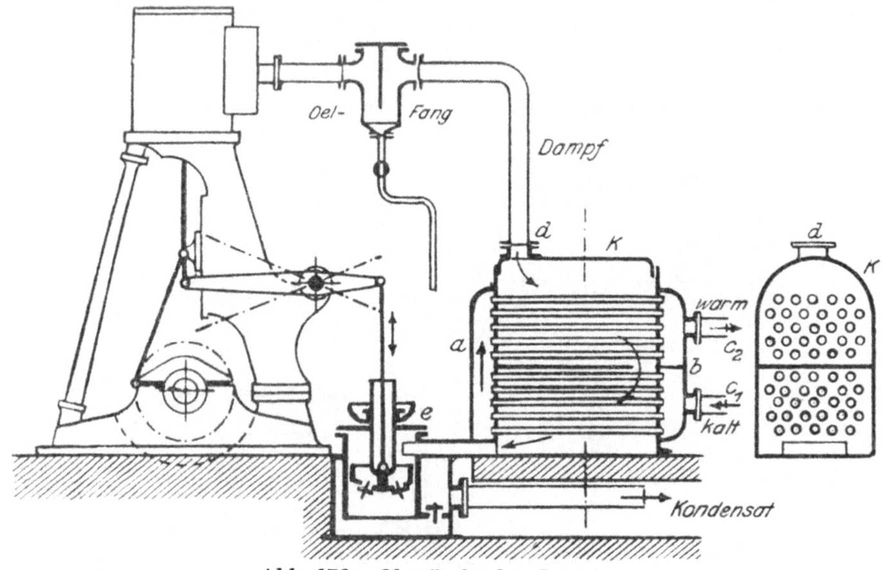


Abb. 179. Oberflächenkondensator.

Die für die Kondensation des Dampfes erforderliche Kühlwassermenge hängt ab von

dem zu kondensierenden Dampfgewicht . . . . . . . . . . . . . . $G$ kg,
der Temperatur des Dampfes . . . . . . . . . . . . . . . . . . . . $t°$ C,
der Anfangstemperatur des Kühlwassers . . . . . . . . . . . . . . $t_1°$ C,
der Endtemperatur des entstehenden Gemisches von Kühl- und Kondenswasser . . . . . . . . . . . . . . . . . . . . . . . . . . . . $t_2°$ C,

Nach *Regnault* erfordert die Umwandlung von $G$ kg Dampf von $t°$ in Wasser von $t_2°$ Temperatur

$$W = G\,(606{,}5 + 0{,}305\,t - t_2) \text{ WE.}$$

Die gleiche Anzahl Wärmeeinheiten haben die für diese Umwandlung erforderlichen $G_1$ kg Kühlwasser aufzunehmen, wenn sie sich von $t_1°$ auf $t_2°$ erwärmen sollen. Es ist daher auch

$$W = G_1\,(t_2 - t_1) \text{ WE.}$$

und folglich

$$G_1 = G\,\frac{606{,}5 + 0{,}305\,t - t_2}{t_2 - t_1}.$$

Im allgemeinen ist die etwa 35° C betragende Gemischtemperatur $t_2$ gegenüber dem Wert 606,5 + 0,305 $t$ nur klein. Es ist daher die erforderliche Kühlwassermenge nur wenig veränderlich und kann mit Rücksicht auf die Schwankungen der Kühlwasser- und Gemischtemperaturen sowie der unvermeidlichen Wärmeverluste im allgemeinen auf

$$G_1 = 30\,G \text{ bis } 35\,G \text{ kg}$$

angenommen werden.

In der Örtlichkeit der Anlage begründete Schwierigkeiten, die sich der dauernden Beschaffung dieser insbesondere bei großen Maschinen sehr erheblichen Wassermenge entgegenstellen, hat zu wiederholter Benutzung desselben Wassers geführt, nachdem dasselbe nach dem Durchlaufen des Kondensators in Kühleinrichtungen wieder genügend abgekühlt worden ist. Die hierfür üblichen **Rückkühlanlagen**[1] sind teils den Gradierwerken der Salinen nachgebildet, teils sind es Kühltürme, teils Zerstäubungsanlagen. Im ersteren Falle wird das zu kühlende Wasser im Abwärtsfluß über Reisigbündel geleitet, die auf hohen Gerüsten lagern und eine vielfache Zerteilung des Wasserstromes bewirken, so daß bei der durch die vorüberstreichenden Luftströmungen geförderten Verdunstung eines Teiles des Wassers, dem Restteil ein erheblicher Anteil seiner Wärme entzogen wird.

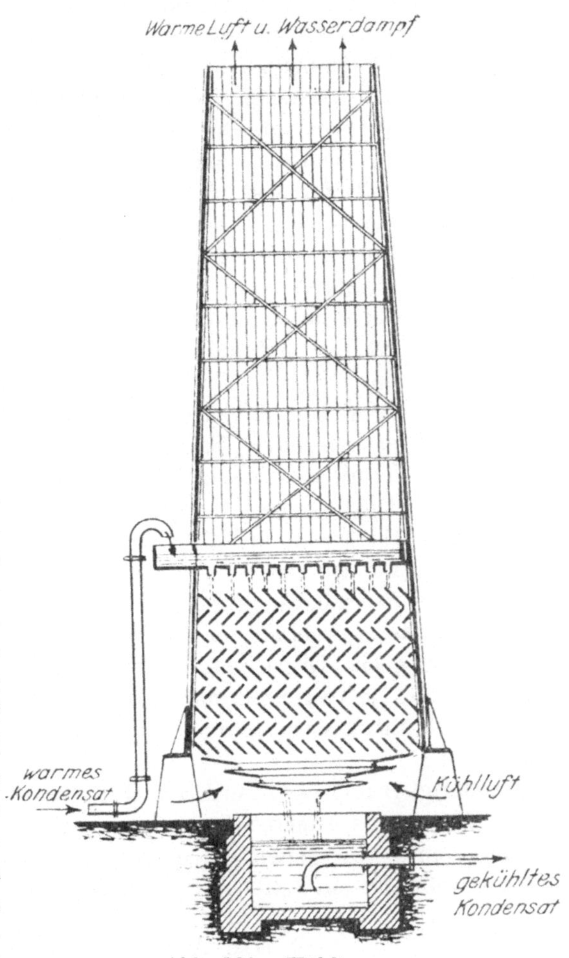

Abb. 180. Kühlturm.

Das gleiche Verfahren findet in den **Kühltürmen** oder **Kaminkühlern** (Abb. 180) Verwendung, nur ist in diesen das Reisig durch Roste aus hölzernen Riesellatten ersetzt, die im unteren Teil eines 16 bis 20 m hohen eisernen oder hölzernen Turmes (Kamines) überreinander liegend eingelagert sind und etwa $^1/_4$ der Turmhöhe füllen. Der Querschnitt der Holztürme ist meist rechteckig,

[1] *H. Mueller*, Rückkühlwerke. Ztschr. d. V. d. I. 1905, S. 5ff.

der eiserner Türme kreisförmig gestaltet. Unmittelbar über der obersten Lattenlage wird das zu kühlende Wasser zugeführt und durch Tropfrinnen verteilt. Dem durch die Rostlagen niederrieselnden Wasser wird durch die saugende Wirkung des Kamines ein Luftstrom entgegengeführt, der am Fuß des Kamines eintritt und mit Wasserdampf beladen aus der oberen Mündung desselben entweicht. Das gekühlte Wasser wird in einer unterhalb des Kühlturmes befindlichen Grube gesammelt und dieser für die erneute Verwendung entnommen. Bei einem stündlichen Dampfverbrauch von 500 bis 20 000 kg beträgt bei ausgeführten Anlagen die umlaufende Wassermenge 15 bis 600 kg in der Stunde, so daß 0,03 cbm Wasser auf 1 kg Dampf und 1 Stunde entfallen.

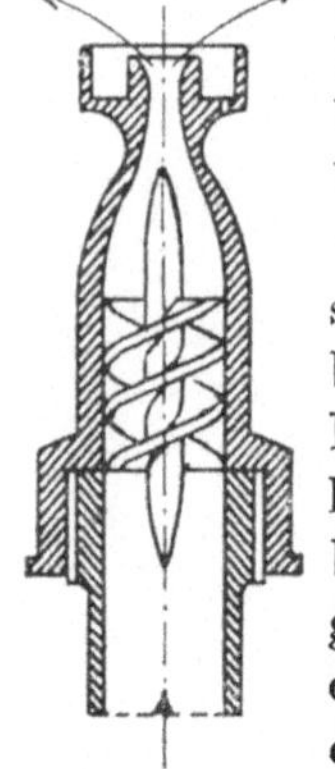

Abb. 181. Streudüse.

Die dritte Art der Rückkühlung bedient sich besonders gestalteter Düsen, denen das Wasser unter einem Drucke von 8 bis 10 m Wassersäule als ein Tropfenregen entströmt, der dem Luftstrom eine große Verdunstungsfläche darbietet. Die Auflösung des die Düse verlassenden Strahles wird beispielsweise bei dem Zerstäuber von *Körting* (Abb. 181), durch eine mehrgängige Schraube vermittelt, die das Wasser noch innerhalb der Düse zur Kreisbewegung zwingt, so daß es beim Verlassen derselben infolge der Fliehkraftwirkung in sich immer mehr erweiternden Spiralbahnen auseinanderfließt und als feiner Tropfenregen abgekühlt in einen Sammelbehälter niederfällt. Die Düsen werden in regelmäßigen, vom Durchmesser des Streukegels abhängigen Abständen auf einer das Warmwasser zuführenden Rohrleitung angeordnet, die sich entweder geradlinig oberhalb eines das gekühlte Wasser aufnehmenden Grabens erstreckt oder die einen Kreisring bildet, der oberhalb einer im Boden ausgehobenen kreisförmigen Grube liegt.

22 *Körting*sche Düsen von 15 mm lichter Weite kühlten bei 15 m Druckhöhe und 20° Luftwärme in der Stunde 220 000 l Wasser von 43° auf 22° ab, was dem Kühlwasserverbrauch einer Dampfmaschine von 800 bis 1000 PS entspricht.

Derartige Streudüsen werden auch unterhalb von Kühltürmen angeordnet, deren Wände aus wagerechten, jalousieartig übereinander liegenden Brettern gebildet sind, von denen die emporgeschleuderten Wassermassen abwärtsfließen, während ein Luftstrom den Schachtraum kreuzt.

### γ) Die Abdampfverwertung.

Eine erhebliche Förderung erfährt die Verwendbarkeit der Auspuffmaschine durch die nachträgliche Ausnutzung des ihr entströmenden Abdampfes. Diese kann entweder unmittelbar erfolgen, indem der rund 100° warme Abdampf zu Heiz- und Kochzwecken Verwendung findet oder mittelbar, indem er nachträglich zur Arbeitsleistung herangezogen wird. Namentlich für solche Betriebe, in denen sich die Auspuffmaschine infolge der Einfachheit ihres Baues und ihrer Bedienung besonders zweckdienlich erweist, in denen aber der Arbeitsverbrauch nach Größe und zeitlicher Verteilung erheblichem

Wechsel unterliegt, kann die Wirtschaftlichkeit des Maschinenbetriebes nach dem Vorgang von *Rateau* (1902) dadurch eine Steigerung erfahren, daß der unregelmäßig der Betriebsmaschine entströmende Auspuffdampf vorübergehend aufgespeichert und sodann einer nochmaligen Arbeitsleistung in einer Niederdruck-Dampfturbine unterworfen wird. Da der Turbinenbetrieb eine hohe, bis auf 95 vH aufsteigende, Luftleere im Kondensator erreichen läßt, während diese selbst bei Kondensations-Kolbenmaschinen mit Rücksicht auf die Wirtschaftlichkeit des Betriebes 88 vH nicht übersteigen möchte, ist durch die Benutzung der Turbine auch für Kondensationsmaschinen eine hohe Ausnutzung der Arbeitsfähigkeit des Dampfes gewährleistet. Auch läßt das Heranziehen des im Kondensat der Turbine noch verbleibenden letzten Wärmerestes zur Verdampfung einer niedrig siedenden Flüssigkeit, z. B. schwefliger Säure, deren Spannung bei $t = 20°$ C $p = 3{,}5$ Atm, bei $t = 70°$ $p = 14$ Atm ist, unter Umständen auch die Ausnutzung der letzten Dampfwärme zur Arbeitserzeugung erreichen. Auf diesem Gedanken gründet sich die Mehrstoff-Dampfmaschine von *Behrend-Zimmermann*[1].

Nach *Rateau*[2] erfolgt die Aufspeicherung des Ausstoßdampfes der Maschine in einem weiträumigen zylindrischen Behälter, der außen mit einer Wärmeschutzmasse umkleidet ist und im Innern eine große Anzahl kleiner Gußeisenpfannen aufnimmt, die so neben- und übereinander geschichtet sind, daß der unten zuströmende Dampf zwischen ihnen aufwärts steigt. Von oben über die Pfannen rieselndes Wasser füllt diese an und entzieht in Gemeinschaft mit den Pfannenwänden dem einströmenden Dampf die Wärme. Es speichert dieselbe auf, um bei dem Sinken des Dampfdruckes selbst zu verdampfen und die Menge des Abdampfes zu ergänzen. In anderen Bauarten des Wärmespeichers wird der Abdampf durch Siebrohre in einer größeren Wassermenge verteilt, die sich entweder in einem geschlossenen Kessel oder in einem nach Art eines Gasometers[3] mit einer beweglichen, durch Wasser oder Öl gedichteten Glocke bedeckten Behälter befindet. Im letzteren Falle ist durch die Belastung der Glocke die Gleicherhaltung des Dampfdruckes gesichert.

### c) Die Verbrennungskraftmaschinen.

#### α) Triebstoffe.

Kolbenkraftmaschinen, deren wesentliches Merkmal die Umsetzung der Verbrennungswärme von brennbaren Gasen und Öldämpfen in mechanische Arbeit ist, werden im allgemeinen Verbrennungskraftmaschinen, im besonderen Gasmaschinen bzw. Ölmaschinen genannt. Den eigentlichen Triebstoff für diese Maschinen bilden streng genommen die hochgespannten gasförmigen Rückstände, welche die Gase bzw. Dämpfe liefern, wenn sie in dem Zylinder der Maschine unter Druck zur Verbrennung gelangen. Es ist jedoch allgemein Gebrauch, die brennbaren Gase selbst sowie die Öle, aus denen

[1] *Schreber*, Die Mehrstoff-Dampfmaschine. — Ztschr. d. V. d. I. 1902, S. 1514; 1904, S. 971; 1908, S. 745.

[2] Ztschr. d. V. d. I. 1904, S. 772; 1906, S. 355.

[3] Ztschr. d. V. d. I. 1915, S. 787 (Patent *Balcke Harlé*).

die brennbaren Dämpfe hervorgehen, als Triebstoffe der Verbrennungsmaschinen zu bezeichnen.

Die Gase werden entweder von vornherein in der Absicht erzeugt, als Triebstoff zu dienen, oder sie sind ein Nebenerzeugnis des Hochofen- und Koksofenbetriebes oder es sind Leuchtgase, die nur nebensächlich als Triebstoff Verwendung finden. Im ersten Falle erfolgt ihre Herstellung aus Koks, Anthrazit und zuweilen auch Braunkohle nach verschiedenen Verfahren in besonders eingerichteten Schachtöfen oder Generatoren, weshalb sie auch als Generatorgase oder in Hinsicht auf das besondere Herstellungsverfahren auch als Luftgas, Wassergas, Mondgas bezeichnet zu werden pflegen. Der Heizwert der Treibgase ist daher auch verschieden, je nach dem Verfahren, dem sie ihren Ursprung verdanken. Der Heizwert des Leuchtgases beträgt etwa 7000 WE/kg, der des Generatorgases schwankt etwa zwischen 1300 bis 2700 WE und der des Hochofen- und Koksofengases kann zu etwa 900 WE eingeschätzt werden. Er beeinflußt sowohl die Größe als die Sondereinrichtung der Gaskraftmaschinen.

Auch die Beurteilung der Gebrauchsfähigkeit der flüssigen Brennstoffe, der Öle, für den Betrieb von Kolbenkraftmaschinen fußt auf der Ermittelung des Heizwertes, dann aber auch auf der des Flüssigkeitsgrades (Viskosität), der Verdampfeigenschaften sowie dem Gehalt an Asche, Schwefel, freiem Kohlenstoff und Koks[1]. In Betracht kommen für den Betrieb von Ölmaschinen insbesondere Erdöl (Petroleum) und Benzin mit 10 000 bis 11 000 WE, Gasöl und Paraffinöl mit 9800 bis 10 000 WE, Steinkohlenteeröl mit 8750 bis 9500 WE und Teer mit 8000 bis 9000 WE. Der Teer entstammt teils dem Koksofenbetrieb oder wird in Retortenöfen (Horizontal-, Schräg- und Vertikalöfen) gewonnen. Die Gasteere sind oft nicht unerheblich, zuweilen bis zu 15 bis 28 vH, durch freien Kohlenstoff und Koks verunreinigt und erfordern dann vor der Verwendung die Reinigung durch Filtration. Benzin, Erdöl, Gasöl und Paraffinöl sind leicht entzündbar und leicht verdampfbar. Die schwer entzündlichen Teere und Teeröle erfordern zur Erhöhung der Zündbarkeit einen Zusatz von etwa 5 bis 10 vH Gas- oder Paraffinöl, sog. Zündöl. Die Entzündungstemperatur der Öldämpfe liegt bei etwa 600 bis 800° C.

Die Entzündung homogener Gas-Luftgemische ist von der Gasart abhängig und an bestimmte Mischungsverhältnisse gebunden. Im allgemeinen schwankt das Verhältnis von Gas zu Luft zwischen $^1/_7$ bis $^1/_{18}$. Oberhalb des ersten Grenzwertes wird die Entzündbarkeit durch Mangel an Luft, unterhalb des zweiten Grenzwertes durch Mangel an Gas beeinträchtigt. Für Leuchtgas, das 99,5 vH brennbare Stoffe enthält, liegt das günstigste Mischungsverhältnis bei 1: 10, für Generatorgas, mit 42 vH brennbarer Stoffe, bei 1: 1,5, bei Hochofengas, mit 30 vH brennbarer Stoffe, bei 1: 0,7. In nicht homogenen Gasgemischen, wie sie in Gasmaschinen vorhanden sind, kann die Zündung auch dann noch herbeigeführt werden, wenn das auf homogenes Gemisch umgerechnete Mischungsverhältnis 1 : 30 beträgt. Die Zündgeschwindigkeit verläuft in den Grenzen von etwa 4,5 bis 8,7 m/Sek.

[1] Ztschr. d. V. d. I. 1913, S. 1144.

### β) Geschichtliches.

Die Erfindungsgeschichte der Gas- und Ölmaschinen ist im wesentlichen durch die folgenden Staffeln gekennzeichnet.

#### αα) Die Gasmaschinen.

Dem Franzosen *Lenoir*[1] gelang es, am Beginn der 1860er Jahre eine betriebsfähige Gasmaschine zu schaffen und 1862 unter Benutzung von Leuchtgas erstmalig in Paris in Betrieb zu setzen. Die Maschine (Abb. 182) war

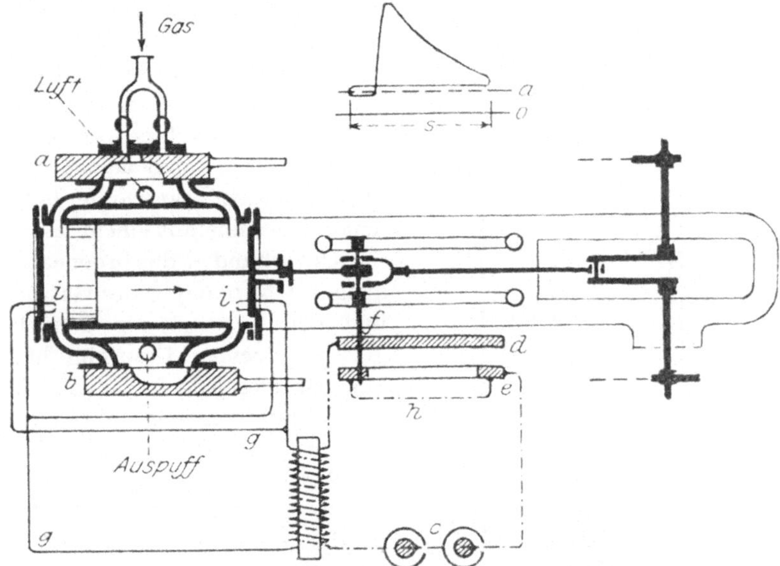


Abb. 182. Leuchtgasmaschine von *Lenoir*.

doppelt wirkend. Die Verteilung von Gas und Luft steuerte ein Schieber *a*, ein zweiter *b* regelte den Austritt der entspannten Verbrennungsgase am Ende jedes Kolbenschubes. Gas und Luft wurden vom Kolben während des ersten Teiles eines jeden Hubes im bestimmten Mischungsverhältnis angesaugt und das Gemisch nach erfolgtem Schieberschluß durch einen elektrischen Induktionsfunken entzündet. Unter der Wirkung der durch die Wärmeentwickelung hochgespannten Verbrennungsgase legte der Kolben den zweiten Teil seines Hubes zurück. Die Elektrizitätsquelle bildete eine galvanische Batterie *c*, in deren Stromkreis zwei Streifschienen *d*, *e* eingeschaltet waren, die von einem Finger *f* am Kreuzkopf der Maschine gleichzeitig bestrichen wurden. Die eine der Schienen war aus Metall, die zweite *e* aus Elfenbein (Isolierstoff) mit kurzen metallenen und durch einen Metalldraht *h* leitend verbundenen Endköpfen. Infolge dieser Anordnung wird bei dem Auf- und Abgleiten des Fingers an diesen Köpfen ein Stromstoß entstehen. Wird dieser durch Induktion auf einen zweiten Stromkreis *g* übertragen, in den im Innern

[1] Engl. Patent Nr. 335 vom 8. Februar 1860; Nr. 107 vom 14. Januar 1861.

des Zylinders zunächst den Zylinderenden eine kurze Funkenstrecke (Zündstrecke) $i$ eingeschaltet ist, so wird auf dieser bald nach Beginn eines jeden Kolbenhubes ein Funke überspringen und das angesaugte Gemisch entzünden. Von der Maschine, deren elektrische Zündung von *Hugon* durch eine Flammenzündung ersetzt wurde, sind bis Mitte der 1870er Jahre mehrere Tausend Stück zur Ausführung gekommen. Dann wurde sie rasch durch die im Jahre 1867 entstandene atmosphärische Gaskraftmaschine von *Otto* und *Langen* in Köln verdrängt, die einen Gasverbrauch von 1,2 cbm, später von nur 0,8 cbm/PS-St. aufwies und damit in bezug auf Billigkeit des Betriebes der *Lenoir*schen Maschine, deren Gasverbrauch 2,5 bis 3 cbm betrug, erheblich überlegen war. Zwar war der Betrieb der neuen Maschine mit einem lästigen Geräusch verbunden, das in der explosionsartigen Verbrennung des Gasgemisches und der Eigenart des Getriebes der Maschine seinen Ursprung hatte; es hinderte dies jedoch nicht, daß schon im Verlauf von vier Jahren mehr als 5000 Stück *Otto-Langen*sche Maschinen zur Aufstellung gelangten.

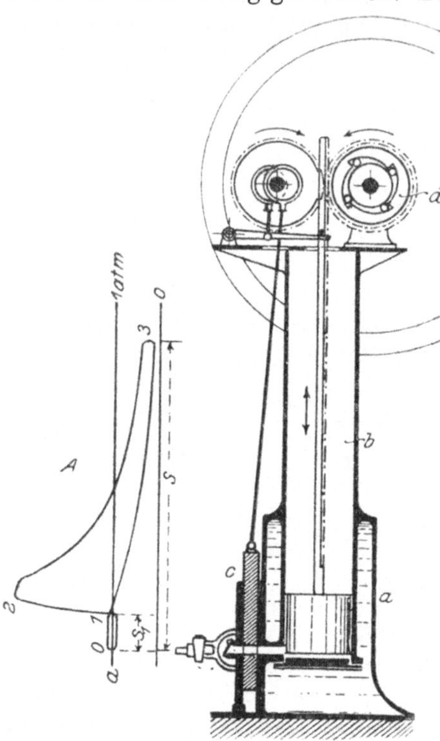


Abb. 183. Atmosphärische Gasmaschine. *Otto* und *Langen*.

Die Maschine (Abb. 183) hat einen senkrecht stehenden, oben offenen und mit einem Kühlwassermantel $a$ umgebenen Zylinder $b$. Der Eintritt des Gas-Luftgemisches erfolgt am unteren Zylinderende. Ihn sowie die Zündung regelt ein Verteilschieber $c$. Die Spannung der Verbrennungsgase wirft den Kolben mit großer Geschwindigkeit aufwärts, der Atmosphärendruck drückt ihn in den infolge der Abkühlung des expandierten Gemisches mit nur schwach gespannten Gasen erfüllten Zylinderraum wieder hinab. Die hierbei von dem Luftdruck geleistete Arbeit überträgt eine sich selbst schließende Reibungskupplung $d$ auf eine Schwungradwelle. Der mit etwa 5 m/Sek. Geschwindigkeit aufwärts geworfene Kolben findet die Kupplung gelöst. Die Hubzeit beträgt etwa $^1/_{10}$ der Zeit des vollen Spieles, in dem der Kolben eine mittlere Geschwindigkeit von etwa 0,6 m/Sek. erreicht. In dem Indikatordiagramm (Abb. 183 A) ist 0 bis 1 $= s_1$ der Ansaugeweg des durch die Trägheit des Schwungrades gehobenen Kolbens, auf dem der Verteilschieber das Gas-Luftgemisch in den Zylinder treten läßt. Am Ende dieses Weges (bei 1) vermittelt der Schieber die Entzündung des Gemisches. Hierbei steigt der Druck im Zylinder auf 2,5 bis 3,5 Atm (d. Str. 1 bis 2). Der Kolben wird emporgeschleudert, wobei der Gasdruck durch Expansion und Abkühlung der Gase auf 0,6 bis 0,7 Atm sinkt (d. Str. 2 bis 3), so daß nach Vollendung des Kolbenaufstieges der auf der Oberseite des Kolbens lastende Atmosphärendruck den unter Arbeitsverrichtung erfolgenden Abwärtsfall des Kolbens herbeiführt. Dieser ist mit dem Anwachsen des Gasdruckes im Zylinder (d. Str. 3 bis 1) und nach dem Eintritt der gezeichneten Schieberstellung mit dem Ausschieben der Verbrennungsrückstände aus dem Zylinder (d. Str. 1 bis $0 = s_1$) verbunden. Der Maschine kam bei $n = 75$ bis 80 Uml./Min. ein Wirkungsgrad von 0,8 bis 0,85 zu.

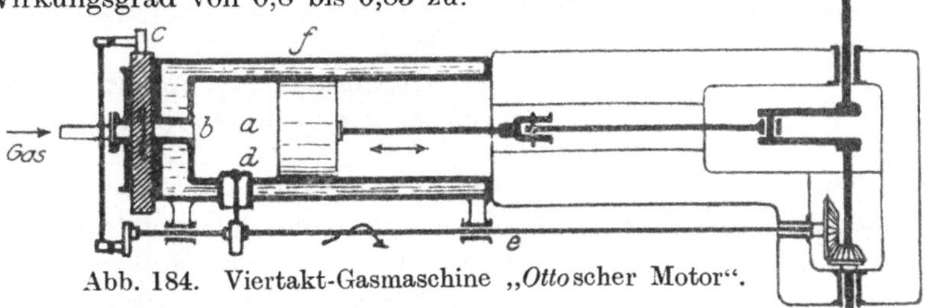

Abb. 184. Viertakt-Gasmaschine „*Otto*scher Motor".

Eine für die Folgezeit entscheidende Wendung nahm der Bau der Verbrennungskraftmaschinen durch die im Jahre 1878 erfolgte Einführung des unter dem Namen des „Viertaktes" bekannten Arbeitsverfahrens, auf das bereits 1862 *Beau de Rochas* in einem französischen Patente hingewiesen hatte. Die von dem Ingenieur *Otto*, dem Teilhaber der Firma *Otto* und *Langen*, der jetzigen Deutzer Gasmaschinenfabrik A.-G. erfundene, nach dem Viertakt arbeitende Leuchtgasmaschine, die betrieblich vollkommen erstmalig auf der Pariser Weltausstellung 1878 der technischen Welt dargeboten wurde, kennzeichnet den Höhepunkt in der Geschichte der Verbrennungskraftmaschine. Ihr zur Seite tritt allein die aus dem Anfang der 1890er Jahre stammende Erfindung des Ingenieur *Diesel*, die als „Dieselmaschine" bekannte Ölmaschine, für die das Viertaktverfahren ebenfalls die Grundlage bildet.

Das Verfahren des Viertaktes ist dadurch gekennzeichnet, daß auf zwei sich folgende Kolbenspiele nur ein einziger Hub entfällt, während dessen das Gas-Luftgemisch nach erfolgter Entzündung sich ausdehnend Arbeit verrichtet, die vom Kolben auf eine umlaufende Triebwelle übertragen wird. Von den übrigen drei Hüben des Doppelspieles dient der erste dem Ansaugen und der zweite dem Verdichten des angesaugten Gas-Luftgemisches, während im vierten der Ausschub der Verbrennungsgase aus dem Zylinder erfolgt. Die für diese drei Hübe erforderliche Arbeit wird während des Arbeitshubes gewonnen und durch Vermittelung eines schweren Schwungrades der Triebwelle an den Kolben zurückgegeben, so daß nur der Rest der Arbeit für Werkerzeugung zur Verfügung bleibt.

Die grundsätzliche Einrichtung der Viertakt-Gasmaschine gibt die Abb. 184 wieder. Sie zeigt in der Verlängerung *a* des Zylinders den Raum, auf den das angesaugte Gemisch durch die Verdichtung zusammengedrängt wird und in den der Kanal *b* den Gas- und Luftzutritt vermittelt, den der Schieber *c* steuert. Das Ventil *d* regelt die Entleerung des Zylinders. Der

Antrieb der Steuerteile geht von der Steuerwelle $e$ aus, die dem Doppelspiel entsprechend nur die Hälfte der Triebwellenumgänge macht. Der Ableitung der Explosionswärme dient die Wasserkühlung $f$ des Zylinders. Das Indikatordiagramm (Abb. 184 A) läßt den Arbeitsgang der Maschine verfolgen. Nach ihm entsprechen die Strecken

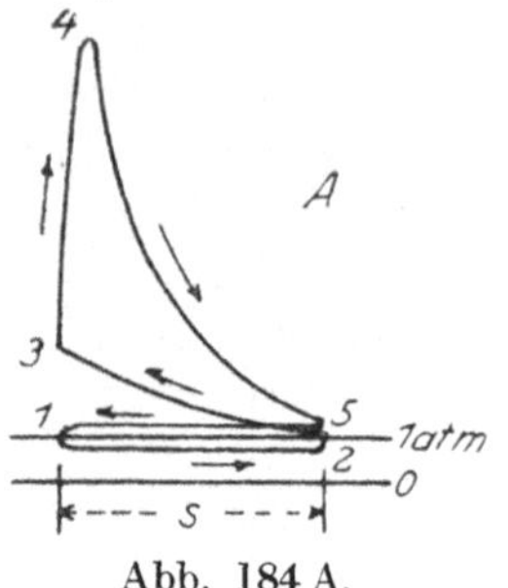

Abb. 184 A.

1 bis 2 dem Saughub des Kolbens,
2 bis 3 der Verdichtung des Gemisches,
3 bis 4 der Drucksteigerung im Zylinder durch Zündung,
4 bis 5 der Expansion und Arbeitsverrichtung,
5 bis 1 dem Ausschub der Verbrennungsgase.

Die volle Nutzungsfähigkeit und allgemeine Verwendbarkeit erlangte die Gasmaschine durch den Ersatz des Leuchtgases durch Generatorgas, der sie unabhängig von dem Aufstellungsorte machte. Nicht weniger durch die Einführung der Ventilsteuerung, die infolge baulicher Vorzüge, einer geringeren Empfindlichkeit gegen die Verunreinigungen des Gases, zweckmäßiger Regelung der Maschinenleistung usw. gegenüber der mit Schiebersteuerung arbeitenden Maschine wesentliche Vorteile bietet.

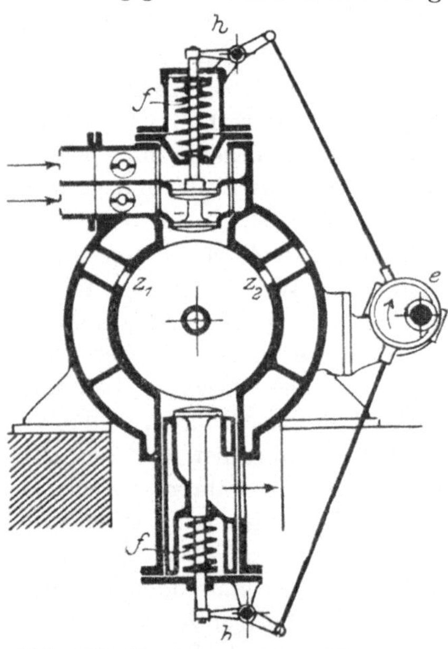

Abb. 185. Viertaktmaschine, Steuerung.

Bei der Ventilmaschine wird der Eintritt des Gemisches und der Austritt der Verbrennungsgase durch getrennt angeordnete Ventile gesteuert, die nach Abb. 185 dem Verdichtungsraum des Zylinders angelagert sind. Sie werden durch Federn $f$ geschlossen und durch Exzenter $e$ oder Nockenscheiben unter Vermittelung von Hebeln $h$, die auf die Ventilspindeln wirken, geöffnet. Die Zündung erfolgt durch einen elektrischen Funken, der nach erfolgter Verdichtung der Gasfüllung zwischen den Polen der bei $z_1$ und $z_2$ in den Zylinder eintretenden Zündkerzen überspringt.

Die Leistungsregelung der Maschinen geschieht entweder durch die Änderung der Füllungsgröße oder der Zusammensetzung des Gas-Luftgemisches. Man unterscheidet demzufolge Füllungsregelung und Gemisch- oder Gasregelung. Der letzteren dienen einfache Drosselklappen und Drosselschieber, da deren Anwendung bei drucklosen Gasen nicht mit Energieverlusten der strömenden Flüssigkeit verbunden ist. Das Gemisch wird mit atmosphärischer Spannung angesaugt und auf den gleichen Enddruck verdichtet, zuweilen auch, um die Zündung zu sichern, schichtenweise eingetragen. Bei der Füllungsregelung werden Gas und Luft in gleichem Maße gedrosselt und am Schluß des Saughubes abgesperrt. Hierdurch schwankt bei gleichbleibendem Mischungsverhältnis die Größe des Verdichtungsdruckes mit der Größe der Füllung. Die Größe und Dauer der Drosselung des Gemisches paßt bei beiden Regelverfahren ein Fliehkraftregler jedem Wechsel der Umlaufzahl der Maschine an, indem er den Drehpunkt des Steuerhebels verlegt, der das Öffnen der Gemischventile bewirkt.

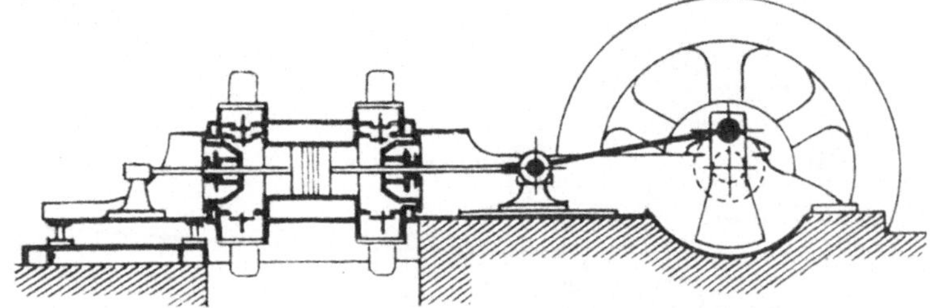

Abb. 186. Doppelwirkende Viertaktmaschine.

Von besonderer Bedeutung für die Entwickelung des Gasmaschinenbaues wurde der Umstand, daß es der Maschinenfabrik Augsburg-Nürnberg gelang, (1903) doppelt wirkende Viertaktmaschinen (Abb. 186) herzustellen und sie durch den Betrieb mit den Abfallgasen der Hüttenwerke zu hochleistungsfähigen Kraftmaschinen, sog. Großgasmaschinen, von hervorragender wirtschaftlicher Bedeutung auszugestalten.

Den vorzüglichen Leistungen der Viertaktmaschine gegenüber, war es für die von dem Engländer *Clerk* (1879) angegebene, in Deutschland von *Oechelhaeuser*, *Junkers*, *Körting* u. a. in verschiedener Gestaltung ausgebauten Zweitakt-Gasmaschine schwer, Bedeutung zu erlangen. Nach der folgenden Zusammenstellung[1] entfielen von den am 1. August 1909 im deutschen Zollgebiet aufgestellten 514 Großgasmaschinen mit Leistungen von 1000 PS und mehr in einem Zylinder und einer Gesamtleistung von 677 065 PS

| | | | | |
|---|---|---|---|---|
| 35 Stück = | 6,8 vH mit | 28 040 PS | (3 vH) | Leistung auf einfach wirkende Viertaktmaschinen, |
| 347 Stück = | 67,5 vH mit | 528 475 PS | (78 vH) | Leistung auf doppelt wirkende Viertaktmaschinen, |
| 132 Stück = | 25,7 vH mit | 128 550 PS | (19 vH) | Leistung auf Zweitaktmaschinen. |

Von diesen Maschinen wurden betrieben:

| | | | |
|---|---|---|---|
| 462 Stück = | 90 vH mit | 607 825 PS | Leistung mit Hochofengas, |
| 52 Stück = | 10 vH mit | 69 250 PS | Leistung mit Koksofengas. |

Ähnlich liegen die Verhältnisse noch heute[2].

[1] Stahl und Eisen 1910, Nr. 23.

[2] Lesenswert: v. *Oechelhaeuser*, Ein Beitrag zur Geschichte der Großgasmaschine in „Beiträge zur Geschichte der Technik und Industrie“ 1914/15, 6. B., S. 109. — Ferner *C. Matschoss*, Aus der Geschichte der Gasmaschine. Ebenda 1921, 11. B., S. 1.

Während der Viertaktmaschine für das Füllen und Entleeren des Arbeitszylinders zwei volle Kolbenspiele zur Verfügung stehen, sind bei der Zweitaktmaschine die beiden Vorgänge auf das Ende des Arbeitshubes und den Beginn des Verdichtungshubes zusammengedrängt. Sie spielen sich hier auf einer Wegstrecke des Kolbens ab, die im Mittel etwa 15 vH des Kolbenhubes beträgt. Es wird dies dadurch erreicht, daß der Kolben kurz vor dem Ende seines Arbeitshubes die Zylinderwand durchsetzende Schlitze freilegt,

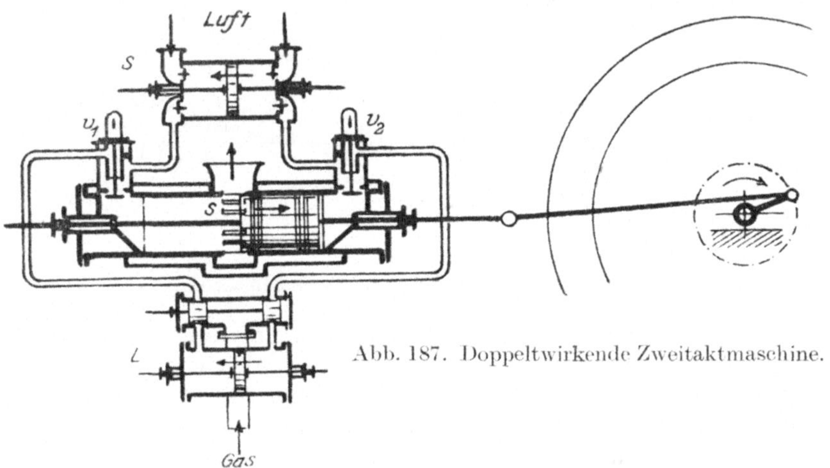


Abb. 187. Doppeltwirkende Zweitaktmaschine.

durch welche die entspannten Verbrennungsgase entweichen können, während gleichzeitig frische Luft und etwas später neues Treibgas in den Zylinder tritt. Die mit 0,2 bis 0,5 Atm Spannung dem Zylinder zugeführte Luft verdrängt die Verbrennungsgase mit großer Geschwindigkeit. Sie nimmt nach Füllung des Zylinders das eingepreßte Treibgas auf, mit dem sie dann das für das anschließende neue Kolbenspiel bestimmte entzündungsfähige Gas-Luftgemisch bildet. Die beiden Vorgänge: Verdrängen der Verbrennungsrückstände durch Einblasen von gespannter Luft und Einführen von Treibgas in den Zylinder, werden das Spülen oder Fegen und das Laden des Zylinders genannt. Ihre Ausführung wird durch zwei Pumpen, die Spül- und die Ladepumpe, vermittelt, die mit der Kurbelwelle der Maschine in Verbindung stehen und deren Betriebsarbeit daher durch den Arbeitshub der Maschine zu decken ist. Dabei bestimmen durch Nockenscheiben gesteuerte Ventile den Anfang und das Ende des Spül- und Ladevorganges. In der Regel findet der Verdichtungshub eines jeden Arbeitsspieles den Zylinder zunächst dem Kolben noch mit einem Rest der Verbrennungsgase erfüllt. Dieser trägt im allgemeinen zur Verdünnung des Treibgemisches bei, verzögert wohl auch das Fortschreiten der Zündung innerhalb des Gemisches und schützt, da er dem Kolben angelagert ist, vor Gemischverlusten.

Die Abb. 187 läßt die grundsätzliche Einrichtung einer doppelt wirkenden Zweitaktmaschine ersehen. $S$ und $L$ sind die Spül- und die Ladepumpe, deren Druckleitungen durch die Vermittelung der Ventile $v_1$ und $v_2$ an den Zylinder angeschlossen sind. Die Lüftungsschlitze *s* befinden sich in der Mitte der Zylinderlänge, so daß sie der Kolben während seines Laufes geschlossen hält und sie nur in seinen beiden Endlagen für den Austritt der Verbrennungsgase freigibt. (Vergleiche die Gleichstromdampfmaschine.) In dem für eine der Zylinderhälften beigefügten Indikatordiagramm (Abb. 188) kennzeichnen die Punkte *a* und *b* die Dauer des Spülens, die Punkte *b* und *c* die Dauer des während des Hubwechsels erfolgenden Ladens der Maschine. Dem Rücklauf des Kolbens entspricht die Verdichtungslinie *c* bis 1, der durch die Zündung des Gasgemisches entstehenden Steigerung des Arbeitsdruckes der Gase die Strecke 1 bis 2, an die sich dann die Expansionslinie 2 bis *a* anschließt.

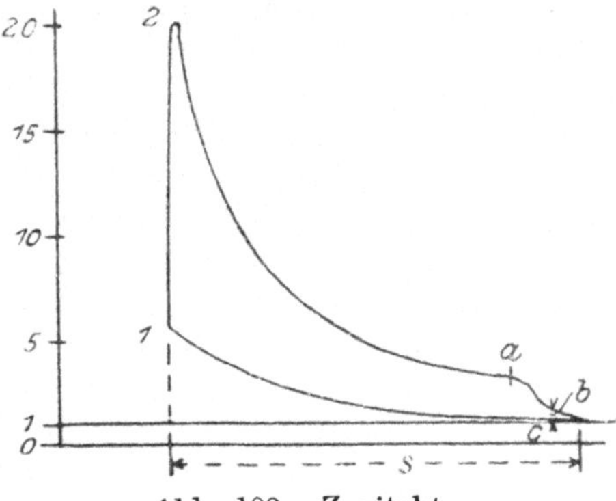

Abb. 188. Zweitakt.

Während des Verdichtungshubes der Gasmaschinen steigt der Druck von 0,9 Atm Ansaugedruck auf etwa 3 bis 5 Atm, er wächst durch die mit der Verbrennung des Gas-Luftgemisches verbundene Drucksteigerung auf das 3 bis 6fache und sinkt dann während der Arbeitsverrichtung wieder auf etwa 3 Atm herab, worauf nach dem Öffnen des Austrittventiles das Ausschieben der Abgase bei etwa 1,1 Atm Druck erfolgt. Zu hoher Verdichtungsdruck führt, weil er mit großer Steigerung der Temperatur verbunden ist, leicht zu verfrühter Entzündung des Gasgemisches. Durch die Erfahrung gewonnene Höchstwerte des Verdichtungsdruckes sind:

| | | |
|---|---|---|
| für Leuchtgas | . . . . | 4 bis 5 Atm |
| „ Generatorgas | . . . | 7 bis 8 „ |
| „ Hochofengas | . . . | 9 bis 10 „ |

Der Gasverbrauch der Gasmaschinen beträgt etwa 0,4 bis 0,5 cbm/PS-St.; der Brennstoffverbrauch im Generator, je nach dem Anthrazit oder Koks Verwendung findet, 0,3 bis 0,8 kg/PS-St.

Für den Betrieb kleinerer nach dem Viertakt arbeitender Gasmaschinen bis etwa 600 PS-Leistung bietet das von der Deutzer Gasmotorenfabrik A.-G. eingeführte Sauggasverfahren nicht allein eine hohe Wirtschaftlichkeit, sondern es ermöglicht auch die Einführung der Gasmaschine in Betriebe, in denen örtliche Verhältnisse deren Aufstellung im allgemeinen nicht geboten erscheinen lassen. Das Sauggasverfahren bringt die Gaserzeugung dadurch in Abhängigkeit von dem Gasverbrauch, daß der Kolben der Maschine die für jede Zylinderfüllung erforderliche Gasmenge unmittelbar aus dem Generator, also ohne Vermittelung eines Sammelbehälters ansaugt und dabei gleichzeitig den Eintritt einer entsprechenden Menge Verbrennungsluft in den Generator bewirkt. (Siehe auch S. 100.)

### ββ) Die Ölmaschinen.

Im Jahre 1794 schlug *Robert Street*[1] vor, Teeröl oder Terpentinöl im Zylinder einer Kolbenmaschine zu verdampfen und die Spannkraft der entzündeten Dämpfe im Wechsel mit dem Druck der Atmosphäre zur Hin- und Herbewegung des Kolbens zu benutzen. Der Erfolg war negativ.

Die wirtschaftliche Verwendung von Treibölen für den Betrieb von Kolbenkraftmaschinen erfolgte zuerst in dem von *J. Hock* in Wien erfundenen und für das Kleingewerbe bestimmten Petroleum- und Gasolinmotor[2]. Derselbe war von liegender Bauart, einfach wirkend und leistete 1 bis 3 PS. Der Kolben saugte in der ersten Hälfte des Arbeitshubes ein Gemisch von Luft und Benzindämpfen an, das nach dem Verschluß der Einströmöffnung durch eine Flamme entzündet wurde und dann expandierend den Kolben bis an das Ende seines Weges trieb. Die Saugarbeit sowie die Arbeit für das Ausschieben der Verbrennungsgase während des folgenden Hubes leistete das Schwungrad der Maschine. Dem ungünstig gewählten Arbeitsverfahren entsprach ein Triebstoffverbrauch von 0,75 bis 1 kg/PS-St. und damit eine nur geringe Wirtschaftlichkeit des Betriebes. Günstiger gestaltete sich diese bei dem darnach entstandenen Petroleummotor des Amerikaners *Brayton*, der zwar nach dem gleichen Verfahren arbeitete, aber doppelt wirkend war und bis zu 10 PS zu leisten vermochte. Bei größeren Ausführungen betrug der Verbrauch an Rohpetroleum 0,5 l/PS-St. Größere Erfolge und eine allgemeine Verwendung der Petroleummaschine traten erst mit der um 1880 erfolgten Aufnahme des Viertakt- und Zweitaktverfahrens ein. Zugleich war damit für die Ölmaschine im allgemeinen eine weitere Entwicklungsmöglichkeit geboten. Sie hat in den schnellaufenden Viertakt-Benzinmotoren *Daimlers* u. a. mit $n = 1200$ bis 1400 Uml./Min. sowie den auch schwer siedende Öle benutzenden Ölmaschinen *Diesels*, die sowohl nach dem Viertaktverfahren als auch nach dem Zweitaktverfahren arbeiten, vorläufig ihren Abschluß gefunden. Insbesondere haben sie dem Automobilverkehr und der Technik der Wasser- und Luftfahrzeuge geeignete Kraftmaschinen zugeführt. Dabei sind die Ausblicke in die Zukunft der Ölmaschinen verheißungsvoll, da diese Maschinen einerseits geeignet sind, das Mittel zu einer wirtschaftlicheren Verwertung der Kohlenschätze zu bieten und andererseits berufen sein dürften, technische Sonderaufgaben zu lösen, die vornehmlich auf dem Gebiete des Land- und Wasserverkehres liegen[3].

Die in einem Zylinder zu entwickelnde Arbeitsleistung ist bei den neuzeitlichen Ölmaschinen durch den Verwendungszweck und die Betriebsart der Maschine beschränkt. Sie steigt gegenwärtig bei Flugmotoren mit Rücksicht auf Raum- und Gewichtsersparnis auf etwa 40 PS und findet bei Dieselmotoren infolge der aus der eigentümlichen Zündungsweise des Öl-Luftgemisches entspringenden erheblichen Temperatursteigerung und den damit verbundenen hohen Pressungen bei etwa 2000 PS ihre obere Grenze. Größere

[1] Engl. Patent Nr. 1983 vom Jahre 1794.

[2] Engl. Patent Nr. 493 vom Jahre 1873.

[3] Vgl. hierzu *P. Rieppel*, Aussichten und Aufgaben des Ölmaschinenbaues. Ztschr. d. V. d. I. 1920, S. 1021 u. ff.

Leistungen erfordern daher das gruppenweise Zusammenfassen mehrerer, meist 4 bis 6, bei Flugmotoren zuweilen bis 14, Einzylindermaschinen, die dann auf eine gemeinsame Kurbelwelle arbeiten. Hiermit in Zusammenhang steht das auf die Arbeitseinheit entfallende Gewicht der Maschinen. Dasselbe beträgt bei ortfesten Dieselmotoren etwa 200 kg/PS, schwankt bei den für den Schiffsbetrieb bestimmten Dieselmaschinen etwa zwischen 30 bis 180 kg und sinkt bei Automobilmotoren auf 10 kg, bei Flugzeugmotoren bis auf 1,2 bis 2 kg/PS herab.

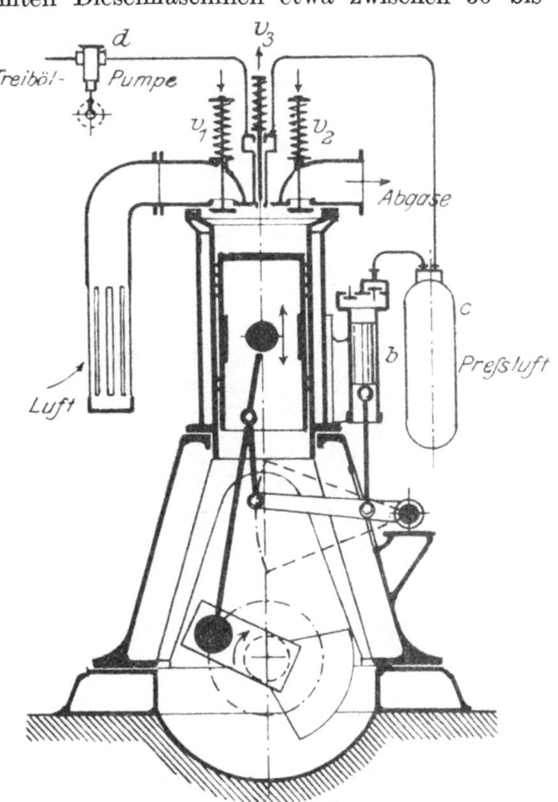


Abb. 189. Viertaktölmaschine.

Den Vorteil endlich, den die Verbrennungskraftmaschinen gegenüber den aus Kessel und Maschine bestehenden Dampfkraftanlagen infolge engsten Zusammenfassens der Triebstofferzeugung und der wärmetechnisch günstigen Triebstoffverwertung besitzen, belegen die Zahlen des indizierten Wirkungsgrades. Dieser beträgt bei Großgasmaschinen 25 bis 30 vH, bei Dieselmaschinen 27 bis 35 vH und bei Leichtölmotoren etwa 15 bis 23 vH. Diesem gegenüber kann bei großen Heißdampfmaschinen mit mehrfacher Expansion auf höchstens 12 bis 16 vH gerechnet werden.

Nach dem von dem Ingenieur *Diesel* angegebenen, ursprünglich nur für Viertaktmaschinen bestimmten Arbeitsverfahren wird die während des ersten Kolbenhubes angesaugte Luft während des zweiten Hubes so stark verdichtet und dadurch erhitzt (bis 500° C), daß am Ende des Hubes eingespritztes Treiböl vergast, das entstehende Gas-Luftgemisch entzündet und verbrannt, und hierdurch der Gasdruck so gesteigert wird, daß er den Kolben unter Arbeitsverrichtung während des dritten Hubes in seine Ausgangsstellung zurückdrängt. Der Ausstoß der entspannten Verbrennungsgase erfolgt bei der Viertaktmaschine während des vierten Kolbenhubes, bei der Zweitaktmaschine am Ende des Arbeitshubes durch gesteuerte Spülventile oder durch Schlitze der Zylinderwand, die das Innere des Zylinders mit der Spülluftleitung verbinden und von dem zurückgehenden Kolben etwas später als die

Austragschlitze verschlossen werden. Eine mit dem Kolben verbundene gekrümmte Leitplatte führt dabei die eingepreßte Spülluft dem geschlossenen Ende des Zylinders zu, so daß sie erst rückwärts fließend die Verbrennungsgase durch die Auslaßschlitze nach außen drängt. Es bildet sich hierbei über diesen Gasen eine Luftschicht, in die nach erfolgter Verdichtung das Treiböl, fein zerstäubt, eingetragen wird.

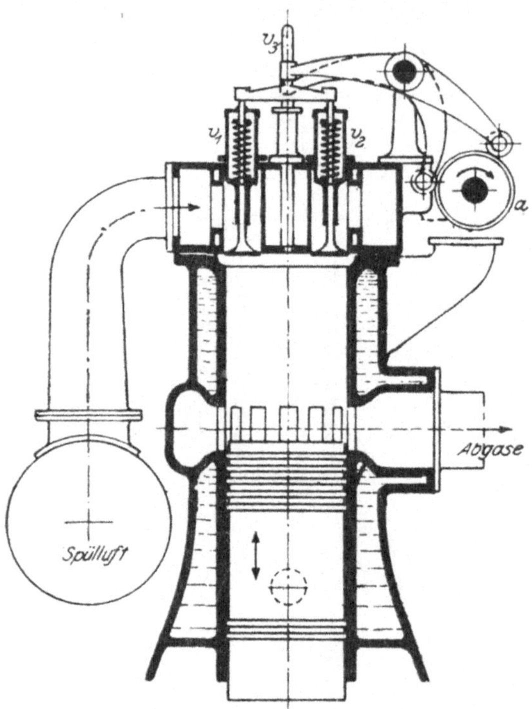

Abb. 190. Zweitaktölmaschine.

Über den allgemeinen Aufbau der neueren Ölmaschinen (Dieselmaschinen) unterrichten die Abb. 189, 190. $v_1$ $v_2$ sind die den Lufteintritt regelnden Ventile, die nach Abb. 190 von einer Nockenscheibe *a* gesteuert werden. $v_3$ ist das ebenfalls durch eine Nockenscheibe gesteuerte Einlaßventil für das Treiböl. Das Einspritzen des Öles in den Zylinder erfolgt mit Hilfe von Preßluft, die in einer Luftpumpe *b* (Abb. 189) erzeugt und in einem Behälter *c* aufgesammelt wird, von dem sie nach dem Einspritzventil $v_3$ gelangt. Eine zweite Rohrleitung führt diesem das von der Ölpumpe *d* geförderte Treiböl zu. Siehe auch den Abschnitt: Kompressionszündung sowie Abb. 193.

### γ) Die Zündverfahren.

Die Entzündung des Gas-Luftgemisches findet bei den Gasmaschinen gegenwärtig vorzugsweise durch den elektrischen Funken statt. Die früher übliche Entzündung an einer offenen Flamme hat nur noch geschichtliches Interesse. Auch die aus der Benutzung der Flamme zur Erhitzung eines rohrförmigen Glühkörpers, welcher die Zündung vermittelt, hervorgegangene Glührohrzündung hat seit der Entwickelung der elektrischen Zündung an Bedeutung verloren. Dagegen ist die auf dem gleichen Gedanken gegründete Glühkopf- oder Glühhaubenzündung für bestimmte Bauarten von Ölmaschinen nicht zu entbehren. In jenen Ölmaschinen, die nach dem von *Diesel* angegebenen Verfahren arbeiten, tritt die Entzündung des Gasgemisches infolge der Temperatursteigerung ein, welche die von dem Kolben der Maschine angesaugte Luft im Verdichtungshub erfährt und deren untere Grenze durch die Entzündungstemperatur des Gases bestimmt ist, das durch die Vergasung des in den Zylinder eingespritzten Treiböles entsteht.

Die Flammenzündung (Abb. 191). Ein Schieber $S$ enthält den Zündkanal $a$ und gleitet abwechselnd an der Gaszuführung $b$, der Zündflamme $c$ und der Füllöffnung $d$ des Zylinders vorüber. Vor $b$, Schieberstellung I, mit Gas gefüllt, wird die Schieberfüllung vor $c$ (Schieberstellung II) entzündet und die Flamme sodann nach $d$ (Schieberstellung III) übertragen, wo sie auf

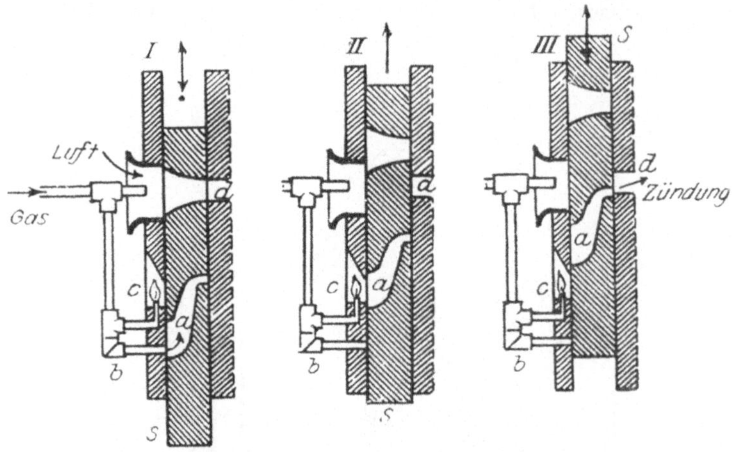

Abb. 191. Flammenzündung.

das während der Schieberstellung I in den Zylinder getretene Gasgemisch zündend wirkt.

Die Glührohrzündung (Abb. 192). Das einseitig geschlossene Glührohr $a$ besteht aus Nickel oder Porzellan und ist 5 bis 6 mm i. L. weit und 70 mm lang. Als „offenes Glührohr" steht es dauernd mit dem Zylinderinneren ($b$) in Verbindung und wird von einer dem Brenner $c$ entströmenden Gasflamme umspült, die es auf Hellrotglut erhitzt. Während des Verdichtungshubes ist die Geschwindigkeit, mit der das Gasgemisch aus dem Zylinder in das Rohr gepreßt wird, größer als die etwa 2,7 bis 4,5 m/Sek. betragende Fortschrittsgeschwindigkeit der Zündung. Erst gegen das Ende des Hubes, wenn die Kolbengeschwindigkeit kleiner wird, schlägt die Flamme des an der glühenden Rohrwand entzündeten Gases in den Zylinder zurück. Früher wurden auch „gesteuerte Glührohre" verwendet, die ein Ventil zeitweise vom Zylinderinnern trennte.

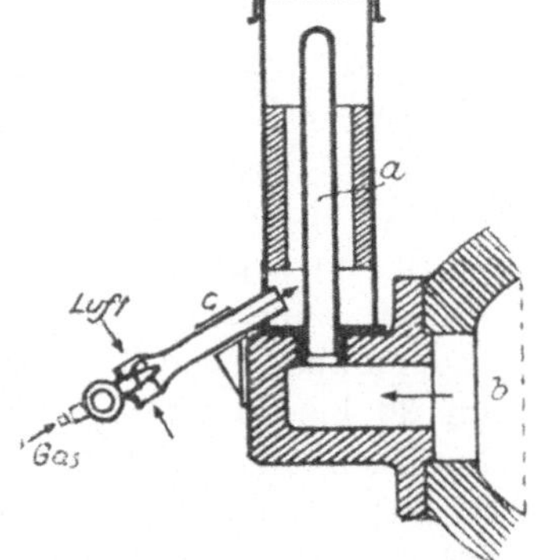

Abb. 192. Glührohrzündung.

Die Glühkopfzündung. Dem Arbeitszylinder ist ein vielfach kugel- oder haubenförmig gestaltetes gußeisernes Gehäuse, der Glühkopf oder die Glühhaube, angefügt, das infolge der hohen Verbrennungstemperatur des Gas-Luftgemisches und dem Fehlen der Wasserkühlung während der Arbeit der Maschine dauernd auf Glühtemperatur, das sind 500 bis 600° C, erhalten wird. Das schwersiedende Treiböl, z. B. Petroleum, wird entweder schon während des Saughubes oder erst während des Verdichtungshubes bzw. am Ende dieses in den Glühkopf eingespritzt. Hier verdampft es an der glühenden Wandung und der Dampf vermischt sich mit der unter Umständen bis auf 15 Atm Druck verdichteten Luft. Nach Eintritt des geeigneten Mischungsverhältnisses folgt die Entzündung an der glühenden Wand und

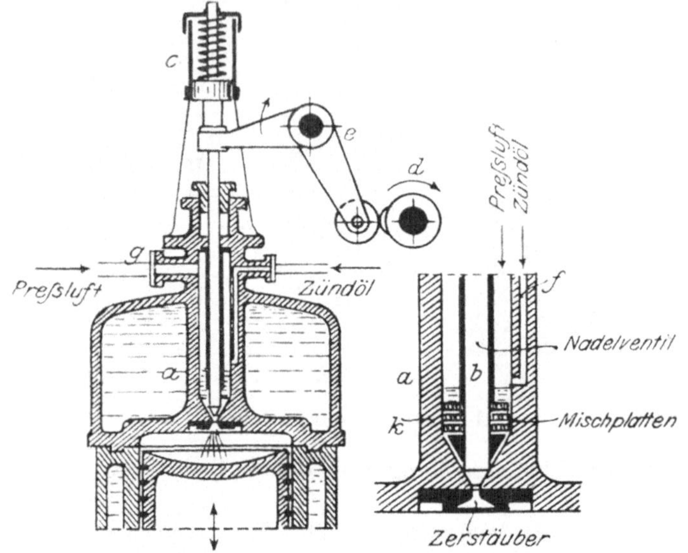


Abb. 193. Zündung durch Kompressionswärme.

steigt die Spannung auf 20 bis 25 Atm. Die Höchstleistung der mit Glühkopfzündung arbeitenden Petroleummaschinen beträgt etwa 20 PS. Dem Anlassen der Maschine hat das Vorheizen des Glühkopfes mit einer Petroleumflamme voranzugehen.

Die Kompressionszündung (Abb. 193). Bei dieser, den Dieselmotoren eigenen Zündungsart wird die vom Kolben angesaugte oder mittels einer Ladepumpe in den Zylinder eingeführte Luft während des Verdichtungshubes auf 30 bis 35 Atm verdichtet. Dabei steigt die Temperatur der Luft auf durchschnittlich 500° C, während der Entflammungspunkt der verschiedenen Treiböle nur etwa zwischen 60 und 210° C schwankt. Die Einführung des Öles in die glühende Luft geschieht am Ende des Verdichtungshubes in kleinen Mengen und wird durch Druckluft vermittelt, deren Spannung diejenige der Verbrennungsluft um durchschnittlich 10 bis 20 Atm übertrifft. Ihr dient nach der Abbildung eine Düse *a* im Zylinderdeckel, die durch ein Nadelventil *b* geschlossen gehalten wird, das unter der Druckwirkung einer Feder *c* steht. Den Zeitpunkt für das Einspritzen des Öles und damit des Öffnens der Düse bestimmt eine Nockenscheibe *d*, deren Nocken das Ventil am Ende des Verdichtungshubes mit Hilfe des Hebels *e* öffnet und für kurze Zeit offen hält. Hierbei wird das durch den Kanal *f* zufließende Treiböl von der hochgespannten, bei $g$ zugeführten Einspritzluft durch einen Verteiler $k$ gepreßt, der aus einer Schicht gelochter Platten besteht, um sodann beim Durchströmen der Düse in feine Tropfenstrahlen zerteilt zu werden. Diese durchdringen die glühende Luftmasse mit großer Geschwindigkeit und versetzen sie in lebhafte Wirbelung. Es tritt die Vergasung des Öles ein, der unmittelbar die Entzündung bzw. das Verbrennen des Gas-Luftgemisches folgt. Die Verbrennung verläuft um so rascher und damit um so vorteilhafter, je feiner die Verteilung des Öles und je inniger seine Mischung mit der Luft erfolgte.

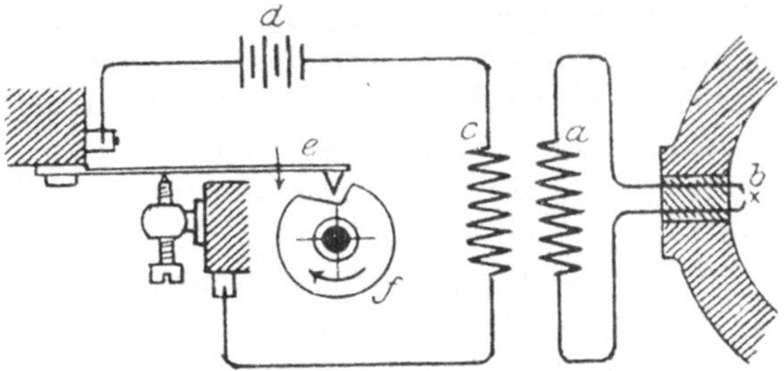

Abb. 194. Elektro-elektrische Zündung.

Die **elektro-elektrische Zündung** (Abb. 194). Die durch eine Isolierung in das Zylinderinnere eingeführten Enden einer Induktionsspule $a$ bilden die **Zündkerze** $b$. Eine zweite Spule $c$ ist in den Stromkreis einer Batterie $d$ eingeschaltet, der mittels des federnden Hammers $e$ und der umlaufenden Scheibe $f$ geschlossen und geöffnet werden kann. Letzteres tritt beim Einschnappen des Hammerkopfes in die Scheibenkerbe ein und hat das Überspringen eines Induktionsfunkens bei $b$ zur Folge.

Die **magnet-elektrische Abreißzündung**[1] (Abb. 195). Der Zünder besteht aus zwei Zündstiften $a$ und $b$, die sich im Innern des Zylinders metallisch berühren. $a$ steht mit der Zylinderwand in leitender Verbindung, $b$ durchragt sie isoliert. Die beiden Stifte gehören dem Stromkreis einer kleinen Wechselstrommaschine an, deren Anker $c$ leitend an der Zylinderwand gelagert ist und deren Magnet $d$ den Leitungsdraht $e$ mit dem Zündstift $b$ zusammenschließt. Wird der Anker durch den umlaufenden oder schwingenden Daumen $f$ aus seiner Mittelstellung gedreht und dadurch in dem Stromkreis ein Wechselstrom erregt, so bewirkt die mit dem Abgleiten des Daumens verbundene Rückführung des Ankers in die Ausgangslage durch die Zugfedern $g_1$ $g_2$, den Stoß der Gabelstange $h$ gegen den Außenhebel $i$ des Zündstiftes $a$ und damit durch das Abreißen des Fingers $a$ von dem

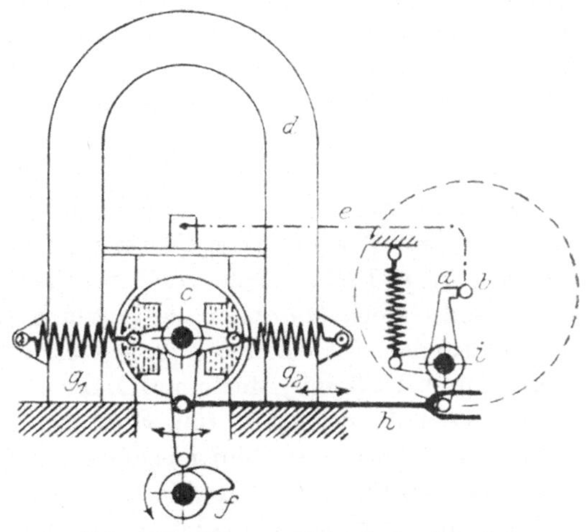

Abb. 195. Magnet-elektrische Zündung.

[1] Ztschr. d. V. d. I. 1900, S. 528.

Zündstift $b$ das plötzliche Öffnen des Stromkreises, das von dem Über springen des zündenden Funkens begleitet ist.

### d) Die Luftdruckmaschinen.

Das Treibmittel der Luftdruckmaschinen bildet die atmosphärische Luft entweder in dem ihr von Natur eigenen Spannungszustand, dem Atmosphärendruck, oder nach vorangegangener künstlicher Steigerung der Spannung. Je nachdem diese Steigerung durch Erhitzen oder Verdichten der Luft erfolgt, werden Heißluft und Druck- oder Preßluft unterschieden, die Luftdruckmaschinen selbst aber eingeteilt in atmosphärische Maschinen, Heißluft- oder kalorische Maschinen und Druck- oder Preßluftmaschinen.

Die Ausnutzung des auf dem Kolben der Maschine lastenden Luftdruckes $p$ als treibende Kraft setzt auf der Gegenseite des Kolbens das Vorhandensein eines kleineren Druckes $p_0$ voraus, so daß die den Umtrieb der Maschine bewirkende Kraft

$$P = p\,f - p_0\,f_0$$

ist, wenn $f$ und $f_0$ die Größe der beiden Kolbenflächen bezeichnet.

#### α) Die atmosphärischen Maschinen.

Bei der atmosphärischen Maschine ist $p = 10334$ kg/qm oder rund 1 kg/qcm. Die Erzeugung des Unterdruckes $p_0$ erfolgt entweder durch Abkühlen bzw. Niederschlagen heißer Gase oder Dämpfe, mit denen der Zylinder hinter dem Kolben vorher gefüllt wurde: Atmosphärische Gas- und Dampfmaschinen, oder durch Absaugen der die Gegenseite des Kolbens belastenden Luft, ein Verfahren, das u. a. bei der atmosphärischen Eisenbahn des Dänen *Medhurst* (1810) und der Rohrpost Anwendung gefunden hat.

#### β) Die Heißluftmaschinen.

Die erste Idee zu einer Heißluftmaschine (kalorische oder Luftexpansionsmaschine) gab der Franzose *Carnot* im Jahre 1824; nach ihm kam der Engländer *Stirling* 1827, welcher auch bereits eine derartige Maschine ausgeführt haben soll. Doch stammen die ersten ausführlichen Mitteilungen erst von dem Schweden *John Ericson,* dessen erste fünfpferdige Maschine in London gebaut und 1833 im „Mechanics Magazine", später (1861) in Dinglers polytechnischem Journal, Bd. 159. S. 82 beschrieben wurde[1]. Zu den späteren Konstruktionen der Heißluftmaschine gehören jene von *Laubereau-Schwartzkopf*[2], *Lehmann*[3], *Rider*[4], *Martin* und *Hock*[5] u. a.

Die Heißluftmaschinen sind einfach wirkende Kolbenmaschinen, in denen die erhitzte und dadurch höher gespannte Luft expandierend Arbeit leistet.

[1] Nach *Musil,* Die Motoren für das Kleingewerbe. Braunschweig 1878.
[2] Dingl. polyt. Journ. 1864, Bd. 172, S. 81.
[3] Dingl. polyt. Journ. 1869, Bd. 194, S. 257.
[4] Dingl. polyt. Journ. 1876, Bd. 222, S. 409.
[5] Dingl. polyt. Journ. 1877, Bd. 225, S. 227.

Die entspannte und infolge der Umsetzung von Wärme in Arbeit abgekühlte Luft wird entweder ins Freie abgelassen: offene Heißluftmaschinen, oder zum Zweck erneuter Erwärmung und Arbeitsverrichtung wieder in den Heizraum zurückgeführt: geschlossene Heißluftmaschinen.

In der offenen Maschine, für welche die stehend angeordnete Maschine von *Martin* und *Hock* (Abb. 196) als Beispiel gewählt wurde, wird der Luft-

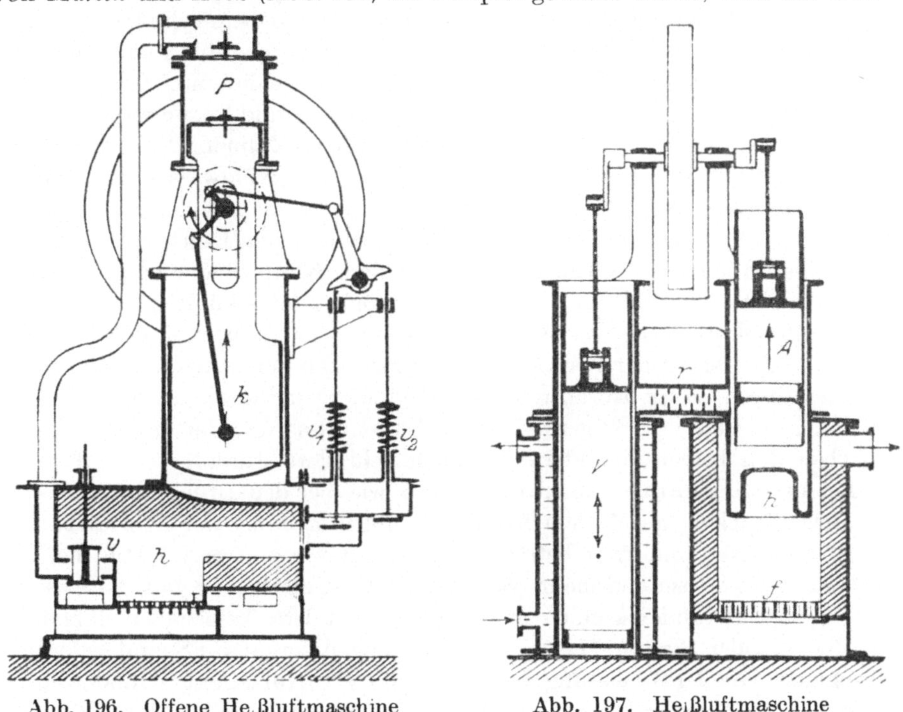


Abb. 196. Offene Heißluftmaschine nach *J. Hock*.

Abb. 197. Heißluftmaschine (*Rider*).

austausch durch zwei Steuerventile, ein Einlaßventil $v_1$ und ein Auslaßventil $v_2$, sowie durch eine Pumpe $P$ geregelt, die von dem Arbeitskolben $k$ angetrieben wird. Die Pumpe saugt bei dem Niedergang des Kolbens, also während die verbrauchte Luft durch das Ventil $v_2$ entweicht, frische Luft an und preßt sie sodann während des folgenden Arbeitshubes unter den Arbeitskolben. Hierbei durchströmt sie den Heizraum $h$, wird erwärmt und tritt mit den heißen Feuergasen gemischt und der Wärmeaufnahme entsprechend höher gespannt, durch das Einlaßventil $v_1$ in den Arbeitszylinder ein. Der Ofen wird mit Koks beheizt und durch einen mit Abschlußventil versehenen Fülltrichter beschickt. Zwei an gemeinschaftlicher Spindel sitzende Regelventile $v$ lassen den Luftstrom über oder unter den Rost leiten.

Unter den geschlossenen Maschinen hat die des Amerikaners *R. Rider* eine allgemeinere Bedeutung erlangt. Dieselbe besitzt nach Abb. 197 zwei stehend angeordnete Zylinder, deren Tauchkolben mit um 90° versetzten Kurbeln auf eine gemeinsame Schwungradwelle wirken. Der Kolben $A$ ist der Arbeitskolben, er überträgt die von der heißen Luft bei der Expansion geleistete Arbeit auf die Kurbelwelle. Der Kolben *V*, der sog. Verdränger, wird durch die Kurbelwelle bewegt und vertritt die Stelle der Luftpumpe der offenen Maschine. Er drängt die beim Aufstieg ihm aus dem Arbeitszylinder zuströmende warme Luft beim Abstieg wieder nach dem Arbeitszylinder zurück, nachdem sie an der mit Wasser gekühlten Zylinderfläche abgekühlt und dadurch entspannt worden ist. Der Arbeitszylinder ist unten durch einen Heiztopf *h* abgeschlossen, der durch die Feuerung *f* auf Glühhitze erwärmt wird und beim Überströmen der Kaltluft nach dem Arbeitszylinder die Wärme an diese abgibt, so daß ihre Temperatur und Spannung gesteigert wird. Um die mit der Abkühlung der Arbeitsluft im Zylinder des Verdrängers verbundenen Wärmeverluste zu vermindern und Kühlwasser zu sparen, nimmt ein aus einem Bündel metallener Gitterplatten gebildeter „Regenerator" *r*, der in den die beiden Zylinder verbindenden Kanal eingefügt ist, beim Überströmen der warmen Luft nach dem Kühlzylinder einen Teil der Luftwärme auf und gibt ihn bei dem Rückströmen der gekühlten und dadurch entspannten Luft wieder an diese ab, so daß sie vorgewärmt in den Heiztopf tritt. Im übrigen ist der Wärmeaustausch zwischen dem Kalt- und dem Heißzylinder durch nahes Herantreten der Zylinderwandungen an den Arbeitskolben, bzw. den Verdrängerkolben erschwert, ohne daß der Druckausgleich zwischen den beiden Zylindern erheblich gehindert würde.

Bei den Heißluftmaschinen ist, ebenso wie bei den Druckluftmaschinen, der Gegendruck $p_0$ gleich dem Atmosphärendruck, daher der Arbeitsdruck $p$ größer als dieser, und zwar beträgt bei den ersteren $p$ etwa 1,5 Atm, bei den letzteren 6 bis 8 Atm und mehr. Schon hieraus ist ersichtlich, daß die Arbeitsleistung der Heißluftmaschine nur eng begrenzt ist. Tatsächlich übersteigt dieselbe bei den besten Maschinenausführungen kaum 5 PS und erfordern Maschinen von 1 PS-Leistung bei 40 bis 66 vH Nutzeffekt Zylinderdurchmesser von 378 bis 500 mm, je nachdem die Spielzahl der Maschine 100 oder nur 35 bis 40 t/Min. beträgt. Infolge dieser geringen Leistung bei beträchtlicher Größe der Maschine und dem nur wenig befriedigenden Wirkungsgrad besitzen die Heißluftmaschinen in der Gegenwart nur noch geschichtliches Interesse.

### γ) Die Druckluftmaschinen.

Den Gedanken, atmosphärische Luft, die durch Verdichtung auf einen höheren Druck gebracht wurde, zum Betrieb von Kraftmaschinen zu verwenden, erstmalig gefaßt zu haben, wird *Murdock*, einem Mitarbeiter von *James Watt*, zugeschrieben[1]. Zur Anwendung ist die Druckluft erst viel später gelangt. Insbesondere trugen hierzu die Erfolge bei, die der italienische Ingenieur *Someiller* mit der von ihm 1857 erfundenen, mit Druckluft betriebenen Gesteinsbohrmaschine bei dem Bau des Mont Cenis-Tunnels errang (1862 bis 1872). Bis zum Jahre 1874, in dem der Ingenieur *Brandt* den Druckwasser-

[1] Revue univ. d. mines 1889, S. 152.

antrieb bei Gesteinsbohrmaschinen zur Anwendung brachte[1], war die Druckluft das bei maschinellen Tunnelbohrungen und der maschinellen Gesteinsgewinnung im Bergbau allein benutzte Treibmittel. Auch gegenwärtig, wo die elektrisch betriebene Kurbelstoßbohrmaschine von *Siemens & Halske* sowie die nach dem Solonoidsystem eingerichteten Bohrmaschinen von *Marvin* und von *van Depoole*[2] praktische Bedeutung erlangt haben, bildet sie das vornehmlich benutzte Antriebmittel für die mannigfachen Bauarten der bei dem Abbau der Gesteine verwendeten Bohr- und Schrämmaschinen. In neuester Zeit haben die nach ähnlichen Grundsätzen wie die Gesteinsbohrmaschinen eingerichteten, von Hand geführten „Preßluftwerkzeuge" beim Hämmern, Bohren, Meiseln, Stampfen usw. für die verschiedensten gewerblichen Betriebe eine hervorragende Bedeutung erlangt.

Anderweite Verwendungsgebiete haben sich der Druckluftmaschine im Transportwesen eröffnet. Auch hier ist es vornehmlich der Berg- und Tunnelbau, die Vorteil aus ihr ziehen. Teils werden auf Seilzüge wirkende ortfeste Druckluftmotoren zur Bewegung der Förderwagen auf Schienenbahnen benutzt, teils sind es lokomotive Maschinen, die mit Druckluftmotoren ausgerüstet sind und an der Fortbewegung der Fördergeräte teilnehmen. *Pernolet* berichtete bereits im Jahre 1876 über 45 derartige Anlagen[3]. Nach dem Vorschlag von *Mekarski* wird die Luft zweckmäßig über Tage auf etwa 30 Atm verdichtet und in zylindrischen Eisenblechkesseln aufgespeichert, die auf dem Wagen der unter Tage verkehrenden Lokomotive liegen und nach je 4 bis 5stündigem Betrieb neu gefüllt werden. Aus ihnen fließt die Luft, nachdem sie durch Druckminderventile auf 5 bis 6 Atm abgespannt worden ist, dem auf dem gleichen Wagen befindlichen Druckluftmotor zu. Bei Straßenlokomotiven, die nach dem gleichen Grundsatz gebaut werden, hat auch das später von der Pariser Preßluftkompagnie mit Erfolg benutzte Verfahren des Vorwärmens der Preßluft vor dem Eintritt in den Motor erstmalig Anwendung gefunden. Einerseits wird durch die Vorwärmung die Spannkraft und Arbeitsfähigkeit der Luft erhöht, andererseits das Einfrieren des Motors bei der Expansion der feuchten gespannten Luft verhindert.

Besondere Aufmerksamkeit erweckten seinerzeit die zuerst in Birmingham, später auch in Paris und Offenbach in großem Maßstabe errichteten Druckluftanlagen, welche die Verteilung motorischer Kraft innerhalb größerer Stadtgebiete bezweckten, um kleingewerblichen Betrieben, Speichereianlagen, pneumatischen Uhren usw. die erforderliche Betriebsarbeit zuzuführen[4].

Von besonderer Eigenart sind die Druckluftmotoren der Rohrposten, die im Jahre 1857 durch *Latimer Clark* erstmalig in London zur Ausführung gelangt sind und in der Folge für eine Anzahl Großstädte, wie Paris, Wien,

---

[1] *Riedler*, Die hydraulische Gesteinsbohrmaschine von *Brandt*. Wien 1877.

[2] Öst. Ztschr. f. Berg- u. Hüttenwesen 1894 u. 1896.

[3] L'Air comprimé et ses applications. Paris 1876.

[4] *Fränkel*, Druckluftanlage in Birmingham. Ztschr. d. V. d. I. 1888, S. 681. — *Riedler*, Neue Erfahrungen über die Kraftversorgung von Paris durch Druckluft. Ebenda 1889, S. 185, 213; 1891, S. 113. — *Riedinger & Co.*, Druckluftanlage in München, 1891.

Berlin, München usw. zu unentbehrlichen Verkehrseinrichtungen wurden. Bei ihnen bilden unterirdisch verlegte eiserne Leitungsrohre von oft mehreren Kilometern Länge und etwa 65 mm lichter Weite, welche die Poststellen verbinden, den Arbeitszylinder, den der die Briefbüchsen vor sich her treibende Kolben bei etwa 1,5 bis 2 Atm Betriebsdruck mit 15 bis 20 m/Sek. Geschwindigkeit durcheilt.

Durch die Einführung der Dieselmaschine ist der Druckluft insofern ein neues Arbeitsgebiet erschlossen worden, a s die bei diesen Maschinen für dic Öleinspritzung erforderliche, auf 50 bis 60 Atm gespannte Luft auch für das Anlassen der Maschine nutzbar gemacht wird, so daß diese für kurze Zeit als Druckluftmaschine arbeitet.

Die Verwendung der Druckluft erfordert im allgemeinen nicht Motoren besonderer Bauart. Insbesondere haben sich mit Schiebersteuerungen versehene Dampfmaschinen auch für den Druckluftbetrieb gut geeignet erwiesen. Zweckmäßig ist es, die in mehrstufigen Kompressoren auf etwa 6 Atm Überdruck verdichtete Luft vor dem Eintritt in die Kraftmaschine in einem mit Koks oder Gas beheizten Wärmofen auf etwa 150 bis 170° C zu erwärmen, bzw. sie durch gleichzeitiges Einspritzen von Wasser mit Dampf zu mischen und ihr dadurch bei mäßiger Temperatur einen größeren Wärmegehalt zu geben. Der hiermit in bezug auf Arbeitsökonomie verbundene Vorteil kommt in dem Luftverbrauch $L$ für die Pferdestärkenstunde zum Ausdruck. Derselbe betrug beispielsweise nach Versuchen von *Radinger* an einer Druckluftmaschine von 10 PS-Leistung und 4 bis 4,5 Atm Eintrittsdruck, wenn $t_1$ die Eintrittstemperatur und $t_2'$ die Austrittstemperatur bezeichnet

ohne Lufterwärmung . . . . . . . . . $t_1 = 17°$, $t_2 = -60°$, $L = 38$ cbm
mit Vorwärmung . . . . . . . . . . . $t_1 = 170°$, $t_2 = +8°$, $L = 22$ cbm
mit Vorwärmung und Wassereinspritzung . . . . . . . . . . . . . . . . $t_1 = 170°$, $t_2 = +70°$, $L = 16$ cbm.

Auch ergaben die Versuche, daß der Luftverbrauch mit der Zunahme der Leistungsgröße der Maschine sich vermindert. Der Maschinenwirkungsgrad schwankt etwa zwischen $\mu = 0{,}88$ und $0{,}92$.

Für die besonderen Verhältnisse, die der Betrieb der Gesteinsbohrmaschinen und der Preßluftwerkzeuge bietet, ergeben sich aus dem unmittelbaren Anschluß des Werkzeuges an den hin- und hergehenden Kolben sowie aus der durch die notwendige Handlichkeit der Maschine bedingten Raumbeschränkung, desgleichen aus den besonderen Betriebsverhältnissen, die in einer hohen, bei Gesteinsbohrmaschinen zwischen 250 bis 300, bei Preßlufthämmern zwischen 1200 bis 2300 und in außergewöhnlichen Fällen zwischen 6000 bis 8000 liegenden Spielzahl ihren Ausdruck finden, auch besondere auf möglichste Vereinfachung der Bauart abzielende Forderungen. Dies tritt namentlich bei den freihändig geführten Preßluftwerkzeugen hervor. Die in ortfesten Gestellen zur Aufstellung kommenden Gesteinsbohrmaschinen finden in dem Umsetzen des Bohrers nach jedem Schlag und dem durch die Zunahme der Lochtiefe bedingten selbsttätigen Vorrücken der Maschine Betriebsbedingungen, welche die äußerste Grenze der Vereinfachung nicht erreichen lassen.

Die Verteilung der Druckluft innerhalb des Motors erfolgt entweder durch eine Schieber-, Ventil- oder Lüftungssteuerung. Die Schieber sind Muschelschieber oder Kolbenschieber und werden entweder von dem Arbeitskolben beim Hubwechsel unmittelbar umgestellt oder der Arbeitskolben legt beim

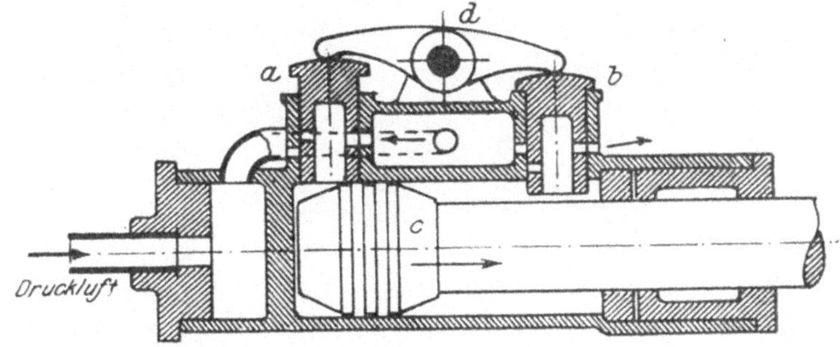


Abb. 198. Druckluftmaschine von *Ferroux*.

Hubwechsel Kanäle frei, welche die Preßluft so zum Schieber führen, daß sie ihn umstellt. Ein Beispiel für die erstere Anordnung bietet die Gesteinsbohrmaschine von *Ferroux* (Abb. 198), bei welcher an den Hubenden senkrecht zur Kolbenbewegung geführte hohle Kolbenschieber *a* und *b* angeordnet sind. Durchbrechungen der Schieberwandung dienen teils dem Einlaß der

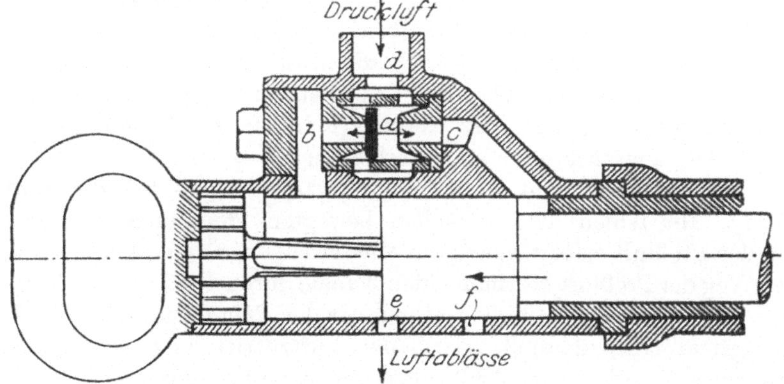


Abb. 199. Druckluftmaschine von *Meyer*.

Preßluft in den Zylinder, teils dem Abfluß derselben. Der den letzteren jeweilig bestimmende Schieber (in der Abbildung ist es Schieber *b*) ragt in das Innere des Zylinders und wird am Hubende von dem Kolben *c* so gehoben, daß er den Lufteinlaß freigibt sowie den zweiten Schieber *a* durch Vermittelung des Hebels *d* niederdrückt und auf Luftauslaß stellt. Der Kolben vollführt seinen Hubwechsel und hebt am Ende des Rücklaufes den Schieber *a* in die Auslaßstellung usf.

Die in Abb. 199 dargestellte Ventilsteuerung ist dem *Meyer*schen Bohrhammer entnommen, bei dem die Umstellung des Ventiles am Ende jedes

Kolbenhubes durch Wechsel des Luftdruckes erfolgt. Das Steuerventil *a* liegt zwischen zwei Kanälen *b* und *c*, die nach den Enden des Arbeitszylinders führen, in der Ventilkammer, der die Druckluft mittels einer Schlauchleitung bei *d* zugeführt wird. Die gezeichnete Ventilstellung entspricht dem Rücklauf des Arbeitskolbens. Es tritt Preßluft durch den Kanal *c* vor den Kolben. In dem hinter dem Kolben befindlichen Zylinderraum herrscht Atmosphärendruck, da die ihn bisher erfüllende Druckluft durch die Bohrung *e* der Zylinderwand entwichen ist. Der nach links laufende Kolben schließt diese Öffnung, verdichtet die vor ihm stehende Luft und gibt sodann eine zweite Bohrung *f* der Zylinderwand frei, so daß durch diese die den Kolben vortreibende Preßluft entweichen kann. Die hiermit verbundene Drucksenkung im Kanal *c* und der im Kanal *b* herrschende Verdichtungsdruck haben den Lagenwechsel des Ventiles *a* zur Folge, so daß Preßluft hinter den Kolben tritt und den Hubwechsel bzw. den Vorlauf desselben bewirkt. Der Vorlauf endet nach dem Abschluß der Bohrung *f* und der Verdichtung der den Kanal *c* erfüllenden Luft, bis die Freigabe der Bohrung *e* das Abströmen der Preßluft hinter dem Kolben und die Umstellung des Ventiles *a* in die gezeichnete Lage, damit aber den Ausgangszustand wieder herbeiführt.

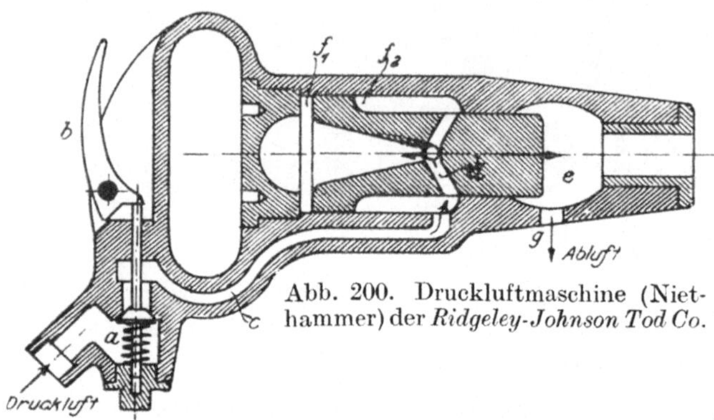

Abb. 200. Druckluftmaschine (Niethammer) der *Ridgeley-Johnson Tod Co.*

Die größte Einfachheit der Preßluftverteilung gewährt die Lüftungssteuerung. Ihr fehlen die sämtlichen bewegten Steuerungsteile. Die Verteilung der Preßluft erfolgt nur durch abwechselndes Öffnen und Verschließen der den Weg der Preßluft bestimmenden Kanäle durch den Arbeitskolben. Nach der Abb. 200, die einen Preßluft-Niethammer der *Ridgeley* und *Johnson Tod Co.* in Springfield (Ill.) darstellt, wird der Luftzutritt zum Hammerzylinder mittels eines Ventiles *a* geregelt, daß der Arbeiter durch Handhaben des Hebels *b* öffnet oder schließt. Bei geöffnetem Ventil strömt die Druckluft durch den Kanal *c* dem Arbeitszylinder zu und tritt gleichzeitig durch Bohrungen *d* hinter den Kolben. Die Verschiedenheit der Druckflächen $f_1$ und $f_2$ des Kolbens bedingt dessen Vorwärtslauf und damit die Trennung der Bohrungen *d* von dem Zuflußkanal *c*. Es erfolgt die Expansion der hinter dem Kolben befindlichen Preßluft, bis die Bohrungen *d* in den Hohlraum *e* austreten, den die Bohrung *g* mit der Atmosphäre verbindet. Die mit dem Entweichen der expandierten Luft eintretende Drucksenkung hinter dem Kolben hat, da auf $f_2$ dauernd der Hochdruck lastet, dessen Rücklauf zur Folge, bis die Bohrungen *d* wieder in den Bereich der Drucklufteinströmung gelangen und durch erneute Steigerung des Druckes hinter dem Kolben der Hubwechsel und anschließend der Vorlauf des Kolbens erfolgt.

Der Luftverbrauch der Preßluftwerkzeuge ist im allgemeinen erheblich, da die Luft meist nicht expandiert und Eintritt und Abfluß von Luft bei jedem Hubwechsel kurze Zeit gleichzeitig erfolgt. Bei der hohen Spielzahl, die den Maschinen eigen ist und die, wie bereits erwähnt, bis zu 2000 und mehr in der Minute beträgt, ist mit einem Luftverbrauch von etwa 1 bis 1,5 cbm, bei 0° und Atmosphärendruck gemessen, zu rechnen. Die Zuführung der Druckluft erfolgt mittels biegsamer Metallschläuche von 10 bis 13 mm lichter Weite. Das Gewicht der für Metallbearbeitung dienenden Hämmer schwankt etwa zwischen 3,5 bis 6,5 kg, das von Hämmern für Steinbearbeitung zwischen 9 und 16 kg.

Die mehrzylindrigen, zum Betrieb von Haspeln, Seilbahnen, Bremsbergen, Ventilatoren usw. bestimmten Luftmotoren der *Frankfurter Maschinenbau-A.-G.* in Frankfurt a. M. arbeiten mit Luftpressungen von 3 bis 6 Atm. Bei 4,5 Atm Luftspannung verbrauchen sie für Leistungen von 2 bis 5 PS ($n$ = 1500 bis 2000 t/Min) bzw. 10 bis 60 PS ($n$ = 600 bis 1000 t/Min) in 1 Minute 0,70 bis 0,75 cbm bzw. 0,55 bis 0,65 cbm Preßluft. Die größeren Motoren sind umsteuerbar.

# Literaturnachweise.


1. Wasserkraftmaschinen.

*Ludin, A.*, Die Wasserkräfte, ihr Ausbau und ihre wirtschaftliche Ausnutzung. Berlin 1913.

*Camerer, R.*, Vorlesungen über Wasserkraftmaschinen. Leipzig 1914.

*Reichel, E.*, Wasserkraftmaschinen. München 1914.

*Quantz, L.*, Wasserkraftmaschinen, 3. Aufl. Berlin 1920.

*Pfarr*, Die Turbine für Wasserkraftbetriebe. 2. Aufl. Berlin 1912.

*Gelpke, S.*, Turbinen und Turbinenanlagen. Berlin 1906.

2. Dampfkraftmaschinen.

a) Dampfturbinen.

*Stodola, A.*, Dampf- und Gasturbinen. 5. Aufl. Berlin 1922.

*Lasche, O.*, Konstruktion und Material im Bau der Dampfturbinen. Berlin 1920.

*Stierstorfer, P.*, Bau der Dampfturbine. Leipzig 1914.

*Musil*, Bau der Dampfturbinen. Leizpig 1904.

b) Kolbenmaschinen.

*Freytag, Fr.*, Die ortsfesten Dampfmaschinen. Leipzig 1911.

*Pohlhausen, A.*, Die Dampfmaschine. Bd. 1. Mittweida 1909/10.

*Schmidt, M.*, Heißdampf-Maschinenanlagen. Berlin 1907.

*Stumpf, J.*, Die Gleichstromdampfmaschine. München 1911.

*Seufert, F.*, Anleitung zu Versuchen an Dampfmaschinen. 4. Aufl. Berlin 1916.

3. Gas- und Oelmaschinen.

*Haeder, G.*, Die Gasmotoren. Wiesbaden 1908.

*Pöhlmann, Ch.*, Neuere Rohölmotoren. Berlin 1912.

*Löffler, G.* und *Riedler, A.*, Ölmaschinen. Berlin 1916.

*Josse, E.*, Neuere Kraftanlagen. München 1911.

4. Luftkraftmaschinen.

*Kroening, E. C.*, Die Preßluft-Werkzeuge, ihre Anwendung und ihr Nutzen. 2. Aufl. München und Berlin. 1922.

*Demag-Taschenbuch*, Preßluft für Steinbruch und Tiefbau. Duisburg 1920.

*Stertz, O.*, Windkraft oder Kleinmotor? Leipzig 1908.

*Neumann, F.*, Die Windkraftmaschinen. Leipzig 1907.

5. Elektrische Maschinen.

*Kübler* und *Bachmann*, Dynamomaschinen und Elektromotoren in dem Lehrbuch des Maschinenbaues von Esselborn. 2. Bd. Leipzig-Berlin. 1913.

*Schmidt, G.*, Gleichstrom-Dynamo-Maschine und Motoren. Leipzig 1915.

*Kollert, J.*, Die Wechselstrommaschinen, Transformatoren und Motoren. Leipzig 1915.

*Hobart, G. M.*, Motoren für Gleich- und Drehstrom. Berlin 1905.

# Sachregister.